化学铣切技术

HUAXUE XIQIE JISHU

杨丁 杨崛◎编著

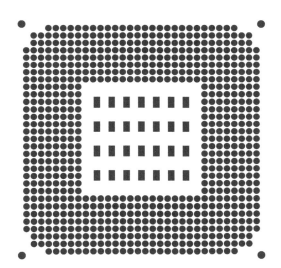

化学工业出版社

·北京·

内 容 简 介

　　《化学铣切技术》详细介绍了化学铣切的原理及加工方法。同时也对与化学铣切相关的照相底版制作、防蚀技术等进行了详细介绍和讨论。

　　本书文字简练，深入浅出，通俗易懂，实用性强，适合从事铝合金、不锈钢、钛合金、线路板化学铣切加工的技术人员，以及与化学铣切加工相关的产品设计人员阅读使用。

图书在版编目（CIP）数据

　化学铣切技术/杨丁，杨崛编著 . —北京：化学工业
出版社，2022.5

　ISBN 978-7-122-40838-9

　Ⅰ.①化…　Ⅱ.①杨…②杨…　Ⅲ.①铣削　Ⅳ.
①TG540.6

　中国版本图书馆 CIP 数据核字（2022）第 028982 号

责任编辑：成荣霞　　　　　　　　　　文字编辑：师明远
责任校对：边　涛　　　　　　　　　　装帧设计：王晓宇

出版发行：化学工业出版社（北京市东城区青年湖南街 13 号　邮政编码 100011）
印　　装：北京科印技术咨询服务有限公司数码印刷分部
787mm×1092mm　1/16　印张 21¼　字数 539 千字　2022 年 9 月北京第 1 版第 1 次印刷

购书咨询：010-64518888　　　　　　　售后服务：010-64518899
网　　址：http://www.cip.com.cn
凡购买本书，如有缺损质量问题，本社销售中心负责调换。

定　　价：128.00 元　　　　　　　　　　　　　　　版权所有　违者必究

前　言

化学铣切是一种新兴的化学切削方式，这一特殊的化学切削加工方法，为人类现代科学技术的发展做出了突出贡献。在最尖端的航天航空工业中，化学切削已成为制造飞机、外太空飞行器、导弹等大型整体结构件的标准加工方法；在现代电子工业中，尤其在各种集成芯片的制作上，化学铣切是其他加工方法所不可替代的。在普通民用领域，越来越多的电子机壳、仪表盘、铭牌等都大量采用化学铣切这一加工方法来进行制作，以提高产品的装饰性及档次，增强产品在市场中的竞争力。

本书的编写，本着通俗易懂的原则，不仅对化学铣切的原理及各种配方进行了详尽的介绍，同时对在实际生产上所使用的丝网印刷技术、光化学图形转移技术及一些有代表性的加工实例进行了详细讨论。所以本书具有较为广泛的实用价值，对化学铣切的工程技术人员来说是一本不可多得的实用技术资料。为节约篇幅，本书只在第八章对模具图文的化学铣切进行了详细讨论，而对于其他化学铣切，由于每个企业的实际情况不同，同时加工习惯亦有一定的差别，所以，在第七章和第八章只讨论了几个实例的加工方法，更多的实例在本书中不再介绍。

全书共分八章。第一章主要介绍化学铣切发展史、工艺的基本知识，使读者对化学铣切有一个基本的认识。第二章主要介绍化学铣切的分类及化学铣切在加工上的一些限制。第三章主要介绍金属化学铣切的原理，化学铣切常用酸碱的基本性质和对金属的腐蚀性能，并对在化学铣切过程中可能发生的对操作人员的危害、相应的救治方法，以及化学铣切过程中产生的酸雾、碱雾等污染物对环境的危害，都进行了较为详尽的讨论，使操作人员在生产过程中树立起自我保护意识和环保意识。第四章主要介绍常用材料化学铣切的原理及溶液配方，并对影响铣切质量的各种因素及对铣切液的管理调整方法进行详细讨论。该章对玻璃的化学铣切也进行了较为详细的讨论。熟悉该章就可以根据材料的种类及化学铣切的表面要求，设计出能最大限度满足设计要求的化学铣切工艺方法。第五章主要介绍照相底片的制作及拼版技术，并对金属表面预处理及水洗技术进行了详细介绍。第六章主要介绍图文的防蚀技术，并以应用较多的丝网印刷图文转移技术、照相化学图文转移技术为重点进行详细讨论。同时，对激光光刻防蚀技术及刻划防蚀技术也进行了详细讨论。第七章主要介绍化学铣切的要求、方法、注意事项及质量控制方法等。同时也讨论了铝合金氧化图文化学铣切及嵌漆图文化学铣切的加工方法。第八章主要讲述模具图文的化学铣切方法，包括模具皮纹、文字、标识、砂纹等。这一章对模具图文化学铣切从图形胶片的拼版技术到图形二次转移方法再到保护及铣切过程采用了逐次展开的形式进行讨论，并对在模具化学铣切中的关键技术及注意事项进行了详述。通过对该章的学习，读者可以独立完成模具花纹的制作。

本书的完成，除了编著者在这一领域进行了一定的研究工作外，同时也参考了国内外有关学者的专著，吸收了前人对化学铣切加工领域的研究成果，并在此基础上对铝合金、铜及合金、不锈钢及钛的化学铣切进行了更多的研究。在此，通过化学工业出版社将这一加工技术介绍给有志于在该领域进一步发展的工程技术人员，相互学习，共同进步，这也是出版本书的主要目的。

杨　丁

2022 年 2 月

目 录

第一章

绪　论

　　化学铣切是一门综合性很强的技术，要做好化学铣切加工，除了要具备丰富的化学知识外，还需要对各种金属或非金属材料的性质有深刻了解，并能根据需要对成型加工及热处理方法提出合理要求；也需要对各种防蚀材料的性能有深刻了解，并能根据产品需要提出新的防蚀材料的要求；此外，需要精通工艺设计及常见工装的制作，并具备对化学铣切常用设备的设计能力等。

第一节
化学铣切的发展简史

　　近几十年来，化学铣切作为一种精密而科学的化学加工方法，常被多种材料用于铣切各种不同的图文、结构及外形加工。特别是航天和航空工业，几乎随处可见化学铣切加工技术的应用。在半导体工业出现之前，化学铣切技术的应用对象是各种金属材料。随着半导体工业的发展，高纯硅片的化学铣切成为极其重要的加工手段，并在相当长的一段历史时期内成为唯一的加工手段。随着液晶技术的发明，玻璃的化学铣切技术也得到了飞速发展。可以这样说，在现代工业领域，对金属、高纯硅片及玻璃的化学铣切是不可或缺的。只是高纯硅片的化学铣切具有更高的技术及环境要求，不像金属、玻璃的化学铣切更容易被普通中小型加工企业广泛采用。

　　在以上提到的三种化学铣切主要应用对象中，显然金属的发现和应用具有更悠久的历史。金属化学铣切技术的应用主要由三方面的发展而来：①金属的发现与冶炼技术的发展；②各种腐蚀剂的发现；③防蚀材料的发现。

一、从古代到 16 世纪末

　　在现实生活中，腐蚀现象随处可见，但在远古时代，那时的世界主要由木材、石头及土构成，腐蚀现象并不常见。在人类把一些金属从石头或黏土里面分离出来后，我们的世界多了一种构成物质——金属。有了金属的发现和应用，也就有了腐蚀的对象，但用普通的水是很难在短时期内获得一种金属的加工表面，这就必须要有一种能腐蚀金属的物质——酸。最早发现的酸当属有机酸，比如从酸奶中提出的乳酸，从柠檬中提出的柠檬酸和乙酸等，这些酸中以乙酸的酸度最强。仅凭这些有机酸也很难完成对金属的腐蚀加工，直到无机酸被发现以后，金属化学腐蚀加工才成为可能。在欧洲，化学腐蚀加工到 15 世纪才变得流行起来，当时主要是用于铠甲的加工及艺术品的腐蚀加工。最早的欧洲文字记载所用的腐蚀剂是用盐、活性炭和醋配制而成的。最早的防蚀材料记载是用亚麻油涂料作保护层。

14 世纪末 15 世纪初，在这一时期薄板式的铠甲应用非常普遍，制作铠甲的工匠们常常把各个部位都涂上涂层。一方面是用来作为识别铠甲的标志，另一方面也是为了防止大气的腐蚀。

二、17~19 世纪

17 世纪是医药化学和试验酸、碱对各种不同材料产生影响的时代。此时，对酸和碱的实际应用，仍然是凭经验和按照传统知识来进行的。

约翰·格莱伯，对盐酸制造方法进行了改进。他发明了一种新方法，即把海水（即卤水）和硫酸混在一起进行蒸馏，同时用一个装水的容器把凝结物收集起来，这就是富集的盐酸。由于盐酸对铁的腐蚀速率较快，使铁器的化学腐蚀效率得到明显提高。在这一时期，用化学铣切法来装饰兵器及铠甲已成为一种完全成熟的工艺方法。

巴兹尔·瓦伦丁，也对各种腐蚀剂进行了研究，他宣称，苛性碱（使用生石灰与不太浓的碳酸钠或碳酸钾作用而生成）是一种烈性液体，其中隐藏着许多奥妙的东西。这一论述，无疑是对于后来铝合金腐蚀的一种预示。

1771 年，斯契尔发现了氢氟酸（HF）。这对其后的硅片与玻璃的化学铣切技术及今天的钛合金、钽、钨等高温耐蚀材料的化学铣切来说，都是意义非常重大的事情。

在这一时期，化学铣切技术在未来航空工业上的应用也显露出来。在当时，人们是采用酸和铁屑反应的方法来制取氢气，用于制作氢气球进行升空。这就说明，在人们企图飞行的最初阶段，已开始利用酸的腐蚀能力来帮助航空事业的发展。

在这一时期，已有了锥度化学腐蚀的专利报道。这一专利是 1865 年由伦敦的理查德·布鲁曼获得的。一百多年后的今天，对锥形物腐蚀的加工方法仍没有脱离这一方法所讲述的过程，只是部分工作已由具备自动控制功能的设备来完成。专利中锥度腐蚀所用的布鲁曼腐蚀剂，是由三份硝酸和一份盐酸配制而成的，这一配比和我们今天所用的某些不锈钢腐蚀液的配比并没有多大差别。

三、20 世纪至今

进入 20 世纪后，在与化学腐蚀相关的技术细节方面取得了许多进展，使化学铣切技术得到了快速发展。特别是在航空航天工业上较为广泛的应用，使这一技术获得了空前的发展。在这一时期，航空与航天工业的发展都面临着一个迫切的需求，就是希望能在预先成型好的零件如一些飞机部件上，找到一个可靠的去掉多余金属的加工方法，以便尽可能地减轻飞行器零部件的结构重量。很显然，化学铣切就成了解决这些困难的最好方法。化学铣切在飞行器的加工中，不仅用于减轻零部件的重量，更重要的是用于在弯曲的薄壁金属材料上腐蚀加工出各种沟、槽等结构面，而这些都是传统的机械加工方法所不能胜任的，即便是现代自动化的机械加工设备也同样难以进行。

综上所述，化学铣切技术的起源从有记载的数据可以追溯到 14 世纪，在那时化学铣切只能说是一种加工技术，还不能上升到工艺这个范畴，因为在当时及以后的几百年里，化学铣切只由加工者自己的技术水准来决定其加工质量，而且并不是所有人都可以学到这门技术，这一时期的主要加工对象是铠甲或其他工艺品，所使用的防蚀材料只是一些天然树脂、石蜡、桐油等天然有机材料。早期的腐蚀剂大都由醋、盐等配制而成。到了 17 世纪由于硫酸、盐酸、氢氟酸、硝酸、苛性碱等具有腐蚀作用的强酸、强碱先后被发现，才使化学铣切技术有了新的突破。

到了 20 世纪，由于与化学铣切有关的技术先后得到解决，同时化学铣切技术经过几百年的历程，人们也积累了足够的经验，并在这些经验之上形成了化学铣切的理论，使这一技术自 20 世纪以来得到了快速发展，化学铣切的应用在数量和质量上都出现了极大的增长，使化学铣切加工从航空航天到普通民用产品都被大量采用。

<h1 style="text-align:center">第二节
工艺简介</h1>

工艺是一个很复杂的系统工程，它涵盖了产品生产中的每一个环节，可以说任何产品的生产都离不开工艺。但要把工艺的各个要素及工艺控制讲解清楚也不是一件容易的事。

一、工艺

工艺是劳动者利用生产工具，按不同的设计需要，对原材料或半成品进行加工和处理，以达到预期要求的各种科学方法和技术的统称。

说到工艺必然就会有工艺流程，流程是一个所指很广泛的词，对"流程"的解释虽然有多种，但基本上都大同小异，在这里列几种解释。其一，流程是指一个或一系列连续有规律的行动，这些行动以确定的方式发生或执行，导致特定结果的实现；其二，国际标准化组织在 ISO 9001：2000 质量管理体系中给出的定义是："一组将输入转化为输出的相互关联或相互作用的活动"。"流程"从字面上也可理解成某一事物从开始到结束所经过的全过程。对于任何一个产品从原料到制成成品之间都会有两个或两个以上的加工步骤及配套的设备与相关人员的参与，否则这个产品将无法完成加工过程。工艺和工艺流程之间的关系也可以理解为工艺流程是对工艺进行结构化的过程描述，是将工艺中所包含的多个工序，按特定的先后顺序用简单易懂的语言表述出来使工艺具有可执行性和可管理性。

化学铣切工艺就是把整个化学铣切过程分成若干个可以控制的点，以便进行准确的工序控制，进而达到全过程控制。从这个意义上说，化学铣切工艺就是一种可以控制的加工流程，也可称为工艺流程，这个流程是由多个工序或过程按照加工的需要组合而成的。这个工艺一旦确定下来，并形成一个标准，在进行化学铣切加工时就要遵守这个工艺的各项要求，并严格按照工艺预先规定的要求进行生产，这样就能做到批量产品质量的一致性。

二、典型工艺

在进行工艺制定时，先设计出工艺路线，然后再根据实际情况编制出可行的工艺规程。任何一个工艺规程都是由很多工序或步骤来完成的，少的几十步，多的上百步。很明显，在制定工艺规程时，不可能以这种方式去进行，这样做，一则容易遗漏一些细节，同时，如此多的内容也给编制带来不便。这时就要引入典型工艺。典型工艺就是指一些相对比较固定的、比较通用的加工方法，即在实际生产中变化较少的某一组加工工序，用通用工艺的方式把它固定下来，当在生产中遇到同类加工时都可以参照执行的工艺。

典型工艺的编制就要引入工艺实验的概念，工艺实验也被称为可行性验证，是对某一个预先确定的工艺方法或某一种添加剂、溶液配方等是否能用于量产的工艺验证，经过工艺验证并通过一定批量的生产后就可以形成典型工艺。典型工艺是属于企业内部的工艺规范，通过审核企业内部制定的典型工艺的完善程度，与是否具有可执行性就可以看出这个企业的技术力量及工艺水平。这里所说的典型工艺并不是指企业制定的作业指导书、工艺指引等。

对于化学铣切而言，其典型工艺主要有：不锈钢前处理工艺、铝合金前处理工艺、防蚀层涂布工艺、感光-显影工艺、不锈钢化学铣切工艺、铝合金酸性化学铣切工艺、铝合金碱性化学铣切工艺、铜合金化学铣切工艺、钛合金化学铣切工艺、不锈钢脱模清洗工艺、铝合金脱模清洗工艺等。

可以这样说，任何产品的加工工艺流程都是由这些预先制定好的典型工艺及其本身所特有的加工方法所组成的。由此也可以看出，工艺规程的编写就好比是用积木来拼接七巧板，事实也正是如此。在制定工艺规程之前，先制定好典型工艺是非常重要的，只要预先制定好了典型工艺，后面针对每一种产品来制定其生产工艺流程就变得更为容易。

三、工艺的基本要求

工艺的基本要求主要有以下几个方面的内容。

1. 工艺的全局性要求

制定的工艺要有全局观念，工艺所进行的每一个加工过程都是上一个加工过程的延续，同时又是下一个加工过程的开始。因此，可以认为，每一个加工过程都是一个承上启下的中间环节。在实际生产中，某一产品的加工全过程很可能都不是由同一个工厂来完成的，但是他们相互之间一旦形成加工协作关系就是一个不可分割的有机整体，这就需要设计部门和相关的生产部门在技术要求上和在现阶段能达到的技术水平上经常交流，做到相互了解，从而达到用一个合理的成本加工出满足设计要求的产品的目的。

2. 工艺的可靠性要求

工艺的可靠性是指所制定的工艺规程对产品的加工是否能保证每一批次的质量都是相对稳定的，即使用这一工艺规程加工出的不同批次产品的质量保持一致，这就需要通过制定合理的工艺来达到产品质量的可靠性要求。对于化学铣切工艺而言，其可靠性保证主要包括两个方面，一是整个工艺流程中所使用的溶液是稳定可靠的，这个稳定主要反映在加工过程中所使用的各种配方中化学成分的浓度通过预先规定的工艺手段，可使产品质量处于工艺控制的范围内；二是设备的稳定性，包括温度的可控性和设备运行过程的稳定性。

3. 工艺的环保要求

从环境保护的角度出发，在进行化学铣切工艺制定时，要把防止污染、保护环境放在首位。从工艺设计的角度出发主要注意两点：一是尽量选用对环境友好的化学原料，并有完善的废水、废气处理方案，且在满足工艺要求的前提下，尽可能采用低浓度的配制方案使其废水易于处理；二是对旧液要预先制定好回用及处理方案，在降低成本的同时也减轻对环境的压力。

4. 工艺的可管理性要求

对于工艺过程的可管理性存在着两个方面的内容。一是在进行工艺编制时注意工艺语言的可管理性。工艺在进行编制时首先要考虑的就是在设计的工艺流程中所要控制的点或指标必须是可以量化的或者是可以通过文字清晰描述的。二是在编制工艺文件时，特别是对一些技术标准，要结合本企业的实际情况而定，或以本企业所能达到的平均水平而定，如果所制定的技术标准和工艺流程超出了本企业所能达到的水平，那么这个工艺连执行的起码条件都不够，就更谈不上具有可管理性。

综上所述，工艺对于一个企业来说是一个综合性的系统工程，它不仅限于工艺流程本身，更重要的是工艺流程的执行者是否严格按照工艺流程的要求来进行，是否能有效地组织操作者进行有效的活动，并能对这个活动进行有效的管理。因为再完善的工艺流程都需要操作者的参与才能进行，工艺中的各工序就与操作者之间建立起了一种对应关系，不同的操作者对应着不同的加工工序。这时操作者的责任心、技术熟练程度等对工艺流程的正常进行就显得非常重要。

第二章

化学铣切特点类型及限制因素

第一节
化学铣切加工的特点

一、化学铣切加工特点

化学铣切的最大特点就是可以离开传统的机加工设备，采用化学"溶解"的方式对金属或非金属材料进行成型切割，其特征是将各种图形采用化学切割的方式加工出各种成品或半成品。根据材料不同及铣切加工要求的不同，可以选用酸性或者是碱性铣切液，在铣切过程中不管是深的铣切或是浅的铣切，其铣切的切口都基本相同，都有一可测量的层下横向铣切和圆弧形的截面。只有当铣切加工继续进行到远离切入点时，才会形成工业上称为"直边"的矩形截面。要做到这一步就必须在材料切透后再铣切一段时间，才能将突出部分完全切去而获得"直边"，这对于厚的材料来说，显然是不经济的。从这也可以看出，使用化学方法进行精密切割只适用于厚度很薄的金属材料。

化学铣切使断面形成直边的能力，主要取决于铣切加工所使用的设备。而这类设备通常所使用的加工方法，都是具有恒定压力的喷射装置，其铣切时的喷射力，将保证使暴露在它作用下的材料迅速溶解，这种溶解作用也包括前面谈到的圆弧形中央突出部位。

与被铣切材料相适应的强有力的铣切剂也是非常关键的。铣切剂的强度、喷射压力及密度、铣切温度、设备的传送速度（也即铣切时间）等，几要素配合得当，就能在很短延长时间内，将中央的突出部分切掉而成为直边，这样就可以做到更高的铣切精度。

在照相防蚀技术化学铣切中，最精密的是一种用来加工集成电路各种薄层的硅晶片，其切口的几何形状在尺寸上也是极微小的，在铣切过程中为了保证半导体元件不受到任何影响，所使用的各种化学品，比如各种清洁剂、各种铣切剂等都是非常高纯度的化学试剂。

铣切剂的选择都是根据加工材料的不同来决定的，如硅片是用氢氟酸和硝酸，氧化硅片则是用氢氟酸和氟化铵。铣切加工集成电路时，其铣切加工切口的几何形状和宇航工业中的化学铣切切口的几何形状没有什么不同。但是它们二者之间在铣切深度上差了好几个数量级，前者铣切深度在纳米级，而后者可达几毫米甚至更深。

铣切介质不同也会得到不同的层下铣切速率，也就有了不同的铣切截面。比如在铝合金铣切中，添加硝酸盐的氢氧化钠铣切液比单独使用氢氧化钠铣切液的层下铣切速率低，截面弧形比单独使用氢氧化钠时小。同样对集成电路的硅片，用传统的酸性铣切会使截面呈现弧形，如果用碱性铣切得到的截面是一种近似于 $55°$ 的斜边。这两种例子对于精密铣切来说是非常重要的，因为它可使同等的图文铣切得更深，或者在单位面积内可做到更精细的图文。对于后者，在单位面积的硅片上，可以集成更多的电路单元。

二、化学铣切与金属冲裁的比较

对于小而薄的零件，既可以用化学铣切方法进行加工，也可以采用冲裁的方式进行加工。对于这些零件的加工，化学方法和机械方法都有其各自的优缺点，因而分别掌握它们的特点，对于在某些实际应用中正确选择加工方法是很有价值的。

从技术层面上看，化学铣切加工在很大程度上，正好是对冲裁加工方法不足之处的补充。当采用一般的模具冲裁时，零件尺寸越小，材料越薄，加工所遇到的困难就越大。而对于化学铣切加工，零件尺寸越小，材料越薄，零件的加工精度反而可做到更高。同时化学铣切加工还允许用舌片把各种零件组合起来，在一张整板上同时进行加工，这就大大简化了操作及运输问题。因此化学铣切加工最适合于厚度较薄，精度较高，生产量不大的产品。而传统的模具冲裁加工，更适合于材料较厚，精度较低，而生产量又很大的产品。

化学铣切加工准备周期短，设计图纸完成后照相底版可以很快做好。同时图纸可以根据需要随时更改，这对于产品设计阶段所需零部件的制作是非常可贵的。而在模具冲裁加工中，模具制作费用较高，周期较长，同时在制作模具时，图纸要一次性设计完成，不可中途更改，否则成本会更高。

化学铣切加工的零件不会有毛刺或因冲裁的原因发生应力形变。而模具冲裁的零件必须单件进行去毛刺处理，或采用化学抛光、电解抛光来去除毛刺，对于应力形变的零件还需通过热处理或喷丸的方法来消除。

但模具冲裁的一个优点却是化学铣切加工所无法达到的，那就是当零件的外形确定好后，产品的立体形状，可以在同一道冲裁工序中完成冲孔、下料和成型等加工工序，这是化学铣切加工所不可设想的。同时厚度大于 $500\mu m$ 的材料及含铬、含锰材料以及钛合金等，由于它们本身所固有的对常用化学铣切剂的耐蚀性，因而用化学方法难于进行铣切加工。模具冲裁材料厚度在 $0.05\sim9.5mm$ 的范围内都可以采用。

对于精密零件成型的化学铣切加工，为了保证精度，绝大多数都是采用照相防蚀技术，特别是需要双面同时进行化学铣切加工的零件更是如此。有关照相防蚀技术化学铣切加工与精密模具冲裁加工，各方面的比较见表 2-1。

表 2-1 照相防蚀技术化学铣切与精密模具冲裁的比较表

项目	照相防蚀技术化学铣切	精密冲裁
制造工艺装备周期	1 周以内	3~10 周
金属材料的厚度范围	一般不大于 $500\mu m$	$0.05\sim9.5mm$

项目		照相防蚀技术化学铣切	精密冲裁
易于加工的金属类型		铜合金	铜合金
		铁合金	铁合金
		镍合金	镍合金
		钼	钼
		钨	铌
		镁	镁
		铝	铝
		—	钽
难于加工的金属类型		铬	钨
		锰	钛
		钛	—
		钶	—
		钽	—
能达到的中心距公差	中心距尺寸<25mm	$\pm 5\mu m$	$\pm 13\mu m$
	中心距尺寸<25~75mm	$\pm 10\mu m$	$\pm 25\mu m$
	中心距尺寸<75~100mm	$\pm 25\mu m$	$\pm 50\mu m$
零件的毛料供应情况		长方形薄板	任意长度的连续成卷带材
		特定长度的带材	特定长度的带材
		单个零件	单个零件

三、化学铣切的精度

由于化学铣切加工过程的特点和层下铣切的作用，化学铣切加工的零件尺寸、形状和公差，都会随着许多因素而变化。影响铣切公差尺寸的一般因素有（与照相底版的精度相比）：加工材料的类型、加工材料尺寸的大小、材料的厚度、所使用的铣切介质、所使用的测量仪器及铣切设备以及所需求的产量等。这些因素对加工精度的影响与所加工的对象无关，即不管是普通零件还是精密零件，是线路板或是集成电路都无关。

化学铣切加工技术，由于具有加工厚度越薄，精度越高的特点。所以照相防蚀技术化学铣切方法特别适合精密零件，比如线路板和集成电路的加工，在这里主要讨论前者的加工精度问题。

尽管上面提到的每一种因素都会对特定的某种化学铣切加工的精度产生影响，但是在确定或提出一个零件的加工精度之前，几个关键的问题必须首先加以考虑。那就是该零件究竟要求具有何种精度？该零件的加工尺寸究竟要达到一个怎样的精度要求？一旦把这些问题确定下来，则所要选择的材料、加工方法、铣切剂的组成、防蚀层的要求、定位方式以及生产规模等，也就可以随之而确定。

照相防蚀技术化学铣切加工所能达到的孔中心距精度，主要由照相底版的精度来确定，因为零件铣切完成后的中心距就是照相底版上图像中心距的精确复制。现在的照相底版制作都是采用激光光绘来完成的，可以达到很高的精度。从光绘仪的绘图精度，就可得出成品零件中心距精度的实际极限值。对于更精密的制作还得考虑照相底版的伸缩性问题。图 2-1 是照相防蚀技术化学铣切加工中心距的公差示意图，必须要说明的是图中的数据只是用来切割零件时的加工精度（照相底版通过照相缩拍）的参考值，不可作为标准来使用。如果采用解析度更高的方法，可以缩小一个数量级。至于集成电路制造中所需达到的精度则要高出好几个数量级。

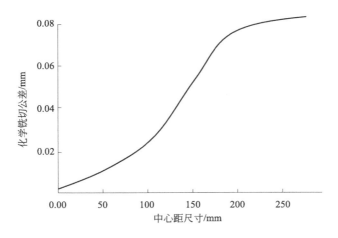

图 2-1　照相防蚀技术化学铣切加工中心距公差示意图

　　另外一个问题是采用化学铣切加工方法，加工各种平板尺寸及各种厚度的材料时，所能预期的一般公差。材料种类的不同对化学铣切加工的精度有很大影响，在常用材料中，以铜合金的加工精度最高，铝合金的加工精度最低，而钢及镍合金则介于二者之间。但如果采用恰当的设备及材料，并配以专用的铣切剂则公差可以明显缩小。就目前的技术而言，最精密的公差，厚度 $250\mu m$ 的铜，公差可以做到 $\pm10\mu m$ 以内，同样厚度的不锈钢公差就大得多，其公差只能做到 $\pm20\mu m$ 以内。而同样厚度的铝，用最快的铣切方法也难于做到 $\pm50\mu m$ 的公差。

　　在线路板铣切加工中，容易被忽视的一个问题就是线路的层下铣切量，对于线宽较大的线路图形层下铣切量可以忽略，但对于精细的线路图形，如果不注意计算层下铣切量并在设计印刷线路图形时在照相底版上做适当的调整，很容易造成因层下铣切导致的产品报废。在这里以 1oz 的铜箔为例来计算层下铣切量。

　　1oz 的覆铜板铜箔厚度为 $36\mu m$，设为 a。

　　层下铣切量为 b，对于正相光敏防蚀层 $b=a/2$，对于负相光敏防蚀层 $b=a/3$，现假设为负相光敏防蚀层。则：$b=0.012mm$。

　　c 是为达到直边而增加的铣切量，再加上铣切加工在定时方面的误差，通常对 1oz 的铜箔，c 按规定需要 $0.0127mm$，因此线路宽度将比掩膜（或丝网）尺寸约窄 $2b+2c=(2\times0.012)+(2\times0.0127)=0.0494(mm)$。

　　如果照相底版线路宽度为 $0.12mm$，则铣切后的实际尺寸为 $0.12-0.0494=0.0706$（mm）。

　　铜箔厚度与层下铣切尺寸变化见图 2-2。

　　在实际加工过程中线路变窄一般都会少于这个值。但也可以看出，铜箔越薄，线路保真度就越高，在进行精密线路板加工时，往往会选用更薄的覆铜箔来进行加工，比如选用 0.5oz（$18\mu m$）的覆铜板，甚至铜箔厚度只有 $5\mu m$ 的覆铜板来制作，这种薄的覆铜箔再通过图形电镀，甚至可以不在加厚的电镀层上再电镀防蚀金属层，而直接采用比例减成法进行铣切。

　　市场上 $5\mu m$ 厚度的覆铜箔还不多见，笔者曾经用 $18\mu m$ 的铜箔，先用化学铣切法减薄

图 2-2　铜箔厚度与层下铣切尺寸变化图

注：a 为铜箔厚度；b 为层下铣切量，正相光敏防蚀层 $b=(1/2)a$，负相光敏防蚀层 $b=(1/3)a$；c 为达到直边所增加的层下铣切量，c 的值根据铜箔厚度而定，铜箔越厚，c 值越大。

到 $5\mu m$ 左右，再进行钻孔，通过导电处理后进行线路图形转移，经电镀铜加厚后，直接进行铣切。

铜箔减薄也可以在钻孔后进行，但这样做虽然简化了工序，但在减薄时，会使钻孔周围的铜铣切速率比其他地方快。这是因为在铣切过程中，由于孔周边的铜箔相当于构成了一个闭路环，使孔边缘的铣切电流非常集中，集中的结果比周边铜的铣切电流大，铣切速率快，很容易使孔边缘有露基板现象发生，这会影响孔金属化层在边环上的结合力，所以这时对铜的减薄不能太大，以保留 $10\mu m$ 左右为宜。

照相防蚀技术化学铣切加工所加工出的边缘形状，与层下铣切现象直接有关，同时也影响获得某种几何形状的零件外形。比如孔的内径尺寸和材料厚度的关系，便受到层下铣切现象与使用上对孔径形状要求的影响。虽然从工艺上可以允许铣切加工一直进行到获得一个满意的直边为止，但这显然会影响最小孔径的尺寸。此外还要根据所检查的孔径尺寸，是从靠近孔表面还是从孔里面测量，才能确定出符合边沿形状要求的原图和铣切加工时间。

图 2-3 用图例表示了以常规方法获得的截面形状，作为实际应用时的参考。并对期望达到的最小孔径，孔间距，沟槽和圆角半径提供基本参考数据。

在确定是否采用化学铣切加工之前，可以根据设计图中的数据和有关精度问题，来判断采用化学铣切加工方法是否能够成功。但必须再一次强调的一点就是，化学铣切加工只适于加工薄型零件，或者是采用机械的方式难以进行加工的材料。

在材料厚度小于 $500\mu m$ 时，可以根据这些数据作出判断。如果大于 $500\mu m$ 厚度而一定要采用化学精密切割加工时，应进行铣切系数实验，通过实验数据确定是否可以采用，或者通过实验数据来修正照相底图的设计。

照相防蚀技术化学铣切加工与设计相符的程度除与上述因素有关外，还有一个非常重要的问题要考虑，那就是照相底版尺寸的确定。因为在经过铣切加工后，零件的外形尺寸变小，零件上各种孔或缺口等的尺寸会变大。这些尺寸的变化量，虽然可以从现有的资料上查到，再根据公式即可预算出来。但是这样做并不是一个可完全信赖的方法。因为资料上所能查到的数据都是在特定条件下的实验数据，在实际生产中所采用的材料、设备、铣切剂等不太可能和资料上介绍的制作情况完全一致。

所以最保险的做法，就是化学铣切工程师根据所用的材料、铣切剂、铣切条件对铣切系数进行准确测量，以获得第一手资料。再通过实际测试的数据，计算出照相底版尺寸的放大或缩小的倍率。并且作为一个化学铣切工程师，要善于对各种材料进行在各种环境下的铣切实验，并对每一次的铣切都要做出详细记录，这样经过不断的积累才能真正做到心中有数。

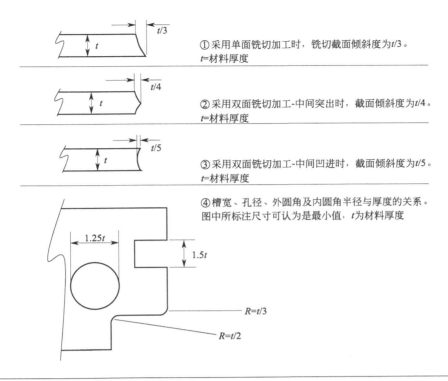

①采用单面铣切加工时，铣切截面倾斜度为$t/3$。
$t=$材料厚度

②采用双面铣切加工-中间突出时，截面倾斜度为$t/4$。
$t=$材料厚度

③采用双面铣切加工-中间凹进时，截面倾斜度为$t/5$。
$t=$材料厚度

④槽宽、孔径、外圆角及内圆角半径与厚度的关系。
图中所标注尺寸可认为是最小值，t为材料厚度

图 2-3　化学铣切决定外形极限尺寸的因素

四、化学铣切在加工精密产品方面的应用

照相防蚀技术化学铣切加工在精密加工方面的应用主要包括以下几个方面：

垫片、弹簧和机械零件的加工，光学元件的加工（用铜铍合金铣切加工而成的取景器标线片）；

磁性材料零件的加工（各种数字存储带的读数头，高频、中频和低频带检测仪使用的高导磁材料铁芯片，计算机的读写磁头，录音机磁头所用导磁铁芯片的铣切）；

特种电路元件的加工（电子数字显示装置元件）；

箔材及薄板的加工（各种精密筛孔网板及一些家用小电动工具的多孔罩，如电动剃刀头等）；

线路板的加工及集成电路的制造加工。

金属薄板导流槽的加工等（比如散热导流槽装置、反应装置）。

五、化学切割铣切带的作用

在进行化学切割铣切时，不可能直接将零件的单个照相底片拼接起来铣切。这样做，一则会增加铣切面积，造成铣切成本增加；二则经切透后的零件会掉入槽中，难于将零件从铣切液中取出。所以必须把零件以外的部分保护起来只留下环绕零件边缘的铣切带，同时还要用舌片将单个零件相互连在一起。

铣切带除了上述作用外，对化学切割零件的稳定生产至关重要，所以要尽可能地使整个拼图照相底片上铣切带的宽度相等，并以铣切带作为零件的轮廓线。铣切带宽度一致的理由主要有以下几条：

（1）如果所加工的铣切带宽度不同，则铣切速率就会有差异，而采用宽度相等的铣切带，则可保证在整个零件上，以相等的铣切速率把所有的外形边沿同时切透。这样就容易保证零件加工的公差。

（2）由于铣切带是一条宽度相等的狭长切口，因而减少了铣切加工去掉的面积与金属，也就节约了铣切剂的消耗，同时也减少了更换铣切液所需要的停工时间，降低了生产成本。

（3）零件可以用舌片支持在周围的材料上，使铣切加工完毕后，不致从板材上掉下来，同时也为以后去除防蚀层工序和零件的检查、包装、运输带来方便。

关于铣切带宽度的设定可根据材料厚度而定，一般以材料厚度的2～3倍为宜。

六、化学铣切的技术效益

任何材料的切削方法，其目的不外乎是从零件的指定位置上把材料切除下来，以获得设计人员所要求的形状。化学铣切作为一种材料切削加工方法具有以下两个突出的优点：

（1）它能从那些很难加工的材料或零件的某些部位上，非常容易地把零件上的材料切除下来，而要用其他方法来做到这一点，则必须支出昂贵的加工费用，甚至是难于进行的。

（2）这种工艺方法用来进行切削的"刀具"是一种液体，而与这种液体相接触的，则是它要加工的所有表面，因而，在进行铣切加工的过程中，没有任何机械强制力加诸于所要切削的表面上。同时这种液体"刀具"对于加工所要达到的最终形状来说，化学铣切不会受到切削刀具半径大小的限制，也不存在切削刀具对工件的可达性问题。从生产的角度来看，液体刀具的另外一个优点是：它能够在一个板材的上、下两个面上，同时进行铣切加工。这一点，不仅大大减小了因内应力释放而引起的翘曲变形，而且还使全部生产加工过程的工时显著减少。此外，在防蚀层材料的有效保护下，化学铣切能非常巧妙而精确地从指定位置上把材料切割下来，在需要的部位恰如其分地留下图纸所规定的材料厚度。

化学铣切除了能在同一零件的两个表面上同时进行加工外，还能在同一时间对很多零件进行加工，当需要铣切加工的零件经防蚀处理后，它们便可以一起吊挂在专用挂具上，放入铣切槽中进行铣切加工。每次加工零件的数目，主要取决于铣切槽尺寸的大小。这种方法在设计时也可以将多种形状不同的零件组合在一张大板材上，用化学铣切的方法一次性将许多小零件同时加工完成，这对于提高生产效率是非常可取的。从这个意义讲，限制化学铣切尺寸的唯一因素就是铣切槽的体积。如需加工特大的零件就需要制作专用的铣切槽。对于普通零件的铣切加工而言，其铣切槽的体积应和生产批量结合起来进行设计，以防造成设备投入成本的增加。对于平面蚀刻厚度小于3mm的零件，在采用传输式蚀刻机时，也要根据产能及工件的最大宽度来设计蚀刻机的宽度及长度。

由于化学铣切的液体刀具没有切削力，这对于某些特殊零件的加工来说是非常重要的。例如，一个有效的用途是：用化学铣切法去完成一个形状复杂的薄壁易损零件的加工，设该零件已用机械加工方法加工出全部几何形状，只在零件的全部表面上，留下一层加工量完全相等的金属，然后不需经过繁杂的涂防蚀层等工序，而直接简单地把零件全部浸入铣切槽中进行加工，即可获得所要求的复杂薄壁零件。

由于采用化学铣切方法对金属进行切削时没有切削力，所以，对零件没有像机械加工那样的刚度要求。因而，化学铣切零件可以采用很薄的腹板、蒙皮和其他结构来充分满足强度设计要求。比如，在厚度只有 2mm 或更薄的一些材料上需要加工出一些形腔或沟槽等结构，这时如采用机械加工的方法来完成，显然是不可能的，且不说需要加工的零件是否有弧度，首先一个最根本的问题是，机械加工切削刀具对零件的切削力往往会比被加工的零件的强度还大，在加工过程中将会使零件发生形变而难于进行。

化学铣切法在减轻零件质量方面也是常用的方法，比如，可以先用板材成型，然后用化学铣切的方法把不需要的材料去掉，这就是中世纪铠甲制造者们最初采用铣切加工方法所得到的效果。然而，正是这种古老的方法对我们现代工业的发展起了重要作用，因为化学铣切这样一种金属切削方法，在近代航空航天工业中首先得到了广泛的应用，而且今天正日益受到工程技术部门的重视。

第二节
化学铣切的类型

一、整体铣切加工

整体铣切加工是指从零件的整个表面上，均匀地铣切掉一层材料的加工手段。为了获得减轻金属零件重量的方法，和更严格地控制零件重量的偏差值，人们发现采用化学铣切的方法就能满足这一要求。同时，这种方法不需要对零件进行防蚀处理，只需将零件经过清洁处理后浸入铣切液中进行铣切，直到铣切至所要求的厚度为止。

化学铣切在用于减小产品零件的重量上，主要是针对减轻铸件、锻件的重量，也可用于减小各种挤压型材的厚度，使零件壁厚减小到设计要求的最低限度。

利用化学铣切方法来减小零件尺寸厚度，是最经济和最有效的方法。因为这种方法不需要涂防蚀层和刻划防蚀层图形，只需根据切除金属所需的铣切时间，使整个零件简单地浸入铣切液中接受全面铣切即可。像钛合金等质地坚硬的材料及形状复杂的零件，用这一方法就能很方便地把多余的材料切削下来，而对于这些材料及形状复杂的零件，如采用机械加工减薄的确是非常困难或难以进行的。在这一方面的主要应用都集中在航空航天工业或赛车壳体的减轻重量上。

对于钛及合金经过成型处理及热处理后，其表面会有一层硬度很高的氧化层，这层高硬度的氧化层会使后面的机械加工难以进行，这时就可以采用整体化学铣切的方法，先将零件毛坯其高硬度的表层铣切掉，然后再进行机械加工。

这种方法还可用于普通板材减薄，用于生产非标厚度板材。

整体化学铣切的最大特点就是当零件在铣切加工时，被铣切零件的各个面都会同时被铣切，并且化学铣切不存在切削力的问题，所以不会产生任何应力形变，零件内部也不会有应力残留。在进行整体化学铣切加工时，铣切液各主要成分浓度及铣切条件都在控制范围内的前提下，主要注意控制铣切时间就可以达到设计要求。

例 1：某异形型腔零件表面积 $S=10000cm^2$，质量 150kg，现在需要将零件质量去掉 26kg，质量铣切精度为 50g。设材料密度 $d=8.5g/cm^3$，所用铣切液的铣切速率 $v=0.003cm/min$。试计算完成这一加工需要多长时间。

解：要完成这一加工过程，首先得根据已知条件计算出需要铣切的厚度 h，再根据以上所提供的铣切速率即可计算出整个过程的铣切时间。

需要铣切去掉的厚度：$h=26000/(10000×8.5)=0.3059(cm)$

所需铣切时间：$t=h/v=0.3059/0.003=102(min)$

采用以上计算的铣切时间可得质量 $W=10000×0.003×102×8.5=26010(g)=26.01$（kg），质量铣切精度在设计要求范围内。

在实际铣切过程中，我们不可以一次性直接铣切 102min 后，再将零件从铣切液中取出进行测量。而是要将整个铣切时间分为 3~4 段，并在每一铣切时间段后都要将零件从铣切液中取出经酸洗、水洗除去黑灰后测量一次，再根据已经铣切的时间和测量的数据对铣切时间进行修正。在整个铣切过程中，除要保证铣切液中的铣切成分在控制范围内，还应注意的一个问题就是铣切液的温度，因为金属的铣切过程是一个放热过程，铣切速率越快，发热量就越大越快。通常情况下采用大体积和宽大液面都能使铣切液的温度相对稳定，在极限铣切速率以内，铣切液温度每升高 12℃，铣切速率增加约 1 倍，为了保持相对恒定的铣切速率，要求铣切温度的正负变化总和不能超过 5℃（对于精密铣切，温度变化不能超过 1℃）。

对于表面积不好测定的复杂零件，也可以采用质量损失逼近法进行铣切控制。这种方法是先将零件清洁处理后准确称重，再放入铣切液中进行铣切，铣切时间根据铣切液铣切速率与所需要铣切的质量来决定。经规定时间铣切后，将零件从铣切液中取出经酸洗、水洗除去黑灰，干燥后精确称重，即得到规定时间的铣切量。再通过这一测定的铣切量确定最终铣切时间。这一方法只对几何形状及大小完全相同的零件（同一金属材料）在某一铣切液中的铣切加工才具有参考价值。因为，在零件的表面积不同的情况下，同种金属材料在相同的铣切液中每分钟的铣切量是不同的。

用于减小零件质量的另一种铣切加工方法，是在零件表面的某些部位上使用一种选择铣切的方法来进行。这种加工方法和下面所要讨论的选择性铣切方法基本相同，只是在这里专门用于减小零件质量，而下面要讨论的选择性铣切方法对尺寸的精度有较高的要求。这一减小质量的方法有一个重要的特点，就是对于某些本来厚度就不大的材料，同时又需要较小的质量时，如果采用例 1 的方法，虽然质量达到了设计的要求，但强度将受到明显的影响，甚至达不到设计所要求的强度。这时采用部分铣切法就能在减小零件质量的前提下尽可能地保证零件的强度。在这里存在着两个控制参数：①零件的质量误差；②零件选择铣切部位的最小厚度误差。关于这一加工方法将在选择性铣切加工方法中进行举例说明。

整体铣切加工，主要用于航空航天工业上一些具有特殊要求，而普通机械加工方法又难以进行的零部件的加工。比如航空发动机经锻造加工的毛坯、燃烧室、外太空飞行器的壳体等，旨在需要减小质量或去掉表层以利于后面的机械加工。在特殊的民用领域整体化学铣切也被采用，如一些竞赛用的赛车，同样也会使用这一特殊的加工方法，来减小质量同时又能最大限度地保持其强度。

二、选择铣切加工

选择铣切加工和全面铣切加工的不同之处在于：首先要在被铣切金属表面涂上防蚀材

料，同时还要在防蚀材料上制作出加工所需要的图形，使需要铣切加工的表面清晰、准确地暴露出来。这些暴露的部分可以是一些凹槽，也可以是一些其他的线条等。这种方法是对图形进行选择铣切的一种化学加工方法。

选择铣切加工根据用途可分为两大类：①对飞机结构件、飞机蒙皮、太空飞行器、舰船等大型零件的各种图形铣切及结构铣切加工；②用于各种中小型零件的图文铣切，如各种高档电器金属壳体的图文铣切及各种金属铭牌的铣切加工，前几年风行的手机不锈钢中板的结构铣切也属此列。后一种方法在普通民用领域使用得最多的是对不锈钢和铝合金进行图文铣切加工及在移印钢板模及塑胶模具上进行图文铣切。这些内容将在后面专门讨论，这也是本书所要讨论的重点。

对于第一种方法，也可以理解为一种型腔或结构的铣切加工。这与下面所要讨论的多台阶铣切，从表面上看很相似，但从铣切加工的方法上看有很大区别。这里所讲的型腔或结构的铣切都是一次完成，只需要进行一次防蚀处理，一次铣切就可以达到设计要求。而多台阶铣切要经过两次或两次以上的防蚀处理和铣切才能完成铣切过程，达到设计要求。在这里同样举一型腔铣切的例子来加以说明。

例2：某一零件的形状如图2-4所示，材料厚度为5mm，要求铣切深度 $h=2.5$ mm，铣切精度为 ± 0.01 mm。设铣切速率 $v=0.015$ mm/min；侧蚀率 $F=0.8$。

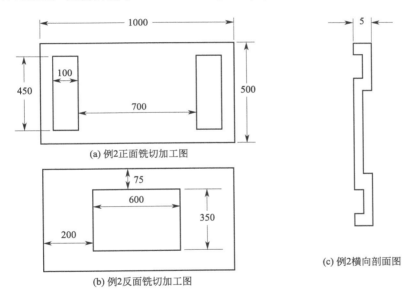

(a) 例2正面铣切加工图

(b) 例2反面铣切加工图

(c) 例2横向剖面图

图2-4 某零件选择铣切示意图

解：对这一零件的铣切加工，首先计算出所需的铣切时间 t。

$t=h/v=2.5/0.015 \approx 167$ (min)

再根据侧蚀率计算铣切窗口的实际尺寸。

零件正面两个小窗口设计尺寸为：100mm×450mm；铣切深度 $h=2.5$ mm；经铣切后的尺寸单边变化：2.5mm×0.8＝2mm。在进行防蚀处理时，铣切窗口尺寸应为：96mm×446mm。

零件反面大窗口设计尺寸为：600mm×350mm，铣切深度 $h=2.5$ mm，经铣切后的尺寸单边变化：2.5mm×0.8＝2mm。在进行防蚀处理时，铣切窗口尺寸应为：

596mm×346mm。

确定了实际铣切窗口尺寸和铣切时间后再按以下步骤进行加工：

（1）零件经清洗处理后，根据以上计算的数值进行防蚀处理，使需要铣切的部位暴露出来，而其他地方被防蚀层遮蔽。经防蚀处理后的表面如图2-5所示。

（2）经防蚀处理后的零件放入铣切液中进行铣切加工，其铣切方法可用前面提到的多次逼近法。

（3）铣切合格后的零件经清洗后，再次测量铣切深度是否符合设计要求，确定无误后，用碱液或溶剂去除防蚀层，经清洗干燥后保存。

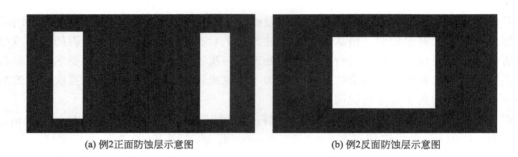

(a) 例2正面防蚀层示意图　　　　　　　　(b) 例2反面防蚀层示意图

图 2-5　某零件选择铣切防蚀层示意图（图中黑色部分表示已涂防蚀层，空白为需要被铣切的窗口）

例3：这是一种用选择性铣切法来完成减小零件质量的另一方法，这种方法特别适用于某些零件减小质量的同时又要保持相对强度。为了控制尺寸并获得所要求的结果，特用图例来说明。图 2-6 中两个窗口是要求铣切的部分，窗口中的尺寸是要求保留的厚度。

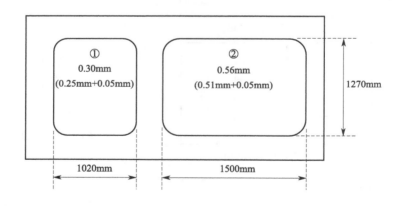

图 2-6　选择铣切减小质量示意图

这一零件要求铣切掉 26.6kg 的质量，在计算铣切质量时，所用方法如下：最大质量指标，是以铣切后余留金属厚度等于最小容许厚度再加上 0.05mm 作基础来确定的。在图中的两个被铣切窗口的最小容许厚度分别为 0.25mm 和 0.51mm。保留 0.05mm 后分别为 0.30mm 和 0.56mm。

材料厚度为 1.55mm 厚的不锈钢板，密度设为 $d = 7.68\text{g/cm}^3$，铣切速率设为 $v = 0.03\text{mm/min}$，化学铣切到符合上述规定的凹槽厚度时，根据选用不锈钢板的密度即可计算出最小铣切质量，其方法如下：

凹槽①：

板材厚度	1.55mm
修正后的保留厚度	0.30mm（最小厚度0.25mm+0.05mm=0.30mm）
最小铣切深度	1.25mm

需要被铣切掉的金属体积＝$1.25 \times 1020 \times 1270 = 1619250(mm^3)$

凹槽②：

板材厚度	1.55mm
修正后的保留厚度	0.56mm（最小厚度0.51mm+0.05mm=0.56mm）
最小铣切深度	0.99mm

需要被铣切掉的金属体积＝$0.99 \times 1500 \times 1270 = 1885950(mm^3)$

被铣切金属的总体积：

$1885950 + 1619250 = 3505200(mm^3) \approx 3505.2(cm^3)$

被铣切金属的最小质量为：

$3505.2 \times 7.68 \approx 26.9(kg)$

在进行铣切加工时，可先将凹槽②部分放入铣切槽中进行铣切，按已知条件给出的参考铣切速率，经约9min后，铣切深度可达0.27mm左右，由于这个深度值并不十分重要，不需要检测。凹槽②预先铣切9min后即可将整个零件放入铣切槽中进行铣切。其铣切量的控制，可按金属的最小铣切量26.9kg来掌握，只要在铣切之前，将经过防蚀处理的整个零件准确称重（将防蚀层的质量也一并包括在内），零件的精度可在凹槽深度加工快完成时，同时使用称重天平和厚度百分表来测定。

上面所讲述的两个例子中，都是所需要的图形被铣切，而其他部位得到保护。与之相反的另一种选择性铣切方法是在被铣切零件表面通过丝印、照相术或其他方法将所需的图文转移到零件表面，使图文得到保护，而金属整体被铣切。在后面章节中将主要对这些铣切工艺进行详细介绍。

三、多台阶铣切加工

多台阶铣切其实就是选择性铣切在实际生产中的一种应用方式，是用选择铣切的方法在零件上铣切出各种不同深度的一种铣切加工方法，也称为分步切削铣切加工。通过这种方法铣切的各种不同深度可以用未铣切的凸台分隔开，也可以相互邻接最终形成梯形的剖面。其加工程序是：最先暴露铣切的部位，也就是最终铣切得最深的部位，对深度大的铣切应特别注意侧蚀量及多台阶累计公差的精确计算。下面用一实例来说明这一过程的进行。

例4：假定如图2-7所示的横截面为要求铣切的三台阶截面图。这一多台阶的铣切过程，需要通过三个步骤来完成，现简述如下。

（1）零件经清洁处理后，涂上防蚀材料，待完全干燥后，在图2-7中4.5mm深度要求的部位去掉防蚀层，作为第一次铣切加工的窗口。去掉这部分防蚀层后的零件放入铣切液中进行第一次铣切，铣切深度：1.5mm（见图2-8）。

（2）经第一次铣切后的零件从铣切液中提出，清洗干净并干燥后，检测其铣切深度是否在设计要求范围。如符合要求，再去除第二次需要铣切部位的防蚀层，即图2-7中所示

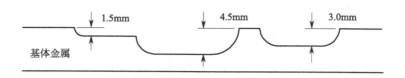

图 2-7　三台阶铣切截面示意图

3.0mm 铣切深度部位，作为第二次铣切增加的铣切加工窗口。第二次去除防蚀层后放入铣切液中进行第二次铣切，铣切深度：1.5mm（见图 2-9）。

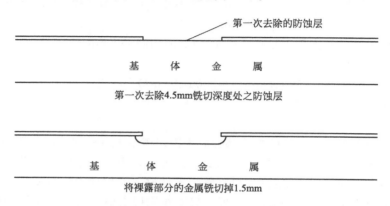

图 2-8　三台阶铣切步骤（1）示意图

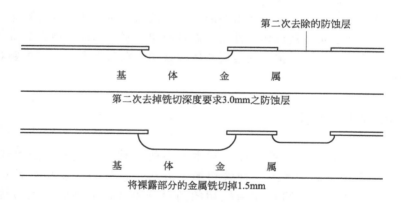

图 2-9　三台阶铣切步骤（2）示意图

　　（3）将经第二次铣切后的零件从铣切液中提出，清洗干净并干燥后，同时再次检测第二次的铣切深度是否符合要求，然后再去除第三次所需要铣切部位的防蚀层，即图 2-7 中所示1.5mm 铣切深度要求的部位，作为第三次铣切所增加的铣切窗口。将去除这部分防蚀层的零件放入铣切液中进行第三次铣切，铣切深度：1.5mm，如图 2-10 所示。

　　这步工序完成后，这一三台阶零件的铣切过程即告结束。零件经清洗后，最后检测各台阶铣切深度是否在工艺要求范围内，如深度不够可适当再增加铣切时间，达到规定深度后即可去除全部防蚀层，加工过程结束。

　　在多台阶铣切加工中，关于防蚀层的制作，最原始的刻划法往往最为实用，关于这一方

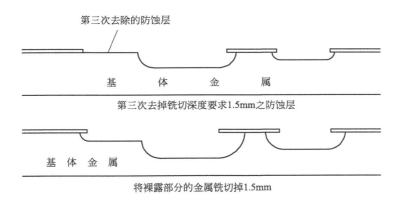

第三次去除的防蚀层

基 体 金 属

第三次去掉铣切深度要求1.5mm之防蚀层

基 体 金 属

将裸露部分的金属铣切掉1.5mm

图 2-10　三台阶铣切加工步骤（3）示意图

法的过程和要求，留待后面章节讨论。

　　在铣切过程中为了保证铣切深度在工艺规定范围内，在每一次铣切过程中都要经过多次检测跟踪铣切深度的变化。对于铣切深度的控制，可以采用两步或三步逼近法进行控制。在确定每次铣切时间时，应对被铣切金属材料进行铣切速率及侧蚀率的测试实验，再根据测试的铣切速率及侧蚀率确定铣切时间及被铣切窗口的尺寸。

　　在多台阶铣切加工中要特别注意加工公差问题，由于在多次铣切加工过程中，公差会逐渐积累起来，因而，每一次的铣切加工都必须取公差的中值。并且在实际铣切过程中，还需要对铣切尺寸进行精确测量，以便可以补救偏离公差的部位。在多台阶铣切中还要注意的一个问题是，经铣切后的各层台阶边缘的几何形状是会随着铣切深度的增加而变化的，如果想要达到预期的几何边缘，就需要选择与之相适应的铣切方法。

　　在多台阶铣切加工中，有两个关键尺寸的配合，即铣切深度和侧蚀量的配合。只有这两者完美配合，才能加工出符合设计要求的产品。铣切深度和侧蚀量都可以通过实验取得精确的数据，再根据这些数据，确定每个台阶的铣切时间及每个台阶的窗口尺寸。下面用一个例子来说明。

　　例 5：某一台阶的截面见图 2-11。

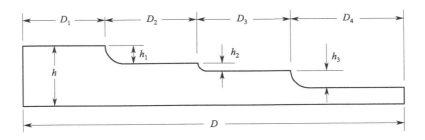

图 2-11　某台阶加工成型后截面示意图

　　图中 h_1、h_2、h_3 为三个台阶的深度，h 为零件总厚度。D_1、D_2、D_3、D_4 为相应各台阶的尺寸，D 为零件总长度。零件总长度 D 和零件总厚度 h 以机械加工完成。

　　要完成如图 2-11 所示零件的加工，首先要通过实验确定材料的铣切速率和侧蚀率。先找一件和被铣切零件材料完全一致的样板，经清洁处理后涂上防蚀层。待防蚀层完全干燥后再在防蚀层上开一合适的窗口，经准确测量并记录好窗口的尺寸。放入铣切液中进行铣切实验，经过规定时间铣切后（设定铣切时间为 t，单位：min），取出零件，清洗干净，除去防蚀层，烘干后，再准确测量铣切深度及铣切后的窗口尺寸，为了保证尺寸的精准度，需要在同等条件下做三个样品，取其铣切速率及侧蚀率的平均值，如图 2-12 所示。

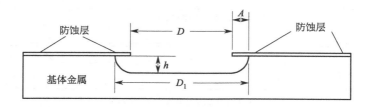

图 2-12　样板铣切实验示意图

注：D＝铣切开口窗口尺寸，mm；A＝水平铣切（即侧铣切）尺寸，mm；h＝垂直铣切（即铣切深度）尺寸，mm；D_1＝铣切后的窗口实际尺寸，mm。且 $D_1 = D + 2A$

　　　　铣切速率 $v = h/t$，单位：mm/min；

　　　　侧蚀率 $F = A/h$。

　　　　为了更进一步说明计算过程，设 $h = 2.36$mm；

　　　　铣切时间 $t = 46$min；

　　　　$D = 56.6$mm；

　　　　$D_1 = 59.8$mm；

　　　　$A = (D_1 - D)/2 = 1.6$(mm)；

　　　　侧蚀率 $F = 1.6/2.36 = 0.678$。

　　　　铣切速率 $v = h/t = 2.36/46 = 0.0513$(mm/min)。

　　这一工作如果想获得更精确的数据，可同时用多块试件进行实验。在实验时，可分两部分进行：①温度不变，改变铣切剂的浓度，其变化范围取中心值的 $\pm 10\%$、$\pm 15\%$、$\pm 20\%$，这一方法主要是测试在温度恒定的情况下，铣切剂浓度的变化对铣切速率及侧蚀率的影响。这几组数据的铣切速率及侧蚀率越接近，说明铣切剂组成及浓度的配合越合理。②铣切剂浓度保持不变，改变铣切剂的温度，因为在通常情况下，温度每变化约 12℃ 铣切速率增加 1 倍或变为原来的 $\dfrac{1}{2}$，所以其变化范围取中心值的 ± 3℃、± 6℃、± 9℃，这一方法主要是测试铣切液在浓度一定的情况下，铣切温度对铣切速率及侧蚀率的影响。通过以上两方面的实验，再从这些实验数据中优选出最佳铣切剂浓度范围及温度变化范围。

　　得到了以上铣切实验数据后，就可以根据这些数据来对例 5 所示的多台阶铣切过程进行设计。从图 2-11 的多台阶结构来看，要经过三次铣切才能完成。在完成这三次铣切的过程中，有两种方式可以选择：①先铣切 h_1，再铣切 h_2，最后铣切 h_3；②先铣切 h_3，然后再铣切 h_2，最后铣切 h_1。这两种不同的铣切方法最后所得到的多台阶边缘几何形状亦有所不同，且铣切过程设计亦不相同，现详细讨论如下：

　　在设计铣切过程之前，先来设定图中的有关尺寸，设：$h_1 = 2.5$mm；$h_2 = 1.5$mm；$h_3 = 2.5$mm；$D_1 = 100$mm；$D_2 = 165$mm；$D_3 = 120$mm；$D_4 = 175$mm。累计公差 ± 0.05mm。

　　方法一：

　　在这一方法中完全可以套用例 4 中的方法进行设计，因为每一次铣切都可以看成是如例

4 所示的简单铣切方法的重复。其详细过程如下：

工序一：零件首先经过脱脂处理，以除去零件表面各种污物，保证零件表面对防蚀层有极好的附着性。零件经清洗涂防蚀层并彻底干燥后，划开 h_1 处的窗口，在划开 h_1 处的窗口时要注意，水平方向的层下铣切量，h_1 处的实际铣切窗口为 D_1 的尺寸加上层下铣切量以外的部分 $100+(2.5\times0.678)=101.695(mm)$，取 101.7mm。铣切时间 $t_1=2.5/0.0513\approx48.7(min)$，取 49min，见图 2-13。

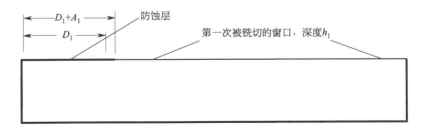

图 2-13　例 5 多台阶加工工序一防蚀截面示意图

图 2-13 中 D_1 为铣切后所要求的尺寸：100mm；D_1+A_1 为在铣切开始前实际所需要保护的尺寸：101.7mm。图 2-13 中粗黑线部分为防蚀层，因为零件外形已加工到实际尺寸，所以在铣切时，对铣切以外的所有部分都要加以严格保护。经第一次铣切后的零件，清洗干净后，测量铣切深度和 D_1 的尺寸是否在工艺要求的范围。第一次铣切后的表面形状如图 2-14 所示。

图 2-14　例 5 多台阶铣切加工工序一完成后的截面示意图

工序二：零件经第一次铣切并经测量合格后，防蚀层不用去除，并在第一次铣切的表面上涂上防蚀层，如果第一次保留的防蚀层有破损或有破损倾向的地方应重新涂防蚀层，干燥后，划开 h_2 的窗口，即刻划去除 D_1+D_2 以外的防蚀层，同样在刻划时要加上层下水平铣切的宽度。h_2 的铣切深度为 1.5mm，层下水平铣切量为 $A_2=1.5\times0.678=1.017(mm)$，取 1.02mm。第二次需要保护的表面尺寸为 $D_1+D_2+A_2=100+165+1.02=266.02(mm)$。铣切时间 $t_2=1.5/0.0513\approx29(min)$，如图 2-15 所示。

第二次所保证的铣切深度为 h_2 和 D_2 的尺寸。经第二次铣切后的截面见图 2-16。

工序三：零件经工序二铣切后，防蚀层不用去除，并在第二次铣切后的窗口上涂防蚀层，其余地方防蚀层修补同工序二，经干燥后，划开 h_3 的窗口，即刻划去除 $D_1+D_2+D_3$ 以外的防蚀层，在刻划时同样要加上层下水平铣切量的宽度，h_3 铣切深度 2.5mm，层下水平铣切量为 $A_3=2.5\times0.678=1.695(mm)$，取 1.7mm。第三次需要保护的表面尺寸为 $D_1+D_2+D_3+A_3=100+165+120+1.7=386.7(mm)$。铣切时间 $t_3=2.5/0.0513\approx48.7(min)$，如图 2-17 所示。

第三次铣切要保证 h_3 的深度和 D_4 的尺寸。这是最后一次铣切，经铣切完并检验合格

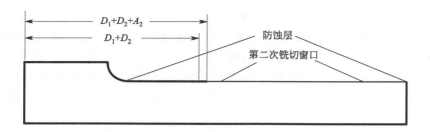

图 2-15　例 5 多台阶铣切加工工序二防蚀截面示意图

图 2-16　例 5 多台阶铣切加工工序二完成后截面示意图

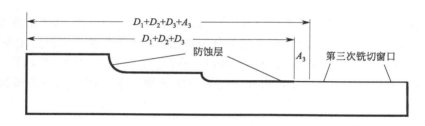

图 2-17　例 5 多台阶铣切加工工序三防蚀截面示意图

后，即可去除所有防蚀层。去除防蚀层后的零件截面如图 2-11 所示。

方法二：

这一方法是先铣切 h_1 的深度，再铣切 h_2 的深度，最后铣切 h_3 的深度（请注意图 2-18 中所标注的 h_1、h_2、h_3 的顺序和图 2-11 所标注的顺序是不同的）。通过这一方法铣切的零件表面几何形状和方法一的几何形状不一致，这种方法铣切后只有 h_3 的几何形状和上述相同，h_1 和 h_2 都呈现出一个有较大斜度的断面。在用这种方法进行图 2-18 中的多台阶铣切设计时，如果用方法一的数据作为依据显然是不够的，因为在铣切过程中还必须进一步联想到台阶边缘的几何形态的变化。在图 2-18 中所示的多台阶铣切中，仅最后一次的铣切 h_3 能用方法一所示的简单的方法来进行计算，对于前面两个台阶 h_1、h_2 的层下铣切宽度，可通过如图 2-18 所示的方法进行计算。

虽然在例 5 中所讲述的方法是按侧蚀率的大小来计算每一个台阶的铣切尺寸，但如果用图 2-18 所示的方法来进行铣切设计，单用侧蚀率就难以进行。在这里可先抛开例 5 所给定的侧蚀率，在实际生产中大多数情况下的铣切系数都接近于 1，因而用勾股定理来进行计算就会简单得多。利用勾股定理计算所得的结果再乘以侧蚀率 F，就可以计算出精确的层下铣切宽度。据有关资料介绍，使用这种方法在大多数情况下，计算结果所引起的误差不超过 5%。这种方法计算的步骤如下：

第一个台阶（即最先铣切加工的台阶 h_1）的层下切削宽度 A_1 应为：

$$A_1^2 + h_2^2 = h_1^2$$

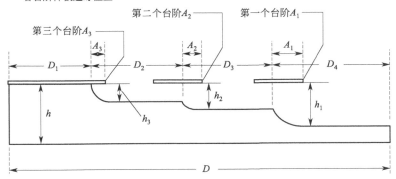

图 2-18　多台阶加工时样板层下铣切宽度的计算

$$A_1 = F(\sqrt{h_1^2 - h_2^2})$$

同理，第二个台阶的层下切削宽度为：

$$A_2 = F(\sqrt{h_2^2 - h_3^2})$$

第三个台阶，也是最后一个台阶的层下切削宽度为：

$$A_1 = Fh_3$$

从式中可以看出，最后一次的层下切削计算公式和例 5 方法一的计算方法是一样的。

采用这一方法所得到的截面是从上个台阶到下个台阶的平滑过渡，这对于有力学性能要求的产品来说是非常重要的。

保证多台阶铣切公差的关键，是要准确测量被铣切材料在某一铣切液中的精确铣切速率及侧蚀率。这些参数仅靠现有资料介绍的数据去估算是不可取的，要自己亲自去进行试验，取得第一手资料才是最为可靠的。

在多台阶铣切加工中，一个非常重要的问题就是加工的公差。由于每一个台阶的公差都是逐渐积累起来的，因而加工每个台阶时，其目标必须是其公差的中值。每一次铣切加工都在两个台阶之间引导出一个名义上的尺寸偏差，这个偏差将保留给后面的铣切加工。因此，当产品最后完成时就可能会出现偏差积累问题。在后面的加工工序中，如不采取补涂防蚀层和进行局部选择性铣切加工的方法去纠正这些偏差的话，那么，在生产中是很难保证偏差在设计范围内的。

在例 5 的两种方法中：方法一由于每次都是针对一个台阶来铣切，由此而引起的累计偏差是很小的。方法二就不一样了，由于是要求从最深处的台阶开始铣切，在整个铣切过程中，第一次和第二次开始铣切的台阶就存在着偏差和累积问题。在铣切过程中，就需要多次去测量铣切深度和水平偏差的情况，以便做出调整或补救措施。例 5 所讲述的仅仅是一个三台阶铣切情况的例子，只要控制得当，其尺寸偏差都不会有多大问题。但对于一些复杂的航空航天部件，往往会进行几十次的铣切才能最终完成设计所需求的多台阶铣切工作，为了满足严格的质量要求，其控制是非常复杂的。

四、锥度铣切

早在 100 多年前，人们就知道了用化学方法来进行锥度铣切加工，只是那时人们对这一工艺的使用很少，直到 20 世纪随着飞机工业的发展和可控速度吊车的出现，才使这一工艺找到了用武之地，才把这种加工方法的基本原理应用于制造机翼大梁、各种机翼和机身长桁及翼肋的构架零件加工上。

对于一些成型的薄材料的锥度加工，就目前而言化学铣切是唯一的加工方法。

所谓锥度铣切就是指能沿着整个长度加工出厚度或直径逐渐变化的、长而薄的零件的一种化学加工方法。锥度铣切的具体加工方法是：采用把零件多次按一恒定的速率浸入铣切液和从铣切液中提出的方法，使被铣切的零件经加工完成后形成一定的锥度，且这一锥度的大小可以通过吊车吊放的速率和次数来达到不同的设计要求。这种方法适用于加工长而锥度小的零件，长而锥度小的零件用机械加工往往比较困难。

这种方法是用一个比零件长度更深的铣切槽，在槽上安装速率可调的吊车，根据零件锥度的大小确定吊车的吊放速率及次数，为了保证加工质量，不管锥度多小，都应保证至少有两次吊放。在最后一次吊放铣切完成后，应迅速提出零件以防表面铣切污物难于去除。

锥度铣切加工的吊车速率可按下式计算：

$$V = (NLv)/h$$

式中　V——吊放速率，mm/min；

　　　N——吊放次数；

　　　L——锥度的长度，mm；

　　　v——单面铣切速率，mm/min；

　　　h——单面铣切深度（指同一加工表面上最大铣切量与最小铣切量之差），mm。

锥度铣切在普通民用领域很少采用，一般都集中在航空航天工业上。在体育运动器材中可用于一些帆船或竞速艇的桅杆加工，桅杆顶部的质量对帆船稳定性的影响最大，对于长度大于 10m 的桅杆如果要采用机械方法将顶端加工成锥度，就算采用现在最现代化的数控机床也是很困难的，而化学锥度铣切法就能轻易地解决这个问题。

锥度铣切在航空航天工业上的一个应用实例就是在飞机机翼上的应用，飞机机翼从翼根到翼尖，应力大小的实际分布是逐渐变化的。因此，为了获得最高的结构效率，就要求沿着整个长度上，使型材的厚度连续而均匀地变细。如果采用机械加工方法，在这样薄的产品上加工连续变化的锥形，显然是很困难的，特别是当型材在全长上还带有弧度的情况下，机械加工将更加难于进行，而采用化学锥度铣切方法就可以很容易地解决这一问题。

下面用一简例来介绍锥度的加工方法，使大家对锥度加工方法有一个直观的认识，在实际零件上的加工方法在这里不做详细介绍。

例 6：设如图 2-19 所示为要求的加工切面，其锥度铣切加工的方法简述如下。假定材料的铣切速率为 0.028mm/min，锥度用 6 次吊放来完成，则吊车的吊放速率为：

$$V = (NLv)/h = (6 \times 1000 \times 0.028)/(4 - 2.5) = 168/1.5 = 112 \text{(mm/min)}$$

制作过程：将一厚度为 8mm 的板材，经过清洁处理后，竖直地吊挂在铣切槽上面，然后用吊车迅速下降将其放入铣切剂中，直到液面与板材上的 300mm 线齐平为止。将吊车的升降速率调节到 112mm/min 处，使板材继续下降，直到使 1000mm 的锥度切面全部浸入铣切剂中为止（在板材的边缘上要事先做好标记，以免下降时超过限度）。然后紧接着使吊车以 112mm/min 的速度将零件从铣切剂中提出，其位置与原来开始锥度加工时相同。这样反复吊放 6 次之后，立即将零件以最大速率提出铣切槽，清洗干净后测量锥度。

如果是对圆棒进行锥度铣切，其方法与上述基本相同。吊放次数应根据铣切速率与所需铣切的深度确定，在这二者中，与铣切深度的关系最为密切，铣切的深度越深，相应吊放的

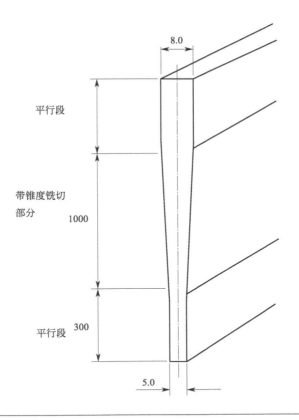

图 2-19 例 6 工件锥度铣切截面图及尺寸要求

次数就越多。具体吊放次数及吊放速率要根据实际情况而定。

五、化学铣切下料

化学铣切下料就是用化学铣切的方式将零件从整块板上切割下来的一种加工方法。其标准的加工方法是将需要化学铣切切割的材料经过清洁处理和涂防蚀层之后，在板材的一面或两面按照零件外形样板刻划出防蚀层图形。在样板上所留的层下铣切余量中，必须考虑材料的厚度及切割边缘到零件外形之间的大致余量。图 2-20 示出了几种典型的切割边缘的切面，其重要意义在于：它们表明了化学切割下料的边缘不可能是完全垂直的。事实上，往往当四周的锐边很明显的时候，铣切加工就必须停止，特别是当化学切割毛料较厚的材料时更是如此。

从图 2-20 中可以看出，当金属刚被切透时，材料切割边缘是一有较大弧度的切面，再经过一段时间的铣切后，切面倾向于垂直，但其侧蚀量明显增加，从而使铣切精度降低。如果采用双面铣切切割时，其侧蚀量比单面铣切切割明显减小。这对于在某些材料厚度低的板材上采用照相化学切割来加工精密零件是很适用的。

化学铣切下料有两种形式：①用于零件毛坯的化学切割，化学切割下料主要是针对那些材料硬度高，用普通机械方法较难进行的金属材料，这种方法主要用于一些特殊的场合；②对精细零件的外形成型加工，这种加工方法往往都是用于材料厚度不大的金属零件的化学切割，比如一些弹簧片、精细零件的少量加工等。这一方法随着照相防蚀技术的发

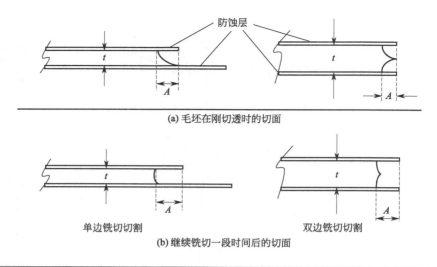

防蚀层

t

A

t

A

(a) 毛坯在刚切切透时的切面

t

A

t

A

单边铣切切割

双边铣切切割

(b) 继续铣切一段时间后的切面

图 2-20　几种化学切割面的几何形状

展已经在民用领域得到了越来越多的应用。关于这方面的应用，放在照相防蚀技术和实例中给予介绍。

第三节
化学铣切在加工方面的限制与难点

化学铣切加工虽然具有上节所讲述的诸多优点，化学铣切加工对于某些用机械方法难于加工的场合确实有其独到之处，但是化学铣切也不是一种万能的加工方法，它也会受到很多因素的限制。只有真正认识到化学铣切在某些方面的限制与困难，才不至于把这种工艺方法运用到一些不适合于化学铣切加工或者运用起来难度很大的用途上去，如图 2-21(a) 所示。

一、化学铣切最主要的限制

化学铣切只能以零件原有表面状态为基准，累积进行切削。因此经过化学铣切加工后的零件形状及表面状态，与零件原始的形状与表面状态有直接关系。更多的情况是经化学铣切后的加工表面完全与原来的初始基准表面状态保持平行。而成型铣切边缘的几何形状，又主要与材料厚度有关。从这些限制可以看出，化学铣切不能用于表面粗糙的板材、棒材等来加工形状复杂的零件。如需要在复杂零件上的某些部位加工出很薄的腹板或一些浅的凸缘时，就必须先用机械的方式将全部几何外形加工到一定程度，而接下来的化学铣切只是平行于已加工好的表面把金属均匀地铣切掉一层，以达到所要求的厚度和形状。同时化学铣切无法在所加工的边缘进行垂直侧面的加工，只能加工出一个半径近似于铣切深度的圆弧形状，如图 2-21(b) 所示。采用一些特殊的铣切剂，在控制良好的情况下，可以铣切加工出一种斜削边的形状，如图 2-21(c) 所示。

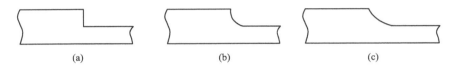

图 2-21　化学铣切边缘侧边几何形状的限制
(a) 用化学铣切无法加工的几何边缘；(b) 化学铣切加工的正常几何形状；(c) 采用特殊铣切剂加工的斜削边

　　图形防蚀层的黏附力和在加工过程中铣切剂成分的变化，会引起铣切系数的改变。化学铣切边缘的几何形状也会有一定的偏差，有时这个偏差还会比较大。所以化学铣切不可以用于加工公差要求很严的结构零件。

　　单纯的外形尺寸加工，也就是常说的化学下料，通常只有两种情况才会采用。①对于材料厚度不大的精巧零件的加工，如各种弹簧片或其他精巧结构件的加工；②对于那些材料很硬而难于进行机械加工的金属材料进行大尺寸精密下料时的外形加工，这些材料往往是很难用机械方法进行外形加工的。随着照相化学铣切技术的不断完善和普及，用于外形尺寸加工可以做到很高的几何外形保真度和化学铣切精度。

　　另外一个必须注意的问题，就是化学铣切不可用于加工窄而深的凹槽，这是因为在化学铣切加工时所产生的气泡会集聚在防蚀层边缘的下面，而这些被堵在防蚀层下面的气泡事实上起了把金属表面与铣切剂隔开的作用。以致造成一种非常不规则的铣切，形成很不整齐的边缘，这对于深度大的加工是一件很麻烦的事，虽然一些性能不错的防蚀材料较软，易于使气泡排出，但当加工到一定深度后，即使采用机械搅拌的方法也不足以使防蚀层边缘的气泡完全排出，对于这种加工最有效的做法就是采用比较费时的手工方法把图形边缘的防蚀层修平。另外一种可能的原因就是铣切液表面张力的作用，这种情况同样也会在窄或小半径表面造成铣切不能进行的问题。对于深度较大的凹槽加工要求宽度不低于 4mm。对于深度不大的凹槽或圆孔要求宽度或半径不小于深度的 1.5 倍。

　　如图 2-22 所示，适宜的化学凹槽铣切宽度应为 4mm，再加上 2 倍或稍深的铣切深度，化学铣切凹槽的最大深度一般应为 12mm 左右，因为在这种情况下，即使凹槽的面积较大，但由于宽达 12mm 左右的防蚀层薄膜，将像裙边一样长长地悬伸出来，从而不可避免地会造成气泡堆积现象的发生，并使凹槽四周边沿出现凹凸不平的质量缺陷。当铣切深度达到一定深度后，即使大幅度地晃动零件或搅拌溶液，也不可能完全消除这种由气泡集聚带来的影响，尽管现在的一些新的防蚀层能保持足够的柔软性，可以使生成的气泡立即逸出。但是对于要求很深的铣切凹槽，要克服这一缺点最有效的方法，就是一个简单易行但很浪费时间的办法，即在每铣切 2mm 之后，把零件从铣切剂中取出来，小心翼翼地用小刀沿着各铣切加工边沿将悬伸出来的防蚀层薄膜去掉。

　　化学铣切也广泛地用来减小管子的壁厚。加工时，通常采用把管子全部浸入铣切剂中的方法，以便从内径和外径上同时去掉管壁的金属。但如果只允许从管子的内表面去除金属，为了使加工取得满意的效果，就要求管子的内径不能小于某个极限尺寸。例如，当管子的内径小于 12mm 时，由于气泡、铣切剂的涡流以及其他因素的影响，将会加工出不规则的形状。因而，对于直径小于 12mm 的管子，只能把管子的两端堵上，从管子的外面去掉多余的金属。

　　化学铣切加工的一个限制是用于钻孔，化学铣切钻孔和机械方法及电解方法钻孔都不相

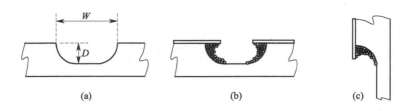

图 2-22　由于气泡在防蚀层下面集聚而引起的切面侧边质量问题

(a) 设计要求的截面几何形状，如果 $W < (2D+4)$，则凹槽边沿的质量很可能受到损害；(b) 一条窄而深的切口，其边沿将受到气泡集聚现象的影响；(c) 当零件垂直悬挂进行铣切加工时，上面的边沿将受到类似的气泡影响

同，它不能加工出后两者所能加工出来的孔形。电解钻孔由于不是用铣切剂，它是通过一个相当于钻头的直管供应电解液来钻穿非常硬的材料，选择合适的工艺方法可以钻出孔壁平直的孔。而化学铣切钻孔只能钻出不规则的锥形孔。对于深度化学铣切钻孔，由于铣切时间长，而使公差增大，所以化学钻孔除特殊情况外很少采用。

二、关于尺寸的控制问题

化学铣切加工的尺寸精度受两个方面的影响：①化学铣切本身在加工过程中所产生的偏差，这是由各个被加工表面上的不同铣切速率造成的，这就使得铣切去掉的金属厚度或铣切深度有了差异。这可以归结为化学铣切精度。这一精度的控制，可以通过试验，选择最适合于某种金属的铣切剂，及最适宜的铣切条件来得到一定程度的保证。②被铣切材料的精度，这是指零件在进行化学铣切加工之前，原材料本身就已存在偏差，也称为毛坯偏差。化学铣切的总公差是这两个精度偏差的总和，所以在进行化学铣切时必须要把这两个偏差都计算在内，否则经化学铣切的零件会有很大的尺寸偏差。

从这一点可以看出，化学铣切加工都是以零件的原始表面为基准，而不是像大多数的机械加工方法那样，是以金属切削机床的基准面来作为加工基准，其加工偏差只受机床固有的加工精度的影响。化学铣切所能达到的加工公差主要受以下几方面因素的影响。

1. 零件材料的影响

由于材料的不同，其铣切速率和侧蚀率也不尽相同，从而使一些材料比另一些材料具有更加均匀的铣切效果。所以在同一铣切条件下，二者加工后的精度自然也就不同。对于同一种材料也可因材料型号的不同产生不同的铣切速率及效果，使其在同一铣切液中也会具有不同的铣切公差。对于薄材料的精细网孔加工（比如厚度小于 0.15mm），即使厚度差超过 $5\mu m$ 都会造成加工尺寸的不协调。

2. 零件尺寸大小的影响

零件尺寸越大，在铣切槽中所处的位置不同，因而各部分出现铣切差异的可能性就越大，这主要表现在铣切速率的差异。同时毛坯尺寸越大在初加工时所要求的公差也越大，所以这种零件经化学铣切后的总公差也就越大。

3. 零件悬挂方式的影响

一个大型的板材零件如果垂直放于铣切槽中，经铣切后会出现下薄上厚的锥形，所以在计算公差时也应把这种由铣切加工本身造成的公差计入总公差。对于小型零件这种现象可以不计。

4. 铣切剂的影响

为了保证严格的公差尺寸，必要条件之一就是要使铣切液在加工过程中，对零件表面保持一种均衡的铣切速率。为此，必须要严格控制铣切液化学成分的浓度范围；保持铣切剂在铣切槽中各部分的温度分布均匀；保持铣切液在铣切槽中各部分浓度均匀。前者可采用对铣切液的分析来达到控制，同时在成本允许的情况下采用大体积铣切液。后两者可以采用搅拌铣切液的方法来得到满足。

5. 铣切加工深度的影响

铣切加工深度是所有因素中对化学铣切加工公差影响最大的因素，因为铣切加工深度越深，零件在铣切液中浸泡时间越长，而时间越长，铣切液中各种化学成分的变化也越大，进而使铣切速率及铣切效果的变数增大。同时过深的铣切加工，当达到一定深度后，由于浓差极化及铣切残渣的沉积，其铣切行为也会发生变化，对化学铣切加工的公差影响也加大。

6. 样板精度及图形转移精度的影响

这里所说的样板主要包括了两个方面的含义：①刻划图形所使用的样板，这种样板的精度受样板加工成本的影响较大；②用于照相及丝印图形转移所用的照相底片，照相底片可以达到很高的精度，特别是对照相图形转移可以做到和照相底片几乎完全一样的图形转移精度。丝网印刷图形转移精度主要受丝网材料及印版制作、油墨、丝印技术等的影响。以现有技术还很难做到与照相底片十分吻合的印版，但对于精细的图形受丝印方法的限制，不可能制作出精细的线条和平直的图形边缘。而现在所普遍采用的一种方法——激光图形刻印技术，其设计文件就是样板，它的边缘平直度只受激光刻图机精度的影响。但这种方法一次投资成本较大，批量制作图形一致性好，对于丝印图文铣切这是最适用也是比较快捷的方法。

7. 铣切加工过程的影响

在铣切加工过程中，铣切作用将在垂直于零件表面的方向和在防蚀层下平行于零件表面的方向同时进行，并逐渐深入到材料内部。在前面已经讨论过关于侧蚀率的问题，侧蚀率越大，显然在水平方向的精度就越差。侧蚀率受材料种类、铣切液成分、铣切方法的影响较大。所以，要保证铣切水平精度，首先要做的就是通过实验确定侧蚀率，并以此确定图形样板的精确尺寸范围。由于化学铣切在水平方向上变化的影响，所以用于加工尺寸非常精确的凹槽或凸肋都是不可取的。但对于水平方向公差要求在 $\pm0.25\sim\pm0.5mm$ 范围内的加工，得到了广泛应用，特别是在飞机工业及导弹、舰船等特殊行业大量使用。

关于水平尺寸加工精度问题，在化学铣切的另外一个专业领域中是不成问题的。那就是照相图文转移化学铣切、丝印图文转移化学铣切、激光刻划图文转移化学铣切。特别是照相化学铣切方法，其极高的尺寸加工精度，是由非常浅的铣切深度与极细密的光敏防蚀层结合起来达到的。这一方法在电路板制造及薄垫片、精巧弹簧片和形状复杂的零件加工中都应用得非常广泛。

三、表面粗糙度的限制

化学铣切加工后的表面粗糙度，受零件初始状态的影响很大。前面已经提到过，化学铣切加工的表面只是对原始表面的复制。加工前的各种擦伤、成型压痕、划伤、砂眼等表面物理缺陷，如果在进行化学铣切加工前不采取防止它们扩散的措施，在经过化学铣切加工后，会被原样复制出来，有时会变得更加严重。所以，在对零件进行化学铣切前的预加工处理很重要。

某些零件经冲压成型，或经碾压后表面看上去没有什么特别的地方。但在进行化学铣切后所得到的加工面，可能会出现粗糙不平的表面效果，这一现象在铝合金材料上最为突出。此外材料结晶组织对化学铣切后的表面粗糙度也有很大影响，结晶晶粒越细、越均匀，所得到的加工表面也越平滑光洁。对于铝合金材料经退火或固熔热处理后，为得到最佳的表面效果，应经过充分时效硬化后再进行化学铣切。

从化学铣切的原理来看，铣切过程首先发生在晶粒的周围，使晶界部分先溶解，然后才是整个晶粒被切削掉。如果原始晶粒尺寸很大，显然经铣切后的表面粗糙度就会增加，并对零件的强度产生不良影响，甚至有可能使材料力学性能受到严重影响而失去作用。但在实际加工中，可以通过实验改进铣切剂的配方，使铣切剂能对材料以一种稳定而均匀的铣切速率进行切削，使材料呈现出和铣切开始时尽可能相同的组织结构，使其获得的粗糙度和其他切削方法不相上下。但化学铣切对于铸件和锻件的表面光洁度并不理想，特别是铸件，表面粗糙度会更高。当铣切到一定深度后，表面粗糙度受原有粗糙度的影响减小，逐渐过渡到由材料组织性能、热处理、成型过程以及铣切液配方所决定的典型粗糙度。

实验证明，在对铝片进行铣切时，铣切深度在 0.3mm 以内时，随着铣切的进行，表面粗糙度逐渐增加，超过这值后，表面粗糙度不再增加，会一直保持到铣切过程的结束（图2-23）。当材料一定时，典型粗糙度受热处理状态及铣切液成分的影响较大。对于铸铝件，通过笔者的实验，在碱性铣切液中进行切削时有较好的表面平滑度，但没有金属光泽。这种

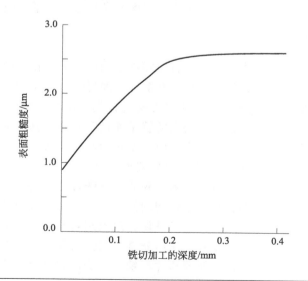

图 2-23　铝合金化学铣切深度与表面粗糙度的关系

零件如果组织内部有裂纹、砂眼等物理缺陷，经铣切后力学性能会受到很大影响。对于采用砂模铸造的零件在进行切削前应采用机械方法把表面组织预先去掉再进行化学铣切。铸造件能否成功进行化学铣切的关键是铸造工艺，并选择最佳的铣切液配方。

表 2-2 中列出了部分金属经化学铣切后的表面粗糙度。从表中的数据可知，通过化学铣切，在很多材料上都可以得到较低的表面粗糙度。表 2-2 中所指粗糙度是平均粗糙度，每种金属材料通过合理地调配铣切液成分都能达到这些平均值。在特定场合，对于某些特定材料可以配制特定的铣切液，以降低化学铣切后的表面粗糙度。在化学铣切中粗糙度的降低在很大程度上依赖于铣切液中添加剂的作用，如酒石酸盐、硫化钠、重铬酸盐等，前两种可以降低表面粗糙度，重铬酸盐可以提高轮廓线的清晰度。在铝合金的化学铣切液中添加 3g/L 的硫化钠能使被铣切后的表面粗糙度从 $3.0 \sim 4.8 \mu m$ 降低到 $1.75 \sim 2.0 \mu m$。

表 2-2　部分金属材料经化学铣切所能达到的表面粗糙度

金属	毛料类型	铣切掉 0.25～0.4mm 后的表面粗糙度	
		μm	（μin）
铝合金	板材	2.0～3.8	（80～150）
	铸造	3.8～7.6	（150～300）
	锻造	2.5～6.4	（100～250）
镁合金	铸造	0.75～1.4	（30～55）
	锻造	—	—
钢合金	板材	0.75～1.5	（30～60）
	锻造	—	—
镍合金	板材	0.75～1.0	（30～40）
钛合金	板材	0.2～0.8	（8～32）
	铸造	0.75～1.5	（30～60）
	锻造	0.38～1.0	（15～40）
钨	棒材	0.5～1.0	（20～40）
铍	棒材	3.8～6.4	（150～250）
钽	板材	0.25～0.5	（10～20）
钶	棒材	1.0～1.5	（40～50）
铌	板材	1.0～1.5	（40～60）
钼	板材	1.5～3.3	（60～130）

注：表中数据摘自化学铣切（威廉 T. 哈里斯著．王銎，朱永昌，译）134 页。

铣切速率与零件的装挂方式都会影响金属的表面效果。在对铝合金进行图文铣切时，如果温度较高反应较快，并且零件垂直悬挂时，容易在图文上出现"拉尾"现象，也就是冲痕。

四、对材料力学性能的影响

金属经化学铣切后，对金属原有力学性能有一定的影响，这种影响随铣切程度的增加而增加。如果只针对以装饰功能为主的图文铣切，对力学性能的影响可以忽略。对于结构件等功能性用途的铣切，对机械性能的影响应该有深入的研究。金属化学铣切所引起的力学性能的变化，主要包括被铣切金属的持久载荷、弯曲性能、疲劳性能、延展性能等。这些性能的变化，可经过铣切后的喷砂处理得到改善。如果对于重要的结构件，化学铣切后不消除这些不利因素的影响，铣切后零件力学性能的变化将严重影响零件的各种物理性能而造成事故。

1. 化学铣切对铝合金力学性能的影响

铝合金经过化学铣切后，对材料的延伸率和拉伸强度都有一定的影响，特别是对延伸度的影响更大一些，表 2-3 给出了化学铣切对 L73 铝合金力学性能的影响。

表 2-3　化学铣切对 L73 铝合金力学性能的影响

条件		0.1%屈服点（相对值）	极限拉伸强度（相对值）	延伸率/%
第一组	进厂材料	25.1	28.0	9.0
	化学铣切	22.1	27.0	7.5
第二组	进厂材料	23.3	27.2	8.0
	化学铣切后再经喷射处理	22.0	27.1	9.0
L73 铝合金		21.0	27.0	8.0

注：表中数据摘自化学铣切（威廉 T. 哈里斯著．王鎏、朱永昌译）138 页。

铝合金经化学铣切后的表面状态，对材料的疲劳性能的影响是很大的。表面粗糙度越高，疲劳寿命越低，这种疲劳寿命的降低，可通过化学铣切完成后，接着进行蒸汽喷射来得到改善，甚至明显地提高疲劳寿命。

关于化学铣切对铝合金疲劳寿命的影响，有资料表明，7075 铝合金和 2024 铝合金在没有缺口的情况下，对于 10^7 周期的寿命来讲，破坏的交变应力降低了 15%～30%。降低的百分数取决于化学铣切的真实表面粗糙度，对于 5.1～6.4μm 粗糙度来讲，典型降低值为30%，而对于 0.76～2.3μm 粗糙度来讲，典型的降低值为 15%。

化学铣切对铝合金力学性能的影响主要可概括为以下几个方面：

（1）在某些情况下化学铣切或多或少地降低了合金材料的抗拉强度，但对多数合金材料影响不大；

（2）在某些情况下化学铣切会降低合金材料的拉伸强度和延伸率；

（3）对于多数材料来讲，化学铣切会降低合金材料的疲劳强度，但可以通过表面喷射技术来改善；

（4）无缺口的疲劳强度变化与化学铣切后的表面粗糙度成反比，化学铣切后的表面粗糙度常常随着材料铣切深度的增加而增加；

（5）对某些铸造和挤压材料的表面而言，化学铣切能改进疲劳强度。

2. 化学铣切对钢类力学性能的影响

化学铣切对钢材的持久载荷、弯曲性能和疲劳性能都会产生影响，其影响的程度与钢材的种类及铣切剂的性能有关。一般来讲，化学铣切对不锈钢的静力强度没有多大影响，但是抗疲劳性能有所下降，不过这种下降可以通过喷射技术来改善。高强度钢在经化学铣切之后，在静力强度方面没有任何下降，甚至在某些情况下，疲劳性能也不受影响，而在另外一些情况下，只是受到很轻微的影响。化学铣切后所达到的表面粗糙度，在任何情况下都将显著影响高强度钢的疲劳寿命。但通过喷射处理可提高高强度钢在化学铣切后的疲劳寿命，这一点和铝合金经化学铣切后的喷射处理是一致的。至于化学铣切对钢材的持久载荷、弯曲性能的影响，主要取决于化学铣切加工后表面较低的粗糙度，对于经过精细研磨过的钢材可得到更好的效果。

3. 化学铣切对钛合金力学性能的影响

钛合金以其质轻、强度高制作成航空航天零部件在高温、高应力的情况下使用，这种材料是独一无二的。为了确定这种材料经化学铣切后的可靠性，人们在确定各种铣切液、表面粗糙度、氢脆等对疲劳寿命的影响方面做了大量的工作。在钛合金的化学铣切中，只要能有效地控制氢脆，就能明显地改善化学铣切对合金材料力学性能的影响。

在还原性铣切液（比如氢氟酸）中，与氧化性铣切液（比如硝酸＋氢氟酸铣切液）中铣切过的钛合金材料，其性能有一定差别。在氧化性铣切液中铣切后，材料的疲劳性能较好，这是由于在氧化性铣切液中更容易获得较低的表面粗糙度的缘故。

化学铣切对钛合金材料的极限抗拉强度或0.1％屈服点没有明显影响，但对延伸率有较大影响。某些钛合金在氧化性铣切液中，化学铣切对疲劳寿命的影响很小，但是，在还原性铣切液中，化学铣切会降低疲劳寿命。

化学铣切对金属材料力学性能的影响，由于选定材料本身的性能是固有的，所以在很大程度上取决于用于进行化学铣切的铣切剂的组成，只有通过试验研究得到最佳的铣切剂组成才能铣切加工出表面效果最好的零件，以降低其对材料各项力学性能的影响。

五、氢脆问题

1. 氢脆产生的基本原因

关于金属的氢脆最早被人们发现是在1817年，钢制品的主要表面在经过酸洗后，其延展性降低，但那时人们并不知道其原因所在，到了1880年，Hughes才明确将这一现象归于酸洗中析氢的后果。

氢脆是金属在铣切过程中，伴随有氢的析出，析出的氢渗透到金属内层所引起的材料脆化，导致材料塑性及韧性降低的现象。氢脆是高强度金属材料的一个潜在破坏源，航空航天工业中所使用的高强度钢及钛合金等，对氢脆是很敏感的。

氢脆的发生，必须具备两个条件，其一是有氢的发生源；其二是对象金属对氢敏感，氢能以不同的形式与作用改变金属的一些性能。从金属活动顺序可知，排在氢前面的金属在铣切时都会伴随有氢的析出。下面列出铝、铁、钛等几种金属与酸和碱的铣切反应：

$$Al + OH^- + H_2O \rule[0.5ex]{2em}{0.4pt} AlO_2^- + 3H \qquad (2-1)$$

$$Al + 3H^+ \rule[0.5ex]{2em}{0.4pt} Al^{3+} + 3H \qquad (2-2)$$

$$Fe + 2H^+ \rule[0.5ex]{2em}{0.4pt} Fe^{2+} + 2H \qquad (2-3)$$

$$Ti + 4H^+ \rule[0.5ex]{2em}{0.4pt} Ti^{4+} + 4H \qquad (2-4)$$

在铣切过程中析出的氢有三个去向：①进入金属内部形成渗氢；②复合成分子氢从铣切液中逸出；③和铣切剂中的氧化性离子发生氧化还原反应将原子氢氧化成离子氢。

对氢敏感的金属吸氢后，氢在金属内部以氢分子、固溶体、氢化物等不同形式存在并对金属的力学性能产生不同的影响。

氢分子：当金属内的氢超过固溶度时，氢将从过饱和固溶体中析出并结合成氢气，析出的氢气易于在位错区、晶界、相界、微裂纹及孔洞等内部缺陷处集聚，使金属产生鼓泡、白点、裂纹等。

氢化物：氢能与稀土金属、钛、钴等形成氢化物。例如：氢与 α-Ti 生成 TiH_x（$x = 1.53 \sim 1.99$），导致金属的塑性和韧性降低。

固溶体：氢以 H^-、H、H^+ 等形态固溶于金属中，H进入金属后，其1s电子会进入过渡金属的d带从而形成 H^+，导致d电子层的电子密度增加使原子间的斥力增大，引起晶格结合强度降低。氢原子是所有元素中几何尺寸最小的，其半径只有0.046nm，因而易于扩散进入金属，并占据金属晶格的空隙位置。固溶氢可导致晶格畸变，增加晶格空格浓度，促进金属位错的发生和运动；促进裂纹尖端局部塑性变形；促进室温蠕变等。

在常用的金属材料中，易产生氢脆的有两种，即钢和钛，怎样来解决这些材料经化学铣切后的氢脆问题是很重要的，现分别讨论如下。

2. 钢的氢脆问题

钢是一种用得非常多的金属材料，不管是电镀、阴极电解除油、酸洗和化学铣切都会伴随着氢的产生和氢在金属表层的渗透。有研究结果表明，使用氧化性铣切剂在化学铣切过程中吸收的氢是很少的，而且常常对材料性能没有明显的影响。美国人Anon（1963年）的一项研究结果表明，部分工具钢中吸收的氢是很少的，而且也是无害的。

但不管怎么样，研究有效地清除钢中的氢和研究更好的更不易产生吸氢的铣切剂都是很有必要的。为了减少氢的吸收和由此而产生的后果，对钢零件在化学铣切后的烘烤工艺进行研究以找寻最为有效的温度和时间。

氢从表面离开，其扩散速率很慢，为了完全恢复，所需的时间不尽相同。把材料的烘烤温度升高到超过100℃，将加快氢的扩散速率，把烘烤温度升高到200℃左右时，除氢最为有效。所以，大多数钢零件在化学铣切后，紧接着便在这个温度下进行烘烤，作为防止氢脆的有效措施。在烘烤温度下，保温时间是随着条件变化而变化的，有时高达24h，所以对于那些薄截面的零件应密切注意零件变形的危险。

钢的铣切剂大都是采用氧化性材料来进行配制，所以在铣切过程中发生吸氢的概率并不大，如果对零件的机械性能没有特殊要求，可不进行除氢处理。

在长期对模具钢图文铣切后都没有采用过除氢处理，也没有发生过因为氢脆而造成的后果。在铣切加工中所使用的是一种由硝酸、硫酸、磷酸组成的氧化性混合酸。但如果采用还原性铣切剂，比如采用盐酸来铣切，就必须要考虑铣切后的除氢处理。

3. 钛的氢脆问题

钛在铣切过程中吸收氢，并由此而引起氢脆的危险，和钢比较起来要严重得多。一方面是由于铣切液本身的组成，它能影响钛究竟会不会吸收在化学铣切过程中所产生的氢。另一方面是钛对氢的亲和性强，极易形成氢化物。

对钛合金的酸洗或铣切，如果要把吸氢作用减小到最小值，就要在能溶解钛合金的酸中添加氧化剂。而对钛在化学加工上唯一具有溶解作用的酸是氢氟酸，常用的添加氧化剂是硝酸。美国和荷兰在这方面的研究工作表明，在氢氟酸溶液中硝酸质量分数和吸氢作用之间是一减函数关系，如图2-24所示。众所周知，只要酸洗槽中硝酸含量保持在20%以上时，则所产生的吸氢作用可忽略不计。从酸洗的化学反应式中，可以找到吸氢的原因。如果铣切液中没有硝酸或硝酸含量很低的话，则占优势的反应将是：

$$2Ti+6HF = 2TiF_3+3H_2 \uparrow \tag{2-5}$$

由上式可看出，氢的生成是很多的，每铣切2mol的钛就有3mol的氢气产生。如果所使用的是一种含有2%氢氟酸和20%硝酸的溶液，则酸洗的化学反应将是：

$$3Ti+4HNO_3+12HF = 3TiF_4+8H_2O+4NO \uparrow \tag{2-6}$$

从反应式(2-6)看，没有氢的析出，但这是理论状态下的结果，在实际反应中，还是有氢的析出，只是氢的析出大大减少。在这里氢析出的多少与初生的原子氢和硝酸反应的速率有关。但不管怎么说，氢的生成是显而易见地减少了，其析氢作用也将大大降低。当使用氧化性铣切液进行化学铣切时，同样也会获得有益的效果。建立在氢氟酸和硝酸基础上的铣切液和还原性铣切液（只有纯的氢氟酸铣切液）相比，析氢作用前者总是低于后者。钛合金经化学铣切后的析氢作用主要取决于以下四个因素：使用的材料（包括所用材料的热处理状态）；使用的铣切液类型；是一面进行化学铣切还是两面同时进行化学铣切；化学铣切后余留下来的金属厚度。

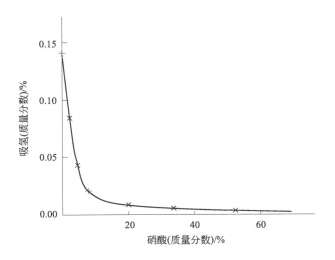

图 2-24　硝酸质量分数和吸氢的关系曲线
试验条件：20％氢氟酸溶液；温度 70℃
试验材料：Ti-8Mn 钛合金板；厚度 0.75mm；铣切深度 0.05mm

　　材料的影响就是材料组织中相的影响。在室温下，纯钛具有六角形组织，即 α 相，当在 885℃ 左右时转化为体心立方形组织，即 β 相。这种转化，如在钛合金中引入适当的合金元素，则钛的 β 相组织也能在室温中保持下来，这对材料的性能是很有利的。已经发现，所有的过渡元素都能作为稳定剂，钼、钒、铌和钽可以完全溶于体心立方的钛中，铬、铜和锰能同钛生成 β 共析合金，它们都对钛的 β 相的稳定起着重要作用。

　　现代使用的大部分钛合金都是由 α 相和 β 相混合而成的，可以把它们设计成既能满足强度又有利于加工性能的最佳平衡状态。合金组织越是接近 β 相组织，则吸氢作用的影响越严重。氧、氮也和氢一样容易渗入并溶解在合金中，很少量氧和氮的溶解，能明显提高合金的硬度和强度。但是，在氢渗入空隙而溶解在钛合金中的情况下，钛合金材料的硬度和强度没有明显增加，但钛合金的脆性却明显增加，使钛合金材料在没有加载的情况下都会发生翘曲，甚至于整个断裂。

　　各种铣切液对吸氢作用的影响，不同的合金材料所引起的差别并不大。对于多种牌号的 α-β 合金来讲，在主要使用的各种铣切液之间（氢氟酸、氢氟酸-硝酸、氢氟酸-铬酸等）的差别是比较小的。对于多数合金，在氧化性的氢氟酸-硝酸组成的铣切液中进行化学铣切，吸氢作用最小。如果是采用纯的 β 相合金，用现有的化学铣切方法是不可能的，因为氢的吸收量会非常大，对于这些材料要寻求特殊的铣切液。

　　麦克唐纳-道格拉斯公司曾研究过一种铣切剂配方：MCAIR。据有关资料介绍，这种配方相对于传统配方，对钛合金的吸氢是很低的。其吸氢量和常规铣切的吸氢量见表 2-4。

表 2-4　使用改进型铣切液来抑制钛合金吸氢作用的数据

材料厚度(Ti-13V-11Cr-3Al) /mm		氢含量/10^{-6}					
		MCAIR 化学铣切工艺			常规化学铣切工艺		
铣切前	铣切后	铣切前	铣切后	增加	铣切前	铣切后	增加
3.18	40	—	—	40	—	—	
	2.54	92	52	1807	1760		
	1.90	118	78	2980	2940		
	1.27	200	160	3260	3220		

注：表中数据摘自化学铣切（威廉 T. 哈里斯著．王鋆，朱永昌，译）157 页。

　　表 2-4 中的数据表明，使用改进型的铣切液将会使钛合金在铣切过程中非常明显地减少对氢的吸收，对改善钛合金由氢脆所引起的力学性能恶化是非常有用的。

　　从图 2-25 中可以看出，在对钛合金板材进行双面铣切时，所吸收的氢同只化学铣切一个面时相比，将更多。当铣切深度增加时，化学铣切后，在剩余金属中氢的含量从图 2-25 中可知，在单面化学铣切厚度大约为 0.25～0.51mm，在双面化学铣切厚度大约为 0.51～1.02mm 时，在以上两种情况下吸氢量会急剧增加。这些结果表明：氢是被吸收在从铣切的表面到厚度为 0.25～0.51mm 的一层金属范围内，当向金属内进行化学铣切时，吸氢层的形成速率大于化学铣切的速率。因此，吸氢作用不是铣切深度的函数，而是剩余金属材料厚度的函数，其程度又取决于是单面铣切还是双面铣切。

　　综上所述，对钛合金的化学铣切，薄板材料宜采用单面铣切，较厚的材料则可考虑采用双面铣切。

　　关于改善钛及合金经化学铣切后的氢脆问题，笔者用氟硅酸对钛及合金的化学铣切做过实验，发现采用氟硅酸对钛及合金进行铣切时，比采用氢氟酸或氟化氢盐进行铣切时，对材料力学性能的影响更小，并且不需要高浓度的硝酸，有利于改善工作环境。笔者只是在力学性能要求不高的非结构件上采用了这一方案进行化学铣切加工（笔者采用的简单测试方法是将相同钛合金材料分别用氟硅酸和氟化氢铵减薄到 0.05mm 后，进行撕裂对比）。对力学性能要求高的结构件的铣切，氟硅酸和传统的氢氟酸相比是否对材料力学性能的影响更小，还需要有兴趣的读者进行更进一步的研究。

4. 铝的氢脆问题

　　铝及合金和其他金属相比，吸氢能力弱，也不容易形成氢化物。所以长期以来都认为铝及合金没有氢脆问题。关于铝合金在化学铣切过程中的氢脆问题，并不受大家所重视，这也源于在普通民用领域铝合金的化学铣切，针对的是以各种网孔居多，对力学性能没有特别要求，在铣切过程只要注意酸度及温度的控制就可以满足要求。但对于航空航天工业常用的高强度铝合金，氢脆仍是一个不可忽视的问题。

　　有学者对铝的氢脆进行过大量的研究工作，但就氢的来源并没有明确界定，同时也没有涉及铝合金化学铣切的氢脆问题（笔者参阅过部分有关氢脆的资料：东北工学院，林肇琦，铝合金的氢脆问题；中国船舶重工集团七二五所，杨晓等，高强铝合金氢致开裂研究进展；常州大学，祁文娟，宋仁国等，7050 铝合金氢致附加应力与氢脆）。对于化学铣切来说，会不会产生氢脆呢？由于笔者条件有限，无法对被铣切材料进行有关氢脆的结构组织分析及力学性能测试，只是在实验中通过简单手段来进行基本判断。

　　在生产中，当采用三氯化铁体系进行蚀刻时，如果温度控制不好，会使蚀刻后的材料"起粉"发脆。这一现象是不是由氢脆引起的呢？笔者认为可能是由两方面原因所致，一是

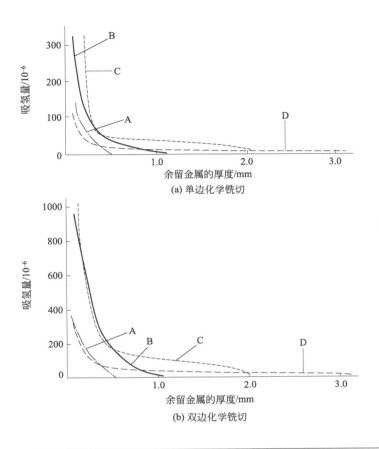

(a) 单边化学铣切

(b) 双边化学铣切

图 2-25　吸氢量和剩余金属厚度之间的关系（合金牌号：Ti-6Al-6V-2Sn；热处理状态：退火；图中材料开始厚度：A 为 0.5mm，B 为 1.02mm，C 为 2.03mm，D 为 3.18mm）

氯离子的强致孔性，特别是温度高时更加明显，这就使得在铣切过程中，氯离子穿透到组织内层，导致组织成多孔状；二是温度高在反应过程中析氢速率加快，同时组织结构疏松，使氢容易渗入多孔的组织结构中，二者相互作用而引起材料发脆。这种现象究竟是因为吸氢、氯离子透渗或是两者共同作用所致，还有待于有兴趣的读者进行更进一步的研究。因为，在碱性环境中并无此现象的发生。当然，以上所述及的材料起粉发脆，是一种蚀刻失控时的显性现象，一旦发生就意味着报废，并不能作为材料吸氢和除氢的研究对象。

　　对于铝的表面预处理，如果有力学性能要求，普通的酸、碱都不可取，大多采用硝酸或铬酐与氟化物复配使用。

　　对于有力学性能要求的铝件进行化学铣切，笔者认为，采用添加氧化剂且反应比较温和的方式更为有利，反应温和并不代表有慢的铣切速率。其具体工艺的选择也与铣切后留下的覆板厚度密切相关。

第三章

化学铣切的原理及常用化学品的特点

化学铣切由一系列复杂的化学过程组成，不同的腐蚀剂对不同金属或非金属材料具有不同的腐蚀特性和强度。在此将对化学铣切的基本知识及常用腐蚀剂的性能做一简要介绍，了解这部分内容对于初次接触化学铣切的读者是很有必要的。特别是第二节内容，将为这个行业的从业人员的工作提供不少帮助。

第一节
化学铣切的原理

一、化学铣切的定义

在研究具体某一种金属或非金属材料的化学铣切之前，很有必要先弄清楚什么是化学铣切，化学铣切是怎样进行的。

笔者认为，从专业意义上讲，化学铣切一词的含义，是专指某种被铣切材料按照设计和工艺要求所进行的一种受控化学腐蚀行为。通过这种受控化学加工，可以满足某些特定场合的设计要求，而这些要求是传统机械加工方法所不能或难以达到的。不管是过去或是现在化学铣切的主要对象都是各种金属材料，所以在本书中对化学铣切的原理及工艺方法的描述大多以金属作为被铣切材料的代名词。

化学腐蚀，在更多场合所指的都是金属材料在自然环境中的化学破坏所造成的化学损失。所以被广泛接受的化学腐蚀的定义是：金属材料与环境介质接触，并与之发生化学或电化学作用而引起的破坏、变质所导致的金属的化学损失行为。从这个定义上讲，金属材料的各种腐蚀其实就是化学损失。对于金属化学损失的语言表述，流行的主要有化学腐蚀、化学铣切、化学纹理蚀刻等三种。关于这三种表述该怎么去理解呢？

1. 化学腐蚀

化学腐蚀是某种金属材料化学损失的普遍现象和过程，包括了平时常说的金属材料在各种腐蚀环境中的破坏腐蚀，同时也包括使用化学方法进行受控加工的腐蚀。从整个过程来看，它既包括了无控腐蚀也包括了可控蚀刻，是化学损失的总称，是金属材料在各种化学腐蚀介质中的一种化学损失行为。

2. 化学铣切

化学铣切具有和机械铣切相同的意义，只是采用的加工方法不同而已。要求经化学铣切后的表面，有尽可能高的表面平滑度和光洁度及尽可能高的铣切精度。由此可见，化学铣切主要是对被铣切后的工件尺寸的精确控制。

3. 化学纹理蚀刻

化学纹理蚀刻是指经化学腐蚀后的表面，呈现出具有一定粗糙度的表面效果，且这种粗糙度的大小及光洁度高低，可以通过对加工过程的化学指标和物理指标的控制在一定范围内可调。这些化学指标包括所用腐蚀剂的种类及相互之间的浓度配比等；物理指标包括蚀刻温度、蚀刻时间、蚀刻方法等。显然，化学纹理蚀刻主要是对被蚀刻后的工件表面状态的控制。化学纹理蚀刻主要用于对铝合金表面的粗化处理，这种粗化处理一方面可用于装饰用途，另一方面可以作涂层或胶接的底层，再者，粗化的表面提供了更高的比表面积，由此延伸而增加对投射在表面的波的吸收率。但高度粗化的纹理蚀刻会深入组织内层，应考虑对力学性能的影响，并进行相关的实验验证。关于铝合金的纹理蚀刻可参阅《铝合金纹理蚀刻技术》或《铝合金阳极氧化及其表面处理》。

从化学铣切和化学纹理蚀刻的要求和最终表面状态可以看出：化学铣切后的零件表面的光洁度的要求较高；化学纹理蚀刻的零件表面是要求有一定的粗糙度，对某些有特殊要求的材料甚至要求粗糙度越粗越好，它们正好是一个相反的过程。关于这些要求的达到，就要通过后面介绍的"二控一配"的方法来解决。从这也可以看出，化学铣切和化学纹理蚀刻都同属于受控化学腐蚀。

在这里虽然对金属材料的化学损失行为进行了分类，但习惯上人们还是经常会用到"化学腐蚀"这一称谓。人们习惯使用的化学腐蚀这个称谓是不是准确呢？不是！因为化学腐蚀是指，金属材料与非电解质之间发生的纯化学作用而引起的腐蚀行为。其反应过程的特点是：材料表面的原子与非电解质中的氧化剂直接发生氧化还原反应，腐蚀产物生成于发生腐蚀反应的表面，当反应产物牢固地覆盖在材料表面时，会减缓进一步的腐蚀，腐蚀过程中不伴随电流的产生。这种腐蚀只是在理论意义上才存在，或者是在干燥、非极性有机溶剂、高温等环境中才会有这种腐蚀现象。同时，这种腐蚀行为显然并不能达到本书所要求的腐蚀目的。

本书所要讨论的腐蚀都是专指受控腐蚀。受控腐蚀是将被腐蚀金属放入电解质溶液中进行腐蚀的过程，金属在电解质溶液中所发生的腐蚀过程和上面所描述的化学腐蚀有本质的区别。这种腐蚀过程的特点在于：腐蚀过程可分为两个相互独立并同时进行的阳极（发生氧化反应）和阴极（发生还原反应）过程。与化学腐蚀的显著区别是，这种腐蚀过程中有电流产生，所以这种腐蚀也称为电化学腐蚀，是一种最为普遍的腐蚀，可以这样认为，人们平时常说的化学腐蚀其实都是指电化学腐蚀。当然，在实际腐蚀过程中化学腐蚀和电化学腐蚀是同时存在的，只是在电解质溶液中电化学腐蚀占主导地位而已。

在这里对金属的化学损失虽然进行了较为详细的界定，但化学腐蚀在金属的化学加工中成了一个相当于约定俗成的称谓，所以在本书中也会采用这一习惯用语："化学腐蚀"。关于化学腐蚀和电化学腐蚀的更详细的介绍放在后面继续讨论。化学腐蚀的分类如下所示：

$$
化学腐蚀 \begin{cases} 受控化学腐蚀 \begin{cases} 化学纹理蚀刻 \\ 化学铣切 \end{cases} \\ 普遍意义上的无控化学腐蚀 \end{cases}
$$

关于"化学腐蚀"和"化学铣切"的称谓。如果是针对广泛意义的金属材料化学损失及普遍原理，本书将沿用一直被人们所采用的"化学腐蚀"这一称谓。如果是针对某一金属材料的受控腐蚀加工，本书将采用"化学铣切"这一称谓。但这并不妨碍在实际工作中继续使用"化学腐蚀"这一习惯说法。

二、化学腐蚀

化学腐蚀是指金属与腐蚀介质直接发生反应，在反应过程中没有电流产生，这类腐蚀是一种氧化-还原的纯化学反应，带有价电子的金属直接与反应物（如氧）的分子相互作用。因此，金属转化为离子状态和介质中氧化剂组分的还原是同时在同一位置发生的。

化学腐蚀最重要的形式是气体腐蚀，如金属在干燥高温下与氧气（O_2）、二氧化硫（SO_2）等的化学作用所导致的腐蚀现象，这种腐蚀现象的最终结果是在金属表面形成表面膜，表面膜的性质决定了金属腐蚀的速度。比如铝、铁在干燥空气中的腐蚀：

$$4Al + 3O_2 \Longrightarrow 2Al_2O_3 \tag{3-1}$$
$$4Fe + 3O_2 \Longrightarrow 2Fe_2O_3 \tag{3-2}$$

金属在空气中的失光现象也可以认为是金属的化学腐蚀。比如抛光后不经任何保护的铝板或铜板，在干燥空气中放置一段时间后，其光泽度会逐渐降低，失去原来的镜面光泽效果。这是由于铝和铜与空气中的氧发生化学反应。

有文献资料把金属在水蒸气中的腐蚀也归为纯化学腐蚀的范畴，这种认识笔者认为并不准确。首先，金属在高温水蒸气中发生氧化反应，同时金属在水蒸气中表面会形成一层水膜，金属在发生氧化的同时，也在发生水的电离及氢离子在金属表面的还原，使溶液的碱性增强，并溶解部分金属氧化物，这时的水膜实际上成了电解质，接下来所发生的腐蚀就不是纯化学腐蚀，而是电化学腐蚀。

作为在本书所要研究的化学铣切，很显然这种化学腐蚀并不能达到所要求的效果，在这里所需要的是一种能快速完成腐蚀过程的化学反应过程，使腐蚀过程在很短的时间内即能达到所需要的腐蚀深度或腐蚀量。

非金属材料可分为：无机非金属材料、有机非金属材料以及这些材料的复合体。

大多数无机材料除单晶硅外大多由金属氧化物、非金属氧化物单独或复合构成，在化学腐蚀过程中其实就是一种化学溶解过程，在腐蚀过程中没有电子得失，属于中和反应或复分解反应的范围。单晶硅是单质材料，在化学腐蚀过程中有电子得失，属于电化学腐蚀。有机非金属材料都是由高分子聚合材料加工而成的，其腐蚀过程属于溶剂化学溶解的过程，通过专用溶剂作用于有机材料的化学键使其断裂而被溶解下来。

三、电化学腐蚀

金属的电化学腐蚀是指金属在电解质溶液中，因电化学反应而发生的腐蚀。其特点是：在腐蚀过程中同时存在两个相对独立的反应过程——阳极反应和阴极反应，在反应过程中伴随有电流的产生。金属在酸、碱、盐中的腐蚀都属于电化学腐蚀。

电化学腐蚀和化学腐蚀有着不同的机理，为了解释金属发生电化学腐蚀的原理，人们提出了腐蚀原电池模型，下面通过 Cu-Zn 腐蚀原电池模型来加以说明（见图 3-1）。原电池是一个可以将化学能转变为电能的装置，丹尼尔电池是人们熟知的最早的一种原电池。

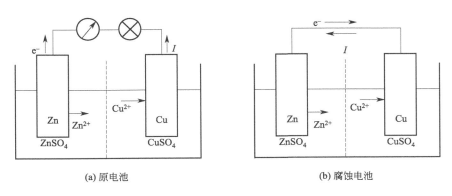

(a) 原电池　　　　　　　　　　　　　　　(b) 腐蚀电池

图 3-1　原电池与腐蚀电池示意图

将锌片和铜片分别浸入由半透膜隔开的硫酸锌（$ZnSO_4$）和硫酸铜（$CuSO_4$）溶液中，再用电线把它们和电流表、负载连接起来，如图 3-1(a) 所示。由于锌的电势较低，铜的电势较高，它们各自在电极/溶液界面上建立的电极平衡过程遭到破坏，并在两个电极上分别进行各自的电极反应。Cu-Zn 原电池电对简式如下：

$$（-）Zn \mid ZnSO_4（水溶液）\parallel CuSO_4（水溶液）\mid Cu（+）$$

式中，"$\mid$"表示有两相界面存在；"$\parallel$"表示"盐桥"。按照电化学的定义，电极电位较低的电极称为负极，电极电位较高的电极称为正极。发生氧化反应的电极称为阳极，发生还原反应的电极称为阴极。在电化学上对电池的两个电极用阴极和阳极来命名。

由于在原电池的负极上进行的是氧化反应，其负极是阳极。正极上进行的是还原反应，其正极是阴极。因此，当用导线将图 3-1(a) 中的锌片、铜片、电流表和负载串接起来接通时，发现电流表的指针会立即转动。这说明有电流通过，电流是从铜片经导线流向锌片。锌的电极电位较低（负极），铜的电极电位较高（正极），在两个电极上分别进行以下电极反应。

锌电极作为阳极，发生氧化反应：

$$Zn \longrightarrow Zn^{2+} + 2e^- \tag{3-3}$$

铜电极作为阴极，发生还原反应：

$$Cu^{2+} + 2e^- \longrightarrow Cu \tag{3-4}$$

整个电池的总反应为：

$$Cu^{2+} + Zn \longrightarrow Zn^{2+} + Cu \tag{3-5}$$

在电池工作过程中，锌电极不断发生氧化反应，锌不断溶解，以 Zn^{2+} 的形式进入溶液，锌电极上积累的电子通过导线流到铜电极。铜电极上不断发生还原反应，Cu^{2+} 接收从锌电极上传来的电子成为单质铜而沉积在铜片上。随着电池反应的不断进行，锌电极被氧化腐蚀而质量变小，铜电极被还原沉积而质量变大。在整个电池中，电子从锌极经导线流向铜极，在溶液中，则依靠阴、阳离子的迁移来实现电荷的传递。这样，整个电池就形成了一个回路，将化学能转变为电能对外界做功。

如果不通过负载直接把锌片和铜片如图 3-1（b）所示用导线连接起来，这时虽然电路中仍有电流通过，但是由于电池是短路的，电池反应所释放的化学能虽然转变成了电能，但是不能对外界做功，只能以热的形式散发掉。因此短路电池已失去了原电池原有的意义，仅仅是一个进行氧化-还原反应的电化学体系。其反应的结果是作为阳极的金属材料被氧化而腐蚀。这种只能导致金属材料损失，而不能对外界做功的短路原电池称为腐蚀原电池或腐蚀电池。而腐蚀电池才是金属腐蚀的根本原因，只是在实际腐蚀中，腐蚀电池的两电极之间并不需要导线来连接，而是两种电极直接接触。比如将一块铜和一块锌连接再完全浸入硫酸溶液中，就组成了一个腐蚀电池。在该腐蚀电池中，锌电极电位较低，为阳极，发生氧化反应，不断溶解而被腐蚀。铜的电极电位较高，为阴极，溶液中的氢离子发生还原反应，在铜电极上不断有氢气析出，如图 3-2 所示。

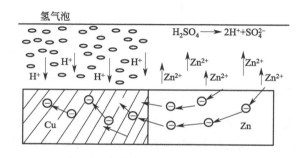

图 3-2　铜锌接触在硫酸中的溶解示意图

四、金属腐蚀的条件

并不是所有的金属在某一电解质溶液中都会发生腐蚀，是否会发生腐蚀可通过化学热力学数据来判断。在热力学中判断金属腐蚀过程是否会自发进行，主要通过吉布斯自由能的数据来判断，吉布斯自由能用 G 来表示，自由能变化为 ΔG，其判别关系如下：

$$(\Delta G)_{T,p} < 0 \quad 自发状态$$
$$(\Delta G)_{T,p} = 0 \quad 平衡状态$$
$$(\Delta G)_{T,p} > 0 \quad 非自发状态$$

在以上关系式中，只有当 $(\Delta G)_{T,p} < 0$ 时，腐蚀过程才能自发进行。比如，铜在无氧的纯盐酸中，$(\Delta G)_{T,p} = +65.52kJ/mol > 0$，可见铜在无氧的纯盐酸中不发生自发反应。但当盐酸中有溶解的氧或有其他方式提供了氧时，$(\Delta G)_{T,p} = -169.64kJ/mol < 0$，这时铜和盐酸要发生自发反应而被腐蚀。

知道了金属在某种电解质溶液中是否会自发反应引起金属腐蚀，并不能解释这种腐蚀过程进行的速率，因为在进行化学铣切加工时，所需要的是腐蚀的速率要快，只有达到一定速率的化学腐蚀才是有意义的。金属的化学腐蚀速率是化学动力学的研究范畴，化学动力学是一个非常复杂的问题。抛开那些复杂的理论问题，在现实中提高化学腐蚀速率的方法，不外乎有三种，即选择腐蚀性强的腐蚀剂、选择浓度较高的腐蚀溶液、提高腐蚀温度。有关这些问题放在后面相关章节中详细介绍。

五、原电池对金属腐蚀及表面粗糙度的影响

上面所讲述的腐蚀原电池也可认为是宏观原电池的一种，用宏观原电池的形式并不能完成所需要的金属均匀腐蚀的过程。而金属材料中微观原电池和超微观原电池的存在，才是金属均匀腐蚀的重要因素。微观原电池和超微观原电池产生的原因主要有以下几种：

1. 金属化学成分的不均匀性

众所周知，绝对纯的金属并不存在。特别是工业上使用的金属材料常常含有各种杂质，这些杂质中有些相对于母体金属的电位更正，有些则比母体金属的电位更负。当和电解质溶液接触时，这些杂质便以微电极的形式与基体金属构成许多细微的短路腐蚀微电池。若杂质作为微阴极存在，它将加速基体金属的腐蚀。金属凝固时产生的偏析造成的化学成分不均匀也是形成腐蚀原电池的原因。

2. 金属组织结构的不均匀性

金属组织结构在这里是指组成合金的粒子种类、分量和它们排列方式的统称。同时结构绝对均匀的合金组织也是不存在的。在同一合金中，其内部都存在着不同的组织结构区域，因而有不同的电极电位值。大多数金属都为多晶体材料，晶界是原子排列较为疏松而紊乱的区域，这一区域容易富集杂质原子而产生晶界吸附和晶界沉淀，而且晶体缺陷（位错、空穴和点阵畸变）密度大。因此晶界比晶粒内部更为活泼，通常具有更低的电位值。当和电解质溶液接触时，这些晶粒或晶界间就构成了腐蚀原电池。金属微观或超微观腐蚀原电池越细密，经腐蚀后的金属表面平整度就越好，反之则越差。

六、化学铣切的反应过程

金属在化学铣切液中的铣切过程，首先是在金属表面上发生晶粒的溶解作用；其次在晶界上也发生溶解作用。一般来讲，晶界是以不同于晶粒的溶解速度发生溶解作用的。

在大多数金属和合金的多晶体结构中，各个晶体几乎都能采取原子晶格的任何取向。而晶粒的不同取向、晶粒密度的大小及杂质都会和周围的母体金属形成微观或超微观原电池。所以，对于金属在化学铣切液中来讲，一方面这些原电池的存在，使金属表面存在着电位差，电位正的地方得到暂时的保护，电位负的地方被优先腐蚀；另一方面在零件表面上有变化着的原子间距，而且原子间距较宽的地方溶解速度快，一直到显示出不平整的表面为止。然后，溶解作用将以几乎恒定的速度切削紧密堆积的原子层，表面的几何形状也随着晶粒的溶解而继续不断地变化。晶界上的腐蚀也将进一步影响零件表面。在晶界上晶格的畸变和富集的杂质，常常导致更加快速的腐蚀作用，从而可能会使整个晶粒受到凹坑状的腐蚀。晶粒尺寸越小，经铣切后的表面光洁度就越高，这也可以从实际生产中得到证实。在生产中往往都是材料越均匀致密其表面越平滑。

下面以铁（Fe）在稀盐酸（HCl）中的腐蚀为例来说明。将铁片浸入除氧的稀盐酸中，

可以观察到铁与盐酸之间发生激烈的化学反应，其反应式为：

$$Fe + 2HCl = FeCl_2 + H_2 \uparrow \qquad (3-6)$$

随着反应的不断进行，铁片被腐蚀溶解，同时在铁片表面上有大量氢气泡生成，按照电化学腐蚀理论，可将上述反应分解为两个不同的电极反应：

阳极反应：
$$Fe \longrightarrow Fe^{2+} + 2e^- \qquad (3-7)$$

阴极反应：
$$2H^+ + 2e^- \longrightarrow H_2 \uparrow \qquad (3-8)$$

由于铁片表面存在电化学不均匀性，其表面布满了无数微阳极和微阴极，在稀盐酸中构成大量的微观或亚微观腐蚀电池。尤其是亚微观腐蚀电池的阴、阳极十分微小，在显微镜下也难以区分。单个电池的有效作用区域很小，阴、阳极之间几乎不存在欧姆压降，整个金属表面可以认为是等电势的。这些微阴极与微阳极的位置在腐蚀过程中不断地变换，导致金属以某一平均速度发生均匀腐蚀。因此，在发生这种均匀的电化学腐蚀时，整个铁片表面可有条件地看作同时工作着的阳极和阴极。这种电化学铣切，在这里可以根据加工需要创造一些条件，使腐蚀按照设计的要求进行。如果是要进行纹理蚀刻，就得使这种微观局部蚀刻现象加强。比如控制合适的酸度或碱度，并添加一些旨在改变腐蚀行为的第二物质，使被腐蚀的表面呈现出所需的粗糙化表面效果。如果是进行化学铣切加工，同样要创造条件，增强铣切液的腐蚀能力，使腐蚀更趋于均匀化，以得到表面平滑光洁的效果。

七、化学铣切中的二控一配

既然化学铣切是一种受控的化学腐蚀行为，那么怎么样来做到在化学铣切加工过程中对金属的可控腐蚀呢？笔者认为主要通过"二控一配"来完成。所谓"二控"，一是指对化学铣切液成分的控制，包括化学腐蚀剂的组成及相互之间的浓度配比；二是指对在铣切加工过程中加工方法及工艺方法的控制，包括温度、时间、溶液与工件的接触方式（如采用浸泡式蚀刻或采用喷射式蚀刻）及工件在溶液中的放置方向等。前者也称为化学指标控制，后者也可称为物理指标控制。"一配"是指金属材料和铣切溶液的配合，只有适用于某种金属的铣切溶液才能铣切出最好的表面效果。

因为，能满足各种要求的万能的腐蚀液是不存在的，同时，在腐蚀液的选择过程中还要更多地考虑成本及对环境的污染程度等。对于不同的合金材料及不同的加工要求，首先需要通过实验来找到"性价环境比"最优的化工原料及相互之间的最佳配比，才能复配出可用于与之对应的合金材料的化学铣切液。比如，常用于不锈钢类的三氯化铁蚀刻体系，对于镍基合金几乎不能使用，而需要有硝酸、氟化物的参与才能用于化学铣切。即便是同样采用三氯化铁体系进行铣切的不锈钢类，根据不锈钢的种类不同及表面效果要求不同，对于三氯化铁浓度、酸度都会有不同的要求。所以，在化学铣切中"一配"是非常重要的，只有选好了"一配"，"两控"才有控制的对象和存在的价值。

文中提到的"性价环境比"是指在选择用于腐蚀的化学品时在保证性能的前提下做到成本最优及对环境的染污最低，而不仅仅是传统的性能价格比。

有些金属材料通过对腐蚀剂的选择虽然可以做到很高的铣切速率，但会使被铣切后的表面光洁度变差，所以在选择腐蚀剂的种类及浓度时，应以设计要求的表面最低光洁度为依据才是有意义的。化学铣切在铣切条件上可以选择较高的温度，或采用喷射式的方法以提高化学反应的动力，从而提高铣切速率。不同腐蚀剂对不同的金属，在较高温度下铣切后的表面光洁度是不一样的，在选择这些工艺参数时应加以注意。同一种金属材料在不同的腐蚀剂溶液组成中，经铣切后也有不同的光洁度。比如，铝及合金经碱性铣切后的光洁度比含有卤素离子的酸性铣切后高得多。而同样在碱性铣切体系中，加入硝酸盐较多也使表面粗糙度增高。钢在铁离子浓度低或无磷酸溶液并同时有卤素离子存在的条件下，其铣切后的表面光洁度都较低。所以在设计化学铣切工艺时，要先用同种材料的样件根据设计要求进行工艺实验，找到最合理的铣切液浓度配比及铣切工艺条件，只有这样才能加工出符合设计要求的产品。

综上所述，化学铣切的基本要求是：其一，在保证设计要求的前提下，对金属材料有尽可能快的铣切速率。其二，经铣切后的表面应有尽可能高的表面光洁度。为了同时满足这两方面的要求，就要选择一些腐蚀性能强的腐蚀剂，采用较高的浓度，并在腐蚀液中加入能改善表面光洁度的物质。其三，在选择用于化学铣切的化学品时应立足于对环境污染的最低化原则。凡事都切实考虑并做到对环境的影响最低化原则，才是"可持续发展"得以实现的先决条件。

第二节
化学铣切常用化学品的基本性质

在讨论金属腐蚀之前，了解一些在化学铣切中常用化学品的基本性能和一些材料的腐蚀特性是很有必要的。只要对这些被用来进行化学铣切的化学品都有了较多的认识和了解之后，才能配制出铣切性能好并适合于各种材料的铣切液。

一、硫酸（H_2SO_4）

1. 硫酸的基本性质

别名:无		英文名:sulfuric acid	
化学式:H_2SO_4	分子量:98.07		CAS:7664-93-9
密度(98%,20℃):1.8365g/mL	熔点:10.35℃		沸点:338℃
危规编号:GB 8.1 类 81006,UN NO.1831;IMDG CODE 8211 页,8 类。属一级无机酸性腐蚀品			
空气中最高容许浓度:硫酸雾的最高容许浓度为 1mg/m³			
在溶剂中的溶解度:稀硫酸可和甲醇、乙醇、甘油等极性溶剂混溶,但浓硫酸和这些溶剂混合时会迅速被脱水炭化,甚至发生严重爆燃事故			
硫酸的稀释	硫酸能与水任意混溶。但浓硫酸溶于水时,会放出大量的热。因此,稀释浓硫酸时,必须在剧烈搅拌下小心地将浓硫酸缓缓注入水中！若将水加到浓硫酸中,则会造成酸液迸溅而发生人身伤害的危险！这种放热现象同硫酸的水合作用有关。已知硫酸的水合物有 $H_2SO_4 \cdot H_2O$、$H_2SO_4 \cdot 2H_2O$、$H_2SO_4 \cdot 4H_2O$		

热力学数据					
化学式	状态	$\Delta H_f^{\ominus}/(kJ/mol)$	$\Delta G_f^{\ominus}/(kJ/mol)$	$S^{\ominus}/[J/(mol \cdot K)]$	$C_p^{\ominus}/[J/(mol \cdot K)]$
H_2SO_4	l	−814.0	−690.0	156.9	138.9
性状	纯品为无色、无臭、透明的油状液体,呈强酸性。市售工业硫酸为无色至微黄色,甚至红棕色				
物化性质	硫酸有很强的吸水能力,所以浓硫酸也被用作干燥剂或脱水剂。浓硫酸对纸及其他许多有机物能发生炭化作用而呈现黑褐色。 硫酸是一个强的无机二元酸,腐蚀性很强。它在0.05mol/L溶液中的电离度为59%,在0.5mol/L溶液中则为51%,硫酸在水溶液中的电离作用分两步进行:				

	$H_2SO_4 + H_2O \longrightarrow HSO_4^- + H_3O^+$ $HSO_4^- + H_2O \longrightarrow SO_4^{2-} + H_3O^+$
物化性质	硫酸是一种用途很广的无机酸,在金属腐蚀及表面处理中被大量采用。在硫酸水溶液中,硫酸分子电离为离子。硫酸在它的稀溶液中,第一步电离几乎是完全的,第二步电离则较不完全,其电离常数在25℃时,$k_1 = 1 \times 10^3$,$k_2 = 1.29 \times 10^{-2}$。不过即使这样,$HSO_4^-$仍是一个中等强度的酸。 　　根据硫酸浓度和温度的不同,硫酸溶液可以由还原性变化氧化性,一般是0～65%的硫酸在所有温度下为还原性,65%～85%的硫酸低温下为还原性,在高温下为氧化性,85%以上的硫酸不管在低温下还是高温下都呈现出氧化性。 　　硫酸的化学性质很活泼,几乎能与所有金属及其氧化物、氢氧化物反应生成硫酸盐,还能和其他无机酸的盐类作用。浓度低于70%的硫酸与活泼金属反应会放出氢气

2. 硫酸在化学铣切中的作用

（1）铁和钢类：室温下，随着硫酸和发烟硫酸浓度的增加，铁的腐蚀速率相继出现两个高峰，一个峰在稀硫酸区，一个峰在发烟硫酸区，如图 3-3 所示。

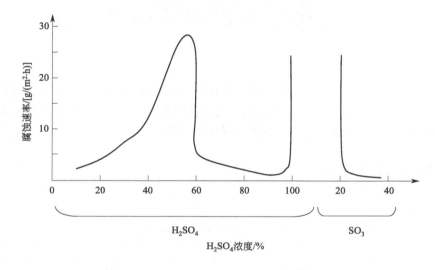

图 3-3　铁腐蚀速率与 H_2SO_4 和发烟 H_2SO_4 浓度的关系（室温）

　　在钢铁类材料的腐蚀加工中，硫酸是一种常用的酸类。在很多腐蚀配方中，都含有较大量的硫酸。但很少单独使用硫酸来进行腐蚀，一般都会配合硝酸（HNO_3）和磷酸（H_3PO_4）。硫酸的用量一般在 10%～20%左右。

　　铁（Fe）在稀硫酸溶液中的腐蚀主要是析氢腐蚀，这是因为铁的电位在氢的前面，在溶液中 H^+ 充当了氧化剂，而 SO_4^{2-} 本身不发生氧化还原反应，所以铁在硫酸中的腐蚀过程是一析氢腐蚀过程。其反应过程如下：

阳极反应：
$$Fe \longrightarrow Fe^{2+} + 2e^-$$
(3-9)

阴极反应：
$$2H^+ + 2e^- \longrightarrow H + H \longrightarrow H_2$$
(3-10)

　　稀硫酸和浓硫酸与铁的腐蚀反应其生成物是不一样的，铁在稀硫酸中的反应是一个析氢反应并生成硫酸亚铁（$FeSO_4$），其反应式如下：

$$H_2SO_4 + Fe \Longrightarrow FeSO_4 + H_2 \uparrow$$
(3-11)

铁在浓硫酸中反应时，铁能将高价硫还原成低价硫，同时生成硫酸高铁[$Fe_2(SO_4)_3$]，其反应式如下：

$$6H_2SO_4 + 2Fe \Longrightarrow Fe_2(SO_4)_3 + 6H_2O + 3SO_2 \uparrow \tag{3-12}$$

硫酸对不锈钢的腐蚀性很小，绝大多数不锈钢在常温情况下，基本上没有腐蚀现象。硫酸在不锈钢的腐蚀中，更多的是用来为腐蚀液提供足够的 H^+ 浓度，以部分或全部替代价格贵得多的磷酸。但硫酸在不锈钢的化学抛光中使用比较多。

（2）镍和镍基合金：硫酸在室温情况下对镍及其合金的腐蚀性都很小，也不单独用于对镍及其合金的腐蚀，一般都是和硝酸配合使用。在 20% 左右硫酸溶液中加入过氧化氢（H_2O_2）也能对镍进行化学铣切加工。

（3）铜及铜合金：铜（Cu）在稀硫酸中腐蚀很慢，这是由于铜的标准电极电位高于标准氢电极电位，析氢的阴极反应不能自发进行。但铜在热的浓硫酸或发烟硫酸中会发生腐蚀，这是因为浓硫酸和发烟硫酸有较强的氧化性。铜在热的浓硫酸中的腐蚀反应为：

$$Cu + 2H_2SO_4 \Longrightarrow CuSO_4 + SO_2 + 2H_2O \tag{3-13}$$

如在稀硫酸中添加氧化剂时，铜很容易发生腐蚀。对于铜及其合金的腐蚀，在稀硫酸中常用的氧化剂是过氧化氢，铜在这种腐蚀液中的腐蚀可分为两步来完成：

$$Cu + H_2O_2 \Longrightarrow CuO + H_2O \tag{3-14}$$

$$CuO + H_2SO_4 \Longrightarrow CuSO_4 + H_2O \tag{3-15}$$

总反应式：

$$Cu + H_2O_2 + H_2SO_4 \Longrightarrow CuSO_4 + 2H_2O \tag{3-16}$$

这种腐蚀剂在印制电路的腐蚀加工中应用得较多，不管是铣切速率或是铣切质量，及铣切液的回收再生等指标都是很高的。

（4）镁（Mg）：镁在硫酸溶液中有很快的腐蚀速率，同时也是镁及其合金化学铣切用得最多的一种腐蚀材料，镁在硫酸中是一种析氢腐蚀。腐蚀反应如下：

$$Mg + H_2SO_4 \Longrightarrow MgSO_4 + H_2 \uparrow \tag{3-17}$$

（5）锌（Zn）：锌在硫酸溶液中有较快的腐蚀速率，锌与硫酸反应制氢气（H_2）曾被大量使用，但是硫酸单独用于锌的化学铣切并不多。锌在硫酸中是一种析氢腐蚀，锌在硫酸中的反应如下：

$$Zn + H_2SO_4 \Longrightarrow ZnSO_4 + H_2 \uparrow \tag{3-18}$$

（6）银（Ag）：室温条件下硫酸浓度低于 60% 和在 100℃ 条件下，对银的腐蚀性很小，这是因为银在硫酸溶液中生成了硫酸银（Ag_2SO_4）保护膜。但在浓硫酸溶液中生成的硫酸银却无保护性而被腐蚀。在实际应用中，对银的腐蚀都不会采用硫酸来进行，硫酸对银的腐蚀用得最多的是在基底金属为铜及其合金的不合格电镀银的退除上，常用的配法是用浓的硫酸（98%）加入一定量的浓硝酸（75%），在腐蚀时必须将零件烘干不能带入水分。

（7）铝（Al）：铝在稀硫酸中腐蚀速率很慢，只有当硫酸浓度大于 40% 时腐蚀速率才迅速增加。大约在 80% 的硫酸中腐蚀速率达到最大值，而后随硫酸浓度升高腐蚀速率反而减小，如图 3-4 所示。

硫酸不会单独用于铝及其合金的化学铣切，在铝及其合金中用得最多的是浓硫酸和磷酸及硝酸组成的溶液。在硫酸溶液中加入氯化物（如盐酸、氯化铵、氯化钠等）后也可用于铝及其合金的化学铣切。

铝及其合金在三氯化铁体系中由于铝离子的累积会使溶液密度升高很快，从而影响其铣切速率及边缘效果，这时可采用硫酸+硫酸铵的复合酸进行铝离子沉淀，从而延长蚀刻液的

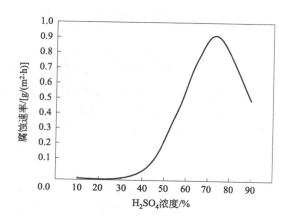

图 3-4　铝在不同浓度 H_2SO_4 溶液中的腐蚀速率

使用寿命。

（8）钛（Ti）：虽然单独的硫酸并不能用于钛合金的化学铣切，但在常规的钛合金铣切液中添加硫酸会加快其铣切速率，同时经铣切后的边缘可获得过渡的圆弧，但对于精密化学铣切会使侧蚀量增大（也即是行业中所讲的黑边大）。对于记忆钛的铣切，采用氟化物-硝酸体系比较难以进行，需要添加硫酸才能获得较快的铣切速率和较好的效果。

二、硝酸（HNO_3）

1. 硝酸的基本性质

别名:硝镪水			英文名:nitric acid	
化学式:HNO_3		分子量:63.01	CAS:7697-37-2	
相对密度:1.5027(25℃)		熔点:−42℃(70.5%)	沸点:83℃(无水);121.9℃(68.4%)	
危规编号:GB 8.1类.UN NO.2031;IMDG CODE 8195 页,8.1类。属一级无机强氧化酸性腐蚀品				
空气中最高容许浓度:在空气中最高允许浓度(以 NO_2 计)5mg/m³;水中允许极限(以 N 计)20mg/L				
在溶剂中的溶解度:稀硝酸可与乙醇、甘油等低分子极性溶剂混溶,但切不可将有机溶剂和浓硝酸混合,否则会引起后果严重的爆燃事故				
溶解度	硝酸能以任意比例和水混溶			
热力学数据				
化学式	状态	$\Delta H_f^\ominus$/(kJ/mol)	$\Delta G_f^\ominus$/(kJ/mol)	$S^\ominus$/[J/(mol·K)]	$C_p^\ominus$/[J/(mol·K)]
HNO_3	l	−174.1	−80.7	155.6	109.9
	g	−135.1	−74.7	266.4	53.4
性状	硝酸为无色发烟液体,一般商品带有微黄色,发烟硝酸是红褐色液体。具有刺激性。在−41℃(冰点)时,为白色雪状晶体。 　纯硝酸为无色液体或白色晶状固体,沸点为83℃,凝固点为−42℃,14℃时的介电常数为50。纯硝酸只有在低于凝固点的温度下才是稳定的,高于凝固点,则分解产生 NO_2 和 O_2。但实际上,纯硝酸可在0℃保持数小时而无明显的分解				
物化性质	硝酸不稳定,在常温下能分解出红棕色的 NO_2,光和热都能使其分解加快。硝酸可以任意比例溶于水,溶解时放热。 　在稀硝酸中大部分硝酸离解为离子,电离式为: $$HNO_3 + H_2O \longrightarrow H_3O^+ + NO_3^-$$ 在中等浓度中未离解的硝酸分子与水结合为 $HNO_3 \cdot H_2O$。在浓硝酸中还存在如下化学平衡:				

物化性质	$$2HNO_3 \cdot H_2O \longrightarrow (HNO_3)_2 \cdot H_2O + H_2O$$ 气相硝酸的分解反应： $$2HNO_3 \longrightarrow 2NO_2 + H_2O + 1/2O_2$$ $$2NO_2 \longrightarrow 2NO + O_2$$ 液相硝酸的分解反应： $$2HNO_3 \longrightarrow 2NO_2 + H_2O + 1/2O_2$$ $$2NO_2 \longrightarrow N_2O_4$$ 由此可见，硝酸是一种强氧化性酸。浓硝酸最特别的化学性质是它的强氧化性。有机物或碳能被它氧化成 CO_2，单质 S 则被氧化成硫酸。 $$4HNO_3 + 3C \longrightarrow 3CO_2\uparrow + 4NO\uparrow + 2H_2O$$ $$2HNO_3 + S \longrightarrow H_2SO_4 + 2NO\uparrow$$ 金属，除 Au、Pt、Ir 等少数几种以外，都能和硝酸起反应。Fe、Al、Cr 遇冷的浓硝酸，表面生成一层致密的氧化物，阻止金属进一步被氧化，这种现象称为"钝化"。 金属和硝酸的反应速率以及硝酸的还原产物，强烈地依赖于酸的浓度。硝酸由浓到稀，主要的还原产物由 NO_2、NO 到 N_2O，某些活泼金属还能将很稀的硝酸还原为 NH_3。 值得注意的是，硝酸和金属的反应极其复杂，产物往往不是单一的某一种。 浓硝酸和木屑、有机物等相混能引起燃烧，浓硝酸和乙醇反应会引起爆炸

2. 硝酸在化学铣切中的作用

（1）铁和钢类：铁在硝酸中的腐蚀速率与硝酸的浓度有关，如图 3-5 所示。硝酸浓度在低于 40% 时有很快的腐蚀速率，30% 时腐蚀速率最快，硝酸浓度超过 40% 腐蚀速率降低。铁在浓硝酸中可生成钝化膜而阻止对铁的腐蚀。硝酸和铁的反应过程比较复杂，并随硝酸浓度和温度的不同，硝酸的还原产物也不同，所以很难用一个化学反应方程式来说明。例如，与冷的稀硝酸作用时，则没有气体放出而形成 Fe^{2+} 和 NH_4^+。

$$4Fe + 10HNO_3（冷、稀）=\!\!=\!\!= 4Fe(NO_3)_2 + NH_4NO_3 + 3H_2O \qquad (3\text{-}19)$$

$$4Fe + 10HNO_3（热、稀）=\!\!=\!\!= 4Fe(NO_3)_2 + N_2O\uparrow + 5H_2O \qquad (3\text{-}20)$$

当硝酸较浓时，则有 Fe^{3+} 和一氧化氮（NO），如与强酸作用，则有二氧化氮（NO_2）放出。

$$Fe + 4HNO_3（d > 1.12g/cm^3）=\!\!=\!\!= Fe(NO_3)_3 + 2H_2O + NO\uparrow \qquad (3\text{-}21)$$

$$Fe + 6HNO_3（d > 1.12g/cm^3）=\!\!=\!\!= Fe(NO_3)_3 + 3H_2O + 3NO_2\uparrow \qquad (3\text{-}22)$$

硝酸很少单独用来对钢进行化学铣切加工，更多是和硫酸、磷酸配合使用。对于高强度钢，比如不锈钢等，硝酸和盐酸可以配成王水型腐蚀液用于腐蚀那些难于进行化学加工的材料。

（2）镍及其合金：在低于 40% 的硝酸中，镍（Ni）的腐蚀速率很快，在高于 50% 时镍才能钝化，但钝态的镍并不能阻止硝酸对镍的腐蚀，相反钝态的镍腐蚀速率依然较大，并随着酸的浓度增大，腐蚀速率增快。

（3）锌及其合金：锌在硝酸溶液中腐蚀速率很快，并且也不会有钝化现象的发生。锌是相当强的还原剂，它很容易还原硝酸。至于其还原的程度如何，随硝酸浓度的高低而不同。如与很浓的硝酸作用，即可得到 NO_2，但与稀硝酸作用，则被还原成硝酸铵（NH_4NO_3）。在普通硝酸中的主要产物为 NO。硝酸与锌的腐蚀反应如下：

$$Zn + 4HNO_3 =\!\!=\!\!= Zn(NO_3)_2 + 2NO_2\uparrow + 2H_2O \qquad (3\text{-}23)$$

$$3Zn + 8HNO_3 =\!\!=\!\!= 3Zn(NO_3)_2 + 2NO\uparrow + 4H_2O \qquad (3\text{-}24)$$

$$4Zn + 10HNO_3 =\!\!=\!\!= 4Zn(NO_3)_2 + NH_4NO_3 + 3H_2O \qquad (3\text{-}25)$$

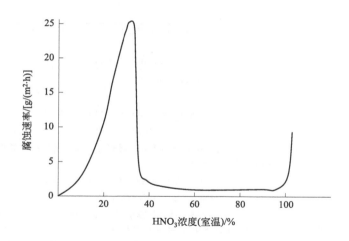

图 3-5　碳钢腐蚀速率与 HNO₃ 浓度的关系

$$4Zn+10HNO_3 \Longrightarrow 4Zn(NO_3)_2+N_2O\uparrow+5H_2O \qquad (3-26)$$

在对锌的化学铣切加工中，常用硝酸和盐酸组成腐蚀剂。

（4）铝及其合金：纯铝在硝酸中，当温度在 15℃ 以下时都表现为钝态，随着温度升高和酸浓度提高，腐蚀速率逐渐加快。当硝酸浓度在 30% 时，各温度点都基本接近最大腐蚀速率。再提高酸浓度腐蚀速率反而降低。但在浓硝酸中加入盐酸或氢氟酸（HF），对铝有强腐蚀作用，这是由于卤素离子浸蚀破坏铝表面氧化膜，导致腐蚀加剧。硝酸并不单独用在铝合金的化学铣切上，但硝酸被用于铝合金的化学抛光及铝合金经腐蚀后的酸洗。在三氯化铁或盐酸-氯化物体系中，硝酸的加入，对于喷淋蚀刻容易引起线条边缘不平滑，在这种体系中硝酸的量需要经过实验来确定。

铝在不同硝酸浓度及不同温度下的腐蚀速率见图 3-6。

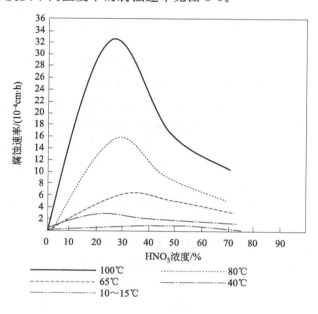

图 3-6　铝在不同 HNO₃ 浓度及不同温度下的腐蚀速率

（5）铜及其合金：铜很容易溶于硝酸之中，铜在硝酸中没有钝化现象，随硝酸浓度的提高，腐蚀速率也加快。虽然硝酸对铜有不错的腐蚀速率，但很少单独使用硝酸来对铜进行化学铣切加工。

铜与硝酸的反应根据硝酸浓度的高低存在以下两个反应式：

$$Cu+4HNO_3 \Longrightarrow Cu(NO_3)_2+2H_2O+2NO_2\uparrow \qquad (3-27)$$

$$3Cu+8HNO_3 \Longrightarrow 3Cu(NO_3)_2+4H_2O+2NO\uparrow \qquad (3-28)$$

两式相加得：

$$2Cu+6HNO_3 \Longrightarrow 2Cu(NO_3)_2+3H_2O+NO\uparrow+NO_2\uparrow \qquad (3-29)$$

（6）镁及其合金：对镁及其合金的化学铣切，硝酸是用得比较成功的腐蚀液，更多是和磷酸配合使用。镁及其合金在硝酸中的腐蚀反应是一析氢反应。

$$Mg+2HNO_3 \Longrightarrow Mg(NO_3)_2+H_2\uparrow \qquad (3-30)$$

（7）银：硝酸是银的主要腐蚀剂，并随硝酸浓度的提高腐蚀速率加快。硝酸与银的反应可能存在如下两个反应过程。

$$Ag+2HNO_3 \Longrightarrow AgNO_3+NO_2\uparrow+H_2O \qquad (3-31)$$

$$3Ag+4HNO_3 \Longrightarrow 3AgNO_3+NO\uparrow+2H_2O \qquad (3-32)$$

三、盐酸（HCl）

1. 盐酸的基本性质

别名：氢氯酸				英文名：hydrochloric acid	
化学式：HCl		分子量：36.46		CAS：2647-01-0	
密度：1.187g/mL		熔点：−114.8℃		沸点：−84.9℃	
危规编号：GB 8.1 类 81013。UN NO.1789；IMDG CODE8183 页，8.1 类。属二级无机酸性腐蚀品					
空气中最高容许浓度：5mg/L					
在溶剂中的溶解度：盐酸溶于乙醇、甲醇、甘油					
溶解度	能与水以任意比例混溶				
热力学数据					
化学式	状态	$\Delta H_f^\ominus$/(kJ/mol)	$\Delta G_f^\ominus$/(kJ/mol)	$S^\ominus$/[J/(mol·K)]	$C_p^\ominus$/[J/(mol·K)]
HCl	g	−92.3	−95.3	186.9	29.1
性状	纯氯化氢为无色有刺激性气体，其水溶液即盐酸。纯盐酸为无色有刺激性气味的液体。工业品因含有铁、氯等杂质，略带微黄色				
物化性质	盐酸为 HCl 气体的水溶液，在 20℃的水中可溶解 40% 的 HCl 气体。盐酸中的 HCl 能完全电离为 H^+ 和 Cl^-。 $$HCl \longrightarrow H^+ + Cl^-$$ 盐酸是极强的还原性无机酸，有强烈的腐蚀性，能腐蚀金属，对动植物纤维及人体肌肤均有腐蚀作用。浓盐酸在空气中发烟，触及氨蒸气会生成白色云雾，氯化氢气体对动植物有害。与活泼金属作用生成金属氯化物并放出氢。与金属氧化物作用生成相应的氯化物和水，与碱起反应生成盐和水，与盐类能发生复分解反应生成新的盐和新的酸				

2. 盐酸在化学铣切中的作用

盐酸是一种腐蚀性很强的酸，它对多种金属都有很强的腐蚀作用，同时也是在铣切剂复配中应用得最多的无机酸。在金属腐蚀加工中常和 HNO_3 一起用来配制难溶金属的腐蚀剂。

（1）铁及钢：铁在盐酸溶液中极易被腐蚀，并随盐酸浓度增加腐蚀速率加快。经过腐蚀的钢材其表面粗糙度较高，这对于保证材料腐蚀后的表面光洁度很不利，所以盐酸很少单独用于普通钢材的化学铣切。在某些普通钢的化学腐蚀液中加入适量盐酸可增快蚀刻速率。

盐酸对高合金钢的腐蚀效果显著，是一种非常好的活化剂，对这些高合金钢的腐蚀，如没有盐酸将是难于进行的。盐酸和硝酸配制成王水型腐蚀剂，具有非常强的腐蚀性能，能对多种合金钢进行有效的腐蚀加工。

铁在盐酸中的腐蚀反应如下：

$$Fe + 2HCl === FeCl_2 + H_2 \uparrow \tag{3-33}$$

（2）铝及锌：由于盐酸中 Cl^- 的强活化作用，对铝合金的腐蚀很快，并随盐酸浓度的增高腐蚀速率加快。盐酸是铝及其合金酸性腐蚀液的主要成分，被大量使用，但是经盐酸腐蚀后的铝及其合金表面光洁度较差，多为灰色的粗糙表面，同时应注意高浓度盐酸会使腐蚀加工无法控制，烧伤工件（即氢脆）。对锌的腐蚀盐酸用得很普遍，一般都会在盐酸腐蚀液中添加适量的硝酸。

铝和锌在盐酸中的反应如下：

$$2Al + 6HCl === 2AlCl_3 + 3H_2 \uparrow \tag{3-34}$$

$$Zn + 2HCl === ZnCl_2 + H_2 \uparrow \tag{3-35}$$

（3）铜及其合金：由于盐酸是还原性酸，同时铜在金属活动顺序表中位于氢的后面，铜在纯盐酸中腐蚀很慢，单独使用盐酸不能对铜进行化学腐蚀。如在盐酸中加入氧化剂，则对铜的腐蚀是很快的，常用的氧化剂有过氧化氢、硝酸、氯化铜等，在这几种氧化剂中使用最多的是氯化铜和过氧化氢。盐酸-氯化铜及盐酸-过氧化氢两种腐蚀液，对铜的腐蚀应用很广泛，在印制线路板的制造中常用作铜的腐蚀剂，但应控制盐酸和氧化剂的摩尔比，否则会使侧蚀量增大。铜在盐酸-过氧化氢腐蚀体系中的反应如下：

$$Cu + 2HCl + 3H_2O_2 === CuCl_2 + 4H_2O + O_2 \uparrow \tag{3-36}$$

四、氢氟酸（HF）

1. 氢氟酸的基本性质

别名：无				英文名：hydrofluoric acid	
化学式：HF		分子量：20.01		CAS：7664-39-3	
密度：1.123g/cm³（40%）		熔点：−83.1℃		沸点：19.54℃	
危规编号：GB 8.1类 81016。UN NO.1790；IMDG CODE 8184 页，8.1 类。属一级无机酸性腐蚀物品					
空气中最高容许浓度：氟化物允许最高含量 1mg/m³（换算成氟化氢）。LD₅₀ 1.275×10⁻³					
溶解度	能与水任意比例混溶				
热力学数据					
化学式	状态	$\Delta H_f^{\ominus}$/(kJ/mol)	$\Delta G_f^{\ominus}$/(kJ/mol)	$S^{\ominus}$/[J/(mol·K)]	$C_p^{\ominus}$/[J/(mol·K)]
HF	l	−299.8	—	—	—
	g	−273.3	−275.4	173.8	—
性状	无色澄清的发烟液体，有刺激性气味				
物化性质	为中等强度的酸，腐蚀性极强，极易挥发，置于空气中即发白烟。氢氟酸对金属的腐蚀性极强，通常表现为严重的均匀腐蚀，生成可溶性的氟化物，只有少数金属在室温下能生成较难溶的氟化物。能侵蚀玻璃和硅酸盐而生成气态的四氟化硅。与金属盐、氧化物、氢氧化物作用生成氟化物。遇金属能放出氢气，遇火星易引起爆炸或燃烧。不腐蚀聚乙烯、铅和白金。剧毒				

2. 氢氟酸在化学铣切中的作用

　　氢氟酸对金属的腐蚀性极强，通常表现为严重的均匀腐蚀，生成可溶性的氟化物，只有少数金属在室温下能生成较难溶的氟化物。

　　氢氟酸主要用于钛及其合金、难溶高合金钢的化学腐蚀，是钛、玻璃及半导体加工中硅晶片的唯一腐蚀剂。但如单独用氢氟酸对钛合金进行腐蚀加工，会使钛合金吸收大量的氢而产生不可逆转的氢脆，所以在实际应用中，都是和硝酸、铬酐等氧化性酸配合使用。

$$6HF + Ti \Longrightarrow H_2TiF_6 + 2H_2 \uparrow \qquad (3-37)$$

$$3Ti + 30HF + 4CrO_3 \Longrightarrow 3H_2TiF_6 + 4CrF_3 + 12H_2O \qquad (3-38)$$

$$Ti + 6HF + 4HNO_3 \Longrightarrow H_2TiF_6 + 4NO_2 + 4H_2O \qquad (3-39)$$

　　氢氟酸是玻璃及硅片化学铣切的重要原料，对玻璃的铣切常和盐酸、硝酸配合使用。对硅片铣切需要高纯氢氟酸才能进行。

五、磷酸（H_3PO_4）

1. 磷酸的基本性质

别名:无		英文名:phosphoric acid	
化学式:H_3PO_4	分子量:97.995		CAS:7664-38-2
相对密度:1.834(18℃)	熔点:42.35℃		沸点:213℃
危规编号:GB 8.1类 81501。UN NO.1805;IMDG CODE 8024 页,8.1类。属二级无机酸性腐蚀品			
空气中最高容许浓度:1mg/L			
在溶剂中的溶解度:易溶于乙醇			
溶解度	可与水任意混溶		

热力学数据					
化学式	状态	$\Delta H_f^{\ominus}/(kJ/mol)$	$\Delta G_f^{\ominus}/(kJ/mol)$	$S^{\ominus}/[J/(mol \cdot K)]$	$C_p^{\ominus}/[J/(mol \cdot K)]$
H_3PO_4	cr	−1284.4	−1124.3	110.5	106.1
	l	−1271.7	−1123.6	150.8	145.0

性状	纯品为无色透明黏稠状液体或斜方晶体,无臭,味很酸。市售85%的磷酸是无色透明或略带浅色、稠状液体
物化性质	在沸点213℃时失去$\frac{1}{2}$的水,生成焦磷酸($H_4P_2O_7$),300℃时生成偏磷酸(HPO_3)。易溶于水和乙醇。磷酸为中强酸。其酸性较硫酸、盐酸和硝酸等强酸弱,但较乙酸、硼酸等弱酸强。磷酸在水溶液中一级离解常数为$7.25×10^{-3}$,二级离解常数为$6.23×10^{-8}$,三级离解常数为$4.8×10^{-13}$。工业生产中常用$c(P_2O_5)$表示磷酸浓度,故有磷酸浓度$=1.38c(P_2O_5)$的标识方法。磷酸的水溶液是一种非氧化性介质,高温的浓H_3PO_4几乎能腐蚀所有的金属和氧化物

2. 磷酸在化学铣切中的作用

　　磷酸的水溶液是一种非氧化性介质，高温的浓磷酸几乎能腐蚀所有的金属和氧化物。磷酸基本上都不单独用于金属的化学腐蚀，但磷酸作为重要的辅助腐蚀材料和很多酸组成腐蚀剂，在这些组成中，磷酸主要用于调节腐蚀速率和提高金属的表面光洁度。

　　在对钢铁的化学铣切中常和硫酸及硝酸一起配合使用。

　　磷酸也是绝大多数金属化学/电解抛光的重要成分。

　　钛在磷酸中有较快的腐蚀速率，这个速率与浓度和温度成正比，但氧化剂的加入会阻止腐蚀的进行。对于很浅的蚀刻，可以采用磷酸来代替氟化物体系。

对于传统的钛蚀刻配方，添加磷酸都可加快铣切速率，并能使棱边圆滑地过渡，这对于力学性能要求高的零件加工来说是很重要的。

六、氢氧化钠（NaOH）

1. 氢氧化钠的基本性质

别名:苛性钠;烧碱;火碱		英文名:sodium hydroxide;caustic soda	
化学式:NaOH	分子量:40.00		CAS:1310-73-2
密度:2.130g/cm³	熔点:318.4℃		沸点:1390℃
危规编号:GB 8.2类82001,UN NO.1832;IMDG CODE 8225,8226页,8.2类。属一级无机碱性腐蚀品			
空气中最高容许浓度:空气中NaOH粉尘最高容许浓度为0.5mg/cm³			
在溶剂中的溶解度:甲醇31.0g/100g;乙醇17.3g/100g			

水中溶解度/(g/100g)

化学式	0℃	10℃	20℃	30℃	40℃	60℃	70℃	80℃	90℃	100℃
NaOH	42.0	98	109	119	129	174	—	—	—	347.0

热力学数据

化学式	状态	$\Delta H_f^{\ominus}$/(kJ/mol)	$\Delta G_f^{\ominus}$/(kJ/mol)	$S^{\ominus}$/[J/(mol·K)]	$C_p^{\ominus}$/[J/(mol·K)]
NaOH	cr	−425.6	−379.5	64.5	59.5

18℃时水溶液中的摩尔电导率(摩尔电导率 Λ 的单位为 S·cm²/mol)

电解质	摩尔浓度/(mol/L)										
	0.001	0.005	0.01	0.05	0.1	0.5	1.0	2.0	3.0	4.0	5.0
氢氧化钠	208	203	200	190	183	172	160	—	108.0	—	69.0

氢氧化钠水溶液的电导率/(S/cm)

氢氧化钠浓度/(mol/L)	温度/℃				氢氧化钠浓度/(mol/L)	温度/℃			
	80	85	90	95		80	85	90	95
2.0	0.601	0.633	0.655	0.685	3.6	0.875	0.921	0.964	1.001
2.4	0.689	0.723	0.748	0.776	4.0	0.921	0.968	1.015	1.060
2.8	0.759	0.795	0.846	0.860	4.4	0.955	1.015	1.060	1.116
3.2	0.826	0.864	0.882	0.926	4.8	0.987	1.056	1.095	1.157

性状	纯品为无色透明晶体,市售氢氧化钠有固体和液体两种;纯固体氢氧化钠呈白色,有块状、片状、棒状、粒状,质脆;液体氢氧化钠为无色透明液体
物化性质	固体氢氧化钠有很强的吸湿性。易溶于水,溶解时放热,水溶液呈碱性,有油腻感;溶于乙醇和甘油,不溶于丙酮、乙醚。腐蚀性极强,对纤维、皮肤、玻璃、陶瓷等有腐蚀作用。与金属铝和锌、非金属硼和硅等反应放出氢;与氯、溴、碘等卤素发生歧化反应;与酸中和而生成盐和水

2. 氢氧化钠在化学铣切中的作用

氢氧化钠是铝及其合金化学铣切的重要原料,在配制铣切液时常需要和一些有机酸盐或硫代硫酸盐配合使用,以期获得良好的表面质量,如需要加快铣切速率还需要与硝酸盐配合使用。

$$2Al+2NaOH+2H_2O \Longrightarrow 2NaAlO_2+3H_2\uparrow \qquad (3\text{-}40)$$

七、氯化铜

英文名:cupric chloride dihydrate			
化学式:$CuCl_2 \cdot 2H_2O$	分子量:170.48		CAS:10125-13-0
密度:$2.54g/cm^3$	熔点:300℃(开始分解为氯化亚铜)		沸点:993℃(全部分解为氯化亚铜)
危规编号:其他腐蚀品。GB 8.3 类 83503。UN NO.2802;IMDG CODE 8147 页,8.3 类			

<table>
<tr><td colspan="6" align="center">在溶剂中的溶解度/(g/100g)</td></tr>
<tr><td>化学式</td><td>甲醇</td><td>乙醇</td><td>丙酮</td><td>甘油</td><td>吡啶</td></tr>
<tr><td>$CuCl_2$</td><td>57.5</td><td>55.5</td><td>2.96</td><td>—</td><td>0.34</td></tr>
</table>

<table>
<tr><td colspan="12" align="center">在水中的溶解度/(g/100g)</td></tr>
<tr><td>分子式</td><td>0℃</td><td>10℃</td><td>20℃</td><td>30℃</td><td>40℃</td><td>50℃</td><td>60℃</td><td>70℃</td><td>80℃</td><td>90℃</td><td>100℃</td></tr>
<tr><td>$CuCl_2$</td><td>69.2</td><td>71.5</td><td>74.5</td><td>78.3</td><td>81.8</td><td>85.5</td><td>89.4</td><td>—</td><td>98.0</td><td></td><td>110</td></tr>
<tr><td>$CuCl_2 \cdot 2H_2O$</td><td>67.6</td><td>70.8</td><td>73.7</td><td>77.3</td><td>80.8</td><td>84.2</td><td>87.6</td><td>92.3</td><td>96.1</td><td>104</td><td>110</td></tr>
<tr><td>$CuCl_2 \cdot 4H_2O$</td><td>68.6</td><td>70.9</td><td>—</td><td>—</td><td>—</td><td></td><td></td><td></td><td></td><td></td><td></td></tr>
</table>

<table>
<tr><td colspan="6" align="center">热力学数据</td></tr>
<tr><td>化学式</td><td>状态</td><td>$\Delta H_f^{\ominus}/(kJ/mol)$</td><td>$\Delta G_f^{\ominus}/(kJ/mol)$</td><td>$S^{\ominus}/[J/(mol \cdot K)]$</td><td>$C_p^{\ominus}/[J/(mol \cdot K)]$</td></tr>
<tr><td>$CuCl_2$</td><td>cr</td><td>−220.1</td><td>−175.7</td><td>108.09</td><td>71.88</td></tr>
</table>

<table>
<tr><td colspan="12" align="center">18℃时水溶液中的摩尔电导率(摩尔电导率 Λ 的单位为 $S \cdot cm^2/mol$)</td></tr>
<tr><td rowspan="2">电解质</td><td colspan="11" align="center">摩尔浓度/(mol/L)</td></tr>
<tr><td>0.001</td><td>0.005</td><td>0.01</td><td>0.05</td><td>0.1</td><td>0.5</td><td>1.0</td><td>2.0</td><td>3.0</td><td>4.0</td><td>5.0</td></tr>
<tr><td>$1/2CuCl_2$</td><td>—</td><td>—</td><td>—</td><td>—</td><td>—</td><td>—</td><td>—</td><td>41.2</td><td>31.5</td><td>24.5</td><td>19.1</td></tr>
</table>

性状	蓝绿色斜方晶系结晶
物化性质	本品在空气中易潮解,在干燥空气中易风化。易溶于水,溶于醇和氨水、丙酮。其水溶液呈弱酸性。加热至100℃失去 2 个结晶水。从氯化铜水溶液生成结晶时,在 26~42℃得到二水合物,在 15℃以下得到四水合物,在 15~25.7℃得到三水合物,在 42℃以上得到一水合物,在 100℃以上得到无水物。有毒

氯化铜是酸性氯化铜和碱性氯化铜化学铣切体系的主要原料,主要用于配制铜类化学铣切液,也可少量添加于三氯化铁腐蚀液中用于铝合金的化学铣切,以提高其铣切效率。

八、无水三氯化铁

英文名:ferric chloride anhydrous			
化学式:$FeCl_3$	分子量:162.21		CAS:7705-08-0
密度:$2.898g/cm^3$	熔点:306℃		沸点:316℃
危规编号:酸性腐蚀品。GB 8.1 类 81513。UN NO.1773;IMDG CODE 8173 页,8.1 类			

<table>
<tr><td colspan="6" align="center">在溶剂中的溶解度/(g/100g)</td></tr>
<tr><td>化学式</td><td>甲醇</td><td>乙醇</td><td>丙酮</td><td>甘油</td><td>吡啶</td></tr>
<tr><td>$FeCl_3$</td><td>150</td><td>145</td><td>62.9</td><td>—</td><td>—</td></tr>
</table>

<table>
<tr><td colspan="12" align="center">在水中的溶解度/(g/100g)</td></tr>
<tr><td>分子式</td><td>0℃</td><td>10℃</td><td>20℃</td><td>30℃</td><td>40℃</td><td>50℃</td><td>60℃</td><td>70℃</td><td>80℃</td><td>90℃</td><td>100℃</td><td>150℃</td></tr>
<tr><td>$FeCl_3$</td><td>74.4</td><td>81.8</td><td>86.9</td><td>167</td><td>295</td><td>315</td><td>373</td><td>—</td><td>526</td><td>—</td><td>536</td><td>—</td></tr>
<tr><td>$FeCl_3 \cdot 2H_2O$</td><td>—</td><td></td><td></td><td></td><td></td><td>315</td><td></td><td></td><td></td><td></td><td></td><td></td></tr>
<tr><td>$FeCl_3 \cdot 6H_2O$</td><td>74.4</td><td>81.8</td><td>91.9</td><td>107</td><td></td><td>315</td><td></td><td></td><td>526</td><td></td><td>536</td><td></td></tr>
</table>

<table>
<tr><td colspan="6" align="center">热力学数据</td></tr>
<tr><td>化学式</td><td>状态</td><td>$\Delta H_f^{\ominus}/(kJ/mol)$</td><td>$\Delta G_f^{\ominus}/(kJ/mol)$</td><td>$S^{\ominus}/[J/(mol \cdot K)]$</td><td>$C_p^{\ominus}/[J/(mol \cdot K)]$</td></tr>
<tr><td rowspan="2">$FeCl_3$</td><td>cr</td><td>−399.4</td><td>−333.9</td><td>142.34</td><td>96.65</td></tr>
<tr><td>aq</td><td>−550.2</td><td>−398.3</td><td>−146.4</td><td>—</td></tr>
</table>

电解质	18℃时水溶液中的摩尔电导率(摩尔电导率Λ的单位为 S·cm²/mol)										
	摩尔浓度/(mol/L)										
	0.001	0.005	0.01	0.05	0.1	0.5	1.0	2.0	3.0	4.0	5.0
1/3FeCl₃	—	—	—	—	—	66.5	52.9	37.6	28.1	20.5	15.9
性状	黑棕色六方晶系结晶										
物化性质	本品在透射光下呈石榴红色,反射光线下呈金属绿色。加热到315℃分解。易溶于水、甲醇、乙醇、丙酮和乙醚。溶于液体二氧化硫、三溴化磷、三氯氧磷、乙胺、苯胺等。微溶于二硫化碳,不溶于甘油。其水溶液呈酸性,有腐蚀性。水解后生成棕色絮状氢氧化铁,有极强凝聚力。在空气中易潮解,吸湿性强。能生成2、2.5、3.5、6水合物。为强氧化剂,与铜、锌等金属能发生氧化还原反应,与许多溶剂生成络合物。与亚铁氰化钾反应,生成深蓝色普鲁士蓝										

在化学铣切中三氯化铁是重要的化工原料,常用的有固体三氯化铁、液体三氯化铁、水合三氯化铁。对铜、铝、钢及各种不锈钢都有不错的铣切效果,对于这些金属的化学铣切三氯化铁也是最经济的选择方案,其缺点是三氯化铁毒性较大,对废液处理成本高,对各种不锈钢类的化学铣切就目前而言还找不到可以替代的对环境更加友好的化工原料。

九、氟化氢铵

别名:酸性氟化铵;氟氢化铵		英文名:ammonium bifluoride;ammonium acid fluoride	
化学式:NH₄HF₂	分子量:57.04		CAS:1341-49-7
相对密度:1.52	熔点:125.6℃		沸点:240℃
危规编号:GB 8.3 类 83003。UN NO.1727(固体),2817(液体);IMDG CODE 8112 页,8.3 类。副危规 6.1 类			
在溶剂中的溶解度:微溶于醇类			
性状	白色或无色透明斜方晶系结晶,商品呈片状,略带酸味		
物化性质	氟化氢铵极易溶于水,在热水中分解:NH₄HF₂ ══ NH₄F+HF↑。水溶液呈强酸性,在较高温度下能升华。能腐蚀玻璃、铝、钛、硅等。对皮肤有刺激性,有毒		

氟化氢铵在水中的溶解度

温度/℃	溶解度/(gNH₄HF₂/100g 饱和溶液)	固相	温度/℃	溶解度/(gNH₄HF₂/100g 饱和溶液)	固相
−3.4	5.0	冰	40	50.05	NH₄HF₂
−6.5	10.0	冰	60	61.00	NH₄HF₂
−9.4	15.0	冰	80	74.53	NH₄HF₂
−12.6	20.0	冰	100	85.55	NH₄HF₂
−14.8	23.6	冰+NH₄HF₂	99.5	86.0	NH₄HF₂
0	28.45	NH₄HF₂	104.6	89.0	NH₄HF₂
10	31.96	NH₄HF₂	110.5	92.0	NH₄HF₂
20	37.56	NH₄HF₂	114.0	94.0	NH₄HF₂
25	43.73	NH₄HF₂	126.1	100.0	NH₄HF₂

氟化氢铵主要用于硅片、钛及玻璃的化学铣切,既可单独使用也可配合氢氟酸、氟硼酸、盐酸、硝酸、氟化铵等使用以获得性能更加优良的铣切液。

氟化氢铵是铝雾面处理的常用原料,在生产中可与氟化铵或过氧化氢配合使用以获得更好的表面效果。

氟化氢铵也可用于难溶金属铣切液的配制,也是替代氢氟酸用于压铸铝除灰的重要原料。

十、氟硼酸

别名：氢氟硼酸；四氟硼酸		英文名：fluoroboric acid；hydrofluoroboric acid；tetrafluoroboric acid	
化学式：HBF_4	分子量：87.83		CAS：16872-11-0
密度：1.32g/cm³（42%）；1.37g/cm³（48%）	熔点：−90℃		沸点：130℃
危规编号：GB 8.1类 81026。UN NO.1775；IMDG CODE8175页 8.1类。属二级无机酸性腐蚀物品			
空气中最高容许浓度：2.5mg/m³			
在溶剂中的溶解度：能溶于醇类			
溶解度	能与水以任意比例混溶		
性状	无色透明液体		
物化性质	氟硼酸属无机强酸，不能以纯态存在，只能在水溶液中存在。工业品一般为42%~48%左右的水溶液，在浓溶液中稳定。在水溶液中会缓慢分解生成羟基氟硼酸：$HOBF_3^-$、$(HO)_2BF_2^-$、$(HO)BF^-$。氟硼酸与玻璃表面接触时稳定性逐渐下降，0.047mol/L氟硼酸溶液在玻璃容器里保存32天后水解度由20.6%上升至72.6%。具有强腐蚀性，但在常温下不侵蚀玻璃。能同金属元素、金属氟化物、氧化物、氢氧化物或碳酸盐反应生成相应的氟硼酸盐。有毒		

氟硼酸在化学铣切中主要有以下两个用途：

用于对钛的铣切：氟硼酸对钛有腐蚀作用，但这个腐蚀速率相比于氢氟酸和氟化氢铵要慢，单独使用并不能获得良好的铣切速率，但可以和氢氟酸配合使用以改善铣切面的表面效果。

用于玻璃的铣切：传统的玻璃铣切大多采用氢氟酸或氟化氢铵，这两种材料都有一个最大的缺点就是残渣量大，这给大批量生产带来不便，而氟硼酸能使残渣明显减少甚至无残渣产生，这对玻璃的化学铣切来说是非常重要的。在实际应用中往往和氢氟酸及氟化氢铵配合使用，也可以单独或与盐酸、硝酸配合使用。

十一、硝酸铵

英文名：ammonium nitrate			
化学式：NH_4NO_3	分子量：80.04		CAS：6484-52-2
密度（25℃）：1.725g/cm³	熔点：169.6℃		沸点：210℃（发生分解）
危规编号：属一级无机氧化剂。GB5.1类 51069，UN NO.1942，IMDG CODE5122页，5.1类。硝酸铵（含可燃物70.2%）爆炸品，GB1.1类 11082，UN NO.0222；IMDG CODE 1102页，1.1D类			
空气中最高容许浓度：6mg/m³			

在水中的溶解度/(g/100g)										
化学式	0℃	10℃	20℃	30℃	40℃	50℃	60℃	70℃	80℃	90℃	100℃
NH_4NO_3	54.2	60.0	65.2	69.9	73.7	77.0	80.7	83.5	86.4	89.0	94.4

热力学数据					
化学式	状态	$\Delta H_f^\ominus$/(kJ/mol)	$\Delta G_f^\ominus$/(kJ/mol)	$S^\ominus$/[J/(mol·K)]	$C_P^\ominus$/[J/(mol·K)]
NH_4NO_3	cr	−365.56	−184.01	151.08	139.3
	aq	−339.87	−190.71	259.8	−6.7

18℃时水溶液中的摩尔电导率（摩尔电导率Λ的单位为S·cm²/mol）										
电解质	摩尔浓度/(mol/L)									
	0.001	0.005	0.01	0.05	0.1	0.5	1.0	2.0	3.0	4.0	5.0
NH_4NO_3	124.5	—	118.0	110.0	106.6	94.5	88.8	85.1	—	71.9	47.6
性状	无色斜方晶系结晶或白色细小颗粒状结晶										

物化性质	本品加热到210℃时分解放出一氧化二氮和水蒸气,如加热过猛会引起爆炸。溶于水、甲醇、乙醇、丙酮和液氨,不溶于醚。吸湿性强,易结块。在常温下对撞击、摩擦并无反应,但有引爆剂或密闭保存时,因受蓄积的分解产物(二氧化氮和水蒸气)影响会引起爆炸。具有氧化性,与有机物、可燃物、亚硝酸钠、硫黄、酸等接触能引起爆炸或燃烧。各种有机杂质均能显著增加其爆炸性

硝酸铵主要用于为铣切液提供硝酸根离子,在铣切液配制和添加时可部分或全部代替硝酸,且硝酸铵的铵根离子能明显抑制氮氧化物的挥发,其化学原理如下:

$$NH_4^+ + NO_2^- \Longrightarrow N_2 \uparrow + 2H_2O \tag{3-41}$$

反应式(3-41)对于配制含硝酸的化学铣切液是很有意义的,在一定条件下能明显抑制黄烟的产生,对于需要添加硝酸的化学抛光也具有同样的作用。

硝酸铵可作为过硫酸铵蚀刻体系的稳定剂。

十二、硝酸钠

别名:钠硝石;盐硝;智利硝石	英文名:sodium nitrate; sodium nitre; chile saltpetre	
化学式:NaNO₃	分子量:84.99	CAS:7631-99-4
密度:2.261g/cm³	熔点:306.8℃	沸点:380℃(分解)
危规编号:属一级无机氧化剂。GB 5.1 类 51055。UN NO.1498,IMDG CODE 5180 页,5.1 类		

在水中的溶解度/(g/100g)

化学式	0℃	10℃	20℃	30℃	40℃	50℃	60℃	70℃	80℃	90℃	100℃
NaNO₃	72.7	79.9	87.6	96.1	105	114	125	—	149	—	176

热力学数据

化学式	状态	$\Delta H_f^\ominus$/(kJ/mol)	$\Delta G_f^\ominus$/(kJ/mol)	$S^\ominus$/[J/(mol·K)]	$C_p^\ominus$/[J/(mol·K)]
NaNO₃	cr	−467.85	−367.06	116.52	92.88
	aq	−447.48	−373.21	205.4	−40.2

18℃时水溶液中的摩尔电导率(摩尔电导率 Λ 的单位为 S·cm²/mol)

电解质	摩尔浓度/(mol/L)										
	0.001	0.005	0.01	0.05	0.1	0.5	1.0	2.0	3.0	4.0	5.0
NaNO₃	102.9	100.1	98.2	91.4	87.2	74.1	65.9	54.5	46.0	39.0	—

性状	无色三方结晶或菱形结晶或白色细小结晶或粉末。无臭,味咸,略苦
物化性质	本品易溶于水和液氨,溶于乙醇、甲醇,微溶于甘油和丙酮。易潮解,当含有极少量氯化钠杂质时,其潮解性大为增加。在380℃时开始分解,400~600℃时放出氮气和氧气,加热至700℃时放出一氧化氮,至775~865℃时才有少量二氧化氮和一氧化二氮产生。为氧化剂,与有机物、硫黄等接触会燃烧和爆炸

硝酸钠主要用于铝合金的碱性化学铣切,与氢氧化钠配合使用能明显提高其铣切速率,但硝酸钠的加入会使铣切后的表面呈现出“砂”感,并随硝酸钠的浓度的变化而变化,所以在实际应用中应根据工艺要求来选择是否采用或使用量。

在铝合金酸性浸泡铣切液中,添加硝酸钠可减小侧蚀率,但喷淋铣切会使边缘不平滑。硝酸钠可作为过硫酸铵铣切体系的稳定剂。

十三、过氧化氢

别名:双氧水	英文名:hydrogen peroxide	
化学式:H₂O₂	分子量:34.01	CAS:7722-84-1
密度(25℃):1.4067g/cm³	熔点:−0.41℃	沸点:150.2℃

危规编号:属一级无机酸性腐蚀性物品。过氧化氢含量>60%,GB5.1类 51001。UN NO.2015;IMDG CODE 5152 页, 5.1 类。副危险 8 类。过氧化氢含量 8%~20% GB5.1 类 51001。UN NO.2984;IMDG CODE 5150 页,5.1 类

空气中最高容许浓度:美国通常规定最高容许浓度为 1.4mg/m³

热力学数据

化学式	状态	$\Delta H_f^{\ominus}$/(kJ/mol)	$\Delta G_f^{\ominus}$/(kJ/mol)	$S^{\ominus}$/[J/(mol·K)]	$C_p^{\ominus}$/[J/(mol·K)]
H_2O_2	lq	−187.79	−120.42	109.6	89.1
	g	−136.3	−105.6	232.7	43.14
	aq	−191.17	−134.10	143.9	—

性状	无色透明液体
物化性质	溶于水、醇、乙醚,不溶于石油醚。极不稳定,遇热、光、粗糙表面、重金属及其他杂质会引起分解,同进放出氧和热。具有较强的氧化能力,为强氧化剂。在有酸存在下较稳定,有腐蚀性。高浓度的过氧化氢能使有机物质燃烧。与二氧化锰相互作用,能引起爆炸。过氧化氢的化学性质有弱酸性、氧化性(还原产物为 H_2O,不会引入新的杂质)、还原性(氧化产物为 O_2)、不稳定性。过氧化氢既有氧化性也有还原性,其中又以氧化性为主;过氧化氢遇强氧化剂时,发生还原反应;过氧化氢在发生氧化反应或还原反应时,其本身都不给环境引入杂质,因此,过氧化氢是某些物质制备和除杂质时较为理想的氧化剂或还原剂

过氧化氢在化学铣切中是一种重要的氧化剂,比如,硫酸-过氧化氢铣切液对铜及铜合金或普通钢材都有不错的铣切速率和表面效果。在不锈钢化学铣切中过氧化氢与盐酸配合可以获得很高的铣切速率。

但过氧化氢在实际使用过程中容易分解,这也是限制过氧化氢在化学铣切中大量使用的关键问题,如能解决这一问题,过氧化氢将是一种对环境友好的重要原料。

对于三氯化铁体系的再生,如果能解决过氧化氢的加入问题,提高过氧化氢的利用率,那么过氧化氢是一种很好的亚铁再生原料,并可望取代氯酸钠。

过氧化氢可用于钛蚀刻体系以代替硝酸根离子,有利于改善工作环境,减少环境污染。

十四、氯化铵

别名:电盐;电气药粉;盐精;硇砂	英文名:ammonium chloride	
化学式:NH₄Cl	分子量:53.49	CAS:12125-02-9
密度:1.527g/cm³	熔点:340℃	沸点:520℃

空气中最高容许浓度:10mg/m³

在溶剂中的溶解度/(g/100g)

化学式	甲醇	乙醇	丙酮	甘油	吡啶
NH₄Cl	3.3	0.6	9.0	—	—

在水中的溶解度/(g/100g)

化学式	0℃	10℃	20℃	30℃	40℃	50℃	60℃	70℃	80℃	90℃	100℃
NH₄Cl	29.4	33.3	37.2	41.4	45.8	50.4	55.2	60.2	65.6	71.3	77.3

热力学数据

化学式	状态	$\Delta H_f^{\ominus}$/(kJ/mol)	$\Delta G_f^{\ominus}$/(kJ/mol)	$S^{\ominus}$/[J/(mol·K)]	$C_p^{\ominus}$/[J/(mol·K)]
NH₄Cl	cr	−314.5	−202.9	94.6	84.1
	aq	−299.66	−210.62	169.9	−56.5

18℃时水溶液中的摩尔电导率(摩尔电导率 Λ 的单位为 S·cm²/mol)

电解质	摩尔浓度/(mol/L)										
	0.001	0.005	0.01	0.05	0.1	0.5	1.0	2.0	3.0	4.0	5.0
NH₄Cl	127.3	124.3	122.1	115.2	110.7	101.4	97.0	92.1	88.2	85.0	80.7
性状	无色立方晶体或白色结晶。味咸凉而微苦										

物化性质	本品易溶于水,溶于液氨,微溶于乙醇,不溶于丙酮和乙醚。加热至100℃时开始显著挥发,337.8℃时离解为氨和氯化氢,遇冷后又重新化合生成颗粒极小的氯化铵而呈白色浓雾,不易下沉,也极不易再溶解于水。加热至350℃升华,沸点520℃。吸湿性小,但在潮湿阴雨天气也能吸潮结块。水溶液呈弱酸性,加热时酸性增强。对黑色金属和其他金属有腐蚀性,特别是对铜腐蚀性更大,对生铁无腐蚀作用

　　氯化铵在化学铣切中是一种重要的辅助材料,在酸性氯化铜和碱性氯化铜铣切中是常用的添加助剂,在配制不锈钢铣切液时也是重要的氯离子补充剂。但是,氯化铵单独使用并不能获得我们所需要的铣切速率和表面效果。

　　在无三氯化铁的铝合金蚀刻液中,氯化铵是主要的氯离子提供源。并随氯化铵浓度的增加,线条边缘变得更为平滑,但多用于浸泡式化学铣切。

　　对于添加硝酸根离子的三氯化铁体系,适当添加氯化铵有利于防止二氧化氮的产生,但不可多加。

十五、氯酸钠（$NaClO_3$）

1. 氯酸钠的基本性质

别名:氯酸碱	英文名:sodium chlorate			
化学式:$NaClO_3$	分子量:106.44	Na^+ 21.596%	ClO_3^- 78.404%	CAS:7775-09-9
密度:2.49g/cm³	熔点:248~260℃			沸点:300℃
1000g 99%的氯酸钠				
钠离子/g	钠离子/mol	氯酸根离子/g		氯酸根离子/mol
213.8	9.296	776.2		9.296
危规编号:属一级无机氧化剂。GB 5.1 类 51030。UN NO.1495				
性状	白色结晶或结晶粉末			
物化性质	本品白色或微黄色晶体,易溶于水,微溶于乙醇,溶于液氨、甘油。常压下加热至300℃以上易分解放出氧气。在中性或弱碱性溶液中氧化力非常低,但在酸性溶液中或有诱导氧化剂和催化剂(如硫酸铜)存在时,则是强氧化剂。与酸类(如硫酸)作用放出二氧化氯,有强氧化性。与硫、磷和有机物混合或受撞击,易引起燃烧和爆炸。易潮解			

2. 氯酸钠在化学铣切中的作用

　　氯酸钠主要用于三氯化铁蚀刻体系中二价铁的氧化剂使旧液得到再生,是目前成本最低的三氯化铁再生氧化剂,还难于有其他氧化剂可以取而代之。用氯酸钠进行再生时,需要注意一次不可投加太多,以防止过量,从而产生大量的氯气、二氧化氯,给工作环境及操作工人造成危害。一般来说氧化一克二价铁约需0.3克氯酸钠。添加少量的铜离子,有利于氧化的迅速进行。

十六、氟化铵（NH_4F）

1. 氟化铵的基本性质

英文名:ammonium fluoride				
化学式:NH_4F	分子量:37.04	NH_4^+:48.7%	F^-:51.3%	CAS:12125-01-8
相对密度(25℃):1.009	熔点:98℃			

1000g 95%氟化铵			
铵根离子/g	铵根离子/mol	氟离子/g	氟离子/mol
462.689	25.648	487.312	25.648

危规编号:GB 6.1类 61513。UN ON.2505;IMDG CODE6065 页,6.1 类

在溶剂中的溶解度:可溶于醇,不溶于丙酮

在水中的溶解度/(g/100g)										
化学式	0℃	10℃	20℃	30℃	40℃	50℃	60℃	70℃	80℃	90℃	100℃
NH$_4$F	71.9	74.1	82.6	88.3	—	—	111	—	118	—	—

热力学数据					
化学式	状态	$\Delta H_f^\ominus$/(kJ/mol)	$\Delta G_f^\ominus$/(kJ/mol)	$S^\ominus$/[J/(mol·K)]	$C_p^\ominus$/[J/(mol·K)]
NH$_4$F	cr	−463.96	−348.78	71.97	65.27
	aq	−465.14	−358.19	99.6	−26.8
性状	无色叶状或针状结晶,升华后得六角形柱状结晶,易潮解				
物化性质	氟化铵易溶于水,水溶液呈酸性,受热或遇热水即分解成氨和氟化氢,能腐蚀玻璃,有毒				

2. 氟化铵在化学铣切中的作用

氟化铵在铝及合金的表面处理中应用很多,其典型用途为用于对铝及其合金进行哑光处理,在实际使用中,需要在氟化铵溶液中添加一些多元醇或胶体物质以改善其蚀刻性能,用量一般在 25～250g/L 之间,这主要根据蚀刻要求来定,硫酸铵、乙酸铵等也常添加到蚀刻液中。

氟化铵的另一个典型用途是代替氟化氢铵用于配制钛合金铣切液,通常情况下氟化氢铵都是采用硝酸进行复配(也有采用硝酸盐的),但长期使用会使酸度明显增大而侧蚀量增大,如果采用氟化铵和硝酸进行复配就可使这个问题得到改善。

十七、氟化氢钾(KHF$_2$)

1. 氟化氢钾的基本性质

别名:酸式氟化钾		英文名:potassium bifluoride;potassium acid fluoride			
化学式:KHF$_2$	分子量:78.11	K$^+$ 50%	H$^+$ 1.28%	F$^-$ 48.72%	CAS:7789-29-9
密度:2.37g/cm^3	熔点:225℃(分解)				

1000g 98%氟化氢钾					
钾离子/g	钾离子/mol	氟离子/g	氟离子/mol	氢离子/g	氢离子/mol
490	12.5464	476.763	25.0928	12.646	12.5464

危规编号:GB 8.3类 83004。UN NO.1811;IMDG CODE 8212 页,8.3 类。副危险 6.1 类

空气中最高容许浓度:2.5mg/m^3

在水中的溶解度/(g/100g)										
化学式	0℃	10℃	20℃	30℃	40℃	50℃	60℃	70℃	80℃	90℃	100℃
KHF$_2$	24.5	30.1	39.2	—	56.4	—	78.8	114	—	—	—

热力学数据					
化学式	状态	$\Delta H_f^\ominus$/(kJ/mol)	$\Delta G_f^\ominus$/(kJ/mol)	$S^\ominus$/[J/(mol·K)]	$C_p^\ominus$/[J/(mol·K)]
KHF$_2$	cr	−927.7	−859.7	104.3	76.94
	aq	−902.32	−861.40	195.0	—
性状	无色四方(α型)或立方(β型)结晶。略带酸味				
物化性质	本品为双晶化合物。在 195℃以下为 α 型,195～239℃为 β 型。易溶于水,可溶于醋酸钾,不溶于乙醇。水溶液呈酸性。在干燥空气中不分解放出氟化氢。加热至310℃时开始有氟化氢逸出,至 400℃时氟化氢的蒸气压可达 0.101325MPa(1atm)。熔融氟化氢钾的活性比氟化钾大。有毒。有腐蚀性				

2. 氟化氢钾在化学铣切中的作用

氟化氢钾是实现钛蚀刻自沉淀的蚀刻剂，在反应过程中会直接生成氟钛酸钾。如采用这种蚀刻方法就需要对蚀刻液进行连续过滤，否则氟钛酸钾的沉淀会附着在钛表面或堵塞喷头而影响蚀刻的进行。

对于采用其他方法的钛蚀刻液，可用氟化氢钾对钛进行沉淀而使蚀刻液得到再生。

氟化氢钾可用作铝及其合金蚀刻的添加物质以取代含铵量高的氟化氢铵。

十八、氟硅酸（H_2SiF_6）

1. 氟硅酸的基本性质

别名：硅氟酸、六氟硅酸			英文名：fluodilicic acid；silicofluoric acid		
化学式：H_2SiF_6	分子量：144.09	H^+　1.389%	SiF_6^-　98.611%		CAS：16961-83-4
密度：1.32g/cm³	熔点：19℃			沸点：108.5℃	
1000g 40%的氟硅酸					
氢离子/g	氢离子/mol		氟硅酸根离子/g		氟硅酸根离子/mol
5.556	5.556		394.444		2.778
危规编号：GB 8.1类 81025。UN NO.1778；IMDG CODE 8176页,8.1类					
性状	无色透明的发烟液体,有刺激性气味,易挥发				
物化性质	氟硅酸易溶于水,有消毒功能。氟硅酸没有无水产品,最高浓度为60.92%,组成为13.3%时最稳定,蒸馏时不分解。能腐蚀玻璃、陶瓷、铅及其他金属				

2. 氟硅酸在化学铣切中的作用

氟硅酸用作钛合金的主蚀刻剂，代替常用的氟化氢铵，如果再以过氧化氢代替硝酸根离子，可配制成无氨氮的更为环保的钛蚀刻剂。

氟硅酸用于三氯化铁的不锈钢蚀刻体系，可起到增加亮度的作用，对硝酸的稳定性有一定的作用。

氟硅酸也可代替氟化氢铵用于铝的化学铣切。

十九、硝酸铁　[Fe（NO₃）₃]

1. 硝酸铁的基本性质

英文名：ferric nitraet											
化学式：$Fe(NO_3)_3 \cdot 9H_2O$		分子量：404.02		Fe^{3+} 13.818%		NO_3^- 46.062%		H_2O 40.12%		CAS：7782-61-8	
密度：1.684g/cm³		熔点：47.2℃									
1000g 98%硝酸铁											
铁离子/g		铁离子/mol			硝酸根离子/g			硝酸根离子/mol			
135.416		2.4268			451.3848			7.2804			
危规编号：属二级无机氧化剂。GB 5.1类 51522。UN NO.1466,IMDG CODE5148页,5.1类											
在水中的溶解度/（g/100g）											
分子式	0℃	10℃	20℃	30℃	40℃	50℃	60℃	70℃	80℃	90℃	100℃
$Fe(NO_3)_3 \cdot 6H_2O$	78	—	83	—	—	167	—	—	—	—	—

| Fe(NO₃)₃·9H₂O | 112.0 | — | 137.7 | — | 175.0 | — | — | — | — | — |

| $Fe(NO_3)_3 \cdot 9H_2O$ | 112.0 | — | 137.7 | — | 175.0 | — | — | — | — | — |

热力学数据

化学式	状态	$\Delta H_f^{\ominus}$/(kJ/mol)	$\Delta G_f^{\ominus}$/(kJ/mol)	$S^{\ominus}$/[J/(mol·K)]	$C_p^{\ominus}$/[J/(mol·K)]
$Fe(NO_3)_3$	aq	−670.7	−338.5	123.4	—

性状	无色至浅紫色单斜结晶
物化性质	本品易溶于水，溶于乙醇和丙酮，微溶于硝酸。加热至125℃时分解。易潮解，有氧化性

2. 硝酸铁在化学铣切中的作用

硝酸铁是不锈钢、钛及其他难溶金属蚀刻体系中硝酸根离子的重要提供源。对于浸泡式不锈钢蚀刻体系，硝酸铁是其主要成分之一，一方面提供硝酸根离子，另一方面也提供消耗的铁离子。硝酸铁与氟硅酸复配，可用作一些难溶金属蚀刻时的活化剂。

硝酸铁和氟化物的配合物可用于不锈钢的表面磨砂处理，也可用于不锈钢丝的表面出光处理。

二十、硫酸铁　$[Fe_2(SO_4)_3]$

1. 硫酸铁的基本性质

别名：硫酸高铁		英文名：ferricsulfate			
化学式：$Fe_2(SO_4)_3$	分子量：399.84	Fe^{3+}　27.911%	SO_4^{2-}　72.089%	CAS：10028-22-5	
密度：3.097g/cm³	熔点：480℃				

1000g 99%硫酸铁

铁离子/g	铁离子/mol	硫酸根离子/g	硫酸根离子/mol
276.32	4.952	713.68	7.434

在溶剂中的溶解度/(g/100g)

化学式	甲醇	乙醇	丙酮	甘油	吡啶
$Fe_2(SO_4)_3 \cdot 9H_2O$	—	12.7			

热力学数据

化学式	状态	$\Delta H_f^{\ominus}$/(kJ/mol)	$\Delta G_f^{\ominus}$/(kJ/mol)	$S^{\ominus}$/[J/(mol·K)]	$C_p^{\ominus}$/[J/(mol·K)]
$Fe_2(SO_4)_3$	cr	−2583.0	−2262.7	307.5	264.8
	aq	−2825.0	−2243.0	−571.5	—

性状	白色或浅黄色粉末
物化性质	硫酸铁吸湿，稍溶于水，有痕量的 Fe^{2+} 存在时可加速它的溶解。不溶于浓硫酸，溶于水。因水解而生成氢氧化铁胶体，溶液呈红褐色。在空气中潮解而变成棕色液体，加热到480℃时分解放出 Fe_2O_3 和 SO_3。它有一系列水合物，九水硫酸铁(13520-56-4)是一种黄色斜方晶体，吸湿，分子量562.01，相对密度2.1，加热至175℃时脱去7个结晶水。在冷水中每100g水可溶解440g，在热水中水解

2. 硫酸铁在化学铣切中的作用

硫酸铁可与氯化铵配制成铝合金的蚀刻体系，这种体系与纯三氯化铁体系相比，可以在更大的密度和更高的酸浓度下获得同等的蚀刻质量。

在不锈钢体系中，硫酸铁的加入，可在较高酸度下进行化学铣切，并可改善表面质量。

二十一、过硫酸铵 $[(NH_4)_2S_2O_8]$

1. 过硫酸铵的基本性质

英文名:ammonium persulfate					
化学式:$(NH_4)_2S_2O_8$	分子量:228.19	NH_4^+ 15.79%		$S_2O_8^{2-}$ 84.21%	CAS:7727-54-0
密度:1.982g/cm³	熔点:120℃(分解)				
1000g 98%过硫酸铵					
铵离子/g		铵离子/mol	过硫酸根离子/g		过硫酸根离子/mol
154.742		8.597	825.258		4.298
危规编号:属二级无机氧化剂。GB 5.1类 51504,UN NO.1444;IMDG CODE5126 页,5.1类					

热力学数据					
化学式	状态	$\Delta H_f^{\ominus}/(kJ/mol)$	$\Delta G_f^{\ominus}/(kJ/mol)$	$S^{\ominus}/[J/(mol \cdot K)]$	$C_p^{\ominus}/[J/(mol \cdot K)]$
$(NH_4)_2S_2O_8$	cr	−1648.08	—		
	aq	−1610.0	−1273.6	471.1	—
性状	无色单斜晶系结晶或白色结晶性粉末				
物化性质	加热至120℃时分解,易溶于水,0℃时溶解度58.2g/100mL。与水能发生反应生成硫酸氢铵和过氧化氢。具有强氧化性和腐蚀性。干品具有良好的稳定性。在潮湿空气中易受潮结块。与还原性较强的有机物混合可引起着火或爆炸				

2. 过硫酸铵在化学铣切中的作用

过硫酸铵在化学铣切中最主要的用途是用于铜的蚀刻,采用过硫酸铵的蚀刻体系,不含氯离子,改善工作环境,且蚀刻后的铜易于回收再利用。

二十二、羟基乙酸（$C_2H_4O_3$）

1. 羟基乙酸的基本性质

别名:乙醇酸		英文名:hydroxyacetic acid; glycolic acid			
化学式:$C_2H_4O_3$		分子量:76.05		CAS:79-14-1	
结构式:$HOCH_2COOH$					
相对密度(d_4^{25}):1.45		熔点:80℃	沸点:100℃		闪点:300℃
热力学数据	状态	$\Delta H_f^{\ominus}/(kJ/mol)$	$\Delta G_f^{\ominus}/(kJ/mol)$	$S^{\ominus}/[J/(mol \cdot K)]$	$C_p^{\ominus}/[J/(mol \cdot K)]$
	cr	−663.6	—	—	—
性状	纯品为无色易潮解晶体,可燃				
物化性质	溶于水、乙醇及乙醚。工业品为70%水溶液,淡黄色液体,具有类似烧焦糖的气味。熔点10℃				

2. 羟基乙酸在化学铣切中的作用

羟基乙酸在硫酸体系中可加速对铝的蚀刻,可与硫酸铁和氯化铵进行复配,可明显提高对铝的反应速率。

羟基乙酸与15%的硫酸并添加适量的表面活性剂,即可用于对铝的清洗处理,以取代氟离子。

羟基乙酸同样可用于不锈钢三氯化铁蚀刻体系,可以改善因蚀刻液中镍离子、铬离子对蚀刻质量的影响。

羟基乙酸在酸性蚀刻体系中都可以添加，和聚氧乙烯基聚氧丙烯基甘油醚一样是化学铣切行业的"万精油"。

二十三、其他主要化工原料

材料名称	在化学铣切中的主要用途
三氯乙酸	主要用于铝合金快速低酸性蚀刻液的配制,单独使用不推荐采用喷淋式蚀刻
甲酸	(1)用于配制酸性清洗剂 (2)用于配制感光油墨脱模剂
无水碳酸酸钠	(1)用于配制感光油墨的显影液 (2)用于配制弱碱性除油剂
甲基吡咯烷酮	用于配制感光油墨的脱模剂
乙基吡咯烷酮	用于配制感光油墨的脱模剂
二氯甲烷	用于配制感光油墨的脱模剂
二甲基甲酰胺	用于配制感光油墨的脱模剂
磷酸钠	用于配制弱碱性除油剂
TX-10	用于配制清洗剂;用于配制脱模剂
聚氧乙烯基聚氧丙烯基甘油醚	化学铣切的通用添加剂,能改善蚀刻后的线条平直效果,在酸性蚀刻体系中还具有一定的消泡作用
五水硅酸钠	用于配制碱性除油剂
十二烷基苯磺酸钠	(1)用于配制碱性除油剂 (2)用作化学铣切中的润湿剂
S90	用于配制酸性、碱性除油剂
NNF	用于配制碱性除油剂
过硫酸钠	用于化学镍或电镀镍的退镀;用于不锈钢蚀刻后的表面漂白处理,与硝酸配合可取代铬酐的作用

第三节
腐蚀剂对人体及环境的危害与防护措施

由于腐蚀常用的试剂都是强酸、强碱或强氧化剂，在配制和使用时都容易危及操作人员的安全。所以，操作人员在工作时应穿戴好防护工作服、防护眼镜、口罩、橡皮手套、袖套、围裙、长筒胶靴等，以保护好呼吸器官、眼睛及皮肤。生产车间应有良好抽风设施。工作人员每半年应体检一次。

一、腐蚀剂及化学烟雾对操作人员的危害

化学铣切这一特殊的加工方法所使用的腐蚀材料会对操作人员的健康产生很大的影响。在金属腐蚀中有两个重要的方面会对人的健康产生危害。

1. 腐蚀液的影响

对材料的化学铣切都是在强酸或强碱性的腐蚀液中进行的。钛及高合金钢的腐蚀液中还会有氟化物的存在，特别是对钛的腐蚀会使用大量的氟化物，对人的健康影响更大。这些腐蚀液很容易把金属材料腐蚀掉，显然对人体的组织细胞同样也会产生腐蚀或破坏现象。因而在生产中选择腐蚀剂的成分及对其浓度的控制是极其重要的。

对于从事化学腐蚀或有关的所有工作人员，必须经过充分的培训，并根据工作的性质和岗位要求，穿戴必要的工作服，以防止溅出的强酸强碱对工作人员造成危害事故。这种事故大多是腐蚀液溅出或在配制腐蚀液、搬运酸时不慎溅出或翻倒，这就意味着有大量的硫酸、硝酸、盐酸、氢氟酸等强酸在失去控制的情况下对操作人员和其他人员造成威胁。在生产中只要认真做好防范措施，发生严重事故的情况是很少的。但这并不能代表我们就可以放松警惕，很多事故往往都是发生在我们认为不会发生的时候，并且这种事故一旦发生其后果往往是很严重的。

2. 各种腐蚀性气体及烟雾的影响

在化学铣切过程中会产生大量的烟雾（即酸雾或碱雾），这些烟雾作用于人体皮肤会造成烧伤，更为重要的是会对人的呼吸系统造成损害，甚至是很严重的损害。所以在进行腐蚀加工时应特别注意腐蚀车间的排风设施的可靠性，这里所说的排风设施的可靠性并不是简单地把这些酸雾、碱雾直接排向周围环境，而是要经过还原、中和、洗涤等无害化处理后再排出，否则未经处理的酸雾和碱雾直接排出，同样会对周围的人员造成伤害，并严重污染大气，对环境造成破坏。对于那些容易有强腐蚀气体逸出的腐蚀加工过程，可采用密闭腐蚀车间进行遥控操作。对人体健康有危害的常用腐蚀剂见表 3-1。在金属腐蚀、抛光等工序产生的氮氧化物气体不仅对工作人员造成严重危害而且会对环境和大气造成严重影响。

表 3-1 对人体健康有危害的常用腐蚀剂简表

被腐蚀材料	腐蚀剂	腐蚀剂的危害	雾气的危害
铝合金	NaOH	溅射到皮肤上、面部、眼睛上等	雾气有两种： ①腐蚀时产生的 H_2。虽然氢气对人体和环境无危害，但高浓度集聚的氢气易爆炸。 ②腐蚀时产生的碱雾。由于铝合金的碱性腐蚀液中 NaOH 浓度高，同时也是在高温的情况下进行腐蚀加工，所以会有大量碱雾生成，碱雾会在空气中形成气溶胶，滞留较长时间，人体吸入会严重损害呼吸系统，同时这些碱雾排放在环境中也会对周边环境的生态造成二次污染
钛合金	氢氟酸加上 HNO₃ 或 CrO₃	强腐蚀性液体飞溅到皮肤上、面部、眼睛上等，同时氢氟酸对人体是特别危险的	腐蚀性和窒息的雾气对生产者和环境都是有害的。氢氟酸溅射到皮肤上能渗透皮肤表面直接损害人体的骨骼系统。酸雾对呼吸系统的损伤也是非常严重的
钢/镍合金	盐酸、HNO₃、H_2SO_4 和 H_3PO_4	强腐蚀性液体飞溅到皮肤上、面部、眼睛上等	腐蚀性和窒息性的雾气对生产者和环境都会造成危害。腐蚀产生的氮氧化物和 HCl 雾气对大气的破坏很严重，同时也危害人体的呼吸系统和神经系统
镁合金	H_2SO_3	溅射到皮肤上、面部、眼睛上等	腐蚀性的雾气对生产者和环境都会造成危害，同时镁合金在腐蚀时会产生大量 H_2，这种气体的大量集聚有爆炸的危险

被腐蚀材料	腐蚀剂	腐蚀剂的危害	雾气的危害
铜合金	$FeCl_3$、$CuCl_2$、H_2SO_4、H_2O_2	腐蚀性液体飞溅到皮肤上、面部、眼睛上等。高价铁的排放和被人体吸入都会造成很大的危害	腐蚀性和窒息性的雾气,对生产者和环境都会造成危害

在化学腐蚀中所使用的各种腐蚀剂,以及在腐蚀过程中所产生的各种有腐蚀性和毒性的气体,对人体的危害远不止表3-1中所列举的内容,而这些有腐蚀性和毒性的气体在排放到空气中后对环境和大气的危害更甚。所以当我们在进行化学腐蚀工厂设计时,就必须要考虑这些负面因素对人体和环境的危害。我们从事这项工作不仅仅是为了利益,同时更为重要的是要保障人员的身体健康和良好的生态环境。

二、突发事故的紧急救治方法

在溶液配制或生产过程中,万一发生溶液翻倒或吸入有害气体时,必须立即采取紧急措施以防止事故扩大,同时对受伤人员进行必要救治,严重时应立即就近联系医院。化学铣切过程中人体与有害物质接触时的救治方法代码见表3-2。其代码对应的救治方法见表3-3。

表3-2　化学铣切过程中人体与有害物质接触时的救治方法代码

材料名称	化学式	与下列部位接触时应采取的救治方法			
		肺	皮肤	口腔	眼睛
氢氧化钠	NaOH	—	C	G	J
氢氧化钾	KOH	—	C	G	J
铬酐	CrO_3	A	C	H	J
三氯化铁	$FeCl_3$	A	C	H	J
发烟硫酸	$H_2SO_4 \cdot SO_3$	B	C	H	J
盐酸	HCl	A	C	H	J
氢氟酸	HF	B	D	H	J
硫酸	H_2SO_4	—	E	H	J
硝酸	HNO_3	B	C	H	J
磷酸	H_3PO_4		C	H	J
甲苯	—	A	F	I	J
三氯乙烯	—	A		I	J

表3-3　对应代码的救治方法

伤害部位	救治方法代码	救治方法
肺	A	迅速将伤者从发生事故地点移开,休息并保持温暖
	B	迅速将伤者从发生事故地点移开,休息并保持温暖。病情严重者应及时请有关医务人员治疗、护理
皮肤	C	用大量水冲洗皮肤,脱掉被污染的衣物并将其清洗干净后再穿。病情严重时及时请有关医务人员治疗、护理
	D	立即连续不断地用清水冲洗皮肤,直到获得医务人员的护理为止。要特别注意看护指甲下面的皮肤,如不能及时获得医务人员护理,则可涂敷稀的氨水溶液。脱掉受到污染的衣物,清洗干净后再穿
	E	立即用大量水冲洗皮肤,起泡或烧伤处必须接受医疗护理。脱掉受到污染的衣物,清洗干净后再穿
	F	用大量水冲洗皮肤并用肥皂水洗净,脱掉受到污染的衣物,清洗干净后再穿

伤害部位	救治方法代码	救治方法
口腔	G	用水彻底冲洗口腔并多喝水,接着喝一点醋或1%HAc,并请医务人员护理
	H	用水彻底冲洗口腔并大量喝水,接着喝一点氧化镁乳剂(一次服用2汤匙)。请医务人员护理
	I	用水彻底冲洗口腔并服用一种催吐剂。请医务人员护理
眼睛	J	用水彻底冲洗眼睛,请医务人员护理。如接触到氢氟酸时,必须用水冲洗眼睛,冲洗时间不得少于15min

除表3-3中所列出各项方法外,还必须牢记以下几点:

① 紧急救护不能代替医生与护士的治疗。

② 在全部皮肤、口腔、眼睛与有害化学物质接触的地方,最先的处理应该是彻底冲洗,并同时联系医护人员。

③ 发生事故立即行动,防止事态扩大。同时充分运用现场救护知识,控制伤情。

三、硫酸对工作人员的危害及救治措施

硫酸在金属化学处理中,主要用于钢类腐蚀剂的配制、锌的腐蚀等。更大量的是用于铝合金的阳极氧化、化学抛光、电解抛光等工序中。同时其他金属的抛光也大量使用硫酸。在化学抛光和电解抛光工序中所用硫酸浓度高,工作温度高,在工作环境中形成大量的酸雾,造成对环境的污染和对操作人员的严重毒害。

硫酸酸雾刺激和烧灼上呼吸道黏膜,损害肺脏。接触皮肤引起严重的烧伤,硫酸气溶胶比二氧化硫(SO_2)有更明显的毒性作用。

硫酸酸雾浓度在$1g/m^3$时,对人即有较明显的刺激作用。$0.35 \sim 5g/m^3$是健康人在实验室条件下,出现反射性呼吸改变的浓度范围。除刺激上呼吸道之外,还会引起呼吸困难、声门痉挛、眼睛灼痛,浓度更高时可出现痰中带血、呕吐,晚期可并发严重的支气管炎和肺炎。

长期接触的人员,可见口腔黏膜疾患、牙齿损坏、上呼吸道及支气管黏膜的萎缩性病变、肺硬化、支气管喘息、胃炎及溃疡等,还有皮炎、甲沟炎等,长期接触易发生中枢神经系统、心血管系统的功能性改变及肝脏损害。在含有$0.086g/m^3$ SO_2和$0.29mg/m^3$硫酸气溶胶的环境中接触两年的受检人员有13.8%,接触五年的有18.5%出现呼吸器官的疾患,肝脏疾患相应为10.5%和14.5%;心血管疾患为15.6%和19.6%。

浓的硫酸引起严重的灼痛,如果立即用水冲洗则可能仅限于红斑,否则将很快渗入组织深部而形成痂皮,痂皮脱落时形成深溃疡,愈合以后形成扁平的瘢痕或者形成突出溃疡边缘的肉样增生,且随后发生瘢痕收缩,并可能引起严重后果。烧伤痊愈平均需六周时间,受伤面积很大时常常引起死亡。在工作中手部经常接触3%的硫酸溶液的工作人员中,有30%的人手部皮肤变松生有溃疡,指甲周围有慢性脓疮等,浓硫酸溅入眼中将引起十分严重的损伤。

如出现呼吸道黏膜刺激症状时,应立即吸入新鲜空气,严重时应在医护人员的指导下吸入碳酸钠(Na_2CO_3,也称为苏打)溶液。饮含有苏打和矿泉水的热牛奶,咳嗽时应给可待因、盐酸乙基吗啡,如浓硫酸溅到皮肤上,应立即用大量清水冲洗,接着用2%苏打溶液冲洗,如溅入眼睛,应立即用清水冲洗,再用2%硼酸(H_3BO_3)溶液冲洗,并急送医院。

四、氟化物对环境的污染及对工作人员的危害与救治

氟化物主要用于钛合金、玻璃、硅片及难溶合金铣切液的配制，铝合金的化学纹理蚀刻也会大量使用氟化物。生产中会向环境排放氟化物，这些氟化物一方面对环境造成污染，另一方面也直接对操作人员造成毒害。

氟化物是主要作用于各种酶的原生质毒物，也抑制巯基（—SH）。有研究表明当有磷存在时，氟进入含锰、镁、铁和其他生物元素的络合物中，使代谢受到破坏，特别是对糖代谢的破坏，此外氟能使钙沉淀，造成钙磷代谢紊乱。氟与碘竞争，可能从有机碘化物中将碘排出。在急性中毒时，主要是对中枢神经系统和肌肉的作用，对胃肠道也有局部作用，慢性中毒主要变化可能在骨骼及牙齿，同时出现血管破坏，上呼吸道、胃肠道、神经系统和皮肤的损害。氟化物毒性作用的严重性取决于它们在生物介质中的溶解度，其毒性及溶解度两项指标按逐渐减小的顺序为：氟化氢＞氟化钠＞六氟化铝。

氟中毒最初可出现眼睛、上呼吸道、胃肠道及皮肤的炎症疾患，经常感冒、鼻出血、齿龈易出血、声音嘶哑、窒息性干咳、全身衰弱、头痛、头昏、易疲劳、易激动、心区疼痛、游走性骨及关节疼痛、脊椎感觉不灵活、感觉异常、四肢肌肉痉挛等。体征可见结膜炎、角膜炎、光感及色觉感障碍、慢性鼻炎、溃疡形成等。有时可见鼻中隔穿孔、齿龈炎、上呼吸道炎症及弥漫性支气管炎。病情严重的情况下可见慢性肺炎、支气管喘息等肺部疾患，最后可导致肺功能障碍。

在高氟环境下工作的人员应穿戴好防护用具，严防触及皮肤。误接触皮肤，应立即用大量清水冲洗，将酸冲净后，一般可用红汞溶液或龙胆紫溶液涂抹患处，严重时应送医院治疗。

氟化物中毒最特殊的是氟侵蚀骨组织，引起氟骨症，表现为骨硬化、关节炎、关节周围炎，造成畸形的椎关节强直。骨硬化一般表现为骨内和骨膜良性瘤及韧带钙化，主要是脊椎、骨盆、肋骨、肩胛骨受到损伤。

氟化物允许最高含量为 $1mg/m^3$（换算成氟化氢）。

五、氮氧化物对工作人员的危害与救治及对环境的污染

硝酸在化学铣切中使用较多，不管是普通钢材还是高合金钢中都大量采用，在多种金属的化学抛光和电解抛光中也会大量使用。在生产过程中产生大量的氮氧化物，这些氮氧化物一方面直接毒害工作人员，另一方面排入大气中对环境造成严重污染。

1. 对工作人员的危害与救治

一氧化氮（NO）可引起全身无力、眩晕、腿麻木。重度者有恶心、呕吐、发绀等严重缺氧症状，中毒后的后遗症持续时间长（一年以上），并引起联想能力障碍，记忆力下降。NO 是一种血液毒素，能使氧合血红蛋白转变为变性血红蛋白，还可直接作用于中枢神经系统，引起一系列中枢神经系统中毒症状。

二氧化氮（NO_2，即我们常说的黄烟）比 NO 的毒性更强，它对呼吸道有严重刺激作用，可致中毒性肺水肿。工作人员在 0.005mg/L 浓度下接触 3～5 年，牙床黏膜即有炎症性改变、慢性气管炎、肺气肿等，并引起气喘发作及肺硬化、红细胞最大渗透抵抗力升高、粒

细胞增多、球蛋白水平减少、机体抵抗力下降等。对硝酸过敏的人员，在稀释硝酸时即能引起湿疹。如皮肤烧伤，应立即用大量水冲洗，并用2%～3%的碳酸氢钠（NaHCO$_3$）水溶液绷带包扎。如不慎溅入眼睛，应立即用大量水冲洗，并送医院治疗。氮的氧化物和硝酸蒸气对肺部刺激性很大，严重时能引起肺水肿。

NO$_2$的急性中毒会严重损害人体健康，其对健康的影响，因操作人员接触的程度不同而不同。接触浓度为50×10^{-6}～100×10^{-6}，NO$_2$经数分钟到1h，可引起肺组织发炎，不再接触6～8周后才能恢复正常。更高浓度的接触可能在数天后导致死亡。

2. 氮氧化物对大气的影响

氮氧化物不仅能对工作人员的健康产生严重影响，如不经妥善处理排放到大气中，还可直接破坏生态环境。它和硫酸酸雾、硝酸酸雾及大气中的活性烃共同作用产生光化学烟雾和酸雨。

下面先看一看氮氧化物和硝酸之间的基本反应及相互循环（见图3-7）。

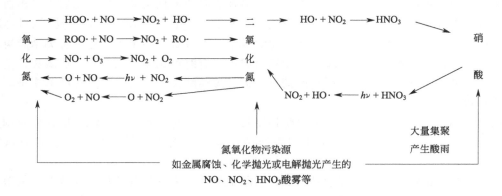

图3-7　氮氧化物对大气的影响

（1）对臭氧（O$_3$）层的破坏：大气同温层中的臭氧能吸收有害的紫外线，保护生态环境。那么人为产生的大量氮氧化物会不会破坏大气同温层中的臭氧层呢？从下面的反应可看出，在大气同温层上部及反散层中分子氧被波长小于242nm的紫外线光解：

$$O_2 + h\nu \longrightarrow O + O \tag{3-42}$$

原子氧在第三物质的参与下同分子氧反应生成O$_3$：

$$O_2 + O + M \Longrightarrow O_3 + M \tag{3-43}$$

O$_3$通过与原子氧的反应而被破坏：

$$O_3 + O \Longrightarrow O_2 + O_2 \tag{3-44}$$

而原子氧的再结合能防止O$_3$的形成：

$$O + O + M \Longrightarrow O_2 + M \tag{3-45}$$

NO同O$_3$的反应为：

$$NO + O_3 \Longrightarrow NO_2 + O_2 \tag{3-46}$$

NO$_2$同原子氧的反应为：

$$NO_2 + O \Longrightarrow NO + O_2 \tag{3-47}$$

将反应式（3-46）和反应式（3-47）相加即得到O$_3$被破坏的净反应：

$$O_3 + O \Longrightarrow O_2 + O_2 \qquad (3\text{-}48)$$

从以上反应式可以看出，反应式(3-42)、反应式(3-46)、反应式(3-47)构成了一个死循环，只要有NO或NO$_2$分子在大气同温层中就能引发反应式(3-42)→反应式(3-46)→反应式(3-47)死循环的进行，它会不停地烧蚀大气臭氧层。直到NO$_2$同大气中的HO·作用生成HNO$_3$或同水作用生成HNO$_3$+NO或生成HNO$_3$+HNO$_2$或在第三物质存在的条件下通过以下反应生成HNO$_3$。

$$O + NO_2 + M \Longrightarrow NO_3 + M \qquad (3\text{-}49)$$

$$NO_2 + NO_3 \Longrightarrow N_2O_5 \qquad (3\text{-}50)$$

$$N_2O_5 + H_2O \Longrightarrow 2HNO_3 \qquad (3\text{-}51)$$

但HNO$_3$也只能使同温层中NO$_2$的浓度暂时降低，因HNO$_3$也能被羟基自由基或光化学反应破坏，反应式如下：

$$HNO_3 + h\nu \longrightarrow HO· + NO_2 \qquad (3\text{-}52)$$

$$HO· + HNO_3 \longrightarrow H_2O + NO_2 \qquad (3\text{-}53)$$

生成的HNO$_3$或HNO$_2$只能通过降水或与碱反应生成颗粒性的硝酸盐或亚硝酸盐而被除去。如有大量的HNO$_3$等酸性物质分散在大气中易形成酸雨对生态环境造成污染。

（2）光化学烟雾：光化学烟雾是大气中的氮氧化物在紫外线作用下和大气中的烃类反应而形成的，如图3-8所示。

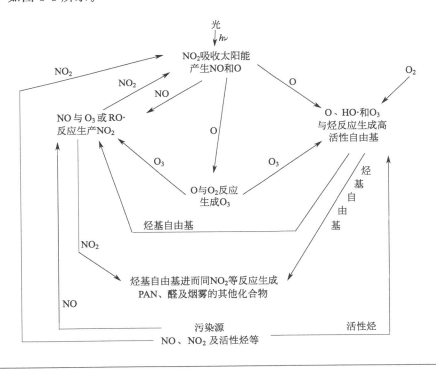

图3-8　光化学烟雾形成示意图

硝酸盐对皮肤有刺激作用，表现为皮肤剧烈瘙痒、毛囊周围发红。对呼吸道、眼也有刺激性。接触后可引起恶心、呕吐、头痛、虚弱、无力和虚脱等。大量接触可引起高铁血红蛋白血症，影响血液的携氧能力，出现发绀、头痛、头晕、虚脱，甚至死亡。口服引起剧烈腹痛、呕吐、血便、休克、全身抽搐、昏迷，甚至死亡。吸入其粉尘会引起慢性胃炎、胆囊炎，长期接触易发生中毒性变态反应性肺水肿、心肌炎、肝炎。

皮肤接触，用肥皂水和大量清水彻底冲洗；溅入眼睛，立即提起眼睑，用流动清水或生理盐水冲洗，如有不适感应到医院治疗。误食，漱口，并立即送医院治疗。

六、其他酸碱对工作人员的危害及救治

1. 盐酸对工作人员的危害及救治

高浓度盐酸对鼻黏膜和结膜有刺激作用，会出现角膜浑浊、声音嘶哑、窒息感、胸痛、鼻炎、咳嗽，有时痰中带血。盐酸雾可导致眼睑部皮肤剧烈疼痛。如发生事故，应立即将受伤者移到新鲜空气处输氧，清洗眼睛和鼻，并用2％的苏打水漱口。浓盐酸溅到皮肤上，应立即用大量水冲洗5～10min，在烧伤表面涂上苏打浆。严重者应立即送医院治疗。

盐酸在空气中的最高容许浓度：$5mg/m^3$。

氯化铵对皮肤、黏膜有刺激性，可引起肝肾功能损害，诱发肝昏迷，造成氮质血症和代谢性酸中毒等。健康人服用50g氯化铵可致重度中毒。有肝病、肾病、慢性心脏病的患者，5g即可引起严重中毒。口服中毒引起化学性胃炎，严重者由于血氨显著增高，诱发肝昏迷。严重中毒时造成肝、肾损害，出现代谢性酸中毒，同时支气管分泌物大量增加，职业性接触，可引起呼吸道黏膜的刺激和灼伤。慢性影响：经常性接触氯化铵，可引起眼结膜及呼吸道黏膜慢性炎症。如不慎接触皮肤或溅到眼睛里，需用大量清水彻底冲洗，误食后，应采取饮温水催吐、洗胃、导泻等措施，并及时就医。

2. 磷酸对工作人员的危害及救治

磷酸蒸气能引起鼻黏膜萎缩，对皮肤有相当强的腐蚀作用，能引起皮肤炎症性疾患及肌肉损伤，甚至造成全身中毒。

磷酸在空气中最高容许浓度：$1mg/m^3$。

在工作中如不慎接触皮肤，应立即用大量清水冲洗，把磷酸洗尽后，一般可以用红汞溶液或龙胆紫溶液涂抹于患处，严重时应送医院治疗。

3. 氢氧化钠（NaOH）及氢氧化钾（KOH）对工作人员的危害及救治

氢氧化钠及氢氧化钾具有极强的腐蚀性，其溶液或粉尘溅到皮肤上，尤其是溅到黏膜上，可产生软痂。并能渗入深层组织，灼伤后留下瘢痕。溅入眼内，不仅损伤角膜，而且可使眼睛深部组织损伤。如不慎溅到皮肤上，应立即用清水冲洗10～15min，然后再点入2％的普鲁卡因，严重者应立即送医院救治。

4. 过氧化氢对工作人员的危害及救治

经常接触过氧化氢者多患皮炎及支气管和肺脏疾病。经口中毒时会出现腹痛、胸口痛、呼吸困难、呕吐、体温升高、结膜和皮肤出血，个别可能出现视力障碍、痉挛、轻瘫。进入眼中能引起剧烈疼痛，损伤角膜，严重时甚至失明，吸入浓度为$260mg/m^3$过氧化氢蒸气引起支气管发炎，肺气肿甚至死亡。

如触及皮肤或溅入眼睛，立即用大量温水彻底冲洗。

工作接触时要穿防护衣。戴聚乙烯或聚氯乙烯制的手套和聚合材料制的透明防护眼罩和面具。

5. 三氯化铁对工作人员的危害及救治

三氯化铁有腐蚀性。其粉尘能刺激黏膜，引起炎症。吸入体内的三氯化铁粉尘对整个呼吸道有强烈腐蚀作用，损害黏膜组织，引起化学性肺炎等。对眼有强烈腐蚀性，重者可导致失明。皮肤接触可致化学性灼伤。口服灼伤口腔和消化道，出现剧烈腹痛、呕吐和虚脱。

如不慎接触皮肤和眼睛，立即用大量流动清水冲洗 10～20min，如有不适感应就医治疗。

如吸入，应迅速脱离现场至空气新鲜处，保持呼吸道通畅，如情节严重应立即送医院救治。

6. 氯化铜对工作人员的危害及救治

氯化铜对皮肤有刺激作用，其粉尘刺激眼睛，并引起角膜溃疡。

接触皮肤和眼睛应立即用流动清水冲洗。如不慎食入，应立即到医院救治。

7. 硝酸铵对工作人员的危害及救治

硝酸铵对皮肤有刺激作用，表现为皮肤剧烈瘙痒、毛囊周围发红。对呼吸道、眼也有刺激性。接触后可引起恶心、呕吐、头痛、虚弱、无力和虚脱等。大量接触可引起高铁血红蛋白血症，影响血液的携氧能力，出现发绀、头痛、头晕、虚脱，甚至死亡。口服引起剧烈腹痛、呕吐、血便、休克、全身抽搐、昏迷，甚至死亡。吸入其粉尘时会引起慢性胃炎、胆囊炎，长期接触易发生中毒性变态反应性肺水肿、心肌炎、肝炎。

皮肤接触用肥皂水和清水彻底冲洗；溅入眼睛，立即提起眼睑，用流动清水或生理盐水冲洗，如有不适感应到医院治疗。误食，漱口，并立即送医院治疗。

生产人员操作时要穿防护工作服，戴防护口罩、乳胶手套等劳保用品，防止吸入粉尘，保护呼吸器官和皮肤。生产设备要密闭，车间通风应良好。

第四章

常用材料化学铣切的方法

要对某种材料进行化学铣切，首先得对铣切液有较深入的研究。某种材料是否适用于化学铣切加工，一方面取决于所用腐蚀剂的强度；另一方面取决于这种材料在某种腐蚀剂中的铣切性能。只有两者恰当配合才能加工出满足设计要求的产品。

第一节
铝及其合金的化学铣切

一、铝的概况

铝是自然界中分布最广的金属元素，地壳中铝的含量（质量分数）约 8%，次于氧和硅。但铝远不如铁和铜很早就被人类使用，直到 19 世纪 20 年代才由丹麦人 H. C. Oeisted 将氯气（Cl_2）通入红热的三氧化二铝（Al_2O_3）和木炭的混合物中，制备了三氯化铝（$AlCl_3$），再用钾汞齐将铝还原出来，第一次制备出了低纯度的铝的金属粉末。后来 F. Wohler 用钾代替汞合金，还原 $AlCl_3$ 得到了较纯的金属铝粉末，并取得了许多铝的物理和化学性质的资料。直到 1886 年由美国俄亥俄州的 Charles Martin Hall 和在法国的 Paul-Louis Heroa 各自独立地将熔解在熔融冰晶石中的氧化铝（Al_2O_3）电解还原技术开发成功后，铝的生产才进入工业化时代。并且铝的电解还原法仍是目前工业化提取铝的唯一方法。

铝是银白色且具有光泽的金属，质轻，密度在 20℃时为 $2.6989g/cm^3$，没有毒性和磁性，撞击时不产生火花，延展性好，其延性在金属中居第六位，展性居第二位。纯铝很软，莫氏硬度只有 2.75，但它能与铜（Cu）、镁（Mg）、锰（Mn）、硅（Si）、锌（Zn）等多种元素形成强度高而质量轻的铝基合金。

铝具有高的电导率，高的热导率和高的反射率。铝对可见光和紫外线的反射率在普通金属中是最高的。铝可以用作近似黑体的物质，在红外区，铝的反射性仅次于金和银。铝的主要物理性质见表 4-1。

表 4-1　铝的物理性质

铝在地壳中的丰度(质量)/%	8.8
（原子)/%	6.6
在海水中的丰度/(g/t)	0.16~0.19
原子量	26.98154
沸点/℃	2467
熔点/℃	660.37
热导率/[W/(m·K)]	234.46
密度/(g/cm³)	2.6989(20℃)
熔点时密度(液体)/(g/cm³)	2.37
硬度(莫氏硬度)	2.75
电阻率/μΩ·cm	2.62(0℃);2.6548(20℃)
反射率/%	85~90
标准电极电位　$(Al^{3+}+3e\longrightarrow Al)N$	−1.66
抗拉强度/MPa	70(纯度 99.6%)

铝在空气中有高的稳定性，即使在无任何保护的情况下亦具有较强的抗蚀能力。这是由于铝的活泼性较高，铝暴露于大气中，其表面会立即生成一层薄而透明且坚韧的氧化膜层。这一天然的氧化膜层达到一定厚度就会自动停止生长，其厚度由环境和暴露时间而定。在干燥空气中和室温下约为 50Å（1Å$=10^{-10}$ m），最厚亦可达 100Å。

铝是两性金属，在碱性环境中会很快被腐蚀，在浓硝酸和浓硫酸中会钝化，而不被进一步腐蚀，对大多数有机酸亦显惰性。因此铝容器可以用来储藏浓硝酸、浓硫酸、有机酸和许多其他化学试剂。但卤素对铝有极强的侵蚀力，因此铝容器不能用于这类物质的储藏、包装、运输等。

铝合金以其优良的机械性能、电气性能、电化学性能和可加工性能，广泛用于建筑、交通、电力、化工、食品包装、机械制造和日用工业。

铝合金作为一种战略金属，在军事上广泛用于制造飞机、舰船、装甲、坦克部件、导弹弹体等，人造卫星等各种太空飞行器也都大量使用铝合金。在金属的化学铣切加工中，铝合金占有很大比例，特别是在宇航工业有大量的零件都要经过化学铣切加工。

二、铝合金腐蚀的特点

铝是一种活泼金属，从金属活动顺序中可以看出，铝的位置排得比较靠前，同时铝的标准电极电位较负，见式 (4-1)。

$$Al^{3+}+3e^{-}\longrightarrow Al \qquad E^{\ominus}=-1.66V \qquad (4-1)$$

从式 (4-1) 可以看出铝的标准电极电位很负，铝的金属活泼性比较强，容易被腐蚀。但在实际情况中，铝却表现出较高的抗蚀性能。这是由于铝在空气中能迅速生成一层致密的氧化铝保护膜（这种自然形成的氧化物保护膜也可称为钝化膜），这便赋予了铝合金表面很好的耐蚀性能。这层氧化膜的主要成分为 Al_2O_3，在高温水中（85℃）生成的氧化膜为 $Al_2O_3·H_2O$，而且此时生成的氧化膜较厚。铝表面氧化反应过程如下：

$$2Al+6OH^{-}+6H^{+}=\!=\!=2Al^{3+}+6OH^{-}+6H \qquad (4-2)$$

这一反应的进行将导致铝表面周围溶液 pH 值升高而呈碱性，引起如下反应，并有 H_2 从溶液中逸出：

$$2Al^{3+}+6OH^-+6H \Longrightarrow 2Al(OH)_3+3H_2 \uparrow \qquad (4\text{-}3)$$

$$2Al(OH)_3 \Longrightarrow Al_2O_3 \cdot H_2O+2H_2O \qquad (4\text{-}4)$$

反应式(4-3)和反应式(4-4)的进行,使铝合金表面能迅速生成一层致密氧化膜,得到保护,阻碍腐蚀介质的侵蚀作用,使基体金属不至于进一步同腐蚀介质(如 O_2、H_2O 等)发生反应,从而使铝合金在空气中有较高稳定性。由此可见,铝合金的抗蚀性能,是由表面氧化膜性质所决定的。

从以上反应式(4-2)可以看出,铝的腐蚀受 H^+ 浓度影响很大。H^+ 浓度升高或降低都将导致 $Al(OH)_3$ 或 $Al_2O_3 \cdot H_2O$ 的溶解,从而导致表面保护氧化膜层被破坏,其结果是铝被腐蚀。

当 H^+ 浓度降低时则有如下反应:

$$Al(OH)_3+OH^- \Longrightarrow AlO_2^-+2H_2O \qquad (4\text{-}5)$$

$$Al_2O_3 \cdot H_2O+2OH^- \Longrightarrow 2AlO_2^-+2H_2O \qquad (4\text{-}6)$$

当 H^+ 浓度升高时则有如下反应:

$$Al(OH)_3+3H^+ \Longrightarrow Al^{3+}+3H_2O \qquad (4\text{-}7)$$

$$Al_2O_3 \cdot H_2O+6H^+ \Longrightarrow 2Al^{3+}+4H_2O \qquad (4\text{-}8)$$

但当溶液中 H^+ 浓度很高或很低时反应式(4-6)和反应式(4-8)可能并不存在,甚至在 H^+ 浓度达到一定高度后,反应式(4-7)也可能不存在,铝将直接被腐蚀成 $+3$ 价离子状态。这也可以从铝的电位-pH 值图看出。

铝的电位-pH 值平衡简化图见图 4-1。

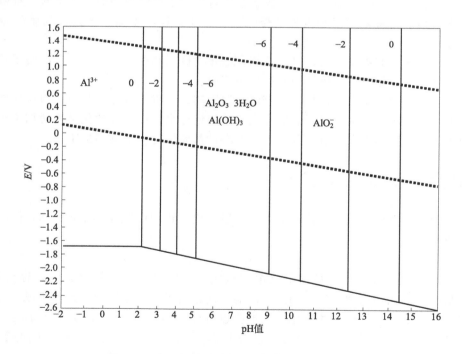

图 4-1　铝的电位-pH 值平衡简化图(25℃)

从图 4-1 中可以看出,铝不管是在酸性环境还是碱性环境下都将被腐蚀,这就是铝的两性。但铝在不含卤素的酸性环境中的稳定性要比在碱性环境中的稳定性高得多。在酸性环境中，当铝的腐蚀电位低于 $-1.66V$ 时，不管 pH 值怎样降低，铝都是稳定的。而在碱性环境中则不同，当碱达到一定强度后，不管铝的腐蚀电位是多低，铝都是极不稳定的，都将被剧烈腐蚀。当溶液 pH 值在 $4.5 \sim 8.5$ 之间，铝处于钝化区，不管铝的腐蚀电位有多高，铝都是以水合氧化铝的形式占主导地位，在铝表面生成了一层钝化膜。这一钝化膜层对铝起到了保护作用，使铝有良好的耐蚀性，而不被腐蚀。当 pH$<$4.5 时为酸性腐蚀区；当 pH$>$8.5 时为碱性腐蚀区。

上面讨论了铝在酸性环境和碱性环境中的腐蚀特征，下面就对铝在碱性和酸性环境中的铣切原理及铣切液的配制进行详细讨论。

三、通用碱性化学铣切

1. 通用铝合金碱性化学铣切液的特点及组成

碱性化学铣切是目前使用最多的一种铣切方式，特别是防蚀剂抗碱性能的提高，为这种方法的应用提供了条件。在铝合金的碱性铣切液中，使用最多的是以氢氧化钠为主，并辅以相应的添加剂。铝合金在氢氧化钠溶液中的铣切，实质上就是一种氢原子被更加活泼的铝原子化学置换的金属溶解过程，其反应方程式如下：

$$2Al + 2NaOH + 2H_2O \Longrightarrow 2NaAlO_2 + 3H_2 \uparrow \tag{4-9}$$

早期使用的碱性铣切方法是采用 $10\% \sim 20\%$ 的氢氧化钠的水溶液，并添加适量的铝屑对铣切液进行老化。使用这种铣切液也会带来很多问题，因为当铣切液的 Al^{3+} 一旦饱和，化学铣切速率就会变慢，同时也使被铣切表面光度劣化。并会产生成分不确定的沉淀物，大部分的 Al_2O_3 呈 $Al_2O_3 \cdot 3H_2O$ 的硬石沉积在槽底及周围，这种硬石非常坚硬，必须用锥子之类的工具才能清除，这样做往往会破坏腐蚀槽及加热管。

由于这种原因，在铣切液中添加少量的添加物质成为重要的措施。这种添加物质作为一种晶核有助于促进 Al_2O_3 从主体溶液中沉淀出来，但这种方法的作用很有限。而现在最有效的方法是控制铣切液中的 Al^{3+} 浓度在预先确定的范围内，并可通过对铣切液停止工作时保持一定温度使 Al^{3+} 呈溶解状态。目前被多数厂家采用的是在铣切液中添加"碱蚀剂"，使 Al^{3+} 浓度在很高的情况下也不产生硬石沉积的方法。笔者认为这种方法对于铝合金的铣切加工并不适合，因为高浓度的 Al^{3+} 会影响被铣切铝合金表面的光洁度及边缘清晰度等。这种"碱蚀剂"对于表面并不要求平滑且允许有"砂感"的化学铣切还是值得推广的。

如果要想得到最好的化学铣切质量，比如表面光洁度、棱边清晰度、侧蚀率、铣切速率和圆角半径等方面的要求，就要针对不同型号的铝合金材料及各种热处理状态通过实验来配制与之相适应的铣切液。

铝合金中的铜、锌、铁等合金或杂质元素，在铣切过程中会部分或全部溶解在铣切液中。这些金属元素的电位都比铝正，极容易在铝合金表面置换析出，由于这些金属离子的浓度都很低，所以这种析出是呈分散的点状，这种点状的另类金属和铝组成腐蚀原电池。同时铝合金在化学铣切过程中，合金表层中的另类金属元素同样和铝组成腐蚀原电池，这些腐蚀原电池改变了铝合金的腐蚀行为，从而使铣切后的铝合金零件形成粗糙表面。

在金属纹理蚀刻中，所需要的就是通过在铣切液中添加某些金属离子来强化这种粗糙的表面效果。但在化学切削加工中，这种粗糙的表面效果是不需要的。为了防止或削弱这种现象的发生，可以通过添加两类物质而得到改善。一是添加一些能螯合金属离子的多价金属螯合剂，如三乙醇胺、EDTA-2Na等。二是添加能控制化学铣切过程中成膜过程的添加物质，如重铬酸盐、硝酸盐、氧化钛和五氧化二钒等。更为有效且直接的方法是添加硫化物或多硫化物来改善被铣切表面的粗糙度，提高光洁度。生产实践证明，在铣切液中添加硫的化合物，比如 Na_2S、多硫化钠等来沉淀铣切液中的 Cu^{2+}、Zn^{2+} 和其他金属离子是非常成功的，被几乎所有的生产厂家采用。由于硫化物与酸反应会放出剧毒的硫化氢气体，所以对于添加硫化物或多硫化物的化学铣切液应禁止与酸混合，经铣切后的工件需经多级水洗后方可进行酸出光。

人们已经注意到，相对于铣切液而言，使铝表面带阳极性将产生电抛光的表面，为了在含铜量较高的铝合金表面得到平滑光洁的效果，在铣切液中添加适量的氰化物会有良好的表面平滑效果，但由于氰化物毒性很大，所以它的使用受到限制，为了既能沉淀又能络合那些易发生故障的金属离子，可以采用硫代硫酸盐和氰化物的混合添加剂，其中氰化物也可以用硫氰化物或其他无氰强力络合剂代替。

一种完美无缺的腐蚀剂配方常常是不必要的，同时也是不可能的。除少数的一些铝合金外，简单的碱性铣切配方非常适用。而在上面所提到的各种添加剂的加入是针对合金中合金成分或杂质成分溶解在铣切液中对铣切效果产生影响的一种防范处理。

在 110g/L 的氢氧化钠溶液中，用 5g 铝屑老化后，在 80～85℃ 的温度范围内，对多种铝合金都有不错的铣切效果，这种溶液也可以称为标准配方，而其他的铣切液都是在此基础之上通过添加一些添加剂进行某种改进而来的。

2. 通用铝合金碱性铣切液的配方

铝合金碱性铣切液的常见配方及加工工艺条件见表 4-2 和表 4-3。

表 4-2　铝合金碱性铣切液的常见配方及加工工艺条件（一）

	成分	化学式	含量/(g/L)			
			配方 1	配方 2	配方 3	配方 4
溶液成分	氢氧化钠	NaOH	80～180	78～170	180～270	100～140
	铝离子	Al^{3+}	8～60	20～75	—	10～60
	硫化钠	Na_2S	—	6～200	20～180	—
	偏铝酸钠	$NaAlO_2$	—	—	60～240	—
	硫	S	—	—	4～11	—
	葡萄糖酸钠		—	—	0.3～20	—
	三乙醇胺		—	—	—	45～90
操作条件	温度/℃		85～90	85～90	66～71	85～90
	时间		根据要求而定			
	搅拌		静置或搅拌			

注：配方 1 对多数铝合金都能得到表面平滑和倒角质量满意的效果，如果需要更高的加工质量应使用合适的添加剂；配方 4 能得到最佳表面平滑度。

表 4-3　铝合金碱性铣切液的常见配方及加工工艺条件（二）

	成分	化学式	含量/(g/L)		
			配方 1	配方 2	配方 3
溶液成分	氢氧化钠	NaOH	75～90	250～300	75～150
	铝离子	Al^{3+}	7～68	10～15	15～113
	硫代硫酸钠	$Na_2S_2O_3 \cdot H_2O$	—	25～30	—
	硫代硫酸铵	$(NH_4)_2S_2O_3 \cdot H_2O$	—	15～80	—
	氰化钠	NaCN	—	—	23～46
	润湿剂		—	—	2～6

操作条件	温度/℃	85～90	75～80	75～80
	时间	根据要求而定		
	搅拌	静置或搅拌		

注：配方 1 在小零件上可获得表面平滑度不错的效果；配方 2 是苏联配方，据说对提高表面光洁度效果明显；配方 3 适用于含铜量较高的铝合金的化学铣切。

对含锌的铝合金进行化学铣切时，添加 4～20g/L 多硫化钠是很有利的，它能使溶解在铣切液中的 Zn^{2+} 以多硫化物的形式沉淀除去，如果不除掉 Zn^{2+}，铝合金表面经化学铣切后将会产生粗糙的表面效果。此外，铜虽然在氢氧化钠溶液中难于溶解，但还是会有少量铜溶解在铣切液中而使铣切液呈现一种典型的蓝色，溶液中 Cu^{2+} 的存在同样会使被铣切的铝合金表面产生粗糙的表面效果，而添加多硫化钠同样能把 Cu^{2+} 从溶液中沉淀除去。

在化学铣切中主要消耗的是氢氧化钠，根据铝在碱性溶液中的化学式计算，溶解 1g 铝需要 1.482g 氢氧化钠，但在实际上至少需要 2.5g 的氢氧化钠，这是由于铝完全溶解在腐蚀液中需要附加的氢氧化钠。另外，当排放一部分旧液以降低 Al^{3+} 浓度时，也会损失部分氢氧化钠。因为要保证铣切质量，就要使 Al^{3+} 的浓度控制在一个不太高的范围。

铝进行化学溶解的反应过程，是一个放热过程，所以在生产过程中，不能忽视铝化学腐蚀的反应热。

在腐蚀过程中，每溶解 1g 铝大约释放出 3800cal（1cal＝4.1840J）的热量。那么 $1m^2$ 的铝材铣切掉 1mm 所产生的热量就达 10260kcal。这将会使溶液的温度发生急剧变化，温度的变化会明显影响铣切速率，在生产过程中也是通过铣切温度和氢氧化钠浓度来控制铣切液对铝合金的铣切速率。温度每增加 12℃，反应速率就会增加约一倍。所以在铣切过程中要特别注意温度的变化，以不超过中心值的 3℃ 为宜，这对于精确计算铣切时间来说非常重要。

氢氧化钠浓度增加一倍，铣切速率约增加 1/2 倍。比如在某一浓度的氢氧化钠溶液中，在规定温度的条件下，铣切速率为 $10\mu m/min$，当其他条件不变，氢氧化钠浓度提高一倍时，铣切速率约为 $15\mu m/min$。很显然温度的变化对铣切速率的影响比浓度的变化大。因此在进行化学铣切时，应在化学铣切槽上加装精密的温度控制器，这也是控制铣切速率的一种简单而有效的方法。

3. 溶液成分及操作条件对铣切速率的影响

（1）氢氧化钠浓度对铣切速率的影响　在铣切温度不变的情况下，增加氢氧化钠浓度，铣切速率加快。但在实际生产中也不能无限制地增加氢氧化钠浓度，一则过高的氢氧化钠浓度稠度太大，影响反应的正常进行，同时也增加了对防蚀层的要求；二则氢氧化钠浓度太高将使成本投入增大，零件带出量增大，不利于进行低成本加工；三则过快的铣切速率会使铝合金表面粗糙度增大，降低金属表面的光洁度。氢氧化钠浓度一般以 80～120g/L 为宜，只有在特别需要的情况下才会使用更高浓度的氢氧化钠铣切液。氢氧化钠浓度对铣切速率的影响见图 4-2。

（2）铣切温度对铣切速率的影响　当铣切液中氢氧化钠浓度一定时，提高铣切温度，铣切速率加快，通过实验发现，铣切温度每升高 12℃，铣切速率增加约 1 倍。但温度如无限制增高（最高温度为溶液沸点），虽然能加快铣切速率，但是温度太高，铣切过程难于控制，加上过高的温度也容易破坏防蚀层，并使铣切后的铝合金表面粗糙度增高，降低表面光洁度，铣切温度一般以 80～100℃ 为宜。铣切温度对铣切速率的影响见图 4-3。

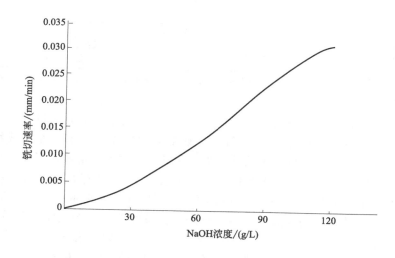

图 4-2　NaOH 浓度对铣切速率的影响（铣切条件：温度 84℃，时间 10min，材料 纯铝1050，材料厚度 1.05mm）

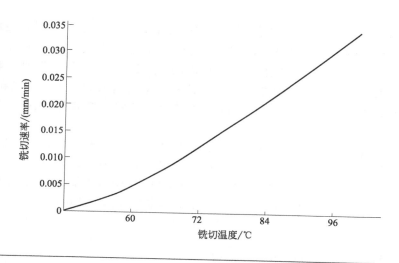

图 4-3　铣切温度对铣切速率的影响（铣切液成分：NaOH 90g/L，Al^{3+} 5g/L；铣切条件：时间 10min，材料 纯铝1050，材料厚度 1.05mm）

（3）Al^{3+} 浓度对铣切的影响　铣切液中一定量的 Al^{3+} 对于保持铣切速率的相对恒定及表面质量有积极作用，所以在新配的铣切液中都会用少量铝屑进行老化。但随着铣切的进行，溶液中 Al^{3+} 浓度会逐步升高。但这个前期的升高，对铣切速率及表面质量并不产生负面影响，在一个相当宽的浓度范围内，铣切速率及表面质量都保持相对恒定。当溶液中 Al^{3+} 浓度过高时，由于同离子效应的原因，会使铝的铣切速率明显减慢，甚至不能进行正常铣切。同时溶液中高浓度的 Al^{3+}，也会使铣切后的铝合金表面粗糙度增高，降低铣切表面平滑度及光度。

溶液中 Al^{3+} 浓度范围，根据被铣切材料及工艺要求而异。对铣切液中 Al^{3+} 的清除就意味着要弃掉部分或全部旧铣切液，这就必然导致生产成本的增加。即便是采用 Al^{3+} 回收的方式进行，也会因生产的短时中断而影响加工周期。

显然，确定一个 Al^{3+} 浓度的上限值是很重要的。这个上限值的确定，与要求的铣切表面平滑度及铣切速率有关。铣切速率的降低，必然导致生产周期的延长，在相同工作量的情况下，加工零件数量减少。表面平滑度的降低必然导致被铣切后的表面质量降低，表面质量降低又必然会导致在满足客户要求方面的信誉度降低，其直接后果就是失掉部分客户。从这两方面可以看出其最终结果都是总效益的降低。如果由此以保持低浓度的 Al^{3+} 为代价进行加工，又会使在加工周期和质量保持相对恒定的情况下，造成生产成本上升。这就需要根据用户对表面质量要求的最低限度及平均加工量和现有加工能力来确定这个最佳值，这个值就是 Al^{3+} 浓度的最优水平，这对于专业厂来说是非常重要的。

　　对于普通铣切加工，Al^{3+} 浓度上限以不超过 80g/L 为宜。Al^{3+} 浓度对铣切速率的影响见图 4-4。Al^{3+} 浓度对铣切表面粗糙度的影响见图 4-5。

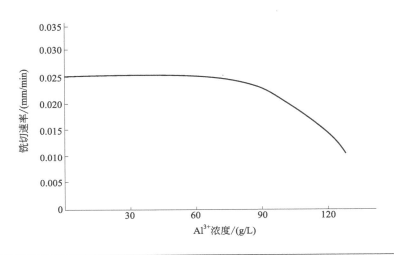

图 4-4　Al^{3+} 浓度对铣切速率的影响

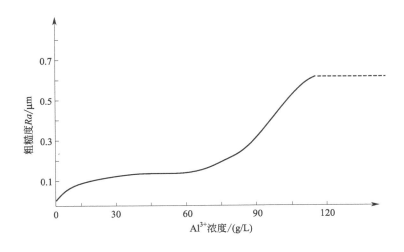

图 4-5　Al^{3+} 浓度对铣切表面粗糙度的影响（图中虚线部分表示已不能进行正常铣切加工）

4. 碱性铣切液的控制

随着铣切过程的进行，溶液中的氢氧化钠会被消耗而浓度降低，同时溶液中的 Al^{3+} 浓度会不断增高，这都会降低溶液对铝合金的铣切速率，在生产中为了保持化学铣切速率的恒定不变，需要对溶液进行分析并补加氢氧化钠到规定范围。

标准的碱性铣切液成分简单，用普通容量分析法即可满足对溶液的控制。由于在碱性铣切液中有大量偏铝酸钠（$NaAlO_2$）的存在，在进行滴定时出现的第一个变色点是中和游离氢氧化钠的滴定终点，反应式如下：

$$2NaOH + H_2SO_4 \rightleftharpoons Na_2SO_4 + 2H_2O \tag{4-10}$$

第二个变色点是中和游离 $NaAlO_2$ 的滴定终点，反应式为：

$$2NaAlO_2 + H_2SO_4 + 2H_2O \rightleftharpoons Na_2SO_4 + 2Al(OH)_3 \tag{4-11}$$

如用 $0.5mol/L$ 的 H_2SO_4 溶液进行滴定，滴定到 $pH=11.3$ 和 $pH=8.2$ 的终点。图 4-6 说明了这种滴定曲线。

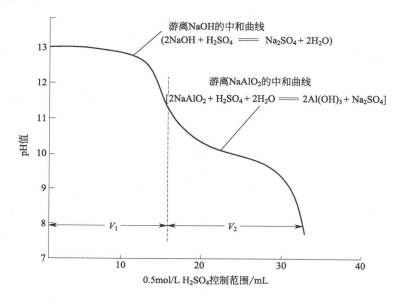

图 4-6　使用 $0.5mol/L\ H_2SO_4$ 溶液的碱性铣切液滴定曲线

图 4-6 中 V_1 是中和游离氢氧化钠所必需的 $0.5mol/L$ 硫酸溶液的体积。而 V_2 是中和游离 $NaAlO_2$ 所必需的 $0.5mol/L$ 硫酸溶液的体积。在图 4-7 中说明了对于大多数铝合金适用的两个控制因素 V_1 和 V_2 的操作范围。

如果是 V_1 低于规定的数值范围，则必须添加氢氧化钠。V_2 的数值是在溶液中溶解的铝含量的指标，V_2 将随着铣切液中 Al^{3+} 含量的增加而增加，最后 V_2 会增加到超过规定的数值范围。过高的 Al^{3+} 浓度会影响铣切的正常进行并难于满足工艺规定的质量指标。这时必须要对溶液中的 Al^{3+} 进行清除处理，Al^{3+} 最佳上限浓度的确定前面已有讨论。

目前采用最多的还是抽掉部分旧液再补充由水和氢氧化钠所组成的新液，其抽取量的多少可根据溶液中铝离子浓度而定。

比如，某铣切液有 1000L，经分析后的结果如下：

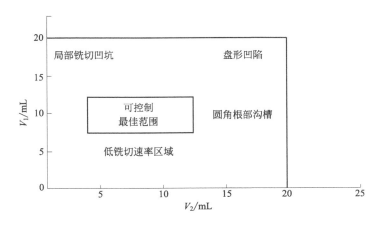

图 4-7　通用铝合金碱性铣切 V_1 和 V_2 操作范围

游离 Al^{3+} 浓度：80g/L；

游离氢氧化钠浓度：80g/L。

工艺要求控制范围：

游离 Al^{3+} 浓度：5～60g/L；

游离氢氧化钠浓度：100～140g/L。

从分析结果看，Al^{3+} 已经超过工艺控制的最高范围，氢氧化钠低于规定的工艺控制范围。

从控制要求看游离 Al^{3+} 最低浓度为 5g/L，在再生时游离 Al^{3+} 保留量按 10g/L 计算，1000L 铣切液需要 10000g 游离 Al^{3+}，分析结果 Al^{3+} 浓度是 80g/L，需要保留的旧铣切液为 10000/80＝125（L）。应抽掉 875L 旧液。

氢氧化钠取控制范围的中值 120g/L，需补充氢氧化钠 110000g，即 110kg。在补加氢氧化钠前先补加约 700L 清水，再加入氢氧化钠并搅拌溶解，最后补加清水到规定的体积，取液分析氢氧化钠及游离 Al^{3+} 浓度都应在工艺规定的范围。在补加氢氧化钠的同时也应同时补加添加剂，如添加剂是多硫化钠，每补加氢氧化钠 15 份，即应补加 1 份多硫化钠，从而保证添加剂在铣切液中的正确比例。

5. 铣切液中 Al^{3+} 的清除

为了保持溶液中的 Al^{3+} 含量在规定范围内，要定期分析并清除多余的 Al^{3+}，最简单的方法就是上面所讨论的排掉部分旧液，再补充新液。也可根据实际情况，采用其他方法除去溶液中多余的 Al^{3+}。

如果不除去溶液中多余的 Al^{3+}，容易导致边缘轮廓不清晰、流线、铣切速率变慢及表面粗糙度增大等缺陷。所以在铣切液中 Al^{3+} 要保持在工艺规定的范围内，这有利于防止因大量 Al^{3+} 的存在而引起 $Al(OH)_3$ 脱水沉淀，这些沉淀物附在槽壁及加热管上会给清理工作带来很大的麻烦。如果溶液中的 Al^{3+} 浓度在规定范围内，同时经常保持溶液温度在 50℃ 或以上，一般都不会有坚硬沉淀物生成（坚硬沉淀物的主要成分是 $Al_2O_3 \cdot 3H_2O$）。

如果在溶液中添加部分多价金属螯合剂，可防止在较高 Al^{3+} 浓度的情况下生成坚硬沉淀物，这时生成的是一种比较松软易于除去的淤泥。

当溶液中的 Al^{3+} 浓度太高，以至于换掉部分旧液后也无法进行有效的化学铣切，这时的铣切液已成为废液（任何铣切液都有寿命，这个寿命就是杂质浓度超过了平衡值，此时都需要废弃），应全部换成新的铣切液。在槽壁和热交换器上有大量的 $Al_2O_3 \cdot 3H_2O$ 和 $Al(OH)_3$ 附着，并随着沉淀的生成可使偏铝酸钠转变成氢氧化钠。反应式如下：

$$NaAlO_2 + 2H_2O \xquad Al(OH)_3 \downarrow + NaOH \tag{4-12}$$

$$2NaAlO_2 + 4H_2O \xquad Al_2O_3 \cdot 3H_2O \downarrow + 2NaOH \tag{4-13}$$

以上两个反应是非常有意义的，因为它们预示着氢氧化钠的回收和铝的分离。如果以上反应能进行得完全，对于大型的铝合金化学加工厂来说是很合算的，一方面降低了污染，可以节省大量废物处理费用；另一方面 Al_2O_3 还可以作为商品出售。但是在实际生产中，这两个反应进行得并不完全，只是部分完成，并没有多大实际意义。

为了使以上反应式中自沉淀及自再生过程完全进行，很多人做过这方面的实验，比如向溶液中加入晶籽促使沉淀进行，但收效不大，并得不到稳定的效果。到目前为止最有效的方法是向 Al^{3+} 浓度过高的溶液中，加入第二种物质和溶液中的 Al^{3+} 发生反应而沉淀除去，同时使氢氧化钠得到再生。这一方法主要有以下两种方式：

（1）以偏铝酸钙[$(Ca(AlO_2)_2)$]的形式进行回收　这种方法是向含铝量较高的溶液中加入氧化钙（CaO）水溶液，使 Ca^{2+} 和 AlO_2^- 反应，生成不溶性的偏铝酸钙沉淀而被除去[见反应式（4-14）]，同时释放出碱，使碱得到再生。碱性溶液由于会吸收空气中的二氧化碳（CO_2）生成碳酸盐，Ca^{2+} 和 AlO_2^- 反应的同时，也会和溶液中 CO_3^{2-} 反应生成不溶性碳酸钙（$CaCO_3$）[见反应式（4-15）]，这将会使氧化钙用量增大，使溶液中沉淀物增多，给处理带来一定不便。

$$CaO + H_2O + 2AlO_2^- \xquad Ca(AlO_2)_2 \downarrow + 2OH^- \tag{4-14}$$

$$CaO + H_2O + CO_3^{2-} \xquad CaCO_3 \downarrow + 2OH^- \tag{4-15}$$

总反应见式（4-16）。

$$2CaO + 2H_2O + 2AlO_2^- + CO_3^{2-} \xquad Ca(AlO_2)_2 \downarrow + CaCO_3 \downarrow + 4OH^- \tag{4-16}$$

回收的 $Ca(AlO_2)_2$ 既可作为阻燃剂，也可作高铝水泥的添加成分，还可用于生产水处理剂聚合氯化铝。

（2）以偏硅酸铝[$Al_2(SiO_3)_3$]的形式进行回收　这一方法是用水玻璃进行处理，当溶液中加入水玻璃后，Al^{3+} 和水玻璃反应生成不溶性偏硅酸铝，从溶液中沉淀分离出来，并使溶液释放碱，使碱得到再生[见反应式（4-17）]。而水玻璃不会和溶液中的碳酸盐反应，这就使溶液中的沉淀不会太多，便于清理。

$$3SiO_3^{2-} + 2AlO_2^- + 4H_2O \xquad Al_2(SiO_3)_3 \downarrow + 8OH^- \tag{4-17}$$

用这种方法可得到超细微偏硅酸铝。

6. 碱性化学铣切常见问题的处理方法

表 4-4 列出了碱性化学铣切常见问题的处理方法以供参考。

表 4-4　碱性化学铣切常见问题的处理方法

故障现象	产生原因	纠正方法
边缘轮廓线不清晰	①零件表面有沾染，如手印、化学污染、氧化膜、防蚀层边缘不清晰等。②铣切液浓度不在工艺规定范围	①加强各工序管理，防止二次沾染，在铣切之前对防蚀层检查要严格。②分析调整铣切液各成分至工艺规定范围，如果铣切液使用时间过长，应全部放掉，重新配制新液

故障现象	产生原因	纠正方法
粗糙的铣切表面,被铣切表面有沟槽、流痕及点蚀	①铣切液中 Al^{3+} 浓度太高,氢氧化钠浓度太高或太低。 ②铣切酸洗后漂洗不净	①分析调整铣切液各成分浓度到工艺规定范围。 ②加强酸洗后的水洗质量控制
形成凹坑	铣切液中 Al^{3+} 浓度及氢氧化钠浓度太高	稀释铣切液,降低浓度

四、改良的碱性铣切液

1. 改良碱性铣切的原理及配方组成

以上介绍的通用铝合金碱性铣切液并不具有较高的铣切速率,典型铣切速率约为 $15\sim30\mu m/min$。对于铣切量大的零件势必导致加工周期长,给生产带来不便。如果在铣切液中添加一些氧化性物质以加速铣切过程的进行,将会使铣切速率大大提高,使生产周期缩短。

从理论上讲,具有氧化性的阴离子基团和一些正电位的金属离子(相对于铝的电位,下同),都可以作为旨在加速铣切速率的添加剂,如 ClO_3^-、ClO_2^-、NO_3^-、NO_2^-、MnO_4^-、CrO_4^{2-}、Cu^{2+}、Fe^{3+} 等,但实际上能使铣切速率明显增加的添加物质并不多。笔者经过多年的研究发现,在这些众多可供选择的氧化性物质中,只有硝酸盐和亚硝酸盐才具有明显提高铣切速率的作用。同时硝酸盐或亚硝酸盐也是铝合金碱性纹理铣切的重要成分。硝酸盐不仅原料易得,价格低,而且在反应过程中,氧化性强的 NO_3^- 在和铝反应时,被铝直接还原为氨(NH_3),从溶液中排出,并不在溶液中留下残余物,便于补加。在这里以硝酸钠($NaNO_3$)为例来进行讨论。

硝酸钠在碱性环境中和铝的铣切反应如下:

$$8Al+3NaNO_3+6H_2O \xrightarrow{\quad\quad} 4Al_2O_3+3NaOH+3NH_3\uparrow \tag{4-18}$$

$$Al_2O_3+2NaOH \xrightarrow{\quad\quad} 2NaAlO_2+H_2O \tag{4-19}$$

将上面两式系数配平相加得:

$$8Al+3NaNO_3+5NaOH+2H_2O \xrightarrow{\quad\quad} 8NaAlO_2+3NH_3\uparrow \tag{4-20}$$

铝在过量氢氧化钠溶液中的反应式为:

$$2Al+2NaOH+2H_2O \xrightarrow{\quad\quad} 2NaAlO_2+3H_2\uparrow \tag{4-21}$$

在以上反应中式(4-20)是有硝酸钠参加的铣切反应,式(4-21)是铝在氢氧化钠溶液中的铣切反应。反应式(4-20)可以看作由反应式(4-18)和反应式(4-19)两步来完成的,反应式(4-19)是控制整个反应速率的关键过程。式(4-19)反应越快,铣切速率就越快,式(4-19)反应越慢,铣切速率就越慢,且铣切过的铝合金表面粗糙度增加。在氢氧化钠足够的情况下,其加快的铣切速率可以看成是反应式(4-20)所致的。控制合适的氢氧化钠浓度以调节反应式(4-19)的反应速率,就能完成对铝的纹理蚀刻和对铝的快速铣切的控制。反应式(4-19)的反应速率受铣切液中氢氧化钠和硝酸钠浓度的影响。在硝酸钠浓度一定的情况下,氢氧化钠浓度越高,反应式(4-19)的反应速率越快,相应地对铝的铣切速率也越快,反之则慢。改良碱性铣切液的配方及操作条件见表4-5。

表 4-5　改良碱性铣切液配方及操作条件

	材料名称	化学式	含量/(g/L)			
			配方 1	配方 2	配方 3	配方 4
溶液成分	氢氧化钠	NaOH	90～120	60～70	1～5	60～70
	硝酸钠	$NaNO_3$	60～90	50～60	—	—
	亚硝酸钠	$NaNO_2$	—	—	50～80	60～125
	无水碳酸钠	Na_2CO_3	—	—	50～80	—
	铝离子	Al^{3+}	5～60	5～60	2～60	—
	添加剂	—	适量	适量	—	—
操作条件	温度/℃		80～90	80～90	60～80	55～85
	腐蚀时间		根据需要而定			
	搅拌		需要			

注：1. 表中添加剂成分和普通碱性铣切所用添加剂相同，但由于 $NaNO_3$ 的氧化性，一些还原性添加剂的消耗会增大，所以要注意补加。

2. 表中配方 3 适用于厚度小于 0.2mm 的铝板的蚀刻，其特点是可以用普通感光油墨作为防蚀层。

2. NO_3^- 浓度和 OH^- 浓度的比值对铣切粗糙度的影响

溶液中 NO_3^- 浓度和 OH^- 浓度的比值，对铝合金的表面粗糙度影响较大。当其比值等于 0.47（摩尔比，下同）时，为标准配法。这时可以得到铣切速率最快同时表面粗糙度较低的一个标准值，在这里粗糙度会因材料的不同而不同。

① 对于铝合金化学切削加工：随着 NO_3^- 浓度与 OH^- 浓度的比值的增高，铣切速率增加不大。相反会使反应式(4-18)过快，反应式(4-19)过慢，而使铣切速率下降。并且铣切后的粗糙度增大，光洁度下降。随着 NO_3^- 浓度与 OH^- 浓度的比值的降低，铣切速率减慢，铣切后的表面粗糙度降低，光洁度上升。当 NO_3^- 浓度与 OH^- 浓度的比值降到 0.14～0.17 时，在 95～100℃ 的情况下，经 10min 铣切后，会有一个高的粗糙度值，如图 4-8 中 A 线的第一个峰值（但这个峰值并不是在每种铝材上都会有，带有偶发性）。

② 对于铝合金纹理蚀刻：当 NO_3^- 浓度与 OH^- 浓度的比值大于 0.47 时纹理粗糙度增加，处理温度相应较高，处理时间一般在 1～2min 即可，个别铝材时间会长一些，处理后的纹理粗糙度较高。当 NO_3^- 浓度与 OH^- 浓度的比值达到 1～1.5 时，且铣切温度在 80～90℃ 的情况下，可在铝合金表面达到一恒定粗糙度，再增加 NO_3^- 浓度与 OH^- 浓度的比值，粗糙度基本上不再增加。这一比值适合于加工有较高粗糙度要求的铝合金表面纹理及图文铣切处理。当 NO_3^- 浓度与 OH^- 浓度的比值小于 0.47 时纹理粗糙度降低，处理温度相应降低，处理时间相应较长，一般都会在 3～6min，纹理光洁度增大，适用于铝型材的纹理铣切处理。在低比值情况下，为保持纹理铣切能正常进行，要求 NO_3^- 浓度与 OH^- 浓度的比值最好不低于 0.24。

NO_3^- 浓度与 OH^- 浓度的比值对表面粗糙度的影响见图 4-8。

3. 氢氧化钠浓度对铣切速率的影响

当硝酸钠浓度一定时，增加氢氧化钠浓度，铣切速率加快，同时经铣切的铝合金表面粗糙度下降，平滑度增加。当达到一定值后，再增加氢氧化钠浓度，铣切速率不再增加，反而使成本上升。铝合金在碱性环境中的最高铣切速率，因材料不同而有一定的差异。笔者经多年的研究发现，铝合金在这种改进的碱性铣切液中的最大单面铣切速率约为 0.12mm/min。就算无限制增加腐蚀剂的浓度和提高温度，这一铣切速率的提升也并不明显。氢氧化钠浓度一般取 90～100g/L 为宜。

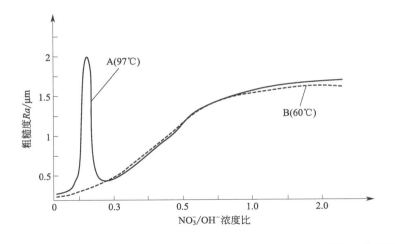

图 4-8 NO_3^-/OH^- 浓度比对铝及其合金表面粗糙度的影响（条件：OH^- 浓度 2.25mol/L，时间 10min；材料：纯铝 1050；材料厚度：1.05mm）

氢氧化钠浓度对铝合金铣切速率的影响见图 4-9。

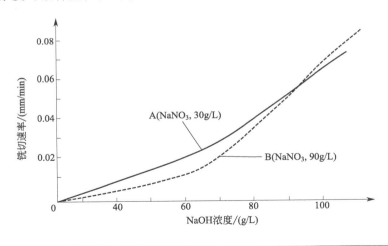

图 4-9 NaOH 浓度对铝合金铣切速率的影响（条件：铣切温度 95～100℃，时间 10min；材料：纯铝 1050；材料厚度：1.05mm）

4. 硝酸钠浓度对铣切速率的影响

当氢氧化钠浓度一定时，随着硝酸钠浓度的增加，铣切速率逐渐增加，当硝酸钠浓度和氢氧化钠浓度达到一定比值后，铣切速率接近一个最大值，再增加硝酸钠浓度，铣切速率变化不明显，如硝酸钠浓度过高，铣切速率反而降低，同时高的硝酸钠浓度也使铝合金表面的粗糙度增加，平滑度下降。当氢氧化钠浓度为 90g/L 时，硝酸钠浓度在 60～90g/L 为宜。

硝酸钠浓度变化对铝合金铣切速率的影响见图 4-10。

5. 温度对铝合金铣切速率的影响

当铣切液中 NaOH 和 $NaNO_3$ 浓度一定时，随着温度的升高，铣切速率逐渐增加。生产

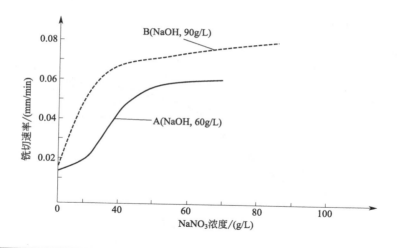

图 4-10　NaNO₃ 浓度对铝合金铣切速率的影响（条件：铣切温度 95～100℃，时间 10min；材料：纯铝 1050；材料厚度：1.05mm）

实践表明，在极限铣切速率范围内，温度每升高约 12℃，铣切速率增加约 1 倍。当温度达到沸点时，铣切速率即达到温度极限值。在实际生产中，为了便于控制，温度选在 70～90℃为宜。

温度对铝合金铣切速率的影响见图 4-11。

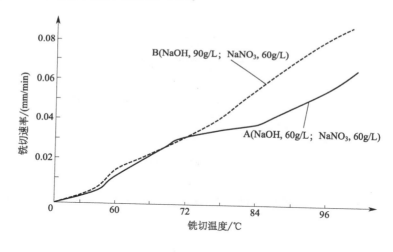

图 4-11　温度对铝合金铣切速率的影响（材料：纯铝 1050；材料厚度：1.05mm；铣切时间：10min）

6. 亚硝酸钠-氢氧化钠铣切液

亚硝酸钠和氢氧化钠组成的配方对铝合金具有硝酸钠型配方同样的快速铣切速率和表面效果，同时亚硝酸钠型配方易于采用简单的化学分析方法随时监控铣切液中的浓度范围，更加便于精确控制，其典型配方见表 4-5 中的配方 4。其亚硝酸钠与氢氧化钠之摩尔比对铣切速率及表面效果的影响同硝酸钠。

7. 亚硝酸钠-无水碳酸钠铣切液

前面介绍的配方都有一个共同特点，氢氧化钠浓度最低都在 5％ 以上，在这种碱浓度的范围内，很多抗蚀感光油墨都是难以胜任的。为此，我们借鉴低碱性的铝合金纹理蚀刻中的亚硝酸钠-无水碳酸钠型配方可用于厚度不超过 0.2mm 的铝片的化学铣切，其典型配方见表 4-5 中的配方 3。在配方中的氢氧化钠是防止无水碳酸钠吸收空气中的二氧化碳而生成溶解性不好的碳酸氢钠。但氢氧化钠浓度不能高，否则会破坏感光防蚀层。

采用这种方法可用普通的五金抗蚀感光油，但经显影后需要高温烘烤和再次 UV 固化。

由于这种配方的碱度低，在进行铣切之前，需用 10％～15％ 无水碳酸钠溶液在 60℃ 左右进行活化处理数分钟，也可以采用稀盐酸活化，但采用酸性活化后，必须清洗干净，不可将工件表面残余的酸带入铣切液中。

五、铝合金酸性铣切液

铝合金酸性铣切液都是以盐酸为基本成分，再使用一些添加剂进行铣切。酸性防蚀材料比碱性防蚀材料成本低且原料易得，最早的铝合金铣切采用比较多。但酸性铣切液成本比碱性铣切液成本高 2～4 倍，设备和装置的费用比碱性铣切所投入的更大，同时对酸雾的控制和回收费用大。但如控制得当，并采用再生循环连续使用的方式，其铣切成本比碱性化学铣切成本低。所以，铝合金酸性化学铣切还是具有一定的生命力。

铝合金酸性化学铣切的溶液配方有两大类：一是以盐酸为基本材料的配方；二是以三氯化铁（$FeCl_3$）为基本材料的配方。

盐酸基铣切液的化学铣切方法是建立在下列反应的基础之上的。

$$2Al + 6HCl \Longrightarrow 2AlCl_3 + 3H_2 \uparrow \tag{4-22}$$

盐酸基铣切液是普通铝合金的通用酸性铣切液，这种铣切液的唯一优点就是不像碱性铣切液那样需要在高温情况下才能使铣切过程正常进行。这种铣切液的工作温度一般在 30～50℃。笔者曾用表 4-6 的配方进行铝合金化学成型铣切，效果不错。

表 4-6 铝合金酸性铣切配方及操作条件

| 材料名称 | 化学式 | 含量/(g/L) | | | | | |
		配方 1	配方 2	配方 3	配方 4	配方 5	配方 6
溶液成分 三氯化铁	$FeCl_3$	—	—	—	120～170	—	100～120
盐酸	HCl	120～130	40～60	4～8	15～30	25～40	20～30
硝酸钠	$NaNO_3$	0～40	—	—	—	—	—
三氯乙酸	Cl_3CCOOH	—	20～40	80～100	0～12	—	—
硫酸铵	$(NH_4)_2SO_4$	200～230	—	—	—	—	—
硫酸铜	$CuSO_4 \cdot 5H_2O$	1～2	1～2	1～2	1～2	1～2	1～2
氯化铵	NH_4Cl	40～50	160～220	100～160	—	90～110	—
羟基乙酸	$HOCH_2COOH$	6～10	—	—	0～10	6～10	0～10
硫酸铁	$Fe_2(SO_4)_3$	—	—	—	—	100～120	50～80
氟化氢铵	NH_4HF_2	—	—	—	—	—	20～30
铜离子	Cu^{2+}	0.5～5	0.5～5	0.5～5	0.5～5	0.5～5	0.5～5
亚铁离子	Fe^{2+}	—	—	—	<3	<3	<3
过氧化氢(50％)	H_2O_2	3～5mL/L	3～5mL/L	3～5mL/L	—	—	—
聚氧乙烯基聚氧丙烯基甘油醚		0.01～0.05	0.01～0.05	0.01～0.05	0.01～0.05	0.01～0.05	0.01～0.05

操作条件	温度/℃	35～50	35～50	35～50	35～50	35～50	35～50
	相对密度	1.09～1.18	1.09～1.18	1.09～1.18	1.09～1.16	1.09～1.16	1.09～1.16
	浸泡或喷淋	浸泡	浸泡	浸泡	喷淋	喷淋	喷淋

表中过氧化氢的维持浓度用于在铣切过程中置换铜粉的溶解，以保持蚀刻液中铜离子的浓度，如果在蚀刻液中添加氯酸钠或硝酸盐，过氧化氢可不添加。表中配方6适用于精线条的加工。

在蚀刻液中添加适量的铜离子有利于提高铣切速率和线条的垂直度。

表中配方1的铣切液9min即可将0.6mm厚的铝板铣切成型（双面铣切）。铣切速率为0.033mm/min。配方2、配方3、配方4、配方5、配方6铣切液都可以获得不低于0.015mm/min的铣切速率。

表中配方4、配方5、配方6采用喷淋式铣切，配方5也可以采用浸泡式，但配方4、配方6不宜采有浸泡式（对于铝合金的化学铣切，纯三氯化铁配方都不太适合于采用浸泡式）。喷淋蚀刻要注意酸度不能太高。温度应控制在40℃±1℃。

有三氯化铁参加的铣切，其化学反应比纯用盐酸的铣切复杂，除了上述的铣切反应外还有以下化学反应：

$$Al + FeCl_3 = AlCl_3 + Fe \tag{4-23}$$

这一反应的进行加速了对铝合金的铣切速率。被置换的铁在铝合金表面形成腐蚀原电池，加速铣切过程的进行。其总反应为：

$$3Al + FeCl_3 + 6HCl = 3AlCl_3 + Fe + 3H_2 \uparrow \tag{4-24}$$

从这一反应也可看出，置换的铁会被析出的大量氢气冲刷掉，不会对铝合金表面形成封闭。除了以上反应还有如下反应的发生：

$$Al + 3FeCl_3 = AlCl_3 + 3FeCl_2 \tag{4-25}$$

$$Fe + 2HCl = FeCl_2 + H_2 \uparrow \tag{4-26}$$

对于大量的酸性铣切的应用还存在对盐酸的回收问题，从环境保护的角度出发，绝对不允许有大量的盐酸气体排入大气，盐酸的回收主要通过蒸馏来完成。三氯化铝（$AlCl_3$）在水中存在着如下水解过程：

$$AlCl_3 + 3H_2O \rightleftharpoons 3HCl \uparrow + Al(OH)_3 \tag{4-27}$$

在进行蒸馏时首先蒸出铣切液中过量的盐酸，然后如上式所示，三氯化铝和水反应，生成盐酸和氢氧化铝[$Al(OH)_3$]，并随着盐酸的蒸馏促使反应平衡向右移动使反应趋于完全。在刚开始蒸馏时，水比盐酸更快地蒸馏出来，在溶液相对密度达到1.10之前都是这样，在相对密度为1.10时，在110℃的条件下将蒸馏出恒沸点的盐酸和水的混合物。游离盐酸一旦蒸馏出来，反应就向右进行，蒸馏出来的盐酸回收到铣切液中再使用。而含铝及合金元素的泥渣作为废渣处理。

对于以三氯化铁为主体的化学铣切液，溶液老化后可采用添加氯酸盐的方式进行再生，在添加时，需先用清水溶解后再加入，在再生时应补充适量盐酸（盐酸补加量切不可过多，否则会产生大量的有毒的二氧化氯气体）。再生时需要通过分析溶液的二价铁离子浓度再通过计算确定氯酸盐的添加量，在添加时应在充分搅拌的条件下进行，并分多次添加，不可一次性加入太多。

波音公司的Snyder和Rosenberg发明了一种由盐酸、硝酸、氢氟酸组成的化学铣切液，在这种铣切液中由于含有三种酸，所以在铣切过程中反应比较复杂。其主要反应如下：

$$2Al+6HF \Longrightarrow 2AlF_3+3H_2\uparrow \qquad (4-28)$$
$$8Al+6HNO_3+24HF \Longrightarrow 8AlF_3+3N_2O\uparrow+15H_2O \qquad (4-29)$$
$$Al+HNO_3+H_2O \Longrightarrow H_3AlO_3+NO\uparrow \qquad (4-30)$$
$$Al+3HCl+HNO_3 \Longrightarrow AlCl_3+NO\uparrow+2H_2O \qquad (4-31)$$
$$2H_3AlO_3+AlF_3 \Longrightarrow 3AlOF+3H_2O \qquad (4-32)$$

这种铣切液的铣切速率主要受铣切温度影响，成分浓度也会对铣切速率产生影响。

用于铝合金化学铣切的酸性铣切液还有王水、盐酸、重铬酸盐和冰醋酸、硝酸和三氯化铁等。表4-7列出了几种铝合金酸性腐蚀剂的配方及操作条件。

表 4-7　铝合金的几种酸性腐蚀剂配方及操作条件

	材料名称	化学式	含量/(g/L)		
			配方 1	配方 2	配方 3
溶液成分	盐酸	HCl	2.0～3.0	26～42	—
	氯化铝	AlCl₃	50～80	—	—
	氢氟酸	HF	—	22～75	—
	硝酸	HNO₃	—	110～300	—
	冰醋酸	HAc	—	根据需要添加	—
	草酸	—	—	0～240	—
	铬酸	H₂CrO₄	—	—	30～50
	硫酸	H₂SO₄	—	—	165～225
操作条件	温度/℃		30～50	30～50	35～85
	搅拌		需要		
	时间		根据需要而定		

注：1. 配方2中氢氟酸的作用是增大铣切速率；乙酸的加入量以能维持乙酸气味的量为度。每两周添加0.7～1.5g/L，在进行沉淀处理之前加入2.6g/L。

2. 配方3由于铣切速率很慢，所以只适于一些化学校形，但六价铬目前很多工业园已禁止使用，所以只有参考意义。

六、铝在酸性铣切液中应注意的问题

铝在三氯化铁溶液或盐酸溶液中的化学铣切，应防止氢脆的发生，也即是我们常说的烧板，特别是对密集穿孔的铣切更易发生，在三氯化铁中维持其低的酸度对防止氢脆的发生是非常必要的，三氯化铁波美度为19°Bé左右时，盐酸应控制在0.8%以下，以0.4%为宜。

在喷淋式蚀刻机中，三氯化铁对铝的蚀刻调三氯化铁波美度为20°Bé左右，并按0.4%～1%的量添加适量盐酸（36%）。根据铝在三氯化铁中的反应方程式可知，每蚀刻100g铝约消耗1800g三氯化铁，同时产生1407g氯化亚铁。对亚铁的再生可采用氯酸钠来进行，从理论上完全再生1407g氯化亚铁约需197g氯酸钠，同时还需要405g盐酸（36%的盐酸1125g）。在蚀刻液中添加铜能提高蚀刻速率并有利于减少侧蚀。在整个蚀刻体系中，如盐酸浓度过高容易造成腐蚀过度，同时高浓度盐酸也使析氢加剧，使铝产生氢脆的可能性增大。三氯化铁浓度高有利于减少侧蚀，适量的盐酸有利于提高铣切速率并使铣切更加均匀。

对于喷淋式化学铣切，可维持其稍过量的氯酸钠浓度，以保证在整个铣切过程中有最低的二价铁浓度，同时，适当过量的氯酸钠也可防止烧板，但过量太多，会使二氧化氯或氯气大量逸出而污染工作环境，甚至造成现场操作人员中毒事件。

对于铝的化学铣切，温度的控制非常重要，对三氯化铁体系，温度以不超过40℃为宜，如果铣切液配制密度大则需要更低的温度。

针对表4-6中的配方再作以下补加说明：

① 铣切后的线条平滑度与酸度成正比，即酸度高，平滑度好，同时铣切速率也快，氢离子浓度控制上限，以不超过3.5mol/L为宜（配方1），如用盐酸提供氢离子，应添加一定量的硫酸盐，以防止烧板。

② 铣切后的线条平滑度与氯离子浓度成正比。5系铝与1系铝相比，要获得好的平滑度，需要更高的氯离子浓度，表4-6中的配方是参照5系铝的铣切要求来确定的氯离子浓度范围。增加氯离子浓度能提高铣切速率，但过高的氯离子浓度会产生沉淀，当以硫酸提供氢离子时，氯化铵超过250g/L时，即便是在南方的冬季，都会有沉淀产生。

③ 铣切精度与酸度成反比，也即是酸度越高，铣切后的精度越低也即是侧蚀率越大。但酸度高，可提高铣切速率，并使铣切的线条边缘平滑。

④ 在铣切液中添加氧化剂可提高铣切精度也即是降低侧蚀率，但会使边缘平滑度降低。笔者曾采用硝酸盐作为添加剂，当氯离子与硝酸根离子的摩尔比为3.16左右时，可获得最低的侧蚀率，单面铣切侧蚀率可达0.5。但硝酸根离子的加入会降低铣切速率。

⑤ 如用于喷淋铣切，最好不加硝酸盐，通过实验发现，硝酸根离子的少量加入对于新配的铣切液有一定的性能提升，但加入量稍高便会使线条边缘产生毛刺（笔者是采用无三氯化铁型。三氯化铁型添加硝酸根离子在喷淋铣切时对边缘平滑度的影响，有兴趣的读者可做更进一步的实验）。

⑥ 当温度升高时，可提高铣切速率，当温度从45℃提高到55℃时，其铣切速率约提高1.35～1.5倍。但对侧蚀率的影响较为复杂，不同的配方体系对侧蚀率的影响有较大差别，这主要与氯离子浓度和酸度有关，根据笔者有限的实验发现，随氯离子含量增加，其侧蚀率会随温度的升高而约有降低（45℃提高到55℃）。

⑦ 铣切液中的三氯乙酸可明显提高铣切速率，同时使被铣切表面晶粒细化，但氯乙酸和二氯乙酸均不具有提高铣切速率的作用。在三氯化铁铣切液中添加三氯乙酸同样可提高其铣切速率，同时还能降低侧蚀率。但三氯乙酸成本高，使其使用受到限制，同时，三氯乙酸在高酸度的情况下，对感光膜层有破坏作用，只适宜在较低的酸度环境中使用。

由于三氯乙酸成本高，全用三氯乙酸显然并不可取，一般是与盐酸配合使用。以速率最优可采用三氯乙酸和盐酸等摩尔配制；以成本最优，盐酸物质的量以增加到三氯乙酸物质的量的2倍为宜，当达到3倍时，三氯乙酸的耗量与盐酸的耗量几乎相当。由此，可以根据要求，预先按一定摩尔比配成三氯乙酸-盐酸混合酸，再通过分析总酸来进行补充。

⑧ 羟基乙酸是一种可以提高蚀刻速率的添加物质，特别是在硫酸环境中，但在纯磷酸环境中，速率会降低。羟基乙酸虽然不像三氯乙酸可以单独使用，但其持续性比三氯乙酸好，同时成本、对环境的污染都比三氯乙酸低得多，因而羟基乙酸在铝合金化学铣切中获得广泛应用。

羟基乙酸可按每蚀刻1mol铝补加5～10g，或根据蚀刻速率的变化进行补加。

⑨ 在配方中加入聚氧乙烯基聚氧丙烯基甘油醚可以防止烧板，并可提高铣切的酸度以提高铣切速率，还可以改善线条边缘的平整性，同时还可以起到消泡的作用。在添加时，应注意不可一次过量，连续生产可以按每个班次补加一次。

七、溶液再生及旧液中铝离子的分离

1. 溶液再生方式

通过计算并在生产实践中证明，每蚀刻1g铝，需要补加氯酸钠2g，同时补加盐酸4g。

其补加方式，以每升铣切 1g 铝进行一次补加。比如，一条喷淋蚀刻线有 10m³ 铣切液，每升铣切 1g 铝，相当于蚀刻了 10kg 铝，需要 20kg 氯酸钠和 40kg 盐酸。在添加时为了防止过量，可以先补加约 30kg 盐酸，搅拌均匀后，再补加约 17kg 氯酸钠，搅拌反应约 10min 后分析铣切液中的二价铁和盐酸浓度，再根据分析结果决定是否补加。

对于不含铁离子的铣切液，只需补足酸度即可，一直铣切到需要对铝离子进行分离为止。

2. 蚀刻旧液中铝离子的分离

随着铣切的进行，溶液中铝离子会大量聚积，铝离子的聚积会使溶液密度升高快，同时也影响铣切质量。这时就要对铝离子进行分离。铣切旧液中的铝离子可以和硫酸铵＋硫酸混合液进行反应，生成硫酸铝铵。每沉淀 1mol 铝需要消耗 1mol 铵离子和 2mol 硫酸根离子。1mol 硫酸铵＋3mol 硫酸正好可以沉淀 2mol 铝，同时，蚀刻 2mol 铝需要 6mol 氢离子，而 3mol 硫酸正好含 6mol 氢离子。这里需要注意一个问题，旧液中的三价铁离子对铝离子的沉淀有一定的影响，所以，对于需要分离铝的铣切液，在完成最后一批铝的铣切后，不需要添加氯酸钠和盐酸进行再生。由于在蚀刻过程中为了保持相对密度，会添加水使体积增大，这会降低铣切液中的总铁浓度而影响铣切速率和效果，这时就可以在旧液中铣切部分铁的边料（不是不锈钢）以补充总铁在工艺要求的范围内，其铣切量以分析结果为准。也可以按每增加 1L 体积补充 30～40g 铁来进行估算。

笔者对其再生方法进行了较多的实验，其硫酸根离子和铵根离子的加入方式主要有两种：

一是在铣切过程中用硫酸代替盐酸进行补加，每铣切 2mol 铝需要 3mol 硫酸，铣切到预先设定的量时，通过补加相对应的硫酸铵经 80℃ 左右反应 1h，自然冷却 24h。分离结晶，滤液经分析调整后即可重新使用。一般以每升铣切铝 10～15g 后就可以进行铝离子分离再生过程。

二是先用 1mol 硫酸铵和 3mol 硫酸配成铝离子复合沉淀剂。需要沉淀铝离子的旧液，先分析铝离子的浓度并计算出复合沉淀剂的量，在不断搅拌的条件下将复合沉淀剂加入旧液中，并升温到 80℃ 左右反应 1h，自然冷却就会有结晶析出。经分析调整后即可用于生产。

冷却温度越低，沉淀越完全，沉淀时间都需要 24h 以上，当结晶多时，适当搅拌会增加结晶的析出量。当温度降到低于 40℃ 时，加入适量的晶籽会有利于结晶的析出。

有三氯化铁和无三氯化铁分离铝的方法有所不同，现分别介绍如下：

（1）三氯化铁铣切旧液中铝离子的分离

① 将需要进行铝离子分离的旧液排入铝离子回收槽中测密度，并分析铝离子浓度及总铁，如总铁低，加温到 50～60℃，按分析结果加入计算量的铁片进行反应，在反应过程中应搅拌以加快反应速率，使铁片全部溶解。对于喷淋蚀刻机，可直接在蚀刻机中进行。

② 当铁完全溶解后即可添加硫酸铵或由硫酸铵和硫酸预先配制好的沉淀剂进行沉淀。根据分析结果，按 2mol 铝添加 1mol 硫酸铵和 3mol 硫酸的混合剂。如果在蚀刻过程中硫酸已按量补加完，则只需要补加硫酸铵即可。补加完后再升温到不低于 80℃ 后，关闭加热电源，使其自然冷却 24h。当温度降到约 40℃ 时，可以加入少许晶籽以利于结晶的形成。

③ 经 24h 冷却后，取上层清液到旧液再生槽，底部沉淀可作固废处理，或经过精制后得到硫酸铝铵商品。

④ 分析排到再生槽中的二价铁浓度及酸度，再根据分析结果添加氯酸钠、盐酸进行再

生处理。每再生 1g 二价铁，需要氯酸钠 0.32g，盐酸以每升不超过 25g 为宜，在再生过程中可先添加盐酸至每升 30~35g，氯酸钠不可一次全部加入，要分多次加入，并随时检测盐酸浓度。如果氯酸钠加入过快，容易使铣切液产生浑浊。如果产生浑浊，切不可一次加入过多盐酸，应少加，并使其长时间反应使铣切液变清。最后调相对密度到 1.14~1.15。

旧液经以上步骤处理后铝离子一般都会有每升 2~7g 的残留量，但不会影响对铝的继续蚀刻。一般来说，沉淀温度越低，残留的铝离子就越少。

在分离之前也可先将旧液弃掉 10% 左右再来进行，这样就可以防止体积增加过快，因为增加过多的旧液也是要排掉或转移的。

（2）无三氯化铁体系的再生　表 4-6 中的配方 1 属于铝离子自分离体系，被铣切下来的铝离子会与铣切液中的硫酸根离子及铵根离子经过分步反应生成硫酸铝铵，所以对于这种配方，每升约蚀刻 8g 铝后应使铣切液冷却，以除去结晶沉淀的硫酸铝铵，同时按每铣切 1g 铝补加 2~2.5g 硫酸铵及 5~5.5g 硫酸。但用硫酸补加时，不可将浓硫酸直接加入，应先按硫酸∶水＝2∶1 进行稀释后再加入。这一方法对铝的铣切，成本是最低的，在理论上，每铣切 27g 铝，约需要 147g 硫酸和 66g 硫酸铵，按此比例添加，不足的酸由盐酸进行补加。

需要注意的是：配方 1 中铵根离子过量，硫酸根离子缺失，所以应根据配制量，在开始的蚀刻过程中主要以补加硫酸根离子为主。按表中配方中所提供的铵根离子每升可沉淀 3mol 铝（即 81g），硫酸根离子缺失约 4.5mol。

表 4-6 中的配方 2、配方 3 经使用一段时间后，需要采用以下步骤将铝离子分离出来：

为了保证铣切质量，一般来说，不能使铝离子浓度超过 10g/L，在铝离子浓度达到 8g/L 时就进行铝离子分离。

① 需要分离铝离子的铣切液排入铝离子分离槽中，分析铝离子浓度，并按分析结果按每沉淀 1mol 铝（27g）添加 0.5mol 硫酸铵（66g）和 1.5mol 硫酸（147g，98% 硫酸约 82mL），硫酸铵和硫酸应预先混合待冷却后加入旧液中。

② 待加完硫酸铵-硫酸沉淀剂后，加温到不低于 80℃，切断电源，自然冷却 24h。当温度降到约 40℃ 时可以加入少许晶籽以利于结晶的形成。

③ 待冷却后，将上层清液排入调节槽中，槽底沉淀可作固废处理，也可精制而得到硫酸铝铵商品。

④ 分析调节槽中的酸度并补加盐酸或硫酸，并分析残余铝离子的量，以便下次铝离子分离时，对硫酸铵添加量进行修正。

⑤ 经以上处理后的铣切液即可重新用于生产。

对于铝合金酸性铣切液，经过以上所介绍的再生方式，可以多次重复使用，从而减少了废液排放，并降低了生产成本，有兴趣的读者，可在采用的同时，做更进一步的完善或者通过实验找到更加合理简单的分离方法。

一个不争的事实是，采用上面介绍的分离铝离子的方式，并不能做到将铝离子及添加的铝离子沉淀剂的沉淀完全分离出来，所以随着蚀刻量的增大，由于要维持一个合理的相对密度，体积的增加在所难免，而增加的体积是需要排放处理或转移的。这就要根据实际情况来确定是否需要对铝离子进行分离或是分离的次数。这个问题主要涉及三氯化铁体系，而无三氯化铁的体系中这个问题并不明显。

对喷淋化学铣切来说，不管是有三氯化铁或是无三氯化铁，在沉淀铝离子时，都是离线操作，也即是要把旧液排到沉淀槽中来进行，而不能在蚀刻机中进行。对于连续生产，这就需要有两套铣切液及相应的储槽，这都需要综合考虑过后才能进行。一种折中的方式，可以每次排一半旧液进行铝离子沉淀，同时补加一半经沉淀再生后的新液。这样可以减少每次的处理量，降低设备投入成本。

当然，一种以氟化物为基础的铣切剂在铣切过程中氟离子会与铝反应生成溶解度不高的六氟铝酸盐而沉淀，从而使铣切液可以方便地通过添加消耗的氟化物而多次重复使用。但氟化物和三氯化铁配制的铣切液在铣切过程中比较难以生成沉淀物。

八、关于酸-碱联合铣切的方法

铝合金酸性化学铣切，速度快，工艺成熟，感光防蚀层制作成本低，这是其优势，但酸性铣切后的表面平滑度较差，线条边缘难以获得理想的效果。

铝合金碱性化学铣切，铣切表面平滑度好，线条边缘易于获得平直的效果，这是其优势，但碱性铣切速率较酸性慢，铣切温度高，感光防蚀层制作成本高，且抗碱性能并不能满足较长时间的铣切要求。

我们可以综合铝合金酸性和碱性铣切的特点，采用酸-碱联合铣切的方法，取其各自的优点，以获得速度和表面效果的最优化结果。

这一方法的实现，首先是要解决感光防蚀层的抗碱问题。笔者通过实验发现，普通耐酸感光油墨，经显影后，再涂上一层多乙烯多胺，经二次烘烤固化后，能抗碱性铣切约 10min，这对于厚度≤0.5mm 的铝片进行图文镂空铣切已能满足工艺要求。其铣切方法简介如下：

① 铝片采用抗酸感光油墨进行防蚀层制作；

② 铝片经感光显影后，涂一层多乙烯多胺，并放置 3～5min 后用清水洗净；

③ 将涂过多乙烯多胺的铝片在 190℃的烤箱中烘烤 20～30min 进行第二次固化；

④ 将经二次固化后的铝片过 UV 机再次光固光。

经过以上处理后的感光膜在碱性化学铣切溶液中即可具备 10min 或以上的抗碱能力。当然，也可直接采用抗碱油墨来制作防蚀层。

经抗碱防蚀处理后的铝片即可进行酸-碱联合化学铣切，其工艺流程为：一次酸性铣切→水洗→一次碱性铣切→水洗→……N 次酸性铣切→水洗→N 次碱性铣切→水洗→除灰→水洗→工序检验合格后转脱模工序。

对于厚度≤0.5mm 的铝片的镂空铣切，一般来说经过 3 次循环即可获得需要的铣切效果。对于半刻，一次循环往往就可以满足设计要求。在实际操作中，第一次和第二次酸性铣切时间可大于碱性铣切时间，最后一次碱性铣切时间与酸性铣切时间相同。这种方式，只适合于浸泡化学铣切，每次酸、碱铣切时间要预先通过实验来确定好，在生产过程中要注意对铣切速率变化的抽查，以确保产品质量的一致性。

通过这种方法进行的网孔铣切或深度较大的半刻都能获得好的边缘平滑度。这里的酸性铣切表 4-6 中的配方 1～配方 4 都可以采用，笔者采用的是配方 4。碱性铣切可采用表 4-5 中的配方 4，也可以采用普通型碱性化学铣切配方。

这种方法操作起来比较烦琐，特别是对网孔的铣切，第二次铣切时应将工件掉转 180°，以此类推，这样做的目的是防止铣切后的孔不圆。如果是做半刻，并不需要将工件掉转。不管是对网孔或是半刻的铣切在铣切过程中都要注意搅拌，以保证铣切的均匀性。

这种方法适合于铣切深度较深的产品加工，以获得较快的铣切速率，同时也可以获得优于三氯化铁体系铣切后的表面效果。一般都用于不利于喷淋铣切的大型工件或异形立体工件的浸泡铣切。

九、铝合金零件表面黑灰色膜的处理

当零件从化学铣切液中取出时，在零件表面覆盖着一层黑灰色膜，这层黑灰色膜是由于铝合金中含有重金属元素，且其在氢氧化钠溶液中是不溶解的，这层黑灰色膜主要是由合金元素及杂质元素的氧化物、硫化物组成的。这层黑灰色膜在硝酸或在硫酸和三氧化铬组成的氧化性酸中都易于除去，在加热的情况下用硫酸和过氧化氢组成的溶液也有很好的除黑灰色膜的效果，其配方及操作条件见表4-8。

表4-8　铝合金酸洗配方及操作条件

	材料名称	化学式	含量/(g/L)				
			配方1	配方2	配方3	配方4	配方5
溶液成分	硫酸(CP)	H_2SO_4	100～300	100～200	—	—	—
	过氧化氢(50%)	H_2O_2	20～30	—	—	100～200	—
	稳定剂	—	—	适量	—	—	—
	硝酸	HNO_3	—	—	100～200	—	—
	氟化氢铵	NH_4HF_2	—	—	—	150～260	—
	硼酸	H_3BO_3	—	—	—	适量	—
	乙酸铵	CH_3COONH_4	—	—	—	0～100	—
	硫酸高铁	$Fe_2(SO_4)_3$	—	50～200	50～200	—	—
	柠檬酸	$C_6H_8O_7$	—	50～100	50～100	—	—
	氨基磺酸	NH_2SO_3H	—	—	—	—	100～200
操作条件	工作温度/℃		25～35				
	工作时间		退尽为止				

注：表中配方4可用于压铸铝的清洗。

采用浸泡式三氯化铁化学铣切后的表面黑膜采用表中的酸洗方难以除去，这时可采用碱蚀或采用氟化氢铵来进行处理，即可很容易地清除表面的黑膜。

十、化学铣切后化学抛光及阳极氧化后无镍封闭问题

铝合金零件经化学铣切后，都会进行阳极氧化、电镀或喷涂等表面装饰与防护处理，应用得最普遍的是进行阳极氧化处理。有关铝合金的阳极氧化更详细的知识可参见《铝合金阳极氧化及其表面处理》一书，在此只简要讨论有关阳极氧化前的化学抛光及阳极氧化后的无镍封闭问题。

1. 化学抛光

铝合金零件经化学铣切后在进行阳极氧化之前都要经过旨在改变表面装饰性的预处理，其中采用得最多的就是化学抛光，在化学抛光之前，会根据产品设计的需要进行拉丝或喷砂处理，当然也有不经任何处理而直接采用铝合金原有的表面效果，但都会经过抛光处理以增加光亮度。增加光亮度可采用碱蚀或化学抛光，有关化学抛光的相关知识在《铝合金阳极氧化及其表面处理》一书中已经详细讨论，在此，只补充一种喷砂后的化学抛光新配方的使用方法。

笔者对于化学抛光在环保要求低或无氨氮、低碳及低重金属元素的原则下进行了优化，并在生产中获得了良好的应用效果。现介绍给有需要的读者选用或进一步完善。

磷酸	500～700mL
硫酸	300～500mL
噻唑啉基二硫代丙烷磺酸钠	0.1～0.15g
聚二硫二丙烷磺酸钠	0.1～0.15g
聚乙二醇	0.06～0.1g
乙醇酸	2～5g
硫酸铜	0.2～0.5g
亚乙基硫脲	0～0.2g
温度	75～85℃
时间	1～3min
空停时间	＜20s

以上配方既可用于喷砂后的化学抛光也可用于需要一定亮度的铝合金表面的化学抛光,当需要光亮度高时,其抛光温度取上限。

以上配方中,噻唑啉基二硫代丙烷磺酸钠是主出光剂。聚二硫二丙烷磺酸钠是分散剂。聚乙二醇是出光剂载体,但量不能多,否则抛光后的零件表面在空停时间较长时会产生花斑或条纹线。乙醇酸可扩展抛光温度范围并可防止抛光温度高时表面发黄的现象。亚乙基硫脲用于防止冲痕,但亚乙基硫脲会影响出光速度。铜有利于提高抛光后的透光度。但镍的加入会影响抛光温度低时的光亮度。

在以上配方中没有使用传统的大量有机酸,大量重金属元素。并且在实际应用中也并不需要大量有机酸及大量的重金属元素就可以获得能满足大多数要求的光亮效果,这更符合环保对无氨氮、低碳、低重金属元素的要求。

2. 无镍封闭

传统的镍封闭由于存在对人体皮肤的致敏性及潜在的致癌性,退出铝合金阳极氧化的封闭市场只是时间问题。无镍封闭虽然也有很多可用的商品,但其封闭效果与传统的镍封闭相比还存在着较大的差距,同时,新的无镍封闭对人体是否比镍封闭更安全这都需要时间来检验。笔者秉着简单易行对人体影响最小的原则(从严格意义上讲对环境和人体绝对无害的物质是没有的),对无镍封闭进行了大量的实验工作并取得了一定的进展,现介绍给有需要的读者选用或做进一步的完善。

笔者在《铝合金阳极氧化及其表面处理》一书中主要对铈盐封闭及常温条件下的钛盐封闭进行了简要介绍,在此对钇盐和镧盐的封闭进行讨论。

钇盐和镧盐所组成的封闭剂配方及操作条件如下:

乙酸钇	0.5～1.8g/L
乙酸镧	0.6～2g/L
无水乙酸钠	0.6～2g/L
pH 值	6.9～7.5
温度	75～95℃
封闭速度	1.5～5min/μm(具体封闭时间以膜层厚度及封闭要求而定)

以上封闭剂对多种色系都可以获得很好的封闭效果,在实验中只发现一种桃红色经封闭后有掉色现象,其余色系经封闭后均不掉色。如用于高温封闭,取浓度下限,中温封闭取浓度上限。

配方中乙酸钇和乙酸镧单独使用也可以获得封闭效果，但两者配合使用会使封闭的质量更好，同时耐蚀性能更好。无水乙酸钠用于调节 pH 值，如果采用甲酸钠调节 pH 值在温度高时容易产生浑浊。硼酸和表面活性剂的加入都会降低封闭速度。锆的加入有利于提高盐雾性能，但锆的加入在 pH 值高时会使封闭液变浑浊，常用络合剂的加入也会影响封闭速度。

第二节
铜及其合金的化学铣切

一、铜的概况及铣切特点

铜在史前时代就已被人们所发现和应用，可以说是人类最早使用的金属之一。铜和它的合金青铜、黄铜等由于有光泽、抗蚀能力强和容易加工等性质，在古代有相当长的一段时期用于制造武器，同时也大量用于制造货币、器皿以及用于雕刻和建筑等。近代，特别是在发现了电以后，因为铜的优良导电与延展性能，使它广泛应用于电力、电气、电子技术产业，同时也大量用于机械工业、工艺美术作品、铭牌、匾额等各个领域。加入某些元素到铜中，能显著改善铜的性能，目前已经制成了上千种铜合金。

铜在金属活动顺序表中排在标准参考电极氢的后面，铜不能被酸中 H^+ 所氧化，铜也不能将 H^+ 置换生成氢气（H_2），这就使铜的化学性质比较稳定。但铜易和硫化物反应，即使在铜表面已形成氧化膜，也会被硫化物腐蚀。铜在氧化性酸中腐蚀速率较快，在强碱溶液中亦会缓慢腐蚀，但在氨水中不稳定，如果在氨水中添加氧化性物质会有较快的腐蚀速率。但若无氧化剂或合适的配位剂存在，则不溶于非氧化性酸。其相关化学反应如下：

$$3Cu+6H^++ClO_3^- =\!=\!= 3Cu^{2+}+Cl^-+3H_2O \tag{4-33}$$

$$2Cu+8S\!=\!\!C(NH_2)_2+2HCl =\!=\!= 2Cu[S\!=\!\!C(NH_2)_2]_4Cl+H_2\uparrow \tag{4-34}$$

如果生成的配合物稳定常数很大，铜甚至可溶于该络合剂的水溶液并产生氢气，如：

$$Cu+4CN^-+2H_2O =\!=\!= [Cu(CN)_4]^{2-}+2OH^-+H_2\uparrow \tag{4-35}$$

在氨水中，氧的加入可促进金属铜的溶解：

$$2Cu+8NH_3+O_2+2H_2O =\!=\!= 2[Cu(NH_3)_4]^{2+}+4OH^- \tag{4-36}$$

铜与浓硫酸的反应比较复杂，在温度高于 270℃ 时，生成硫酸铜（$CuSO_4$）与二氧化硫（SO_2），温度较低时则有硫化亚铜（Cu_2S）生成：

$$5Cu+4H_2SO_4 =\!=\!= Cu_2S+3CuSO_4+4H_2O \tag{4-37}$$

卤素、卤素互化物、硒和硫均易侵蚀铜。硫化橡胶可使铜变黑，室温下铜与四氧化二氮（N_2O_4）不发生反应，但在硝基甲烷、乙腈、乙醚或乙酸乙酯存在时，则生成硝酸铜[$Cu(NO_3)_2$]。

$$Cu+2N_2O_4 =\!=\!= Cu(NO_3)_2+2NO\uparrow \tag{4-38}$$

溶剂的作用可能是增加四氧化二氮的电离，促进铜的溶解。单独存在的四氧化二氮或冰醋酸并不与铜反应，但其混合物则可溶解铜并生成硝酸铜，如果其中的乙酸量大于 40%，则生成乙酸铜[$Cu(Ac)_2$]。

铜在不含有氧或氧化物的盐酸溶液中，腐蚀速率很慢，但如在盐酸溶液中通入氧气或添加一些氧化性物质，则有较快的腐蚀速率：

$$2Cu + 4HCl + O_2 \xrightarrow{\quad\quad} 2CuCl_2 + 2H_2O \quad\quad (4-39)$$

$$Cu + H_2O_2 + 2HCl \xrightarrow{\quad\quad} CuCl_2 + 2H_2O \quad\quad (4-40)$$

铜及其合金化学铣切的应用范围较广，主要包括以下几方面：电路板的铣切加工，铜镀金名片、工艺品的加工，铜合金弹簧片及接触片的加工等。在机电行业中的某些仪表部件等也常采用化学铣切加工来完成。

关于铜的铣切可分为酸性铣切和碱性铣切两种。酸性铣切液主要包括三氯化铁铣切液、酸性氯化铜铣切液、硫酸-过氧化氢铣切液等；碱性铣切液目前只有碱性氯化铜铣切液一种。本节将详细介绍这几种铣切液的配制及相关内容。

二、三氯化铁铣切方法

1. 三氯化铁铣切液的铣切原理及组成

三氯化铁（$FeCl_3$）铣切液是最早使用的一种用于铜及其合金化学铣切的铣切液，其原料易得，价格便宜，配制简单，易于操作，曾被广泛采用，即便是现在也被较多的铜铣切厂所采用。但这种方法因对环境污染较重而被其他的铣切方法逐渐取代。

三氯化铁对铜的铣切是一个氧化还原过程，在铜表面 Fe^{3+} 将铜氧化成氯化亚铜（$CuCl$），同时 Fe^{3+} 被还原成 Fe^{2+}。

$$Cu + FeCl_3 \xrightarrow{\quad\quad} CuCl + FeCl_2 \quad\quad (4-41)$$

氯化亚铜具有还原性，和铣切液中的 Fe^{3+} 进一步反应生成氯化铜（$CuCl_2$）。

$$CuCl + FeCl_3 \xrightarrow{\quad\quad} CuCl_2 + FeCl_2 \quad\quad (4-42)$$

生成的氯化铜具有氧化性，同样会与铜发生氧化还原反应。

$$Cu + CuCl_2 \xrightarrow{\quad\quad} 2CuCl \quad\quad (4-43)$$

所以，三氯化铁铣切液是依靠三氯化铁和氯化铜同时完成铣切的。其中 Fe^{3+} 的氧化能力强，铣切速率快，铣切质量好。相对而言，氯化铜在这里铣切速率较慢，铣切质量差，随着铣切液中 Fe^{3+} 的消耗和氯化铜浓度的增大而使铣切速率逐渐减慢，并使铣切质量恶化。当 Fe^{3+} 消耗量达 50% 时，铣切速率及铣切质量都将不利于继续进行铣切过程，应更换铣切液。

在实际生产中，铣切液的铣切效能不是用 Fe^{3+} 的消耗量来衡量的，而是采用铣切液中铜的溶解量（g/L）来衡量的。铜在三氯化铁铣切液中，最初铣切速率是恒定的。然而，随着铣切液中 Fe^{3+} 的消耗，铣切液中铜含量不断升高，当溶铜量达到 60g/L 时，铣切速率会变慢，当铣切液中 Fe^{3+} 消耗达到 40% 时或溶铜量达到 83g/L 时，铣切速率会急剧下降，此时的铣切液不能再继续使用，而应考虑铣切液的再生或更新。

通常使用的三氯化铁铣切液酸度都不高，所以三氯化铁铣切液在铣切铜时，也伴有三氯化铁和氯化铜的水解副反应：

$$FeCl_3 + 3H_2O \xrightarrow{\quad\quad} Fe(OH)_3 \downarrow + 3HCl \quad\quad (4-44)$$

$$CuCl_2 + 2H_2O \xrightarrow{\quad\quad} Cu(OH)_2 \downarrow + 2HCl \quad\quad (4-45)$$

生成的氢氧化物不稳定，受热易分解生成相应的氧化物和水，这些氧化物一部分沉淀在铣切槽底部形成黄土样沉积物，一部分悬浮于铣切液中，对抗蚀层产生一定的破坏作用。

$$2Fe(OH)_3 \xrightarrow{\triangle} Fe_2O_3 + 3H_2O \quad\quad (4-46)$$

$$\text{Cu(OH)}_2 \overset{\triangle}{=\!=\!=} \text{CuO} + \text{H}_2\text{O} \tag{4-47}$$

2. 溶液成分及操作条件对铣切速率的影响

（1）三氯化铁浓度对铣切速率的影响　三氯化铁铣切液随三氯化铁浓度的增高，铣切速率加快。当所含三氯化铁超过某一浓度时，由于溶液黏度增加，铣切速率反而有所下降。对于采用抗蚀印料或抗蚀干膜的铜零件，浓度可控制在 35°Bé 左右；采用液体光致抗蚀剂（如骨胶、聚乙烯醇等）的铜零件，浓度可控制在 42°Bé 左右。通常情况下控制在 350～600g/L 为宜。$FeCl_3$ 溶液的浓度范围及质量分数和相对密度的关系见表 4-9。

表 4-9　$FeCl_3$ 浓度范围与质量分数和相对密度的关系

项目	低浓度	最佳浓度	高浓度
浓度/(g/L)	365	452～530	600
质量分数/%	28	34～38	42
相对密度	1.275	1.353～1.402	1.450
波美度	31.5	38～42	45

三氯化铁浓度对铣切速率的影响见图 4-12。

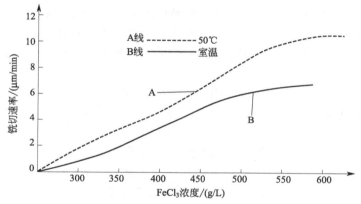

图 4-12　$FeCl_3$ 浓度对铣切速率的影响

（2）盐酸的添加量对铣切速率的影响　在铣切液中加入盐酸，一则可以抑制三氯化铁和氯化铜的水解；二则可提高铣切速率。特别是当铣切液中铜含量达到 37.4g/L 后，盐酸的作用更加明显。但这应根据不同的抗蚀层材料选择合适的酸度，如果抗蚀层选用骨胶、明胶、聚乙烯醇等光致抗蚀剂，则不能选用太高的酸度，否则，抗蚀层易于被破坏。对于感光树脂抗蚀剂及丝印抗蚀层，则可以选择较高的酸度。

（3）温度对铣切速率的影响　在三氯化铁铣切工艺中，随温度的增加，铣切速率亦加快，比如当温度在 50℃时，全新铣切液对铜的铣切速率可达 10μm/min。但在实际生产中，都是采用常温铣切方法。三氯化铁对铜的铣切是一个放热反应，随着铣切的进行，铣切液温度会逐渐升高，铣切速率加快。随着三氯化铁的消耗，铣切速率亦会下降。同时这一升温过程亦比较缓慢，所以在整个铣切过程中铣切速率变化不大。

（4）搅拌对铣切速率的影响　静止铣切的速率和铣切质量都是比较差的。这是因为在铣切过程中，一方面被铣切铜表面和铣切液中都会有沉淀生成，影响了铜的正常铣切；另一方面，铜在铣切过程中，被铣切表面的溶液会逐渐呈现暗绿色，这表明在被铣切表面的三氯化铁已和铜发生了氧化还原反应而失去了氧化能力。如仅靠铣切液中 Fe^{3+} 的自身运动无法对被铣切表面及时补充，而使铣切速率变慢。这就是所说的浓差极化，即 Fe^{3+} 的运动速度跟不上 Fe^{3+} 被消耗的速度。

如果对铣切液进行搅拌或采用喷淋等铣切方法，则可以加快 Fe^{3+} 的运动速度，使被铣切表面的 Fe^{3+} 能迅速得到补充，则能使铣切速率加快。如采用压缩空气搅拌不但能提高铣切速率还可以使铣切液得到再生，延长铣切液的使用寿命。但是，需适当补充盐酸以维持其足够的酸度。

$$4Fe^{2+} + O_2 + 4H^+ =\!=\!= 4Fe^{3+} + 2H_2O \tag{4-48}$$

$$4Cu^+ + O_2 + 4H^+ =\!=\!= 4Cu^{2+} + 2H_2O \tag{4-49}$$

三氯化铁铣切液只适用于抗蚀印料、抗蚀干膜、聚乙烯醇或骨胶光致抗蚀层。在图形防蚀电镀层中只有镀金能采用这一铣切方法，其他电镀锡、电镀锡-铅合金、电镀银、电镀镍等都不适用于采用这种铣切方法。

由于这种方法对环境污染大，现在使用并不多，在此亦不作更详细的介绍。

三、酸性氯化铜铣切方法

1. 酸性氯化铜铣切液的铣切原理及组成

酸性氯化铜铣切方法相对于三氯化铁铣切方法，溶铜量较大，铣切速率易于控制，铣切液容易再生与回收，对环境污染小，对抗蚀层适用范围相同。

酸性氯化铜铣切液主要由氯化铜（$CuCl_2$）和氯化钠（$NaCl$）、氯化铵（NH_4Cl）等组成。在这种铣切液中，由于氯化铜中的 Cu^{2+} 具有氧化性，将零件表面的铜氧化成 Cu^+，Cu^+ 和 Cl^- 结合成 Cu_2Cl_2，其反应如下：

$$Cu + CuCl_2 =\!=\!= Cu_2Cl_2 \tag{4-50}$$

生成的 Cu_2Cl_2 不溶于水，在有过量 Cl^- 存在的情况下，这种不溶于水的 Cu_2Cl_2 和过量的 Cl^- 形成络合离子脱离被铣切铜表面，使铣切过程进行完全。其反应式如下：

$$Cu_2Cl_2 + 4Cl^- =\!=\!= 2[CuCl_3]^{2-} \tag{4-51}$$

随着铜的铣切，铣切液中的 Cu^+ 越来越多，铣切能力很快就会下降，以致最后失去铣切效能。为了保持铣切液的铣切能力，可以通过多种方式对铣切液进行再生，使 Cu^+ 重新氧化为 Cu^{2+}，铣切液得到再生。

这种铣切液的配方国内外有多种，国外一些资料中介绍的几种常用的酸性氯化铜铣切液配方及工艺条件列于表 4-10。

表 4-10　国外几种酸性氯化铜铣切液配方及工艺条件

	材料名称	化学式	含量/(mol/L)			
			配方 1	配方 2	配方 3	配方 4
溶液成分	二水合氯化铜	$CuCl_2 \cdot 2H_2O$	1.3	1.8~2.2	1.8~2.2	0.5~2.5
	盐酸(20%)	HCl	7	0.2~0.4	0.5~0.8	0.2~0.6
	氯化钠	NaCl	—	3.5~4.2	3	—
	氯化铵	NH_4Cl	—	—	—	0.5~2.4
操作条件	温度/℃		30~45			
	铣切方式		喷淋式、泼溅式、浸泡式			
	铣切时间		根据铣切深度而定			

国内常用酸性氯化铜铣切液配方及工艺条件见表 4-11。

表 4-11　国内常用酸性氯化铜铣切液配方及工艺条件

溶液成分	材料名称	化学式	含量/(g/L)		
			配方 1	配方 2	配方 3
	二水合氯化铜	$CuCl_2 \cdot 2H_2O$	130～190	200	150～450
	盐酸(36%)	HCl	150～180mL	100mL	—
	氯化钠	NaCl	—	100	—
	氯化铵	NH_4Cl	—	—	饱和
操作条件	温度/℃		30～45		
	铣切方式		喷淋式、泼溅式、浸泡式		
	铣切时间		根据铣切深度而定		

在酸性氯化铜铣切液中，氯化铜的浓度对铣切速率有很大影响，并和铣切液组成有很大关系。

在酸性氯化铜铣切液中，Cu^{2+} 的添加量对铣切速率的影响见图 4-13。

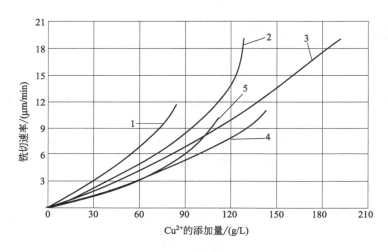

图 4-13　酸性 $CuCl_2$ 铣切液中 Cu^{2+} 的添加量对铣切速率的影响（溶液温度：35℃）

1—1.00mol/L $CuCl_2$＋饱和 NaCl 溶液；2—2.00mol/L $CuCl_2$＋6.0mol/L NH_4Cl；3—3.00mol/L $CuCl_2$＋饱和 NaCl 溶液；4—2.00mol/L $CuCl_2$＋饱和 NaCl 溶液；5—1.7mol/L $CuCl_2$＋饱和 NH_4Cl 溶液

从图 4-13 可以看出，在一个较宽的溶铜范围内，添加氯化铵溶液，铣切速率较快，这与铵能与铜生成铜铵络离子有很大关系。但是这种溶液随着温度的降低，溶液中会有一些铜铵氯化物结晶（$CuCl_2 \cdot 2NH_4Cl$）沉淀。而添加氯化钠的溶液，铣切速率接近添加盐酸溶液的铣切速率，因此，通常在喷淋铣切中多选用盐酸和氯化钠这两种氯化物。但是在使用氯化钠时，随着铣切的进行，溶液 pH 值会增高，导致溶液中的氯化铜水解变浑浊，在这种铣切液中维持一定的酸度是很重要的。

2. 溶液成分及操作条件对铣切速率的影响

（1）铣切液中 Cl^- 浓度对铣切速率的影响　在酸性氯化铜铣切液中，Cu^{2+} 和 Cu^+ 都是以络离子状态存在于铣切液中的。铜由于具有不完全的 d 轨道电子壳，所以它是一个很好的络合物形成体。一般情况下，可形成四个配位键。当铣切液中含有大量的 Cl^- 时，Cu^{2+} 是以［$CuCl_4$］$^{2-}$（四氯络铜）的形式存在，Cu^+是以［$CuCl_3$］$^{2-}$（三氯络铜）的形式存在。这些铣切液的配制和再生都需要大量的Cl^-参与反应。同时Cl^-浓度对铣切速率同样有直接影响，Cl^-浓度高有利于各种铜络离子的形成，加速了铣切过程。

$CuCl_2$浓度与Cl^-浓度对铣切速率的影响见图4-14。从图中可以看出，当盐酸浓度升高时，铣切时间减少。在含有6mol/L盐酸的铣切液中铣切速率是在水溶液中的3倍，并且还能提高溶铜量。但是盐酸浓度不可超过6mol/L。当盐酸浓度高于6mol/L时，随酸度增加，由于同离子效应，使氯化铜溶解度迅速降低，同时高酸度的铣切液也会造成对设备的腐蚀性增大。

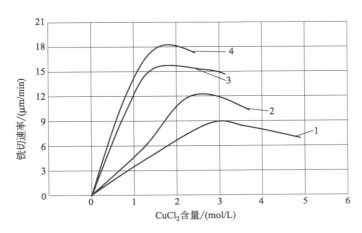

图 4-14 $CuCl_2$浓度与Cl^-浓度对铣切速率的影响（溶液温度：25℃）
1—水溶液；2—2.0mol/L HCl；3—4.0mol/L HCl；4—6.0mol/L HCl

添加Cl^-可以提高铣切速率的原因是：在氯化铜溶液中发生铜的铣切反应时，生成的Cu_2Cl_2不易溶于水，在铜的表面形成一层氯化亚铜（CuCl）膜，这种膜能阻止铣切过程的进一步进行。这时过量的Cl^-能与Cu_2Cl_2络合形成可溶性的［$CuCl_3$］$^{2-}$，从铜的表面溶解下来，从而提高了铣切速率。

（2）Cu^+含量对铣切速率的影响 随着铣切过程的进行，溶液中Cu^+浓度会逐渐增大。少量的Cu^+就能明显减慢铣切速率。如在每升120gCu^{2+}的铣切液中有4gCu^+就会显著降低铣切速率。所以在铣切过程中要保持Cu^+的含量在一个较低的范围内，并要尽可能快地使Cu^+氧化成Cu^{2+}，也正因为这样，才使得酸性氯化铜铣切液的普遍使用受到一定限制。

在生产实践中控制Cu^+浓度，如采用通常使用的化学分析法，显然对于铣切液中Cu^+的低浓度的严格控制是难于做到的，但通过电位控制法就很容易解决。根据能斯特方程：

$$E = E^{\ominus} + (0.059/n)\lg([Cu^{2+}]/[Cu^+])$$

式中，E是指定浓度下的电极电位；$E^{\ominus}$是标准电极电位；n是得失电子数；［Cu^{2+}］是二价铜离子浓度；［Cu^+］是亚铜离子浓度。

从以上方程可以看出，氧化-还原电位E与［Cu^{2+}］／［Cu^+］有关。图4-15表明溶液中Cu^+浓度与氧化-还原电位之间的相互关系。

从图4-15可以看出，随着溶液中Cu^+浓度的不断升高，氧化-还原电位不断下降，当氧化-还原电位在530mV时，Cu^+浓度低于400mg/L，能提供最理想的、高的和几乎恒定的

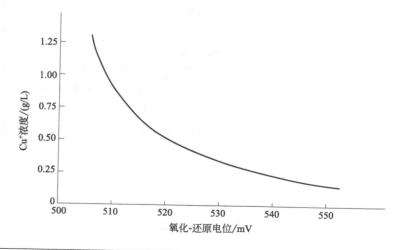

图 4-15　Cu^+ 浓度与氧化-还原电位之间的关系

铣切速率（见图 4-16）。所以，一般在操作中都以控制溶液的氧化-还原电位来控制溶液中 Cu^+ 的浓度，控制电位在 $510\sim550mV$。

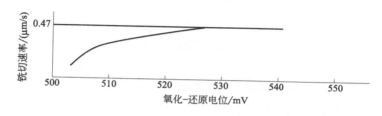

图 4-16　氧化-还原电位与铣切速率的关系

（3）Cu^{2+} 浓度对铣切速率的影响　酸性氯化铜铣切液主要依靠 Cu^{2+} 的氧化性来进行铣切，所以溶液中 Cu^{2+} 的浓度对铣切速率有很大影响。当溶液中 Cu^{2+} 浓度低于 $2mol/L$ 时铣切速率较低，在 $2mol/L$ 时铣切速率较高，随着铣切过程的进行，铣切液中的铜离子浓度会不断增高，当铜离子浓度过高时铣切速率同样也会下降。为了保持铣切速率的相对恒定，必须控制铣切液中的 Cu^{2+} 浓度在工艺所需的范围内。相对密度控制在 $1.280\sim1.295$ 之间，此时 Cu^{2+} 含量大约是 $120\sim150g/L$。

（4）温度对铣切速率的影响　随着铣切液温度的升高，铣切速率加快。但过高的温度会引起盐酸的过多挥发，造成铣切液组分比例失调。且过高的温度会使某些抗蚀层遭到破坏。铣切温度一般控制在 $40\sim55℃$ 为宜。温度对铣切速率的影响见图 4-17。

3. 铣切液的再生

前已述及，随着铣切过程的进行，铣切液中的 Cu^+ 浓度会升高，Cu^+ 浓度对铣切速率的影响较大，所以要将 Cu^+ 氧化成 Cu^{2+}。氧化 Cu^+ 的方法有很多，比如，通入压缩空气进行氧化、通入氯气（Cl_2）进行氧化、添加次氯酸盐进行氧化、通过外加电场进行氧化、添加过氧化氢（H_2O_2）进行氧化等等。在这些方法中以添加过氧化氢为最好，此种再生方法再生速度很快，因为过氧化氢可快速提供初生态氧。初生态氧具有很强的氧化能力，因此这

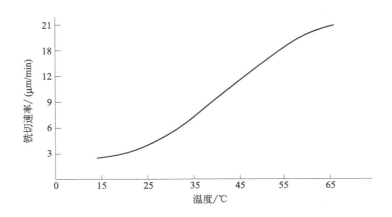

图 4-17　温度对铣切速率的影响

种再生只需 40～70s 即可完成。这几种再生方法的氧化反应如下：

（1）通入 O_2 或压缩空气再生　这种再生的反应速率慢，再生效率低，但成本最为便宜。其再生反应如下：

$$4[CuCl_3]^{2-} + 4HCl + O_2 = 4[CuCl_4]^{2-} + 2H_2O \qquad (4\text{-}52)$$

（2）通入氯气再生　由于氯气是强氧化剂，成本低，再生速率快，直接通入氯气是再生的好方法。但是，在实际操作上很难做到氯气全部都参与反应，如有氯气逸出，会污染环境并对操作人员造成毒害，所以使用该方法进行再生时要求铣切设备的密封性要好。这种再生方法的反应如下：

$$2[CuCl_3]^{2-} + Cl_2 = 2[CuCl_4]^{2-} \qquad (4\text{-}53)$$

（3）电解再生　在直流电作用下，发生如下电极反应：

$$阳极反应：Cu^+ \longrightarrow Cu^{2+} + e^- \qquad (4\text{-}54)$$

$$阴极反应：Cu^+ + e^- \longrightarrow Cu \qquad (4\text{-}55)$$

这种方法的优点是可以直接回收多余的铜，同时又使 Cu^+ 氧化成 Cu^{2+}，使铣切液得到再生。此方法要求有电解再生的设备和较高的电能消耗，并不适宜在生产线上直接进行。

（4）添加次氯酸钠（NaClO）再生　由于次氯酸钠能放出初生态氯［Cl］，所以它具有很强的氧化性，再生速度快。但是这种方法也很少采用，一则普通工业次氯酸钠浓度低，使用量大，使铣切液浓度降低；二则如采用高浓度次氯酸钠成本高，运输和储存危险性大。这种方法的再生反应如下：

$$2[CuCl_3]^{2-} + 2HCl + NaClO = 2[CuCl_4]^{2-} + H_2O + NaCl \qquad (4\text{-}56)$$

采用氯酸钠（$NaClO_3$）代替次氯酸钠来进行再生时，有更高的效益和更低的用量，但使用氯酸钠时应先用清水溶解，在添加时不应一次加得太多，以防止有毒二氧化氯气体的大量产生。

（5）添加过氧化氢（H_2O_2）再生　这种方法是将过氧化氢添加到需要再生的铣切液中，由于过氧化氢可提供初生态氧［O］，这种初生态氧有很强的氧化性，可以在很短的时间就完成再生过程。其再生反应如下：

$$2[CuCl_3]^{2-} + 2HCl + H_2O_2 = 2[CuCl_4]^{2-} + 2H_2O \qquad (4\text{-}57)$$

按上式计算，每再生 1mol Cu^+ 要消耗 1mol 盐酸和 0.5mol 过氧化氢，如果使用 35％ 的过氧化氢和 37％ 的盐酸，就可以按 1：2 的体积比进行添加，每铣切 1g 铜大约需要 0.7mL

35％的过氧化氢和 1.5mL 37％的盐酸。但过氧化氢稳定性差，以每次少加的方式进行再生，从而提高过氧化氢的利用率。在添加时可采用文氏管进行混合添加，并在文氏管后面再增加一定长度的混合反应管道。

另一个参数是铣切液的相对密度，随着铣切的进行，铣切液中铜离子含量不断增加，使铣切液相对密度不断升高。为了保持恒定的较高的铣切速率，一般相对密度控制在 1.280～1.295 之间。相对密度较低，铣切液的铣切速率不稳定，且铣切速率慢；但相对密度过高，铣切速率也会降低。所以，在生产中应定时测定铣切液的相对密度。

四、硫酸-过氧化氢铣切方法

1. 硫酸（H_2SO_4）-过氧化氢（H_2O_2）铣切液的铣切原理及组成

硫酸-过氧化氢铣切体系是专为图形电镀锡-铅合金而开发的一种新型铣切工艺，同时也适用于图形电镀银、图形电镀金、干/湿抗蚀层及抗酸性能好的抗蚀印料，但不适合图形电镀镍及由骨胶或聚乙烯醇等高分子材料组成的液体光致抗蚀膜。笔者曾对这种铣切工艺进行过多年的实验研究，并长期使用这种工艺进行线路板的图形电镀及其他零件的铣切加工。

硫酸-过氧化氢铣切液组成简单，铣切速率快，铣切后的产物只有硫酸铜（$CuSO_4$），铣切液可以经过再生与回收，得到纯度较高的五水硫酸铜（$CuSO_4 \cdot 5H_2O$）结晶。因此大大减少了废液排放和对环境的污染，如果能有效解决过氧化氢的稳定性问题，其将是很有发展前途的铣切工艺。

铜在纯稀硫酸中的铣切，从化学热力学的角度来看，$\Delta G^{\ominus} > 0$（$T = 298K$），是一个非自发反应。铜在热的浓硫酸中，由于 $\Delta G^{\ominus} = -30.6 \text{kcal/mol} < 0$（$T = 298K$），这时铜就会发生自发反应。但当在稀硫酸溶液中添加过氧化氢后，对铜即有很快的铣切速率，这一现象的发生，并不是因为添加了过氧化氢，促使了硫酸对铜的铣切，而是铜首先和过氧化氢在铜表面分解生成的初生态氧 [O] 反应，初生态氧一部分和铜发生氧化-还原反应生成氧化铜（CuO），同时也有部分初生态氧两两结合生成氧气排出：

$$H_2O_2 \Longrightarrow H_2O + [O] \tag{4-58}$$

$$Cu + [O] \Longrightarrow CuO \tag{4-59}$$

$$2[O] \Longrightarrow O_2 \uparrow \tag{4-60}$$

生成的氧化铜迅速被硫酸溶解生成硫酸铜，完成对铜的铣切：

$$CuO + H_2SO_4 \Longrightarrow CuSO_4 + H_2O \tag{4-61}$$

在以上反应中，初生态氧结合成氧气的反应过程是一个无功反应，这个反应并不能完成对铜的铣切，反而增加了过氧化氢的损失，所以它是一个副反应。在铣切过程中，如果能有效减少这一反应的进行，则会提高过氧化氢的利用率，降低生产成本。

这种铣切体系，最关键的问题就是过氧化氢的稳定性。在铣切过程中除了上述的初生态氧结合成氧气外，同时还存在着过氧化氢的自发分解。

$$2H_2O_2 \Longrightarrow 2H_2O + O_2 \uparrow \tag{4-62}$$

这一分解过程，随 Cu^{2+} 浓度的增高和温度的升高而加快。即使在不铣切的情况下，过氧化氢同样也会自发分解。所以，过氧化氢稳定剂的添加是非常重要的。关于过氧化氢的稳定机理，主要通过氢键的作用来达到。常用的稳定剂有锡酸钠（Na_2SnO_3）、磷酸（H_3PO_4）、8-羟基喹啉、乙醇、氟离子等。

硫酸-过氧化氢铣切液的配方及操作条件见表 4-12。

表 4-12　硫酸-过氧化氢铣切液配方及操作条件

溶液成分	材料名称	化学式	含量/(g/L)	
			配方 1	配方 2
	硫酸	H_2SO_4	90~220	90~220
	过氧化氢	H_2O_2	50~100	50~100
	磷酸	H_3PO_4	30~70	—
	稳定剂	—	适量	适量
	Fe^{3+}（促进剂）	—	0~0.1	0~0.1
操作条件	温度/℃		40~55	40~55
	铣切时间		根据需要而定	
	铣切方式		喷淋或浸泡	

注：表中配方 1 适用于图形电镀的铣切加工；配方 2 适用于非图形电镀的铣切加工。

表 4-12 中加入稳定剂的目的是防止过氧化氢的自发分解反应，稳定剂一般都是选择一些具有强电负性的元素所构成的化合物，如一些含氧酸、羟基化合物等。大多数稳定剂都是由多种具有稳定作用的化学物质组成的。在铣切液中添加少量磷酸和 10mL/L 左右的乙醇也有不错的稳定效果，如用乙醇作稳定剂，在生产过程中，要注意及时补充。

Fe^{3+} 是铣切促进剂，是一种能加速过氧化氢分解的金属离子，其目的在于加快铣切速率，常用的促进剂是 Fe^{3+} 的硫酸盐。关于在铣切液中是否需要添加促进剂也有争论，因为促进剂的添加增加了过氧化氢的不稳定性，势必加速过氧化氢的分解，使生产成本增加。特别是像 Fe^{3+} 这类物质，在整个反应过程中并不消耗，这就造成了一个死循环，而铣切液中的 Cu^{2+} 也具有一定的催化作用。只有新配的铣切液 Fe^{3+} 才会有催化作用，在铣切液中铜迅速被铣切而有大量的 Cu^{2+} 进入铣切液中，也同样会起到催化作用，只是这种作用比 Fe^{3+} 的催化作用弱。所以在新配的铣切液中，铣切促进剂的添加并不是必须的。

2. 溶液成分及操作条件对铣切速率的影响

（1）硫酸浓度对铣切速率的影响　硫酸虽然不能直接铣切铜，但一定浓度的硫酸对铣切的正常进行至关重要。硫酸浓度低，铣切速率慢，随硫酸浓度的增加，铣切速率加快，当硫酸浓度达到 90g/L 左右时，铣切速率即达到最大值，再增加硫酸浓度，铣切速率变化不大，但铣切液的溶铜量增加。当硫酸浓度过高时，由于同离子效应，反而会影响铣切液的溶铜量，很容易在铜表面析出五水硫酸铜结晶，导致铣切过程不能正常进行。硫酸浓度一般控制在 90~220g/L 为宜，为了保证过氧化氢的稳定性，在配制时必须采用 CP 级硫酸，不可采用工业硫酸。

硫酸浓度对铣切速率的影响见图 4-18。

（2）过氧化氢浓度对铣切速率的影响　在铣切液中硫酸浓度不变的情况下，增加过氧化氢浓度，铣切速率加快，但升高到一定浓度后，再增加过氧化氢浓度铣切速率变化不大，同时过高浓度的过氧化氢会使其自发分解速度加快，造成过氧化氢的损失，不利于降低生产成本。过氧化氢浓度过高也会增加对抗蚀层的破坏作用，产生铣切后断线、砂眼等质量缺陷。过氧化氢浓度一般控制在 50~100g/L。

过氧化氢浓度对铣切速率的影响见图 4-19。

（3）温度对铣切速率的影响　随着温度的升高，铣切速率加快，但温度过高，会使过氧化氢分解加速，使铣切效率降低，同时过高的温度，使反应速率太快，不易控制，容易造成过腐蚀。当铣切液浓度也较高时，高的铣切温度容易造成抗蚀层破坏，从而影响铣切质量。温度控制在 40~55℃ 为宜。

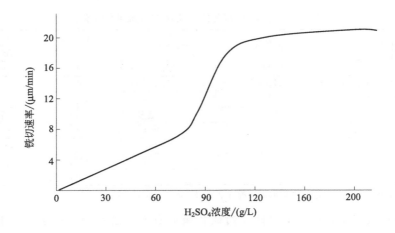

图 4-18 H₂SO₄ 浓度对铣切速率的影响（H₂O₂ 浓度为 100g/L；温度：55℃）

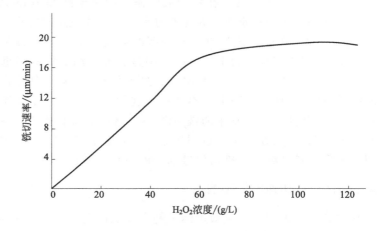

图 4-19 H₂O₂ 浓度对铣切速率的影响（H₂SO₄ 浓度为 180g/L；温度： 55℃）

温度对铣切速率的影响见图 4-20。

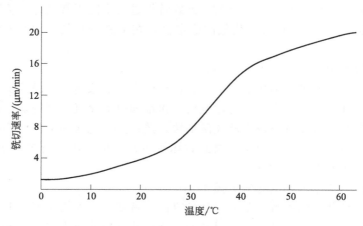

图 4-20 温度对铣切速率的影响（H₂SO₄ 浓度为 180g/L；H₂O₂ 浓度为 100g/L）

（4）磷酸（H_3PO_4）对铣切的影响　铣切液中的磷酸主要有两个作用：一是作为过氧化氢的稳定剂，和其他稳定剂一起防止过氧化氢的自发分解；二是保护图形电镀锡-铅合金不被铣切。电镀锡-铅合金在硫酸-过氧化氢铣切液中也会被铣切，当加入磷酸后才可以用于这类图形电镀的铣切加工，磷酸添加到 40mL/L 左右时，对电镀锡-铅合金的保护作用最佳，再增加磷酸浓度，对合金镀层的保护并无影响，反而增加成本。磷酸浓度一般控制在 30～50mL/L。

这种铣切液在铣切过程中，过氧化氢会不断地被消耗，应定期分析补加。配制铣切液应用纯水配制，铣切液中的 Cl^- 对图形电镀层有腐蚀作用，在生产中应注意水质。

3. 铣切液中铜的回收

随着铣切的进行，铣切液中会有大量铜离子，这些铜离子会影响铣切的正常进行，所以必须要清除铜离子，除去方法主要有以下两种。

（1）电解法　这是通过直流电使铣切液中的铜离子在阴极还原成金属铜而除去，经电解后的铣切液，可以通过分析再补加硫酸和过氧化氢而使铣切液得到再生。同时在阳极上有氧气析出，电极反应如下：

$$阴极反应：Cu^{2+}+2e^- \longrightarrow Cu \tag{4-63}$$
$$阳极反应：O^{2-} \longrightarrow O+2e^- \tag{4-64}$$

这一电解过程可以看成是酸性镀铜，阴极可用铜板或抛光不锈钢板，阳极用石墨或铅板，电流密度取 $2～3A/dm^2$（实际电流密度根据溶液中铜离子浓度而定，浓度越高，电流密度越大）。电解时间根据铣切液中铜离子浓度、体积及阴极面积而定。

（2）沉淀分离法　这是最简单的方法，它是根据五水硫酸铜在溶液中高低温溶解度差来完成的。其方法是先将需要回收的铣切液升温蒸发部分体积，如果是夏天也可以自然蒸发，自然蒸发需要宽液面，以提高蒸发速度。当体积浓缩冷却后，即有五水硫酸铜晶体沉淀生成，再经过滤即可。滤液经分析后可以补加硫酸和过氧化氢使铣切液得到再生。

收集的结晶五水硫酸铜可以经过再结晶提高纯度，作为电镀铜或化学镀铜的原料使用。

五、碱性氯化铜铣切方法

1. 碱性氯化铜铣切液的铣切原理及组成

碱性氯化铜铣切方法在线路板制造中应用非常广泛，特别是图形电镀，这是最好的铣切方法之一。同时碱性铣切速率快，侧蚀率低，溶铜量大，铣切液可以再生连续使用。

碱性氯化铜铣切液主要由氯化铜和氨水（$NH_3 \cdot H_2O$）组成，在氯化铜溶液中加入氨水会发生如下络合反应：

$$CuCl_2+4NH_3 \cdot H_2O == [Cu(NH_3)_4]Cl_2+4H_2O \tag{4-65}$$

在铣切过程中，铜被 $[Cu(NH_3)_4]^{2+}$ 络离子氧化成 Cu^+。其氧化还原反应如下：

$$[Cu(NH_3)_4]Cl_2+Cu == 2[Cu(NH_3)_2]Cl \tag{4-66}$$

生成的 $[Cu(NH_3)_2]^+$ 为 Cu^+ 的络离子，不具有氧化能力，在有过量氨水和 Cl^- 存在的前提下，能很快地被空气中的氧气所氧化，生成具有铣切能力的 $[Cu(NH_3)_4]^{2+}$。其络离子再生反应如下：

$$2[Cu(NH_3)_2]Cl+2NH_4Cl+2NH_3 \cdot H_2O+1/2O_2 == 2[Cu(NH_3)_4]Cl_2+3H_2O \tag{4-67}$$

从上述反应可以看出，每铣切 1mol 铜需要消耗 2mol 氨水和 2mol 氯化铵。因此在铣切过程中，随着铜的溶解，应不断补加氨水和氯化铵。

碱性氯化铜铣切液的常用配方及操作条件见表 4-13。

表 4-13　碱性氯化铜铣切液的常用配方及操作条件

<table>
<tr><td rowspan="2" colspan="2">材料名称</td><td rowspan="2">化学式</td><td colspan="4">含量/(mol/L)</td></tr>
<tr><td>配方 1</td><td>配方 2</td><td>配方 3</td><td>配方 4</td></tr>
<tr><td rowspan="7">溶液成分</td><td>氨水</td><td>$NH_3 \cdot H_2O$</td><td>2.6～3.6</td><td>5～6</td><td>2～6</td><td>5～5.5</td></tr>
<tr><td>氯化铵</td><td>NH_4Cl</td><td>0.5～1.5</td><td>4.5～5.5</td><td>1～4</td><td>1.7～2.2</td></tr>
<tr><td>二水合氯化铜</td><td>$CuCl_2 \cdot 2H_2O$</td><td>—</td><td>1～2</td><td>0.5～0.8</td><td>0.7～1</td></tr>
<tr><td>亚氯酸钠</td><td>$NaClO_2$</td><td>1～3</td><td>—</td><td>—</td><td>—</td></tr>
<tr><td>碳酸氢铵</td><td>NH_4HCO_3</td><td>0～1.5</td><td>—</td><td>—</td><td>—</td></tr>
<tr><td>磷酸氢铵</td><td>$(NH_4)_2HPO_4$</td><td>—</td><td>0.01</td><td>0.05～0.2</td><td>0.05～0.2</td></tr>
<tr><td>硝酸铵</td><td>NH_4NO_3</td><td>0～1.5</td><td>—</td><td>—</td><td>—</td></tr>
<tr><td rowspan="3">操作条件</td><td colspan="2">温度/℃</td><td colspan="4">45～55</td></tr>
<tr><td colspan="2">铣切方式</td><td colspan="4">喷淋式</td></tr>
<tr><td colspan="2">铣切时间</td><td colspan="4">根据铣切要求而定</td></tr>
</table>

2. 铣切液成分及操作条件对铣切速率的影响

铣切液中的 Cu^{2+} 浓度、pH 值、氯化铵浓度、氨水浓度及温度等都会影响铣切速率。掌握这些因素的影响才能有效地控制溶液，使之保持恒定的最佳铣切状态，从而得到满意的铣切质量。

(1) Cu^{2+} 浓度对铣切速率的影响　在这种铣切液中，Cu^{2+} 是氧化剂，所以 Cu^{2+} 的浓度对铣切速率的影响是很重要的。有研究表明，Cu^{2+} 浓度在 0～120g/L 时，铣切速率慢且溶液不稳定，在生产中难于控制；在 135～165g/L 时，铣切速率高且溶液稳定，在生产中易于控制；大于 170g/L 时，溶液不稳定，并随着 Cu^{2+} 浓度增加而趋向于产生沉淀。

Cu^{2+} 浓度对铣切速率的影响见图 4-21。

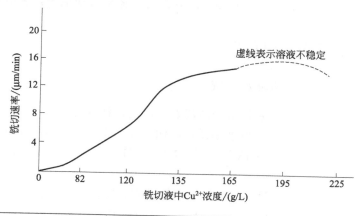

图 4-21　Cu^{2+} 浓度对铣切速率的影响

(2) 铣切液的 pH 值对铣切速率的影响　铣切液的 pH 值应保持在 8～8.8 之间，当 pH 值低于 8 时，一方面对金属抗蚀层不利；另一方面，铣切液中的铜不能被完全络合成铜氨络离子，溶液出现沉淀，造成铣切困难。如果溶液的 pH 值过高，铣切液中氨过饱和，游离氨释放到大气中，导致对环境的污染，同时溶液的 pH 值过高也会增大侧蚀量，从而影响铣切精度。

（3）氯化铵浓度对铣切速率的影响　从溶液再生的化学反应式可以看出，在 $[Cu(NH_3)_2]^+$ 的再生过程中需要有大量的氨水和氯化铵存在，如果溶液中缺乏氯化铵，将使 $[Cu(NH_3)_2]^+$ 得不到再生，铣切速率就会降低，以至于失去铣切能力。所以，氯化铵的含量对铣切速率的影响很大。随着铣切的进行，要不断补加氯化铵。但是，溶液中 Cl^- 含量过高会引起抗蚀镀层被侵蚀，一般氯化铵控制在 $150g/L$ 左右为宜。

（4）温度对铣切速率的影响　这种铣切液在铣切时需加热，当铣切温度低于 $40℃$ 时，铣切速率很慢，而铣切速率过慢会增大侧蚀量，影响铣切精度。温度高于 $60℃$，铣切速率明显加快，但氨的挥发量也大大增加，导致环境污染，同时使溶液中化学成分比例失调，故一般铣切温度控制在 $45\sim55℃$ 为宜。

碱性氯化铜铣切液的温度对铣切速率的影响见图 4-22。

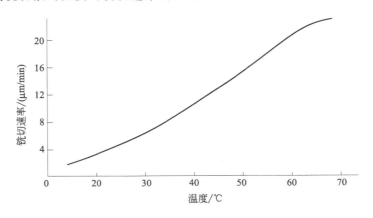

图 4-22　碱性氯化铜铣切液的温度对铣切速率的影响

3. 铣切液的调整

随着铣切的进行，铣切液中铜含量不断增加，相对密度逐渐升高，当铣切液中铜浓度达到一定高度时就要及时调整。现介绍一手工调整方法：

将铣切液冷却，取样分析清液中的铜浓度，然后根据分析结果，确定废液的排放量。排放量可按下式计算：

$$D = [(C_1 - C_2)/C_1]V$$

式中　D——从铣切液排出废液体积，L；
　　　C_1——由化学分析得出的铜含量，g/L；
　　　C_2——工艺规定的铜含量，g/L；
　　　V——铣切液的总体积，L。

根据排放量，再补加相同体积的新的铣切液。

六、过硫酸铵铣切方法

对于铜在酸性环境中的化学铣切，目前主要采用的还是含大量氯离子的三氯化铁体系或氯化铜体系，氯离子对环境的危害是不言而喻的，虽然硫酸-过氧化氢体系避免了氯离子，但硫酸-过氧化氢体系也存在着铣切速率慢，稳定性差，不易用于喷淋式化学铣切等缺点。

传统的过硫酸铵体系同样铣切速率慢，稳定性差，基本上都是用于铜的粗化处理。笔者对过硫酸铵能否用于铜的化学铣切进行了大量工作，主要着重于两个方面，即提高铣切速率和提高稳定性，并可用于喷淋铣切。

为了提高其化学铣切速率，传统的方式是添加适量的硝酸铵，并加入银离子之类的加速剂。笔者也曾添加硝酸铵和微量的硝酸银，可以使其铣切速率达到 $9\mu m/min$，但同样存在不稳定的问题。因为，我们从反应中可以看到有气泡从铜表面逸出，铣切液冷却后，亦可以看到铣切液中有气泡产生，搅拌的情况下，这种现象更加明显，这说明在反应和静置过程中都有过硫酸铵分解。

为此，笔者通过实验，发现当采用硝酸钠作为添加剂时，这一现象得到明显改善。其中，按过硫酸铵 87％，硝酸钠 13％的比例进行配制，对铜的铣切速率稳定，并且在铣切过程中在铜的表面几乎看不到有气泡产生，溶液静置和搅拌都几乎看不到气泡产生，这说明在这种配方中过硫酸铵是比较稳定的，同时这种铣切体系酸性不强，溶液 pH 值在 $1.5\sim2.5$，对设备和操作人员的影响与其他铣切体系相比，显得更加环保。

其配方及操作条件如下：

过硫酸铵：260～280g/L

硝酸钠：　39～42g/L

温度：　　45～50℃

按此配方及操作条件，其铣切速率最高可达 $9\mu m/min$。过硫酸铵的利用率可达 78％（笔者用 1.75mol 的过硫酸铵配制的铣切液溶解了 1.365mol 的铜，分 7 天进行，以检验其铣切液的稳定性），经铣切铜后，由于铜离子浓度升高，将减慢其铣切速率。

此种方式之不足之处在于，配制好的铣切液，在使用一段时间后，即便通过冷却除去沉淀的铜盐，再添加过硫酸铵，其铣切速率也难于恢复新配之溶液。对于旧液的处理可参考以下方法来进行。

① 加热浓缩至完全蒸干，回收铜盐，用于电镀或化学镀添加；

② 加热浓缩含铜量高的废液到一定体积，冷却后，除去沉淀的铜盐，再将母液排入废水处理系统；

③ 废液冷却后，除去沉淀的铜盐，然后采用专用电解回收池进行电解回收铜，再将回收铜的废液补加过硫酸铵后返回铣切设备继续使用。

对于具体的回用方式，有兴趣的读者可参考以上方式或研究出新的再生方式。

综上所述，过硫酸铵对铜的化学铣切，与其他酸性化学铣切相比，从目前来看对环境和操作人员都是更为友好的，特别是在线路板行业替代现有的三氯化铁和氯化铜铣切体系是很有价值的。当然，用于批量生产，还需要进一步完善，其主要内容是针对铜的回收方式和连续再使用等技术问题的解决。

第三节
不锈钢及普通钢的化学铣切

早在公元前，人类就开始使用铁来制作工具、武器，但早期的铁都主要来自天外陨铁。

随着人们对冶铁技术及炼钢技术的发明，才开始了对钢铁的大规模使用。对于钢铁的化学铣切早期也主要用于铠甲和兵器图文的制作，到了近代有了模具压花纹的铣切，到目前为止，工具钢类在化学铣切方面还是主要用于各种图文模具的制作。随着不锈钢、各种镍合金钢及其他高强度钢的发明，为化学铣切增添了新的功能。从此，钢在这里已是一个很广义的名词，它包括了普遍意义上的钢铁，这些钢主要是指一些工具钢、模具钢和其他普通钢材；而更多的是指各种系列的不锈钢及其他金属的特种钢。除宇航工业外，现代高档电子产品的壳体及一些铭牌都会使用到不锈钢的化学铣切技术。

在本章中对钢类的化学铣切工艺主要是对各种混酸的铣切方法进行讨论，对采用得最多的三氯化铁铣切方法并没有进行专题讨论，这基于两个原因：一是这种工艺成熟，每个化学铣切加工厂基本上都能熟练地应用，专题讨论显得多余；二是这种工艺对环境污染较重，被对环境更加友好的工艺取代只是时间问题。不管何种金属材料对环境最为友好的铣切方式当数电解铣切，因为电解铣切是采用的中性电解液（应用得最多的是氯化钠溶液），再通以直流电进行铣切加工，当然这一技术对铣切深度有一定要求，其产品在普通民用领域并没有获得广泛的应用，其配套设备及工艺方法都还有待于进一步的完善。同时这一加工方法也超出了本书的讨论范围，将留待后续再做讨论。

一、普通型铣切液

普通工具钢多采用硝酸和硫酸的混合酸进行铣切，也有的采用三氯化铁进行铣切。在这些铣切液中常常加入磷酸和金属离子以提高被铣切表面的光洁度以及溶液的可控制性，使其成为这类合金使用最广泛的铣切液。而不锈钢大多都是采用盐酸和硝酸的混合酸来进行铣切，也有采用三氯化铁溶液进行铣切的。

1％Cr-Mo 钢多采用硫酸和硝酸的混合酸进行铣切，在这种铣切液中随硝酸含量的增加铣切速率亦增加（见图 4-23）。但在 15％～28％的硫酸浓度范围内铣切速率则完全保持不变，如果硫酸含量超过 28％，金属很快发生钝化，如图 4-24 所示。

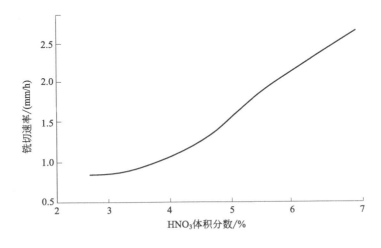

图 4-23　HNO_3 浓度的变化对铣切速率的影响（H_2SO_4 体积分数为 25％；温度：70℃）

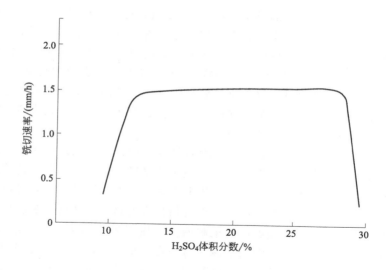

图 4-24　H_2SO_4 浓度对铣切速率的影响（HNO_3 体积分数为 5％；温度：70℃）

　　1％Cr-Mo 钢也可采用 18％的硫酸和 5％的硝酸在（65±3）℃的情况下进行铣切，铣切过程中依靠添加硫酸和硝酸来控制铣切速率，溶液可不经老化处理，表面光洁度随金属离子浓度的增加而得到提高。在正确控制的情况下，溶液能一直使用到含 40g/L 的金属离子为止，铣切速率和表面光洁度变化不大，这类铣切液对多种低合金钢也有不错的铣切效果。

　　含 18％镍的马氏体时效钢，用硝酸、硫酸、磷酸所组成的三酸铣切液有不错的铣切效果，这种配方用于模具钢的图文铣切效果亦不错。

　　模具钢的图文铣切用得比较多的是由 15％的硝酸、10％的硫酸和 10％的磷酸组成的铣切液，在常温情况下进行铣切，不经老化即有不错的铣切效果。但这种铣切液在不加热的情况下，铣切速率较慢，加工周期较长，对防蚀层耐蚀性有较高要求，对于深度较大的铣切，图文边缘易出现锯齿。对于普通皮革纹铣切，0.2mm 深度约需 20～30min。如需要图文铣切深度在 0.3mm 以上时，可对铣切液进行适当升温，以加快铣切速率。这种铣切液一直到金属离子含量在 80g/L 以前都有良好的表面铣切效果。

　　另一种配法的三酸铣切液对低合金钢和含镍 18％的马氏体时效钢也有不错的效果，其组成为：20％硝酸、5％硫酸、5％磷酸和 2.7％的庚酸钠。铣切温度在（60±3）℃。这种铣切液一直铣切到金属离子含量在 75g/L 之前，都有不错的铣切效果。如果金属溶解成为硝酸盐，补充硝酸就可达到满意的效果，添加络合剂是为了在添加硝酸期间得到更加均匀的铣切速率。在金属离子浓度超过 75g/L 的情况下，表面光洁度开始下降，铣切速率难于控制。这时应抽掉部分铣切液再添加新的铣切液，使铣切液得到再生。

　　工具钢的照相化学铣切通常用在压花模具的制造方面。这种材料的铣切一般都是采用三氯化铁和硝酸的铣切液，这种铣切液如果反应太快或温度太高容易有大量的氮氧化物挥发，使硝酸的无效损失增大，同时也严重污染工作环境，对操作人员造成毒害，如向铣切液中添加氯化铵或硝酸铵，可明显抑制氮氧化物的挥发。另一种方法是采用"斯潘塞氏（Spencer's）"酸，这种酸由甲乙两种溶液配制而成，甲液由 5 份硝酸、1 份银和 5 份水配制而成；乙液由 5 份硝酸、1 份水银和 5 份水配制而成。把两种溶液预先配制好，再把它们加在一起，然后用另外的水按 1∶1 的比例稀释成为腐蚀剂。

表 4-14 列出了几种常用普通型铣切液的配方及操作条件。

表 4-14　常用普通型铣切液的配方及操作条件

	材料名称	化学式	含量/%					含量/(g/L)			
			配方 1	配方 2	配方 3	配方 4	配方 5	配方 6	配方 7	配方 8	配方 9
溶液成分	硫酸	H_2SO_4	15~18	10	10	5	10~15	—	—	—	—
	硝酸	HNO_3	4~6	15	10	20	—	—	—	—	120~140
	磷酸	H_3PO_4	—	10	10	5	5	5	—	—	—
	三氯化铁	$FeCl_3$	—	—	—	—	—	280~350	500~600	360~400	360~370
	庚酸钠	$C_7H_{13}NaO_2$	—	—	—	2.7	—	—	—	—	—
	盐酸	HCl	—	—	—	—	—	15~18	10~40	15~30	30~40
	硝酸铁	$Fe(NO_3)_3 \cdot 9H_2O$	—	—	—	—	—	—	100~200	260~270	—
	氯化铵	NH_4Cl	—	—	—	—	—	30~40	30~40	10~20	0~30
	硫酸铁	$Fe_2(SO_4)_3$	—	—	—	—	—	—	—	10~50	10~50
	亚铁离子	Fe^{2+}	—	—	—	—	—	<6	<6	<6	<6
	五水硫酸铜	$CuSO_4 \cdot 5H_2O$	—	—	—	—	—	0.2~1	0.2~1	0.2~1	—
	聚氧乙烯基聚氧丙烯基甘油醚		0.1~0.5	0.1~0.5	0.1~0.5	0.1~0.5	0.1~0.5	0.1~0.5	0.1~0.5	0.1~0.5	0.1~0.5
	过氧化氢	$H_2O_2(50\%)$	—	—	—	—	5~10	—	—	—	—
操作条件	温度/℃		60~68	25~35	25~35	35~55	30~45	48~51	48~51	48~51	40~46
	时间		根据需要而定								
	铣切方式		喷淋或浸泡式铣切					喷淋式			浸泡式

表中配方 9 一般都是用于浸泡式化学铣切，在生产应注意温度不能太高，因为硝酸根离子在较高温度下不稳定会分解并放出大量有毒二氧化氮气体。

表中配方 8 对喷淋化学铣切来说是一个很有意义的配方，在地方环保法规允许使用硝酸根离子的前提下，能获得比传统三氯化铁体系铣切速率更快、表面效果更好的铣切成绩，同时，也更容易管控。在硝酸根离子没有消耗完之前，只需要管控酸度就能满足生产的需要。对二价铁的再生，直接补充硝酸铁即可（需溶解后再补加）。从理论计算，每铣切 3mol 铁（反应生成物为三价铁）需要 1mol 硝酸铁（假定硝酸根离子全部反应）。也即是每铣切 1kg 钢类（计算时都按铁的反应来进行）在理论上需要约 2.4kg 硝酸铁，但实际上会消耗得少一些，这是因为，在反应过程中产生的一氧化氮容易被空气中的氧气氧化为二氧化氮，使其在整个反应过程中获得了部分的循环利用，这种循环利用率越高，硝酸铁的消耗量就越少。这种方案中硝酸根离子与氯离子的比例对铣切速率及表面质量的影响与下面要讨论的王水型铣切液相同。

在生产中为了防止硝酸根离子分解，要注意：其一，相对密度不能太大，以不超过 1.40 为宜，一般都在 1.36~1.40 之间；其二，温度不要高于 51℃；其三，硝酸铁浓度不能太高，过高的硝酸铁浓度并不能提高铣切速率，反而增加了硝酸根离子分解的概率；其四，酸度宜在每升 30g 以内（换算成盐酸的量，但对于一些难溶金属，酸度可以适当提高）。总的来说，采用这种方案其再生成本与氯酸钠再生方案相当或略高（这与两种原料的市场价格有关），这需要进行综合评估，同时也需要评估传统喷淋蚀刻机中的各种配件是否能耐硝酸的长期腐蚀。

对于三氯化铁喷淋蚀刻体系，一般来说相对密度高，铣切速率慢，但有利于获得接近垂直的边缘，也即是侧蚀量小，铣切精度高；相对密度小，铣切速率快，但侧蚀量大，铣切精度低。一定的酸度有利于提高表面的光洁度及细腻度。

二、王水型铣切液

1. 王水型铣切液的铣切原理及组成

王水型铣切液在耐蚀钢（如不锈钢）和镍合金的化学铣切中得到了广泛的使用，特别是航空和宇航工业的某些关键部件都大量采用这种方法进行加工。这种类型的铣切液一般由硝酸、盐酸和磷酸组成。这种铣切液是通过游离酸和硝酸盐的比例来控制的，这种方法能够成功地用于多种金属的化学铣切。

表 4-15 中列出了几种材料化学铣切液的成分和浓度。

表 4-15　钢、镍、钴合金的铣切液及操作条件

	材料名称	化学式	含量			
			软钢	不锈钢	镍合金	钴合金
溶液成分	氢离子	H^+	2.0～3.5mol/L	2.0～3.5mol/L	2.0～3.5mol/L	2.0～5.5mol/L
	硝酸根离子	NO_3^-	0.2～4.1mol/L	0.2～4.1mol/L	0.2～4.1mol/L	0.2～2.0mol/L
	磷酸根离子	PO_4^{3-}	0.5～1.0mol/L	0.5～1.0mol/L	0.5～1.0mol/L	0～1.0mol/L
	氟离子	F^-	—	—	—	0.5～1.0mol/L
	金属离子	M^{n+}	100～250g/L	100～250g/L	100～250g/L	100～250g/L
操作条件	温度/℃		30～45			
	铣切时间		根据铣切深度而定			
	铣切方式		浸泡式铣切或根据实际情况选用其他方式			

如表 4-15 所示，在王水型铣切液中添加氟化物主要用于高钴合金的铣切。

在硝酸、盐酸、磷酸铣切液中，主要发生以下几种化学反应。

$$3HCl+HNO_3 =\!=\!= NOCl+2H_2O+Cl_2 \tag{4-68}$$

$$Fe+3NOCl =\!=\!= FeCl_3+3NO \tag{4-69}$$

$$Cl_2+H_2O =\!=\!= HClO+HCl \tag{4-70}$$

$$2Fe+3HClO+3HCl =\!=\!= 2FeCl_3+3H_2O \tag{4-71}$$

总反应：

$$Fe+3HCl+HNO_3 =\!=\!= FeCl_3+NO+2H_2O \tag{4-72}$$

在王水型铣切液铣切过程中，从铣切液中逸出的气体绝大多数由氮的氧化物所组成，氢的析出很少。这表明在王水型铣切液中金属和铣切液之间的反应不是一种 H^+ 的氧化作用，而可能是金属首先被硝酸氧化（通过亚硝酰氯 NOCl 来催化），氧化的金属离子迅速和 Cl^- 络合而被溶解。

随着腐蚀过程的进行，铣切液中的酸会被消耗或通过其他方式而损失，其总的结果是铣切液中总酸量减少。总酸量减少及比例的不均匀，必然会使游离酸/硝酸的比值发生变化，从而使铣切力和表面光洁度受到影响。铣切液中总酸量的减少可认为由如下几种情况造成：

① 与金属反应生成氮氧化物；

② 硝酸与盐酸反应生成 NOCl，其中有些蒸发而损失；

③ 硝酸和盐酸的蒸发；

④ 在进行沉淀操作中，以不溶性磷酸盐的形式沉淀；

⑤ 铣切过程中由复杂零件带走。

铣切液配制好后，不管是使用还是不使用，硝酸和盐酸都会不断地减少，这是由上述②和③所造成的。

在淤渣的处置过程中，磷酸会大量损失，以磷酸二氢盐的形式和一部分铣切液夹杂在铣切淤渣中沉淀出来。在腐蚀过程中，为了防止金属表面钝化，铣切液中氯化物的含量必须维持在较高的水平，在铣切高强度、高耐蚀合金的情况下，这一点特别重要。

在确定的铣切液中，不像用于低合金钢所介绍过的化学铣切液那样，可以不经老化处理。而高强度、高耐蚀合金钢和镍合金等所用铣切液的老化处理是必须的。在含有100g/L溶解金属的溶液中，会得到良好的表面光洁度，并随着金属离子的增加，能得到更好的光洁度。

高强度和高耐蚀钢、镍合金等在进行铣切之前，要求进行表面活化处理，某些金属如果没有进行表面活化处理，在钝化的表面将无法进行化学铣切。金属活化根据合金材料的不同采用浓度各异的盐酸进行，金属活化后，必须立即进行化学铣切而不需要中间洗涤过程，以防金属再度钝化。活化溶液配方及操作条件见表4-16。

表 4-16 活化溶液配方及活化条件

溶液成分	材料名称	化学式	含量/(g/L)		
			配方 1	配方 2	配方 3
	盐酸	HCl	200～430	200～430	200～300
	三氯化铁	FeCl₃	—	—	30～100
	氟	F⁻	—	5～15	0～15
活化条件	温度/℃		室温	室温	室温
	时间/min		5～15	5～15	1～5

对于易钝化金属的活化除表4-16中的方法外，也可采用电偶活化的方法，这种方法是在铣切液中用一与被铣切金属不同的金属条，与钝化金属表面接触，即可使其由钝态转变为活化态而被铣切。

2. 王水型铣切液的配法

王水型铣切液有两种配法：一种是先由浓酸配好，再用金属老化，进行时效处理；另一种是由浓酸及金属离子盐组成，这种方法配成的铣切液不需要再进行老化处理。

采用老化时效法配制铣切液的一种简单的初始溶液的配方及老化条件见表4-17。

表 4-17 老化型铣切液的配方及老化条件

溶液成分	材料名称	化学式	材料用量
	盐酸	HCl	750L
	硝酸	HNO₃	225L
	磷酸	H₃PO₄	110L
	不锈钢或软钢	—	100kg
老化条件	老化温度/℃		＜45

在老化过程中需要非常慎重，温度不允许超过45℃。因为在进行老化时，会放出大量的热，使温度升高。如果温度升高太快，会促使硝酸及硝酸盐发生分解，生成的氮氧化物挥发造成硝酸严重损失，氮氧化物是一种有毒的气体，将会对环境和操作人员造成伤害。同时过高的温度也会造成盐酸挥发损失。为了防止在老化时发热太快，最好使用大块的金属（低表面积）对铣切液进行老化时效处理。当溶液老化后，必须进行化学分析，并用下面的公式进行调整，以得到正确的游离酸与硝酸盐的比例。

$$V_1 = [V(N_a - N_b) - V_2(N_d - N_a)]/(N_c - N_a)$$
$$V_2 = [V(N_e - N_f) - V_2(N_c - N_e)]/(N_d - N_e)$$

式中，V 为溶液体积；V_1 为所需盐酸的体积；V_2 为所需硝酸的体积；N_a 为所需要 H^+ 浓度，mol/L；N_b 为所求得的 H^+ 浓度，mol/L；N_c 为用作添加的盐酸的浓度，mol/L；N_d 为用作添加的硝酸的浓度，mol/L；N_e 为所需硝酸的浓度，mol/L；N_f 为所求得的硝酸的浓度，mol/L。在第二个公式中，$N_c=0$。

如果游离酸浓度太高，则通过添加盐酸或继续进行时效处理来调整游离酸的浓度。如果游离酸和硝酸盐的浓度都低，则添加硝酸使两者的浓度都提高。如果只有硝酸盐的浓度低，则通过添加硝酸铁[$Fe(NO_3)_3$]就能提高浓度。

用浓酸和金属盐来配制的一种简单方法是使用盐酸、硝酸、磷酸和三氯化铁来进行配制。使用这种方法，通过计算得出的含量只稍作调整就能得到游离酸、硝酸盐、氯化物和金属离子的含量。在使用的情况下，这种溶液将随着金属浓度增加而得到改善，变得更加稳定。

对于喷淋式化学铣切液的配制是直接采用液体三氯化铁或固体三氯化铁按每升含 Fe^{3+} 浓度不低于 100g 进行配制，没有特别需要不添加其他酸类，在生产过程中老化的化学铣切液可采用氯酸钠和适量的盐酸进行再生，再生之前应分析酸度及亚铁离子浓度并通过计算进行再生处理。再生过程中需要搅拌和强力抽风。

3. 王水型铣切液的控制

在王水型铣切液中，重要的是对游离酸（H^+）、硝酸盐（NO_3^-）、氯化物（Cl^-）和金属离子（M^{n+}）浓度的控制。在这些需要控制的项目中，游离酸和硝酸盐是金属铣切的主要项目，Cl^- 是为了防止金属钝化，金属离子是为了调节铣切速率和铣切表面的光洁度。通过使用不同的 H^+ 和 NO_3^- 的比例就能达到满意的铣切效果。

Cl^- 浓度必须提高到足以防止金属表面钝化现象的发生，对于某些成分复杂的镍基合金这是非常重要的。

金属离子浓度应不低于 100g/L，在 150g/L 时会得到更好的表面铣切效果。金属离子浓度越高，所需要的氯化物含量也越高。金属离子含量最高可以达到 250g/L。新配制的铣切液使用一段时间后，随着酸的损失，要随时注意补加。当铣切液使用时间过长时应抽掉部分旧液，补加新酸液，抽取量可根据旧铣切液中金属离子的浓度高低来决定。

王水型铣切液中氯化物含量与金属离子浓度之间的关系见图 4-25。

不同的合金有不同的 H^+/NO_3^- 比例要求，这个比例要求只能通过实验方法得到，并以此确定满足工艺要求的工艺范围。在进行实验时，可以把工艺范围画在图上，见图 4-26。

图 4-26 是 18/8 不锈钢的一实例。用当量作为指标，18/8 不锈钢和尼莫尼克合金（一种镍铬钛的耐热镍基合金）的 H^+/NO_3^- 比例见表 4-18。

表 4-18   18/8 不锈钢和尼莫尼克合金的 H^+/NO_3^- 比例

金属材料	H^+	NO_3^-
18/8 不锈钢	3mol	4mol
尼莫尼克合金（Nimonic90）	6mol	4mol

在这种配法中多数合金都能得到满意的铣切效果，但是热处理对铣切的正常进行影响很大。经过时效硬化的镍合金难于在这种溶液中进行铣切，但经退火后即可进行铣切。

对于王水型铣切液的配制，笔者认为第二种方法即浓酸加氯化铁的方法更容易进行，而

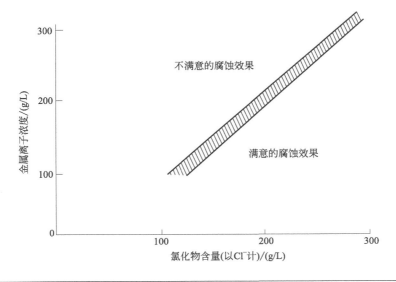

图 4-25　王水型铣切液中金属离子浓度与氯化物含量对金属铣切的影响

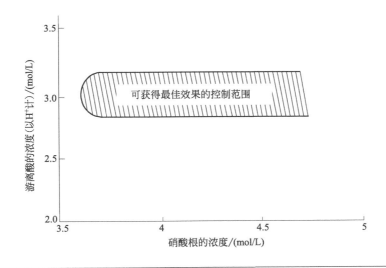

图 4-26　王水型铣切液游离酸和硝酸盐最佳工艺范围

王水型配方容易生成大量氮氧化物。笔者经过实验改进,在铣切液中添加硝酸铵能明显防止这一现象的发生。配制方法如下:

首先计算出所用材料的组分含量及酸值,见表 4-19。

表 4-19　采用材料的组分含量及酸值

材料名称	化学式	相对密度	质量分数/%	含量				
				H^+	Cl^-	NO_3^-	PO_4^{3-}	Fe^{3+}
盐酸	HCl	1.18	37	11.9mol/L	11.9mol/L	—	—	—
硝酸	HNO_3	1.42	66~68	14.6mol/L	—	14.6mol/L	—	—
磷酸	H_3PO_4	1.68	85	43.7mol/L	—	—	14.56mol/L	—
氯化铵	NH_4Cl	g/100g		—	66	—	—	—
三氯化铁	$FeCl_3$	g/100g		—	65	—	—	34
硝酸铵	NH_4NO_3	g/100g		—	—	77.5	—	—

在配制时有两种方案可供选择：一是专用于镂空铣切的配法，见表 4-20；二是用于图文非镂空铣切的配法，见表 4-21。

表 4-20　镂空铣切液的配制成分

材料名称	化学式	相对密度	质量分数/%	用量	实际质量/g	H^+用量/mol	Cl^-用量/g	NO_3^-用量/mol	Fe用量/g
硝酸	HNO_3	1.42	66	200mL/L	187	2.92	0	2.92	0
盐酸	HCl	1.18	36	150mL/L	63	1.78	63	0	0
无水三氯化铁	$FeCl_3$	—	—	300g/L	—	0	198	0	102
硝酸铵	NH_4NO_3	—	—	140g/L	—	0	0	1.68	0
合计		—	—	—	250	4.7	261	4.6	102

以上配方由于是用于镂空铣切的，不存在铣切表面光洁度的要求，所以在配方中没有添加磷酸。以上铣切液在 50～55℃ 的情况下有较高的铣切速率，静置铣切速率为 0.047mm/min。

表 4-21　非镂空铣切液的配制成分

材料名称	化学式	相对密度	质量分数/%	用量	实际质量/g	H^+用量/mol	PO_4^{3-}用量/mol	Cl^-用量/g	NO_3^-用量/mol	Fe用量/g
硝酸	HNO_3	1.42	66	150mL/L	213	2.19	0	0	2.19	0
氯化铵	NH_4Cl	—	—	100g/L	—	0	0	66	0	0
无水三氯化铁	$FeCl_3$	—	—	300g/L	—	0	0	198	0	102
磷酸	H_3PO_4	1.68	85	30mL/L	50	1.5	0.51	0	0	0
硝酸铵	NH_4NO_3	—	—	190g/L	—	0	0	0	2.375	0
合计		—	—	—	—	3.69	0.51	264	4.565	102

以上配方如果对表面光洁度有更高要求，可减少硝酸用量，加大磷酸用量，但同时要增加硝酸铵的用量。

关于镂空铣切也可采用 40% 的盐酸和 10% 的过氧化氢组成的铣切配方，这种铣切液在 70℃ 的条件下有很快的铣切速率，在实验室可达 0.1mm/min 的铣切速率。但这种方法过氧化氢容易分解，需要经常添加，同时这种方法温度高，对抗蚀材料要求高，经铣切后的表面光洁度较差，不太适用于要求表面平滑的图文铣切。

表 4-20 和表 4-21 中的配方不适合于喷淋腐蚀机进行化学铣切加工。

表 4-20 和表 4-21 的配方中虽然加入了铵离子可以抑制二氧化氮的挥发，但并不能保证硝酸在铣切过程中绝对不分解，所以在进行铣切时，要注意温度不可太高，同时负载量不能太大。

对于高钼钢，需要添加氟化物，同时也需要较高浓度的硝酸根离子。在实际生产中，应根据材料性质和铣切要求经实验来确定最佳配方。

对于王水型配方，也可以参考表 4-14 中的配方 8 和配方 9，都是成功使用的实例。

在不锈钢的三氯化铁铣切体系中，氟硅酸的加入能改善表面光洁度。其配制方案可分为有硝酸型和无硝酸型，有硝酸型一般都以硝酸铁为硝酸源，并添加氯化铵（质量为硝酸铁的 10%～20%），以稳定硝酸根离子，在这种体系中，氟硅酸也能对硝酸的稳定起辅助作用。酸浓度用盐酸调节到 0.6～1mol/L 为宜。

三、三氯化铁的再生

虽然三氧化铁化学铣切工艺对环境并不是很友好，但是三氯化铁化学铣切工艺因原料易得，成本适中，铣切效果好，适用范围广而获得众多化学铣切加工厂的青睐。不管是对铝及其合金、铜及其合金、常用钢材、不锈钢及高强度难以化学铣切的特种钢材，都可以采用三氯化铁或以三氯化铁为基本成分再添加第二、第三物质所组成的化学铣切液进行化学铣切加工，并能获得设计要求的表面效果及结构。所以，就目前而言三氯化铁铣切工艺仍是化学铣切行业所普遍采用的工艺方法。当然，任何一种化学铣切工艺所采用的化学品都会对环境及操作人员产生危害，我们所能做的是将这种危害降到最低。降低危害最直接的方法就是将化学铣切液通过再生得以循环使用。当各种废液的所谓达标排放超过环境的自修复承受极限时同样会对环境造成污染，并且此时的污染将更加难以修复。在此，以常用的三氯化铁铣切液的再生为例来进行讨论。

三氯化铁铣切液的再生有两个层面的意义：一是将旧液中的 Fe^{2+} 氧化为 Fe^{3+}，使其恢复铣切能力，这是浅层意义上的再生，同时也是容易操作的再生方法；二是将旧液中多余的金属离子采用化学或物理化学的方式从废液中全部或部分分离出来，同时将 Fe^{2+} 氧化为 Fe^{3+}，使其恢复铣切能力，这是深层意义上的再生，同时也是目前还未能在三氯化铁化学铣切废液中获得普遍应用的分离技术。其分离技术及由分离所带来的新的环境问题都有待于进一步的研究和论证。在本节中只对前者进行讨论。

在三氯化铁铣切过程中，随着铣切的进行，铣切液中的 Fe^{3+} 被还原成为 Fe^{2+} 而失去铣切能力，这时就需要对铣切液进行再生处理使其恢复铣切能力。其再生的化学原理是加入合适的氧化剂将失去铣切能力的 Fe^{2+} 氧化为 Fe^{3+}，可以用于再生的氧化方法有通入氧气再生法、过氧化氢再生法、通入氯气再生法、氯酸钠再生法等。其再生化学原理简式如下：

$$4FeCl_2 + O_2 + 4HCl \rightleftharpoons 4FeCl_3 + 2H_2O \tag{4-73}$$

$$2FeCl_2 + H_2O_2 + 2HCl \rightleftharpoons 2FeCl_3 + 2H_2O \tag{4-74}$$

$$2FeCl_2 + Cl_2 \rightleftharpoons 2FeCl_3 \tag{4-75}$$

$$6FeCl_2 + NaClO_3 + 6HCl \rightleftharpoons 6FeCl_3 + 3H_2O + NaCl \tag{4-76}$$

以上反应中式(4-75)是一个简化式，在实际反应中分两步完成，首先氯气和水发生歧化反应生成盐酸和次氯酸，然后次氯酸再将 Fe^{2+} 氧化为 Fe^{3+}。

从以上化学反应式可以看出，以通入氧气、通入氯气及加入过氧化氢进行再生所得的产物最为纯净，而采用氯酸钠再生法会有氯化钠的积蓄问题，由于氯化钠溶解度有限，经多次再生后多余的氯化钠会沉淀析出。以上几种方法中，采用氯酸钠的方式进行再生方便宜行，并且也在生产实践中获得了广泛应用，市场上的所谓再生剂也是以氯酸钠为基本原料配制而成的，在此，以氯酸钠再生法为例进行讨论。

1. 氯酸钠再生步骤

① 取液分析溶液中的亚铁离子溶度，同时测定铣切液的 pH 值（和原液 pH 值对比，原液即是最先配制好的三氯化铁溶液）及波美度，如波美度在控制范围内采用以下常规方法进行再生，如波美度低于控制范围则采用另行规定的方法进行再生。

② 根据分析结果，计算出再生所需盐酸和氯酸钠的用量（按分析结果的 80% 左右进行再生）。

③ 开动蚀刻机，打开冷却开关，关闭加热器，加入计算量的盐酸。

④ 盐酸加完后搅拌数分钟，再分批加入计算量的氯酸钠，添加时注意温度变化，如温度超过65℃应停止氯酸钠的添加，待温度降到55℃以下时再加入余下的氯酸钠。

⑤ 待氯酸钠完全溶解并反应完全后（氯酸钠完全溶解后再反应15min可视其再生过程完成）取液分析亚铁离子浓度，并同时测定pH值，如pH偏低可再加入适量氯酸钠，反之则加入适量的盐酸，其合适pH值以不高于原液pH值为宜。

⑥ 待温度降到工艺规定的范围即可进行生产（也可先用试片经化学铣切后，经检验表面质量合格后再进行生产）。

2. 氯酸钠常规再生计算依据及实例

根据反应式(4-76)的计算，每再生1g亚铁需要氯酸钠0.32g，36%盐酸1.556mL。以150L蚀刻溶液为例进行计算。

亚铁离子（Fe^{2+}）假定为150g/L，波美度在控制范围内，按80%的氧化度进行再生，试计算需要多少氯酸钠及盐酸。

根据测定结果，波美度在控制范围内，我们采用常规方法进行再生。

① 计算每升需要再生的亚铁离子量：
$$150 \times 80\% = 120(g)$$

② 计算150L需要再生的亚铁离子量：
$$120 \times 150 = 18000(g)$$

③ 计算氯酸钠的需要量：
$$18000 \times 0.32 = 5760(g) = 5.76(kg)$$

可取5.7kg或5.8kg。

④ 计算盐酸（36%）的需要量：
$$18000 \times 1.556 = 28008(mL)$$

可取27L或28L，盐酸不能过量，否则再生后的铣切液pH值会偏低。

3. 波美度偏低时的再生法计算依据、实例及方法

每再生1g亚铁需要氯酸钠0.32g，98%硫酸0.48655mL（1:1硫酸0.7931mL），氯化铵0.85～0.98g。

以150L蚀刻溶液为例进行计算。

亚铁离子（Fe^{2+}）假定为150g/L，波美度低于控制范围，按80%进行再生，试计算需要多少氯酸钠及98%硫酸、氯化铵。

根据测定结果，波美度低于控制范围，采用硫酸＋氯化铵法进行再生。

① 计算每升需要再生的亚铁离子量：
$$150 \times 80\% = 120(g)$$

② 计算150L需要再生的亚铁离子量：
$$120 \times 150 = 18000(g)$$

③ 计算氯酸钠的需要量：
$$18000 \times 0.32 = 5760(g) = 5.76(kg)$$

可取5.7kg或5.8kg。

④ 计算氯化铵的需要量：

$$18000 \times 0.95 = 17100(g)$$

可取 16～17kg。

⑤ 计算硫酸（98%）的需要量：

$$18000 \times 0.48655 = 8757.9(mL)$$

可取 8.7L 或 8.8L。如果采用预先配好的 1∶1 硫酸则需要 14.0～14.2L。硫酸不能过量，否则会使再生的溶液 pH 值偏低。

特别注意：硫酸需要预先按 1∶1 进行配制。即在一个干净的容器内先加入 8.5L 水，然后在强烈搅拌下加入计算量的硫酸，在配制硫酸时一定要戴口罩、防护眼镜、耐酸长手套等安全装备！配制好的硫酸需冷却后再进行添加，为了再生方便，硫酸溶液可按 1∶1 预先配后再用桶装好备用。

⑥ 开动蚀刻机，打开冷却开关，关闭加热器，缓缓加入 14.0L 硫酸（预先配好的 1∶1 硫酸）。

⑦ 硫酸加完后加入 16～17kg 氯化铵。

⑧ 待氯化铵溶解完全后，再分批次加入 5.7kg 氯酸钠。

以上是采用氯酸钠为氧化剂进行再生的实例，如采用其他方法，在再生之前同样需要经过分析，并准确计算出所需要的原料后进行再生并制定出详细的再生步骤。不管采用哪种方法都需要进行方案论证后方可进行。

以上计算只是举一个例子，在实际连续生产中，不可能使亚铁离子浓度升到很高才进行再生，对于连续生产都是在线连续调整。需要补加的氯酸钠和盐酸可以通过化学分析结果来进行补加或自动监测设备来进行自动补加。

在连续生产中也可以通过反应式计算出添加量来补加。通过生产实践，得到了一参考补加量，即每蚀刻 1g 铁（含不锈钢）需要补充约 1g 氯酸钠，同时添加约 2g 盐酸，在生产中就可以根据蚀刻量来进行补加，当然采用这种方式，每班也需要对铣切液进行至少一次化学分析以便进行校正。

4. 过氧化氢再生法

对于二价铁的再生，过氧化氢法也是一种不错的再生方法，众所周知，过氧化氢稳定性不好，特别是在三氯化铁体系中，加入的过氧化氢会迅速分解，根本就达不到再生的目的，但这并不代表着就不能采用过氧化氢来进行再生。笔者在实验室曾用过氧化氢对二价铁进行过再生，在实验中发现，当开始添加时，过氧化氢能较好地氧化二价铁，但当再生到二价铁浓度低、三价铁浓度高时，滴加的过氧化氢会迅速分解（笔者是采用滴加的方式进行）。如果能采用一种过氧化氢的加入方法并强制过氧化氢与二价铁反应，那么就可以实现对二价铁的完全再生。

如果采用文氏管进行旧液与过氧化氢的混合，从理论上就可以实现这个目标。将蚀刻槽中的铣切液通过文氏管与过氧化氢混合，然后再通过气-液混合反应管（过氧化氢在三氯化铁溶液中会迅速分解放出氧气）进行进一步的反应，再回流到蚀刻槽中，经多次循环即完成其再生过程。与文氏管相接的动力泵加在文氏管入口处（前置动力泵），其出口的气-液混合反应管直径不得小于文氏管出口的口径，以防止因气-液混合反应管压高而回流到过氧化氢加注管中。如将动力泵放在文氏管的出口处（动力泵后置），则需要考虑产生的气体对动力泵的影响，如果采用动力泵后置，则气-液混合反应管的长度就可以加长，以促进反应更进一步完成，做到过氧化氢的完全利用，并且后置动力泵也可防止铣切液回流到过氧化氢加注管中，但停机时，后置动力泵会使槽中的铣切液倒流入过氧化氢加注管中。不管是采用什么方式连接，都需要在过氧化氢加注管中安装止回阀。

对于氧气或臭氧再生，同样也可以采用文氏管的方式进行，但需要通过实验来找到最合适的再生温度及催化方式来提高氧气或臭氧对亚铁的再生速度。

第四节
钛合金的化学铣切

一、钛的基本性质

钛是地壳中含量较丰富的元素之一，在所有元素中丰度占第 9 位，在金属元素中丰度占第 4 位，即仅次于铝、铁和镁，丰度约为 0.6%（质量分数）。

由于钛与氧的结合力较强，所以在自然界中很难发现单质的金属钛，主要以钛的矿物质形式存在于地壳中，包括钛铁矿（$FeTiO_3$）、金红石（TiO_2）及钒钛铁矿等。纯净的钛是银白色金属，由于钛与氧的结合力较强，所以钛的表面具有银灰色光泽，钛属难熔金属，其密度为 $4.51g/cm^3$，介于铝和铁之间，属于轻金属。

钛及其合金因有密度轻、强度高、耐腐蚀、耐高温等优异性能，广泛用于航天、航空、航海设施，化工，冶金，发电，医药等领域。

元素钛是英国传教士 William Gregor 在 1791 年首先发现的，他业余从事化学研究，在分析来自 Gornwall 地方的一种黑色砂矿（钛铁矿）时宣称其中有一种新元素。4 年后，德国化学家 Klaproth 在金红石矿物中再一次发现了此元素。他把这个元素定名为 Titanium（钛），是以希腊神话中大地之子 Titan 的名字来命名的。汉文名称钛是按原文字首的音译而定名的，与它的缩写符号 Ti 读音一致。

钛是银白色可延性金属，在工业上是一种重要的金属材料，这归功于它所具有的许多可贵的性质，比如：密度比铁小，强度比铝高，而抗腐蚀性能近似于铂。这些性质使它成为制造发动机、航空机械骨架、导弹、航海设施等的理想材料。对这些领域来说，它们要求质轻、强度高、耐抗极端温度变化等优异性能。而钛在这些性能方面是无可匹敌的。钛的某些性质例如抗张力因与铝能形成合金而得到增强。此外，铝-钛合金的 α-β 转变温度高于纯钛。钛也可以和铝、锰、铁及其他金属构成具有特殊用途的合金。

金属钛在高温下对氧、氮和氢有极强的亲和力，但其中仅对氢的吸收是可逆性的。钛不与冷无机酸反应（HF 例外），也不与热碱溶液反应，但它能溶于热氢氟酸、盐酸、硫酸、磷酸中，一般是酸浓度越大溶解速度越快。四种热浓有机酸溶液可侵蚀金属钛，它们是草酸、蚁酸、三氯乙酸和三氟乙酸。钛也能被三氯化铝（$AlCl_3$）侵蚀。上述化合物对钛的腐蚀作用主要是由于它们能侵蚀钛表面极细致的氧化物膜，钛的惰性全是由于这种氧化物膜的保护作用。向腐蚀液中加入氧化剂如硝酸，一般可以减缓它们对钛的腐蚀，因为氧化剂可再生氧化物膜而使钛的表面钝化。

金属钛是一种晶相双变体，转变温度为 882.5℃，低于此温度时它为六方晶格，而高于此温度时为立方晶格。钛同时兼有钢（强度高）和铝（质地轻）的优点。高纯钛具有良好的塑性，但杂质含量超过一定量时，变得硬而脆。

工业纯钛在冷变形过程中，没有明显的屈服点，其屈服强度与强度极限接近，在冷变形加工过程中有产生裂纹的倾向。工业纯钛具有极高的冷加工硬化效应，因此可利用冷加工变形工艺进行强化，当变形度大于 20%～30% 时，塑性几乎不降低。钛的屈服强度与抗拉强度接近，屈强比（$\sigma_{0.2}/\sigma_b$）较高，而且钛的弹性模量小，约为铁的 54%，成型加工时回弹量大，冷成型困难。有时利用这一特性，将钛合金作为弹性材料使用。

钛合金可按其退火状态分为三类：α钛合金、β钛合金、α+β钛合金。这三种合金各有其特点。α钛合金高温性能好，组织稳定，焊接性能好，是耐热钛合金的主要组成部分，但常温强度低，塑性不够高。β钛合金的塑性加工性能好，合金浓度适当时，可通过强化热处理获得高的力学性能，是发展高强度钛合金的基础，但组织性能不够稳定，冶金工艺复杂。α+β钛合金可以热处理强化，常温强度高，中等温度的耐热性也不错，但组织不稳定，焊接性能良好。目前在工业上应用得最多的是 α+β 钛合金，其次是 α 钛合金，β 钛合金应用相对较少。

二、钛合金的铣切

1. 钛合金的铣切原理及组成

钛合金的铣切主要用于航空工业和宇航工业的钛合金零件的化学加工。早期钛的化学铣切，在美国最广泛采用的腐蚀剂是以氢氟酸和铬酸（H_2CrO_4）为基础的混酸铣切液，由于铬酸成本高，同时铬酸对环境的污染重，随后英国人采用以氢氟酸和硝酸为基础的混酸铣切液。在腐蚀剂中加入氧化性酸的首要目的，是把化学铣切过程中产生的氢转化为水，以避免任何与氢脆有关联的问题发生，因为钛在铣切过程中极容易出现氢脆问题。在以氢氟酸为基础的铣切液中钛和氢氟酸唯一的化学反应如下：

$$6HF + Ti \longrightarrow H_2TiF_6 + 2H_2 \uparrow \tag{4-77}$$

从反应式（4-77）可以看出，随着钛的铣切有大量的 H_2 产生。每铣切 1mol 钛即有 2mol 氢气产生，或者说每铣切 1g 钛即有 0.937L 氢气产生。产生的氢气会吸附在金属表面并渗透到金属基体，对金属的机械性能产生严重影响。在铣切液中添加氧化性酸，比如 H_2CrO_4、HNO_3 就可以和刚产生的原子氢反应生成水和相应氧化酸的还原产物。反应式如下：

$$3Ti + 30HF + 4CrO_3 \longrightarrow 3H_2TiF_6 + 4CrF_3 + 12H_2O \tag{4-78}$$

$$Ti + 6HF + 4HNO_3 \longrightarrow H_2TiF_6 + 4NO_2 + 4H_2O \tag{4-79}$$

在铣切过程中这几种反应都在同时进行，但随着铣切液中氧化性酸浓度的增高，后面的反应逐渐占优势，使钛表面吸附的氢减少。在实际生产中，都采用氢氟酸和硝酸组成的铣切液，但以硝酸为氧化性酸的铣切液会有氮氧化物的大量挥发，从反应式（4-79）可以看出，每铣切 1mol 钛即有 4mol 氮氧化物产生，这种氮氧化物毒性很大，一方面对操作人员身体造成毒害，另一方面也对环境造成大量污染。通用的做法是在铣切液中添加尿素来对铣切液进行改进，因为尿素能立即同二氧化氮反应。

关于钛在氢氟酸-硝酸蚀刻体系中可以防止钛氢脆的机理。笔者在实验过程中发现：当不加硝酸时，在钛被腐蚀的同时，其表面有大量的气泡产生，也即是氢气。加入硝酸后，表面气泡明显减少直至消失，取而代之的是可见的在钛表面有一层褐色物质被溶解下来并迅速溶于铣切液中，速度比不加硝酸时明显加快。根据这一现象，没有气泡产生可能有两个原因，一是初生态氢被硝酸氧化；二是加入硝酸后钛首先与硝酸反应生成钛的氧化物（$Ti+4HNO_3 \longrightarrow TiO_2+4NO_2+2H_2O$），生成的氧化物再迅速被铣切液中的氢氟酸溶解（$TiO_2+6HF \longrightarrow H_2TiF_6+2H_2O$）而完成其腐蚀过程，其两反应式相加后的总反应式就是式(4-77)。如果按这一反应原理，在硝酸量足够的前提下，那么在整个钛的蚀刻过程中就不会有氢的析出。至于在实际反应过程中是否还是有氢的析出［反应式(4-75)］，由于条件限制没有进行更进一步的研究，有兴趣的读者可以对这个问题进行深入研究，这对于钛蚀刻防止氢脆的发生有非常重要的意义。

笔者在进行钛铣切时，通过向铣切液中添加氟化氢铵或硝酸铵都能有效地抑制氮氧化物的产生。在配制这类铣切液时，大多数情况都是采用氟化氢铵来提供有效浓度的 F^-。这样就不必再额外加入硝酸铵之类的铵盐。在配制时 $F^-/NO_3^- = 1.8 \sim 2.2$。比值增大，铣切速率降低，表面粗糙度增加，如过高将出现点蚀或铣切条纹、铣切沟槽等。比值降低，铣切速率加快，但易使铣切面产生凹陷现象，也易产生不均匀的铣切现象。过低的比值将使铣切液中游离氢的含量增大，易使氢吸附于钛表面并渗入钛金属基体，产生氢脆。

采用氢氟酸和硝酸配制的铣切液，在铣切过程中要注意对温度的控制，因为在较高温度情况下，更利于氮氧化物的挥发，同时在高温情况下添加尿素亦会同硝酸反应，使硝酸无功损失增大。而用氟化氢铵和硝酸配制的铣切液可以在较高的温度下进行铣切加工，亦不会有大量氮氧化物产生。在铣切液中加入大量氧化性酸除上述原因外，还有第二个理由：实验表明，在铣切液中有氧化性酸时，可以得到非常好的表面光洁度。

对钛合金的铣切不同于铝合金的铣切，铝合金的铣切，同一铣切液对多种铝合金都是有效的。但不同型号的钛合金往往需要对铣切液进行调整才能得到满意的铣切效果。表 4-22 是一种适用于 Ti-6Al-4V 合金经热处理后的铣切液配方。

表 4-22　Ti-6Al-4V 合金铣切液配方

	材料名称	化学式	含量
溶液成分	硝酸（相对密度=1.42）	HNO_3	110mL/L
	氢氟酸（70%HF）	HF	64mL/L
	十二烷基苯磺酸钠	—	0.2g/L
	钛屑	Ti	4.5g/L
操作条件	温度/℃		28～35
	铣切时间		根据铣切深度而定

在铣切液中添加十二烷基苯磺酸钠的目的是起润湿剂作用，以改善表面的铣切质量。

钛在氢氟酸中的溶解会产生大量的热，每溶解 1g 钛产生 6336cal 的化学反应热。为了获得理想的铣切速率和铣切效果，大多数的钛铣切槽都要有冷却装置。如果没有冷却装置，要维持温度的相对恒定，就必须采取宽大液面及大体积进行化学铣切，这样势必使同槽化学铣切零件数量受到显著限制，不利于批量加工，同时也造成铣切液配制成本的增加。

在配制这种铣切液时，要特别小心用钛老化铣切液的操作过程，由于钛在铣切时是一个剧烈的放热反应，在老化时必须少量地投入钛屑到冷的铣切液中，如果一次投入过多，将使温度很快上升到较高的水平，加速硝酸的分解，使老化失败。在老化过程中不允许温度超过 50℃，否则会产生过多的氮氧化物。

2. 以氢氟酸为基础的铣切液的控制

对这种铣切液的控制可以采用化学分析的方法进行调整。对于纯氢氟酸的铣切液的分析采用简单的中和滴定即可完成。对于有氧化性酸复配的铣切液，在分析氢氟酸的同时，还必须对所添加氧化性酸的浓度进行分析，这就使得分析方法显得比较复杂。表 4-23 列出了三种钛合金铣切液的浓度和工作范围。

表 4-23 三种钛合金铣切液的浓度和工作范围

<table>
<tr><td rowspan="2" colspan="2">材料名称</td><td colspan="2">Ti-6Al-4V</td><td colspan="2">工业纯钛和 Ti-2.5Cu</td></tr>
<tr><td>每 1000L 加入量</td><td>管控范围</td><td>每 1000L 加入量</td><td>管控范围</td></tr>
<tr><td rowspan="5">溶液成分</td><td>硝酸(相对密度＝1.42)，16mol/L</td><td>110L</td><td>1.5～1.7mol</td><td>230L</td><td>3.2～3.5mol</td></tr>
<tr><td>氢氟酸(70%)，44mol/L</td><td>64L</td><td>2.5～2.8mol</td><td>60L</td><td>2.3～2.6mol</td></tr>
<tr><td>润湿剂</td><td>200g</td><td>0.2～0.3g/L</td><td>200g</td><td>0.2～0.3g/L</td></tr>
<tr><td>钛</td><td>4500g</td><td>4～30g/L</td><td>2kg</td><td>2～30g/L</td></tr>
<tr><td>加水使溶液达到</td><td>1000L</td><td>—</td><td>1000L</td><td>—</td></tr>
</table>

对于常用几种钛材的铣切液中氢氟酸和硝酸的浓度控制范围见表 4-24。

表 4-24 常用钛材的铣切液的浓度控制范围

<table>
<tr><td rowspan="2" colspan="2">材料名称</td><td rowspan="2">化学式</td><td rowspan="2">浓度范围</td><td rowspan="2">备注</td></tr>
<tr></tr>
<tr><td rowspan="11">溶液成分</td><td rowspan="2">Ⅰ</td><td>氢氟酸</td><td>HF</td><td>5%～10%</td><td rowspan="2">当腐蚀温度在 40℃时，在内圆角上会产生一些双半径</td></tr>
<tr><td>钛</td><td>Ti</td><td>0%～30%</td></tr>
<tr><td rowspan="4">Ⅱ</td><td>氢氟酸</td><td>HF</td><td>2.0～4.5mol/L</td><td rowspan="4">温度在 32～45℃[最佳为(45±3)℃]时加入足够量的润湿剂以维持表面张力在 2.7～3.2N/m²</td></tr>
<tr><td>铬酸</td><td>H_2CrO_4</td><td>0.17～0.5mol/L</td></tr>
<tr><td>钛</td><td>Ti</td><td>3%～30%</td></tr>
<tr><td>润湿剂</td><td>—</td><td>0.2%</td></tr>
<tr><td rowspan="4">Ⅲ</td><td>氢氟酸</td><td>HF</td><td>1.60～3.5mol/L</td><td rowspan="4">温度在 32～45℃[最佳为(45±3)℃]时加入足够量的润湿剂以维持表面张力在 2.7～3.2N/m²</td></tr>
<tr><td>硝酸</td><td>HNO_3</td><td>0.06～9mol/L</td></tr>
<tr><td>钛</td><td>Ti</td><td>5%～30%</td></tr>
<tr><td>润湿剂</td><td>—</td><td>0.2%</td></tr>
</table>

注：表中有氧化性酸的腐蚀液中，氢氟酸和 H_2CrO_4，氢氟酸和 HNO_3 的实际比例是很重要的。

表 4-24 所列数据对于保证特定钛及其合金的铣切精确度、表面光洁度和内圆角的几何形状都是很有用的。下面的公式可以用于确定必须添加的氢氟酸和硝酸的量：

$$G_A = [(N_1 - N_2)V]/(N_3 - N_1)$$

式中，G_A 为添加酸的体积，L；N_1 为铣切溶液中工艺控制酸的浓度，mol/L；N_2 为铣切溶液中化学分析的实际酸的浓度，mol/L；N_3 为校正使用的酸的浓度，mol/L；V 为铣切液的体积，L。

应用举例：

铣切液体积 1000L，经过分析得：

硝酸的浓度：1.5mol/L；

氢氟酸的浓度：2.3mol/L。

实际需要：

硝酸的浓度：1.7mol/L；

氢氟酸的浓度：2.8mol/L。

氢氟酸的校正：

用 70% 的氢氟酸（44mol/L）来校正所需要的氢氟酸量为 ［（2.8－2.3）×1000］/

$(44-2.8)=12.1$（L）。

硝酸的校正：

用 16mol/L 的硝酸来校正所需要的硝酸量为 $[(1.7-1.5)\times1000]/(16-1.7)=14$（L）。

3. 以氟化氢盐为基础的无铬酸无硝酸铣切液

由于氢氟酸在使用时对操作者存在很大的安全隐患，在生产中可以采用氟化氢盐（下面以氟化氢铵为例来进行讨论）进行配制，其铣切液的基本组成及温度控制范围如下：

（1）主蚀刻剂：采用氟化氢铵，氟化氢铵浓度对铣切速率和力学性能有显著影响。浓度低，铣切速率慢，但不易发生氢脆；浓度高，铣切速率快，但当温度控制不当时，铣切后的钛材容易吸氢而产生氢脆。一般控制在 160g/L 以内，以 80～140g/L 为宜。

也可以使用氟化氢钠或氟化氢钾作为主蚀刻剂。

除了氟化氢盐外，氟硼酸也是一种不错的选择，但氟硼酸铣切速率与氟化氢铵相比要慢，可用于精密照相图形化学铣切。

（2）酸度调节剂：一般采用硫酸或磷酸，在氟化氢铵浓度一定的条件下，酸度对铣切速率的影响很大。酸度低，铣切速率慢；酸度高，铣切速率快，可达 $20\mu m/min$ 以上，但酸度过高，抗蚀膜层容易脱落。硫酸浓度可以在 20～100g/L 之间变化。

（3）氧化剂：对于表面处理行业，环保要求越来越严，很多工业园区都会限制或禁止使用硝酸和铬酐，在此，采用高锰酸钾作为氧化剂。高锰酸钾在硫酸介质下具有更强的氧化性，通过实验发现，添加高锰酸钾可以有效控制氢脆的发生，高锰酸钾有个最大的好处，可以通过铣切液颜色的变化来判断是否需要添加高锰酸钾，其添加量以维持溶液呈紫色即可。笔者采用这种方法，对 0.5mm 的钛板铣切减薄到 0.1mm 以内，还具有很好的韧性，可进行 U 形变形并做往复运动而不会发生断裂。但当氟化氢铵浓度高，且温度也高时，经铣切后的钛箔，虽然同样可以做 U 形变形运动，但横向容易撕裂。

除了高锰酸钾，过氧化氢也具有同样的功能，但过氧化氢稳定性不好，在铣切过程中升温快，反应剧烈，如对温度不进行控制，其铣切速率可达每分钟 0.1mm。添加过氧化氢的铣切液，铣切过钛材后，溶液呈酒红色（或呈黄红色），当过氧化氢分解完后，酒红色消失呈无色到浅淡绿化（依合金成分不同，其颜色有变化）。

总的来说，高锰酸钾作为氧化剂，相对稳定，铣切过程容易控制。但如果长时间不用，高锰酸钾也同样会分解。

如果能控制好反应温度，过氧化氢不失为一种对环境更加友好的选择。

（4）温度：要维持一定的铣切速率和表面质量，控制在一个合理的温度范围是很有必要的，温度低速度慢，温度高反应剧烈，不易控制，还容易吸氢。酸度高温度以 30～40℃ 为宜，酸度低温度可以提高到 60℃ 左右。

以氟化氢铵为基础的铣切液配方及操作方法如下：

配方一：

氟化氢铵：80～120g/L

硼酸：　　10～20g/L

硫酸：　　40～200g/L

高锰酸钾：2～5g/L（保持铣切液为紫色即可）

温度：　　35～65℃

这种方法的铣切速率可达 0.02mm/min 或以上。

配方二：

氟化氢铵：80～120g/L

硼酸：　　10～20g/L

硫酸：　　40～200g/L

过氧化氢（50%）：40～80mL/L（保持铣切液为酒红色或黄红色）

温度：　　35～45℃

这种方法可以获得更快的铣切速率，但反应过程不易控制，需要有制冷量更大的制冷设备。如果采用喷淋铣切，温度反而容易控制，但铣切速率不如浸泡快。

配方三：

氟硼酸：900mL

水：　　100mL

高锰酸钾：2～5g/L（保持铣切液为紫色即可）

温度：45～65℃

这种方法的铣切速率较慢，铣切速率在 0.006mm/min 左右，可用于精度要求高的照相图形化学铣切加工。

4. 氟硅酸及其他铣切方法

氟硅酸也是一种不错的钛铣切原料。通过实验发现氟硅酸与氟化氢铵、氢氟酸相比在不加任何氧化剂的条件下，经铣切的钛表面有更低的吸氢性。笔者采用这三种原料将 0.2mm 厚、10mm 宽的钛片减薄到 0.05mm 厚度时，采用氢氟酸或氟化氢铵减薄的钛片很容易撕裂，而采用氟硅酸减薄的钛片仍具有一定的强度。这可能是由于氟硅酸体系在铣切过程中会产生一种氟硅酸盐附着于工件表面而阻碍氢的吸入，具体原因还需要有兴趣的读者去进行更进一步的研究。虽然氟硅酸体系有更低的吸氢效果，但在实际生产中还是同样需要添加氧化剂才能用于产品的化学铣切，氧化剂可采用硝酸盐、硝酸、过氧化氢、高锰酸钾等。采用硝酸或硝酸盐时，其用量比氢氟酸和氟化氢铵体系要低得多。

氟化氢铵和硝酸或过渡金属硝酸盐也可以组成性能不错的钛蚀刻剂，其氟离子与硝酸根离子的摩尔比与氢氟酸体系相同。对于这种铣切体系的补加可预先按 1kg 氟化氢铵与 1～1.2L 68% 的硝酸进行复配，作为在化学铣切过程中的添加。

氟化氢铵和硝酸或硝酸盐体系，在补加时，可采用氟化铵和硝酸配成复合液进行添加，以防止酸度过高。

氟化氢铵、氟硅酸和硝酸的常用配方见表 4-25。

表 4-25　氟化氢铵-硝酸、氟硅酸-硝酸配方

	材料名称	化学式	含量/(g/L)				
			配方 1	配方 2	配方 3	配方 4	配方 5
溶液成分	硝酸（68%）	HNO_3	30～160mL	30～160mL	30～90mL	—	—
	氟化氢铵	NH_4HF_2	50～100	—	—	—	80～130
	氟化铵	NH_4F	—	60～120	—	—	—
	十二烷基苯磺酸钠	—	0.5～2	0.5～2	0.5～2	0.5～2	0.5～2
	氟硅酸（40%）	H_2SiF_6	0～50mL	0～50mL	300～500mL	300～500mL	—
	过氧化氢（50%）	H_2O_2	—	—	—	40～80mL	40～80mL
	钛屑	Ti	5	5	5	5	5
操作条件	温度/℃		48～50				
	铣切时间		根据铣切深度而定				

表中硝酸可采用过渡金属硝酸盐代替，会获得更好的蚀刻效果，十二烷基苯磺酸钠也可采用聚氧乙烯基聚氧丙烯基甘油醚代替。

表中配方 4、配方 5 是无硝酸型配方，对于力学性能要求不太严的产品应尽量采用无硝酸型配方。

对于难铣切的钛合金，应添加硫酸或磷酸来增加铣切速率，但添加硫酸或磷酸后的侧蚀量会增大，使边缘呈圆弧状，不加硫酸或磷酸，经蚀刻后边缘有明显的锋利边。对于结构件的筋、凸台、沟槽、台阶等的化学铣切，边缘的圆弧过渡能明显改善其力学性能。

磷酸也可用于钛的铣切，并随浓度和温度的升高其铣切速率加快，但总的来说其速率是很慢的，氧化剂的加入会阻止其铣切的进行。这种方法也可用于深度很浅的半刻，以满足无氟的工艺要求。

三、钛合金铣切液中钛的回收

随着铣切的进行，铣切液中会溶解大量的钛离子，钛离子过多，使得密度增大，影响铣切效果。如果将旧液直接排放一部分，则会增加废水处理系统的处理难度。这时可以采用沉淀的方法将铣切液中的钛沉淀出来，通过添加后继续使用。在氟钛酸盐中，氟钛酸钾的溶解度低，可以向旧液中添加钾盐沉淀出铣切液中的钛。

可以采用的钾盐有氟化钾、氟化氢钾、碳酸钾、硝酸钾。笔者是采用氟化氢钾与碳酸钾来进行沉淀。其理由如下：

如采用氟化氢钾，虽然可以沉淀出钛，但会使酸度升高。因为旧液的酸度是较高的，也需要在沉淀钛的同时，降低酸度。

如采用氟化钾，虽然可以沉淀钛和降低酸度，但氟化钾成本高。

如采用氟化氢钾＋无水碳酸钾进行沉淀，则可以做到在较低成本的前提下沉淀出钛，同时使酸度降低。沉淀 1mol 钛需要 1mol 氟化氢钾和 0.5mol 无水碳酸钾。

沉淀时添加顺序：先打开搅拌机。添加无水碳酸钾，无水碳酸钾不用溶于水，可直接添加固体，但应注意，无水碳酸钾和旧液反应时会有大量的二氧化碳气体产生，在沉淀槽上面需要加上抽风罩。无水碳酸钾每次少加，待加入的反应完全后再接着添加，直到加完规定的量。待无水碳酸钾加完并反应完全后，接着添加氟化氢钾，同样，氟化氢钾也可不溶于水，而直接加固体，同样是分多次加完。加完后，继续搅拌 2h 或以上，直到氟化氢钾晶体溶解完全。这时就可以看到旧液槽中有大量的白色沉淀。经过滤后将沉淀后的清液放回蚀刻槽，再补加硝酸（或过渡金属硝酸盐）、氟化物到工艺规定的范围，即可重新用于生产。但要注意，在沉淀的时候已经加入了氟离子，在补加氟化物时应减去沉淀时加入的氟离子。笔者采用这种方法进行过多次循环使用，大大降低了废水排放。且沉淀物就是氟钛酸钾，具有很高的经济效益。

无水碳酸钾和氟化氢钾也可以溶解后先配制成氟化钾溶液，再加入旧液沉淀槽中进行沉淀。

如果采用硝酸钾进行沉淀，在沉淀后补加硝酸时就应减去沉淀时所加入的硝酸根离子，如果是采用过渡金属的硝酸盐配制的铣切液，硝酸钾配合氟化氢钾与氟化钾的复合物就是不错的选择。

第五节
其他材料的化学铣切

一、其他金属的化学铣切

1. 镁及其合金的化学铣切

镁是一种非常活泼的金属，能与多种酸发生反应，其中以硫酸为基础的腐蚀液最容易控制，已广泛地用于化学铣切航空零件，其反应式如下：

$$Mg + H_2SO_4 \Longrightarrow MgSO_4 + H_2 \uparrow \qquad (4\text{-}80)$$

在理论上，根据以上反应式，每蚀刻 1g 镁约需要 4g 硫酸。但是，实际上每蚀刻 1g 镁需要 17g 硫酸，这与腐蚀铝的化学腐蚀液一样，为了降低腐蚀液中硫酸镁（$MgSO_4$）的含量而需要排出部分槽液，会损失大量的硫酸。

当硫酸作为腐蚀剂单独使用时，靠添加缓蚀剂的方法能更好地控制铣切速率，得到更好的表面光洁度，以形成更好的内圆角。硫酸钠、柠檬酸钠和润湿剂组成了一种合适的缓蚀剂，把这种缓蚀剂加入硫酸中，就可以配制出性能优良的腐蚀液，使用这种腐蚀液进行化学铣切时，很容易获得较好的效果，如平滑的表面和均匀的铣切速率。

温度的变化能明显改变铣切速率，所以在实际生产中可以通过改变溶液温度来控制铣切速率。

镁的化学铣切是一种强烈的放热反应。将 1g 镁溶解在硫酸中，会释放出 4680cal 的热量，而等量的铝在氢氧化钠中腐蚀放出的热量为 3886cal。镁的导热性能比铝差，因此，控制镁的化学铣切比控制铝的化学铣切更加困难，必须在较低温度下进行化学蚀刻。同时，必须仔细控制铣切液的温度和硫酸的浓度，以免产生粗糙的表面和其他异常情况。

镁的化学铣切除可以采用硫酸外，硝酸或磷酸都可以作化学铣切的腐蚀剂。表 4-26 列出了目前用于镁的几种铣切液配方及操作条件。

表 4-26　几种常用镁铣切液配方及操作条件

	材料名称	化学式	含量			
			配方 1	配方 2	配方 3	配方 4
溶液成分	硫酸	H_2SO_4	220～280g/L	—	—	180～260g/L
	七水合硫酸镁	$MgSO_4 \cdot 7H_2O$	60～70g/L	—	—	—
	缓蚀剂	—	200～240g/L	—	—	—
	硝酸	HNO_3	—	50～100g/L	—	—
	硼酸	H_3BO_3	—	—	—	15～30g/L
	高锰酸钾	$KMnO_4$	—	—	—	5～15g/L
	磷酸	H_3PO_4	—	—	5%～10%	—
操作条件	温度/℃		20～35	25～35	38～45	25～35
	蚀刻时间		根据蚀刻深度而定			

注：表中缓蚀剂由 12%～16% 的硫酸钠、0.4%～0.6% 的柠檬酸钠和 3%～5% 的二甲苯磺酸钠组成。

2. 耐熔合金的化学铣切

耐熔金属主要是指铌（钶）、钼、钽和钨等。这些金属及其合金的最一般的铣切液由硝酸、氢氟酸、三氯化铁等组成。可能的反应如下：

$$Nb+5HF+5HNO_3 \Longrightarrow NbF_5+5NO_2+5H_2O \tag{4-81}$$

$$Mo+6HF+6HNO_3 \Longrightarrow MoF_6+6NO_2+6H_2O \tag{4-82}$$

$$Ta+6HF+4HNO_3 \Longrightarrow H_2TaF_6+4NO_2+4H_2O \tag{4-83}$$

$$W+6HF+6HNO_3 \Longrightarrow WF_6+6NO_2+6H_2O \tag{4-84}$$

铣切速率的稳定，一则通过对硝酸和氢氟酸比例的配合；二则通过选择温度来控制一个合适的铣切速率。

对钼合金的铣切，笔者曾用三氯化铁+硝酸并添加适量的氟，在55℃左右也获得了较好的铣切效果。

对于钽的铣切，笔者曾用硝酸+氟化氢铵进行过小批量的化学切割加工，并获得较好的铣切效果。

通常情况下，对耐熔合金的化学铣切，其铣切液中的硝酸和氟离子含量高，选择与之相适应的防蚀层是非常重要的，否则将无法完成化学铣切加工。

3. 铍的化学铣切

铍能在各种酸中进行化学铣切，其中最方便的是采用硫酸。

$$Be+H_2SO_4 \Longrightarrow BeSO_4+H_2\uparrow \tag{4-85}$$

铍也能在 NH_4HF_2 和盐酸中进行化学铣切：

$$2NH_4HF_2+Be \Longrightarrow (NH_4)_2BeF_4+H_2\uparrow \tag{4-86}$$

$$Be+2HCl \Longrightarrow BeCl_2+H_2\uparrow \tag{4-87}$$

铍和铍盐都是有毒的，所以在化学铣切这种金属及其合金时，必须非常小心，不能让操作人员吸进铍和铍盐的粉尘及蒸气。必须使用高质量的空气洗涤器和排气系统。

可以用于化学铣切铍的其他铣切液还有铬酸、硫酸-磷酸、硝酸-氢氟酸等。采用一种由89%磷酸、5.7%铬酸、5.3%硫酸组成的铣切液也具有良好的铣切效果。

4. 金的化学铣切

金可以用王水和氰化钠（NaCN）-过氧化氢两种腐蚀液进行化学铣切加工。其反应如下：

$$2Au+3HNO_3+9HCl \Longrightarrow 2AuCl_3+3NOCl+6H_2O \tag{4-88}$$

$$2Au+4CN^-+2H_2O_2 \Longrightarrow 2Au(CN)_2+4OH^- \tag{4-89}$$

5. 银的化学铣切

银的化学铣切大多都采用硝酸或硝酸铁作为腐蚀剂来进行，其相关反应如下：

$$3Ag+4H^++NO_3^- \Longrightarrow 3Ag^++NO\uparrow+2H_2O \tag{4-90}$$

$$Ag+Fe(NO_3)_3 \Longrightarrow AgNO_3+Fe(NO_3)_2 \tag{4-91}$$

6. 锌的化学铣切

锌是两性金属，酸和碱都可以用于锌的化学铣切，但实际上大多采用盐酸或硝酸。反应式如下：

$$2HCl + Zn \xrightarrow{\quad\quad} ZnCl_2 + H_2 \uparrow \qquad (4\text{-}92)$$

$$8H^+ + 2NO_3^- + 3Zn \xrightarrow{\quad\quad} 3Zn^{2+} + 2NO + 4H_2O \qquad (4\text{-}93)$$

7. 镍基合金的化学铣切

镍基合金的抗蚀性强，如果采用传统的三氯化铁体系，需要在高温且盐酸浓度较高的条件下才能铣切，但速率较慢，可加入适量的氟作为催化剂，适量的硝酸也可加快铣切速率（铣切之前需要进行活化处理，活化液的配制应根据材料成分而定，一般用盐酸、氟化物、过氧化氢配制）。也可用盐酸、硝酸和硫酸配制成混酸进行铣切。也可采用盐酸、过氧化氢和氟化物配制的混酸进行铣切，其相互之间的比例也要根据具体的合金成分而定。

二、金属的粗糙化处理技术

1. 铜的粗糙化处理

铜的粗糙化蚀刻目前主要有两种方法，即过硫酸铵$[(NH_4)_2S_2O_8]$法和硫酸-过氧化氢法。

（1）过硫酸铵法　由过硫酸铵和硫酸配制而成，在实际蚀刻过程中可以通过对硫酸浓度的调节来做到对粗糙度的小范围调节。其可能的反应机理如下：

$$Cu + (NH_4)_2S_2O_8 + H_2O \xrightarrow{\quad\quad} CuO + (NH_4)_2SO_4 + H_2SO_4 \qquad (4\text{-}94)$$

$$CuO + H_2SO_4 \xrightarrow{\quad\quad} CuSO_4 + H_2O \qquad (4\text{-}95)$$

显然调节式(4-94) 和式(4-95) 的反应速率就能对铜表面的粗糙度进行调节。如需要增加粗糙度，可调高过硫酸铵的浓度同时调低硫酸的浓度，反之则可调低过硫酸铵的浓度同时调高硫酸的浓度。

大量实验表明这一方法对紫铜或黄铜都是可行的，其粗糙度与材料中合金元素或杂质元素的量基本成正比关系。笔者用这一方法对大尺寸的黄铜和紫铜板材都进行过小批生产，效果很好。这一方法的基本配方见表4-27。

表 4-27　铜及其合金粗糙化处理配方及操作条件

	材料名称	化学式	含量/(g/L)
溶液成分	过硫酸铵	$(NH_4)_2S_2O_8$	$260\sim360$
	硫酸	H_2SO_4	$5\sim10$
操作条件	温度/℃		室温
	时间/min		$3\sim5$

（2）硫酸-过氧化氢法　虽然这一方法也能对铜表面进行粗化，但这种方法所能达到的粗糙度非常有限，只适用于在铜表面进行微粗化处理，从装饰效果来看，意义不大，所以在此也不介绍。

2. 钢类的粗糙化处理

钢类的粗糙化处理使用得较多的是塑胶模的砂化处理，其有两种方法：

（1）喷漆蚀刻法　这是一种由物理方法和化学方法结合而成的粗糙化蚀刻加工技术。其步骤是用硝基磁漆进行不完全喷涂，这一方法的关键是要调节好喷射的压力及距离，使喷射到零件表面的漆呈密集的点状，经干燥后用5％盐酸＋10％硫酸＋10％硝酸组成的腐蚀液进行蚀刻，如此进行2～3次即可得到表面均匀的砂状粗糙化效果。

（2）化学直接蚀刻法　这一方法是由两步来完成的，零件经脱脂处理后，放入由氧化锌、氟化氢铵、硼酸组成的混合溶液中在室温条件下处理4～10min，使零件表面形成一层置换膜，经水洗后，再用30％的硝酸溶解置换膜即可得到一均匀的粗糙化表面。

也有介绍将零件脱脂并经盐酸活化后，放入由磷酸锌 [$Zn_3(PO_4)_2$]、磷酸钙 [$Ca_3(PO_4)_2$]、磷酸、硝酸组成的混合液中在80～90℃的条件下处理10min [也可采用由 $Mn_3(PO_4)_2$、H_3PO_4、HNO_3 组成的混合液]，使零件表面形成一层置换膜，接着经水洗后再经10％的盐酸剥离置换膜，同样可得到一均匀的粗糙化表面。

某些钢材用30％的硝酸或氢氧化钠-过氧化氢的混合溶液也能形成均匀的粗糙化表面。

3. 不锈钢的粗糙化处理

不锈钢的粗糙化处理可采用下面一组配方进行：

不锈钢经脱脂后放在由盐酸260mL，三氯化铁66g，硝酸104mL，磷酸50mL，加水到1000mL 所组成的混合溶液中，在室温条件下蚀刻3～5min即可得到一均匀的粗糙化表面。

不锈钢的粗糙化处理也可采用两步法来进行：

不锈钢经脱脂后，放入由草酸铁、盐酸、氢氟酸、草酸组成的混合溶液中，在90～95℃的条件下处理10min左右，在不锈钢表面形成一置换膜，经水洗后，浸渍入由硝酸和氢氟酸所组成的混酸中处理5min左右，剥离置换膜即可得到一均匀的粗糙化表面。

采用氟化氢铵和硝酸铁配制的溶液可在不锈钢表面获得光泽性好的磨砂面。

4. 钛的粗糙化处理

钛的粗糙化处理，其工艺配方都是由氟化物配制而成，且粗糙度变化不大，但非常均匀，其方法如下：

钛经脱脂后，放入由氟化氢铵、氯化铵、硝酸钠、盐酸组成的混合溶液中，在 pH＝2～3，温度25～40℃的条件下处理5min左右，这时钛表面有一层厚的黑膜，经水洗后，在5％的氢氟酸和8％的硝酸钠中去除黑膜即可得到一均匀的粗糙化表面。并随pH 值的升高，粗糙度略有提高。

在这一方法中，如想得到较大的粗糙度，可采用二次处理的方法，但增大的程度有限。

5. 镍的粗糙化处理

镍的粗糙化处理过程如下：

镍经脱脂后，放入氟化氢铵、硫酸、盐酸、过氧化氢所组成的混合溶液中，在35～45℃的条件下处理5～7min即可得到均匀的粗糙化表面。

关于铝合金的粗糙化处理可参阅《铝合金纹理蚀刻技术》或《铝合金阳极氧化及其表面处理》。

第六节
玻璃的化学铣切

　　玻璃是人类最早发明的人造材料之一，玻璃的历史悠久，在这漫长的历史长河中，玻璃生产技术的进步，贯穿于人类发展历史的全过程。在本节中只对玻璃的化学加工进行简要介绍。

一、玻璃的简史

　　人类从原始时期发现天然玻璃黑曜石开始，逐渐学会了制备人造玻璃，其技术发展过程，主要经历了三个时期：

　　（1）萌芽时期（吹管技术发明以前）　　这一时期，古埃及人是最早的玻璃制造者，采用泥罐熔融玻璃料，而后在泥芯外表涂抹熔融的玻璃液，或通过捏塑、压制等方法来获得玻璃饰物或简单玻璃制品。约到了公元前 12 世纪出现了开式模压玻璃生产技术，这一时期的玻璃制品大多是有色而不透明的饰品。

　　（2）发展时期（从发明吹管到 19 世纪末）　　约在公元前300 年到公元前20 年，坩埚材料的发现并获得应用为这一时期玻璃制造技术的发展提供了工具保障。坩埚具有良好的耐高温性能，可以把玻璃料加热到较高温度而成为良好的熔融状态。同时期，罗马人发明了用铁管一端蘸取熔融的玻璃料而后吹制成型的吹管技术，引起了玻璃技术史第一次革命，并出现了透明玻璃，其产品也由过去的装饰品转向了日用器皿。到了 12 世纪前后，威尼斯成为了著名的玻璃中心，已有各种玻璃制品充斥欧洲市场。在中国到了 14 世纪，已在玻璃制造中使用焦煤，掌握了玻璃吹拉薄管、模压成型以及各种炉前加工技术。到了 16 世纪已可生产光学玻璃和玻璃仪器，到了 18 世纪发明了搅拌法，以制取质量更好的光学玻璃。到了 19 世纪已能生产玻璃灯罩，同时期，由于发生炉煤气和蓄热室技术得到开发，西门子池窑在比利时获得成功，取得了连续生产平板玻璃的重大突破。同时出现了压吹法广口瓶半自动生产工艺和吹-吹法细颈瓶半自动生产工艺，从而为近代玻璃工业的大规模生产奠定了基础。

　　（3）现代化时期（20 世纪以来）　　进入20 世纪，第一台电动制瓶机问世。Lubber 发明了机械吹制圆筒制板法。随后，真空吸料全自动制瓶机，平板玻璃的 Fourcault 法、平拉法、浮法生产工艺等相继出现，各种玻璃新产品不断涌现，如光电显像管、氧化物半导体玻璃、激光玻璃、多孔玻璃、金属玻璃、生物玻璃、玻璃光纤、光敏玻璃等已成为现代科技、工业和民用等方面必需的重要材料。

　　我国在 1924 年已开始采用机械化方法生产平板玻璃，Fourcault 法第一条生产线在秦皇岛投产，1925 年 Lubber 法直径 1m 的圆筒制板机在大连问世。1959 年我国具有自主产权的9 机平板玻璃厂在株洲建成。1971 年我国在洛阳自行设计建造了第一条浮法生产线，此后相继建成了若干新的玻璃生产线，并开发出了一系列新产品，目前我国的玻璃技术已达到或接近国际水平。

二、玻璃的分类及应用

理论上组成玻璃的元素范围十分广泛，除惰性气体外，绝大多数元素都可渗入到玻璃组成之中，但实际上玻璃的组成又有很大的局限性，实用玻璃主要含有大量的硅、硼、磷等几种元素中的至少一种；只有在玻璃化范围内的组成，才能由熔体冷却制得玻璃而不产生晶析。玻璃总的来说可分为氧化物玻璃、非氧化物玻璃和金属玻璃，常用的是氧化物玻璃。氧化物玻璃以氧化物的加入形式不同，又可分为硅酸盐玻璃、硼酸盐玻璃、磷酸盐玻璃、锗酸盐玻璃、铝酸盐玻璃等，在这些氧化物玻璃中以硅酸盐玻璃最为重要。

1. 硅酸盐玻璃

硅酸盐玻璃具有一定的化学稳定性、热稳定性、机械强度和硬度，可溶于含氟的酸中。硅酸盐玻璃以其组成不同可分为以下几类：

（1）石英玻璃　石英玻璃是二氧化硅（SiO_2）最重要的单组分玻璃，首先是它的纯度高（二氧化硅含量都在99.9%以上），化学稳定性好；其次是它的耐高温性能好，热膨胀系数低，耐热振性和电绝缘性能好，并因能透过紫外线和红外线，光学性能好而被称为"玻璃王"。这种玻璃以其优良的性能被广泛用于半导体工业、电光源、光导通信、激光技术、光学仪器、实验仪器等方面。

（2）碱金属与碱土金属硅酸盐玻璃　这种玻璃是向二氧化硅网格中添加碱金属或碱土金属氧化物使其共熔而制成的。二氧化硅与碱金属氧化物之比为0.5～3.4的碱金属硅酸盐玻璃，是可熔性硅酸盐玻璃工业的基础，而以氧化钠、氧化钙、二氧化硅为主要成分的苏打石灰石玻璃即钠钙硅酸盐玻璃则是其中最主要的代表，其产量约占玻璃总产量的90%，这种玻璃中除了钠、钙、硅以外还包含增加化学稳定性的三氧化二铝，防止反玻璃化的氧化镁，还可能有不同的着色剂等。这种玻璃广泛用于包装、建筑、容器、灯具及其他对耐化学性和耐热性无特殊要求的领域。生活中平时所见的玻璃就属此类。

（3）硼硅酸盐玻璃　向硅酸盐玻璃中添加一定量的三氧化二硼即可得到易熔、热膨胀系数小、化学稳定好的硼硅酸盐玻璃。主要用作仪器玻璃、光学玻璃以及用于交通器具的密封探照前灯等。

（4）铝硅酸盐玻璃　铝硅酸盐玻璃以二氧化硅、三氧化二铝为主要成分，其中三氧化二铝含量可高达20%以上。当玻璃熔体中有4%（摩尔分数）以下的铝时，会产生氧原子连接着一个铝原子和两个硅原子的所谓三元团，使玻璃密度增大。随着熔体中铝加入量的增加，玻璃黏度会相应大减，从而加速熔化。

铝硅酸盐玻璃能经受高温，并可通过添加碱金属或碱土金属氧化物进行化学增强。铝硅酸盐玻璃可用于制作飞机或航天器的窗户、易卸包装物、炉盖、灯罩和厨房器具等。

（5）铅硅酸盐玻璃　这种玻璃中除含有二氧化硅、三氧化二硼等玻璃成型物外，还含有一定量的氧化铅。在氧化物玻璃中氧化铅-二氧化硅系统具有最大的玻璃成型范围，也使玻璃易于熔化，中国古代特产的铅玻璃能用于制造珠宝式的饰品。

铅玻璃表面张力小，折射率高，能吸收X射线、γ射线。用作光学玻璃、电真空玻璃、艺术器皿玻璃、防辐射玻璃（荧光灯罩和电视机显像管等）等，并且铅晶质玻璃具有很好的化学抛光效果。

2. 非硅酸盐玻璃

硼酸盐玻璃结构弱，化学稳定性差，使用上受到限制。但这种玻璃可用于特殊用途，比如用作 X 射线传播玻璃，含稀土的硼酸盐玻璃折射率高，散射率低，因而可用作光学玻璃。

磷酸盐玻璃化学稳定性差，熔制时对坩埚侵蚀较大，但这种玻璃具有吸收红外线、透过紫外线、低色散等特点，有着重要用途。含铁的磷酸盐玻璃能强烈地吸收红外线并能透过几乎全部的可见光。以磷酸盐为基础的玻璃比硅酸盐玻璃更能抵抗氟化物的侵蚀，用于制造光学玻璃或其他特种玻璃。如氟磷酸盐玻璃，其对光的散射率就非常低。

三、玻璃的化学组成

要研究玻璃的化学铣切需要对玻璃的化学组成有一定的了解，才能根据设计需要制定出合理的化学铣切工艺。

常见玻璃的化学组成见表 4-28。

表 4-28　常见玻璃的化学组成

玻璃类型	主要用途	玻璃成分（质量分数）/%									
		SiO_2	B_2O_3	Al_2O_3	CaO	MgO	Na_2O	K_2O	PbO	As_2O_3	Sb_2O_3
钠钙硅酸盐玻璃	平板玻璃、瓶罐、器皿玻璃	69～75	—	0～2.5	5～10	1～4.5	13～15	0～2	—	—	—
钙铝硅酸盐琉璃	耐热玻璃	5～55	0～7	20～40	5～50	—	—	—	—	—	—
硼硅酸盐玻璃	仪器，封接玻璃	60～80	10～25	1～4	—	—	2～10	2～10	—	—	—
低铅玻璃	铅晶质，电真空玻璃	55～62	—	0～1	—	—	10～20	10～20	20～35	—	—
高铅玻璃	高折射、高色散光学玻璃	30～50	—	—	—	—	5～10	5～10	35～69	—	0～5

表 4-28 中列出了常用玻璃的化学组成，但玻璃表面的化学成分与玻璃主体的化学成分有一定的差异，即沿着玻璃截面从表到内层在不同深度上各成分的含量并不是恒值而是随深度而变化的。玻璃表面与主体化学成分的差异，主要是因为在熔制、成型和热加工过程中，由于高温使一些成分挥发，或者由于各成分对表面能贡献的大小不同，造成表面中的某些成分富集，某些成分减少。

常用硅酸盐玻璃的化学成分见表 4-29。

表 4-29　常用硅酸盐玻璃的化学成分

玻璃类型	化学组成（质量分数）/%									
	SiO_2	Al_2O_3	Fe_2O_3	CaO	MgO	Na_2O	K_2O	SO_3	B_2O_3	其他成分
无色瓶罐玻璃	73.0	1.65	0.05	10.4	1.2	13.2	0.4	0.1	—	—
琥珀瓶罐玻璃	71.63	2.6	0.3	9.9	1.6	13.3	0.4	0.03	—	F_2 0.24
无色餐具玻璃	74.56	1.2	0.04	5.3	3.8	14.6	0.3	0.2	—	—
绿色窗玻璃	72.2	0.2	0.1	9.6	4.4	13.1	—	0.4	—	—
普通窗玻璃	72.1	1.3	—	8.2	3.5	14.3	0.3	0.3	—	—
乳白照明玻璃	57.5	8.7	—	4.5	2.0	7.3	—	—	—	F_2 5.0，ZnO 12.0，PbO 3.0
铜红宝石玻璃	72.11	2.0	0.04	9.0	—	16.6	0.2	—	—	CuO 0.05，　F_2痕量

玻璃类型	化学组成（质量分数）/%									
	SiO_2	Al_2O_3	Fe_2O_3	CaO	MgO	Na_2O	K_2O	SO_3	B_2O_3	其他成分
硼硅耐热玻璃	76.2	3.7	—	0.8	—	5.4	0.4	—	13.5	—
灯泡玻璃	72.5	2.2	—	4.7	3.6	16.3	0.2	0.2	0.2	—
铅晶餐具玻璃	66.3	0.9	—	0.7	—	6.0	9.5	—	0.6	PbO 15.5, BaO 0.5
电视机壳玻璃	56.3	1.3	—	0.4	—	4.7	7.2	—	0.6	PbO 29.5
纤维玻璃	54.36	14.5	0.04	15.9	4.4	0.5	—	—	10.0	F_2 0.3

　　玻璃的化学铣切主要是针对平板玻璃，平板玻璃的生产主要采用浮法工艺。一般认为浮法玻璃表面上的氧化钙和氧化钠的量偏低而二氧化硅的量则偏高，玻璃厚度越大这种现象越明显。当然这个表面是指玻璃表层下约 $10\mu m$ 处，再往下，其成分趋于恒定。

四、玻璃的化学铣切原理及无渣化学铣切的实现

　　玻璃的化学铣切或者说化学加工起源于何时文献上并无确切记载，但可以肯定地认为，对玻璃化学加工的普遍采用必定晚于氢氟酸的发现。

　　1670 年德国的尼恩贝格用酸和萤石来腐蚀玻璃时制得了氟化氢。1764 年 Marggaf 证明这种物质是一种气体。1771 年 Scheele 证明并发现了氢氟酸。发现并工业化生产氢氟酸的最初，基本上都只用于玻璃的腐蚀和抛光，20 世纪后氢氟酸才在其他领域获得广泛应用。

　　玻璃的化学铣切都是采用氢氟酸来进行的，钠钙硅酸盐玻璃与氢氟酸的反应式如下：

$$Na_2O \cdot CaO \cdot 6SiO_2 + 28HF = 2NaF + CaF_2 + 6SiF_4 + 14H_2O \tag{4-96}$$

钾铅硅酸盐玻璃与氢氟酸的反应式为：

$$aK_2O \cdot bPbO \cdot cSiO_2 + (2a+2b+4c)HF = 2aKF + bPbF_2 + cSiF_4 + (a+b+2c)H_2O \tag{4-97}$$

　　反应式中生成的四氟化硅（SiF_4）在一般条件下为气体，但在氢氟酸溶液中来不及挥发，而与氢氟酸反应生成氟硅酸：

$$SiF_4 + 2HF = H_2SiF_6 \tag{4-98}$$

生成的氟硅酸再与钠、钙、铅、镁等反应生成氟硅酸盐。

　　玻璃与氢氟酸反应后生成的盐类溶解度各不相同，氟化物的盐类中，钾盐易溶于水，钠盐溶解度较低，而钙、钡、铅的氟化物都难溶于水。生成的氟硅酸盐在水中的溶解度都不大。所以玻璃经氢氟酸或氟化氢铵腐蚀后都有很多的沉淀生成，批量生产中将腐蚀液中的沉淀清除也是一件不易的事，所以开发出无沉淀或少沉淀的化学铣切配方是很有必要的。当然，对于高纯度的石英玻璃经氢氟酸铣切后其沉渣量是很少的。

　　笔者曾对玻璃的无渣铣切进行过初步研究，发现当采用氟硼酸作为主成分时，可以做到无沉渣铣切，但其成本较氢氟酸高，且铣切速率较氢氟酸慢，采用氟硼酸对玻璃进行化学铣切产生沉渣少主要是因为碱金属、碱土金属及铅、铝等的氟硼酸盐都易溶于水（氟硼酸化学铣切玻璃的化学反应式在此不列出，有兴趣的读者可参阅相关资料自行推导）。当采用这种工艺时，为了提高铣切速率和降低成本，应与一定体积的氢氟酸配合使用，同样也能达到少渣或无渣化学铣切的目的。

五、玻璃的化学铣切方法

　　玻璃的化学铣切是采用氟化物在酸性条件下对玻璃表层硅氧化物进行溶解来实现的。这

种溶解可通过对腐蚀液成分的调整来获得有光泽的表面和无光泽的毛面（即化学蒙砂）。

对于玻璃的化学铣切最为关键的是防蚀层材料的选择，由于玻璃表面光亮平整，同时氢氟酸的破坏能力强，所以常用于其他金属的防蚀材料在玻璃上的防蚀效果要差得多，主要表现为防蚀层容易脱落。细线条的化学铣切的防蚀层可采用化学镀银，然后用照相制版法进行线条成像，用硝酸将需要铣切的银层溶解掉，就可以在氢氟酸中进行化学铣切。对于花纹图案可采用耐蚀蜡转印纸进行转印，或采用丝印蜡质抗蚀印料来实现防蚀层的制作。

而对于结构化学铣切，用上面两种方法都不可行，技术发展到今天，高要求的玻璃的化学铣切已经不需要采用石蜡、沥青之类的有机材料来进行防蚀处理，而代之以可耐强酸的感光材料。由于氢氟酸对防蚀层有很强的侵蚀作用，在制作防蚀层时需要将涂层做得较厚才能满足化学铣切的要求。

表 4-30 中的配方笔者曾用于手机玻璃的化学成型及化学切割铣切，并取得了良好效果（铣切深度大于 0.7mm）。

表 4-30　玻璃化学铣切配方及操作条件

材料名称		化学式	含量/(mL/L)	
			配方 1	配方 2
溶液成分	氢氟酸(40%)	HF	400～600	160～300
	盐酸(36%)	HCl	—	80～100
	硫酸(98%)	H_2SO_4	100～200	—
	氟硼酸(40%)	HBF_4	—	500～700
	水	H_2O	200～400	80～100
操作条件	温度/℃		40～60	45～55
	铣切方式		喷淋式	喷淋式
	铣切速率/(mm/min)		0.04～0.06	0.015～0.02

注：表中配方 2 可使铣切后的沉渣量最低甚至无渣，如果全部采用氟硼酸，其铣切速率要慢得多，在配方中随氢氟酸比例的增大，其铣切速率加快，但产生沉渣的趋势亦增大。

每铣切 10g 玻璃，在理论上约消耗 18g 氟化氢，合 40% 的氢氟酸约 40mL，在生产中实际需要约 80～100mL。在进行成本核算时可以此为参考。

氟化氢铵单独与盐酸或硫酸配合也可用于玻璃的化学铣切，但经铣切后的表面均匀度欠佳。

六、玻璃的化学打砂与化学抛光

化学打砂是指玻璃经酸侵蚀后，在表面上凹凸不平，使光线发生折射和散射，造成玻璃表面无光泽，同时表面为不光滑的毛细面，也即我们常说的毛玻璃。化学打砂在玻璃化学加工中的比例远超过玻璃的结构化学铣切。玻璃化学打砂主要用在两个方面，一是用于数码显示触屏、成像取景窗；二是用于装饰功能的各种艺术玻璃。前者要求毛细面十分均匀且细腻，并需用粗糙度测试仪来严格控制表面粗糙度。同时还需要在化学打砂后采用化学抛光使其具有一定的透光度，比如显示触屏等。这种用途的化学打砂由于表面要求很高，需要专用设备，投资大，并不是一种可以普遍采用的工艺。后者所需要的毛面由粗到细都有，同时对毛面的粗糙度没有前者要求高，对于要求不高的场合，目视检查即可。这种类型的化学打砂，对表面要求并不是很高，投资小，操作方便，就给这种工艺的普及提供了条件，同时，这种类型的化学打砂也是目前采用得最多的方法。

1. 触屏毛玻璃的化学处理

关于触屏毛玻璃的化学加工方法，也有不少的文献报道，其效果也不尽相同，下面就笔者曾经试用过的方法介绍给大家以供参考。

在实验中发现，如果采用氟化氢的蒸气则可以在洁净的玻璃表面形成均匀的毛细面，但这种方法未必可取，因为这需要一个密闭的环境来进行加工，同时，这一方法是否具有批量生产价值也有待于验证。

浸入法或喷淋法资料上有很多的配方介绍，在此也不一一列出。笔者在这里介绍一种采用甘油、氟化氢铵或氢氟酸、盐酸的玻璃毛面处理工艺。配方中甘油用于调节溶液的黏度，是获得砂的重要成分，甘油可按 20%～60% 添加，氟化氢铵或氢氟酸可按 3%～10% 添加，盐酸用于调节溶液的酸度，进而可以调节毛面的粗糙度。这种配方需要通过实验细心调节甘油、氟、盐酸的配比，并可通过这种配比的调节使玻璃表面经化学打砂后的粗糙度在一定范围内可调。

2. 玻璃化学蒙砂

玻璃化学蒙砂是目前市面上采用得最多的一种方法，大到工厂，小到手工作坊甚至家庭都可以进行。化学蒙砂的关键是蒙砂膏的制备。

蒙砂膏的配方种类有很多，在此用以下原料配比为例来介绍蒙砂膏的制备过程。

蒙砂膏的配制分三步来完成，即蒙砂粉的准备、蒙砂液的配制、蒙砂膏的配制。

（1）蒙砂粉的准备 此例中蒙砂粉采用：氟硅酸盐 1%～5%；氟化钙 3%～10%；氟化铵 3%～10%；氟化氢铵 12%～60%；硫酸钡 2%～9%；氟硼酸镁 1%～5%；氟硼酸钠 2%～8%；氟硼酸钾 3%～12%；草酸 2%～5%；淀粉 3%～12%。

（2）蒙砂液的配制 将上述混合物置于旋转搅拌釜内密封搅拌 20～50min，使其混合均匀，再将混合好的蒙砂粉与工业盐酸（36%）按（1:0.3）～（1:1）的配比进行混合，反应约 30h，用 50 目左右的普通丝网过滤就得到均匀的乳状蒙砂液，将一干净玻璃片置于该蒙砂液中 30s，如玻璃片已均匀蒙砂，则为合格。

（3）蒙砂膏的配制 将配制好的蒙砂液 25%～50%，有机溶剂（乙酸乙酯、丙酮等）2%～8%，聚丙烯酸树脂 1%～8%，钡盐（硫酸钡或碳酸钡）20%～60%，多糖类（白糖或蔗糖）3%～10% 混合，也可添加适量的聚乙二醇。将以上混合物在强力搅拌下反应成熟至稠度合适的膏状物，再将配制好的膏状物涂在干净的玻璃片上约 20～200s，然后用热水冲洗干净，看到玻璃片已均匀蒙砂即为合格。

3. 玻璃化学抛光

经化学打砂后的玻璃根据需要可进行化学抛光处理，玻璃的化学抛光的效果与玻璃的成分有很大关系，铅晶质玻璃最易于抛光，钠钙硅酸盐玻璃抛光速度慢，且效果较差。

玻璃化学抛光液一般都由氢氟酸、硫酸、硝酸混合而成，温度在 40～50℃，抛光时间约 60s。据相关资料介绍，为了保证良好的抛光效果，抛光液中硫酸浓度应维持在 7～11mol/L，氢氟酸浓度应维持在 5～7mol/L 的范围内。当然，在实际生产中具体的浓度配比应以实验数据为准。

第五章

表面预处理及水洗技术

从这一章开始将对化学铣切的全过程进行逐次展开并对其中的关键过程进行详细讨论。化学铣切的方法可分为浸泡式化学铣切法和流水线式喷淋化学铣切法，根据不同的铣切方法其加工过程亦有较大差别，在本书中主要以浸泡式化学铣切为主要讨论对象，流水式喷淋化学铣切只是把这些过程整合在了一条流水式化学铣切机上，且这种方式只能对厚度较薄的片材或3D形状不复杂的工件进行流水式批量加工，对于大型工件或形状不规则的零件则只能采用浸泡式化学铣切。化学铣切的主要过程包括表面预处理、防蚀层制作、化学铣切、后处理等。在本书中只对宏观材料的化学铣切进行讨论，而对于晶片之类的微观材料的化学铣切不作详细讨论。

第一节
表面预处理

所谓预处理，是指对需要化学铣切的工件在进行防蚀层制作前或化学铣切前的预先加工处理过程。其目的是为其提供一个表面状态一致的基准，然后在这个基准上进行后续加工。

预处理质量的合格与否，将直接影响化学铣切的最终质量。表现得最为突出的就是经预处理后工件表面与防蚀层之间的附着力关系，只有经过良好预处理的工件才能制作出满足化学铣切要求的防蚀层。同时预处理也是化学铣切最先进行的工序，只有良好的开端才会有满意的结果。在这一章，将对被用于化学铣切的工件表面预处理所包括的各个工序及步骤逐次展开讨论。

对于化学铣切来讲，不管是金属材料或是非金属材料，其预处理工序都会包括有以下几个部分：清洗（即传统的除油、脱脂等，下同）、粗化、钝化、酸洗及工序之间的水洗等过程。通过这些工序的处理，工件会有一个洁净的表面，以利于和防蚀层结合牢固。化学铣切金属表面预处理流程如图5-1所示。

清洗的目的是除去金属表面的油污。作为需要进行化学铣切的工件，不管是线路板或是

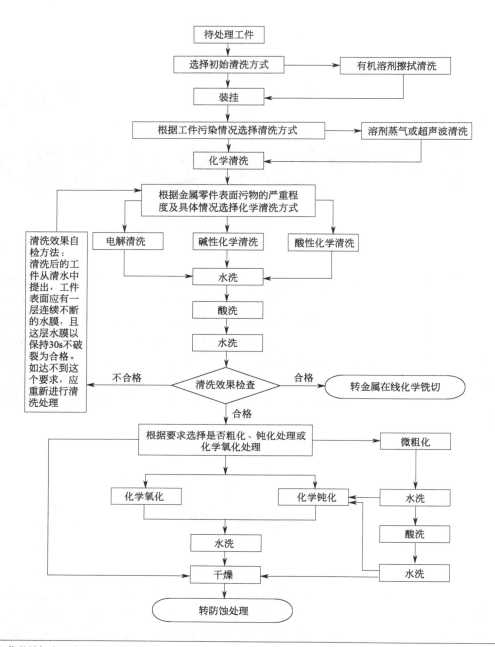

图 5-1 化学铣切金属表面预处理流程

一般的机械零部件还是装饰性工件，也不管是航天航空部件或舰船等高要求工件，在这些待加工的工件中，有些要进行图文化学铣切，有些要进行结构化学铣切，有些只对其工件的一面或双面进行整体化学铣切（或称化学校形）。对这些工件的表面首先都必须进行有效的清洁处理。一个理想的清洁表面，必须是除去了油脂、防锈层、氧化皮，同时又洗去了各种标记符号和其他不溶性外来物质的表面。这一清洁作用的目的是保证防蚀层在材料表面的黏附力和化学铣切速率均匀一致。

在普通工业环境中，用于化学铣切的各种毛坯材料都会受到各种污染，这些污染包括工业环境中的油污、手印迹、抛光膏残余物、冲压或切削时所使用的冲压油冷却剂等。同时也包括了专门用于防止金属表面锈蚀的防护油，这时的防护油就由防护层变成了必须去除的油污层。因此，在对金属进行化学铣切之前都极力主张对每种要进行化学铣切的材料制定出一套标准的清洁处理规程，并在生产中严格按照这一规程对工件进行清洁处理。

清洗主要包括溶剂清洗、化学清洗、电解清洗等。

一、溶剂清洗

有机溶剂对皂化油和非皂化油都有很强的溶解作用，并能除去工件表面的标记符号、残余抛光膏等。溶剂清洗最主要针对的是非皂化油污类的污染，其特点是清洗速度快，一般不会腐蚀金属，但清洗不彻底，经有机溶剂清洗过的工件不能在工件表面形成亲水层，这不能算是完成了清洁处理，这时还要经过化学或电解的方法来进行更进一步的清洁处理。

1. 有机溶剂清洗的方法

有机溶剂清洗的方法有擦洗法、浸洗法、喷淋法、超声波清洗法等。对于油污重的工件也可先用干棉纱或碎布将工件表面的油污预先擦除，这样可以减少有机溶剂的消耗量。

（1）擦洗法　用干净的碎布或棉纱，蘸上新的或经过再生的溶剂擦洗工件表面 2～3 次，汽油是常用的擦洗溶剂。

（2）浸洗法　将工件浸泡在有机溶剂中并加以搅拌，使油污溶解在有机溶剂中同时也带走工件表面的不溶性污物。在进行浸泡清洗时，可采用 2 个清洗工作槽，进行两级清洗，工件分两级清洗有利于清洗干净。各种有机溶剂都可用于浸泡清洗。

（3）喷淋法　这是一种将有机溶剂喷淋于工件表面使油污不断溶解的方法，这种方法为保证油污能完全溶解需反复喷淋。对于低沸点的有机溶剂不易使用喷淋清洗，且清洗过程需在密闭的条件下进行。这种方法目前已很少采用，大都被超声波清洗机所代替。

（4）超声波清洗　有机溶剂超声波清洗设备由换能器、清洗槽、加热器、冷凝器及控制器等组成。这种方法是将高频电信号通过换能器的作用转化为超声波振荡，超声波振荡的机械能可使溶剂（或溶液）内产生许多真空的空穴，这些空穴在形成和闭合时产生强烈的振荡，对工件表面的污物产生强大的冲击作用。这种冲击作用有助于油污及其他不溶杂质脱离工件表面，从而加速清洗过程并使清洗更为彻底。

超声波清洗效率高，油污清除效果好，特别是对一些形状复杂，有细孔、盲孔和清洗要求高的工件更为有效，是目前常用的有机溶剂清洗方法。但超声波清洗不适用于大型工件的清洗。超声波清洗常用的溶剂有三氯乙烯、三氯乙烷等不燃性卤代烃。

三氯甲烷、四氯化碳、二氯乙烯、三氯乙烯、四氯乙烯等都是常用溶剂清洗剂。四氯化碳较早时作为液体脱油脂剂，但有毒性，工业上已较少使用。四氯化碳由于沸点低，易渗透，一般不宜用于蒸气脱油脂。

二氯乙烯、三氯乙烯、四氯乙烯都适用于蒸气脱油脂。在动物试验中，二氯乙烯毒性比其他氯乙烯低，沸点高，密度大，故最为优秀。

有机溶剂清洗除上面几种方法外还有一种联合处理法，即工件采用浸洗—蒸气、浸洗—喷淋或浸洗—蒸气—喷淋等多级联合清洗的方法来完成清洗。这种方法是集单纯的浸泡或喷淋、蒸气清洗于一体的联合清洗，这种方法提高了清洗效率及生产效率，但设备投资大，只宜用于专业厂及高要求的大型工件清洗。

2. 有机溶剂清洗应注意的问题

清洗所用的有机溶剂大部分都易燃易爆，且多数有机溶剂的蒸气有毒，特别是卤代烃毒性更大，所以在使用这些有机溶剂时要采取必要的通风、防火、防爆等安全措施。

当采用三氯乙烯清洗时应特别注意：

① 设备密闭性要好，防止蒸气泄漏，清洗设备的储液池要有足量的三氯乙烯，其最佳用量是既保证淹没加热器又不高于工件托架高度。

② 三氯乙烯在紫外线照射下，受光、热（＞120℃）、氧、水的作用，会分解，并释放出有剧毒的碳酰氯（即光气）和强腐蚀的氯化氢。如果在铝、镁金属的催化下，这种作用更为剧烈，因此采用三氯乙烯清洗时，应避免日光直接照射和带水入槽，及时捞出掉入槽中的铝、镁工件。

$$CCl_2 =\!=\!= CHCl + O_2 \xrightarrow{\text{光}} COCl_2 + HCl + CO \qquad (5-1)$$

③ 三氯乙烯要避免与氢氧化钠等碱类物质接触，因碱类物质与三氯乙烯一起加热时，会产生二氯乙炔，有发生爆炸的危险。

$$CCl_2 =\!=\!= CHCl + NaOH \xrightarrow{\triangle} C_2Cl_2 + NaCl + H_2O \qquad (5-2)$$

④ 三氯乙烯毒性大，有强烈的麻醉作用，在操作现场严禁吸烟，同时应戴好防护手套及防护面具，以防吸入蒸气或接触皮肤。

⑤ 工件进出槽的速度不宜快，避免产生"活塞效应"把三氯乙烯蒸气挤出或带出设备之外。进出速度一般不超过 3m/min。

不管是采用什么样的有机溶剂清洗都能除去工件表面的各种油性污物及不溶的非嵌入性的杂质（某些印迹和标识需要专用有机溶剂），为下一步继续清洗提供一个基础表面，并有利于更进一步的清洁工作。经溶剂清洗后的工件在其后进行的化学或电解清洗将变得更加容易，这主要表现在：一则容易清洗干净，使化学清洁时间缩短，提高清洁效率；二则使化学清洗剂的寿命延长。

在实际生产中，并不是所有的工件都需要进行溶剂清洗，对于非油封的板材及切割加工的型材，表面油污轻，可直接进行化学清洗或碱蚀。近年来一些新的清洗工艺和乳化性能更优良的清洗剂的出现，使一些非皂化油类污染不太严重且要求表面质量中等的工件可不经过有机溶剂清洗而直接进行化学清洗成为可能。不采用有机溶剂清洗，一方面节约有机溶剂降低成本，同时也使工序简化，有利于提高生产效率；另一方面减少了有机溶剂对环境的污染以及对操作人员的危害。

在使用溶剂时要注意安全。由于绝大多数有机溶剂，闪点低，易于点燃，在使用现场要严禁烟火，远离火源，操作人员应做好防护措施。

常用于清洗的有机溶剂的理化性能见表 5-1。

表 5-1　常用于清洗的有机溶剂的理化性能

名称	化学式	分子量	密度/(g/cm³)	沸点/℃	蒸气密度/(g/cm³)	燃烧性	爆炸性	毒性
汽油	—	85～140	0.69～0.74	—	—	易	易	—
乙醇	C_2H_5OH	46	0.789	78.5	—	易	易	—
二氯甲烷	CH_2Cl_2	84.94	1.316	39.8	2.93	不	易	有
四氯化碳	CCl_4	153.8	1.585	76.7	5.3	不	不	有
三氯乙烯	C_2HCl_3	131.4	1.456	86.9	4.54	不	不	有
三氯乙烷	$C_2H_3Cl_3$	133.42	1.322	74.1	4.56	不	不	无

名称	化学式	分子量	密度/(g/cm³)	沸点/℃	蒸气密度/(g/cm³)	燃烧性	爆炸性	毒性
四氯乙烯	C_2Cl_4	165.85	1.613	121	5.83	不	不	无
丙酮	C_3H_6O	58.08	0.79	56	1.93	易	易	无

二、化学清洗

化学清洗是溶剂清洗的延伸,用于除去看不见的油污、表面灰尘、微量的防锈层以及一些在运输转运或生产过程中所形成的少量污染物等,以获得一个亲水的洁净表面。化学清洗包括碱性化学清洗和酸性化学清洗。

1. 碱性化学清洗

碱性化学清洗在化学清洗中是一种最为常用的方法,这主要由于它的成本低,易于管理,溶液基本无毒,清洗效果好,设备简单。其清洗原理是借助于碱液对可皂化性油污的皂化作用和表面活性剂对非皂化油污的乳化作用,来达到除去这两类油污的目的。

碱性清洗剂一般由氢氧化钠、碳酸钠、磷酸钠、硅酸盐、表面活性剂及其他添加剂组成。这些组分的作用如下。

① 氢氧化钠。氢氧化钠是强碱,具有很强的皂化能力,但润湿性、乳化作用及水洗性均较差,同时对金属有一定的氧化和腐蚀作用。铝、锌、锡、铅及其合金不宜采用氢氧化钠或较高浓度的氢氧化钠溶液清洗。对于铜合金的清洗也不宜采用较高浓度的氢氧化钠,但钢类材料可采用较高浓度的氢氧化钠溶液进行清洗。氢氧化钠浓度高可加强皂化作用,但过高的氢氧化钠含量会使皂化反应生成的肥皂黏附在工件表面难于溶解反而对清洗不利。对铜及其合金类,氢氧化钠含量在1%~2%为宜,对于钢类氢氧化钠含量一般不超过10%,对于可溶于碱的两性金属则最好不采用氢氧化钠。

② 碳酸钠。碳酸钠呈弱碱性,有一定的皂化能力,但水洗性较差。碳酸钠容易吸收空气中的二氧化碳,并发生水解反应生成碳酸氢钠:

$$Na_2CO_3 + CO_2 + H_2O \Longrightarrow 2NaHCO_3 \tag{5-3}$$

生成的碳酸氢钠对溶液的 pH 值有一定的缓冲作用(pH<8.5 皂化反应不能进行,pH>10.2 则肥皂发生水解)。碳酸钠对铝、锌、锡、铅等金属的腐蚀作用轻微,可作为配制这类金属清洗剂的主盐。使用碳酸钠时要注意硅酸钠的用量不可高,否则易生成碳酸氢钠而使清洗效能降低。

③ 磷酸钠。磷酸钠呈弱碱性,有一定的皂化能力和缓冲 pH 值的作用。同时,磷酸钠还具有乳化作用,在水中溶解度大,水洗性好,并能使硅酸钠容易从工件表面洗去,是一种性能较好的无机清洗剂。

氢氧化钠、碳酸钠、磷酸钠是三种常用于化学清洗的碱性物质,这三种碱剂的清洗性能比较见表 5-2。

表 5-2 氢氧化钠、碳酸钠、磷酸钠清洗性能比较

材料名称	化学式	表面张力/(N/m)	1%溶液的 pH 值	增加表面活性的能力	乳化分散能力	防止污垢再吸附	除去 Ca^{2+}、Mg^{2+} 性能	皂化性能	防锈性能	水洗性能
氢氧化钠	NaOH	46.2×10^{-3}	12.8	+	—	+	—	+++	+	—
碳酸钠	Na_2CO_3	48.7×10^{-3}	11.2	+	—	++	—	+++	+	—
磷酸钠	Na_3PO_4	60.9×10^{-3}	12.0	++	++	+++	+++	++	+	+

④ 硅酸钠。硅酸钠呈弱碱性，有较强的乳化能力和一定的皂化能力。在化学清洗中有正硅酸钠、偏硅酸钠和固体与液体水玻璃，在有色金属的清洗剂配制中常用偏硅酸钠。偏硅酸钠本身具有较好的表面活性作用，当它与其他表面活性剂组合时，便形成了碱类化合物中最佳的润湿剂、乳化剂和分散剂。同时偏硅酸钠对有色金属还具有缓蚀作用。但偏硅酸钠的水洗性不好，因此在配制时用量不宜过多，且应与磷酸钠配合使用以增强其水洗性。采用偏硅酸钠的清洗剂在水洗时最好采用热水并适当延长水洗时间，否则容易在后续的酸性介质处理工序中生成难溶性的硅胶膜，影响防蚀层与工件表面的结合力。

⑤ 乳化剂。乳化剂在清洗溶液中主要起促进乳化、加速清洗进程的作用。在碱性清洗液中加入乳化剂，可以除去非皂化油污。常用的乳化剂有 OP-10、平平加、油酸三乙醇胺皂、6501、6503、6508 等。油酸三乙醇胺皂用于黑色金属或铝合金，清洗效果好，清洗容易，但易被硬水中的钙、镁离子沉淀出来。OP-10 是一种良好的乳化剂，清洗效果良好，但不易从工件表面洗掉。平平加对皂化油和非皂化油均有良好的乳化作用和分散作用，同时净洗能力强。6501、6503 有良好的乳化发泡性能，用于硬水及盐类溶液中，性能稳定，不会被钙、镁离子沉淀，但用量比 OP-10 大。

清洗剂除了上述的主要成分外还需要加入适量的钙、镁离子络合剂，以提高其清洗效能，常用的络合剂有柠檬酸三钠、EDTA-2Na 等。对于铝合金类的清洗剂在配制时还可添加适量的硼酸钠以改善碱对铝合金的腐蚀性。

为了加强清洗效果，碱性清洗温度都较高，一般在 60℃ 左右，近年来虽有一些常温清洗剂的面世，但对碱性清洗来说，常温清洗效果并不理想。在生产中有色金属可采用较低的温度进行清洗，钢类可采用较高的温度进行清洗。清洗槽应采用耐蚀不锈钢制作，同时还需要有保温措施。溶液加热可采用电加热或蒸汽加热，也可采用燃气加热等。

在碱性清洗过程中会有大量的碱雾挥发进入工作间，碱雾在空气中容易生成气溶胶对操作人员造成危害，所以在清洗槽边应加装强力通风装置，并在墙上安装换气扇。

钢铁类零件在氢氧化钠溶液中的稳定性高，所以采用的浓度都较高，可在小于 100g/L 的浓度下进行清洗处理。铜及其合金类零件在高浓度氢氧化钠溶液中会被腐蚀，所以这类零件的碱性清洗，要求氢氧化钠浓度小于 20g/L。而锌、锡、铅、铝及其合金等，在氢氧化钠溶液中容易被腐蚀，一般都要求不使用氢氧化钠，而采用碳酸盐或磷酸盐的溶液来进行清洗处理。在这几种金属中，特别是锌、铝及其合金在碱性溶液中更易被腐蚀。

就目前技术而言，良好的碱性清洗剂，应能满足下面要求：

① 清洗剂各组分能快速而完全溶解，同时应具有稳定而良好的洗涤性能。在洗涤过程中不产生对洗涤效果有影响的副产物。

② 清洗剂碱度适中，不能对金属产生明显腐蚀行为。对于铝合金，pH 值最好在 9～12 之间。同时亦要有较强的缓冲能力以维持清洗剂的稳定活性。

③ 清洗剂必须具有优良的润湿能力和很高的乳化能力来除去或分散油脂等表面附着物。

④ 清洗剂必须具有很好的抗污物再沉淀能力。

⑤ 清洗剂必须能抑制对基体金属的侵蚀。

⑥ 清洗剂必须对皮肤无刺激和完全无毒。

⑦ 清洗剂中应有软水剂，以防止在金属表面上形成不溶性硬水盐沉积。

⑧ 清洗剂必须经济实用。

下面介绍几种金属常用的碱性清洗剂的配方供参考。

铝及其合金的常用碱性清洗剂配方及加工条件见表 5-3。

表 5-3　铝及其合金的常用碱性清洗剂配方及加工条件

	材料名称	化学式	含量/(g/L)			
			配方 1	配方 2	配方 3	配方 4
溶液成分	氢氧化钠	NaOH	8~12	—	—	—
	无水碳酸钠	Na_2CO_3	—	40~50	—	—
	十二水合磷酸钠	$Na_3PO_4 \cdot 12H_2O$	40~60	40~60	2~3	—
	柠檬酸钠	$Na_3C_6H_5O_7 \cdot 2H_2O$	5~10	5~10	—	—
	平平加	—	适量	—	—	—
	五水硅酸钠	$Na_2SiO_3 \cdot 5H_2O$	1~2	2~5	2~4	1~2
	石油磺酸	—	—	3~5	—	—
	油酸三乙醇胺	—	—	—	3~5	2~5
	十二烷基苯磺钾	—	—	—	2~3	2~3
	TX-10	—	—	—	6~8	4~9
	EDTA-2Na	—	—	—	0.5~1	0.5~1
	三乙醇胺	—	—	—	—	1~2
加工条件	温度/℃		50~60	60~70	60~70	60~70
	时间/min		3~5	3~15	2~5	2~5
	搅拌		可采用超声波			

注：表中配方 3 和配方 4 对铝的腐蚀性很小，同时对蜡质有一定的清洗作用。配方 3 也可用于不锈钢的清洗。

钢铁类碱性清洗常用配方及操作条件见表 5-4。

表 5-4　钢铁类碱性清洗常用配方及操作条件

	材料名称	化学式	含量/(g/L)		
			配方 1	配方 2	配方 3
溶液成分	氢氧化钠	NaOH	50~80	15~25	30~50
	无水碳酸钠	Na_2CO_3	20~40	20	30~50
	十二水合磷酸钠	$Na_3PO_4 \cdot 12H_2O$	20~40	20	30~40
	硅酸钠	Na_2SiO_3	10~20	15~30	1~5
	柠檬酸钠	$Na_3C_6H_5O_7 \cdot 2H_2O$	5~10	5~10	5~10
	表面活性剂	—	—	—	适量
操作条件	温度/℃		60~80	70~90	60~80
	时间/min		3~10 或根据油污的严重程度而定		
	搅拌		可采用超声波		

铜及其合金的碱性清洗常用配方及操作条件见表 5-5。

表 5-5　铜及其合金的碱性清洗常用配方及操作条件

	材料名称	化学式	含量(g/L)	
			配方 1	配方 2
溶液成分	氢氧化钠	NaOH	10~20	2~4
	无水碳酸钠	Na_2CO_3	20~30	20~30
	十二水合磷酸钠	$Na_3PO_4 \cdot 12H_2O$	40~60	40~60
	柠檬酸钠	$Na_3C_6H_5O_7 \cdot 2H_2O$	5~10	5~10
	硅酸钠	Na_2SiO_3	1~2	2~5
	OP 乳化剂	—	—	0.3~1
操作条件	温度/℃		50~60	60~70
	时间/min		3~5	3~15
	搅拌		可采用超声波	

清洗溶液中的化学成分应进行定期分析，批量生产应每天一次，同时需补充被消耗的添加物。当使用一段时间后，由于清洗溶液内油污类污染物增加，溶液清洗作用会降低。当清洗时间过长，清洗能力显著下降，或者清洗溶液被严重污染时，溶液必须更换，同时要彻底清理工作缸。

以上所介绍的清洗剂配方是属于曾大量使用过的传统配方，具有一定的专用性。随着新的表面活性剂的合成及配制方案的更换，可以配制出通用且性能较好的清洗剂配方。在此，笔者根据多年的生产经验将曾经使用过的通用清洗方法介绍如下，以供有需要的读者参考。

弱碱性通用清洗剂配方及操作条件见表 5-6。

表 5-6 弱碱性通用清洗剂配方及操作条件

	材料名称	化学式	含量/(g/L)			
			配方 1	配方 2	配方 3	配方 4
溶液成分	三乙醇胺	$C_6H_{15}NO_3$	27	—	—	—
	S90	—	90	1.5～3	2～4	3～6
	椰子油酸	—	18	—	—	—
	乙二胺四乙酸二钠	$C_{10}H_{14}N_2Na_2O_8$	9	1～3	2～5	2～5
	五水硅酸钠	$Na_2SiO_3 \cdot 5H_2O$	81	4～6	—	—
	水玻璃(模数 3～3.3)		27	1～2	—	—
	脂肪醇聚氧乙烯醚	—	—	—	—	2～4
	十二烷基苯磺酸钠(P70)		—	—	—	—
	无水碳酸钠	Na_2CO_3	—	3～6	10～30	—
	十二水合磷酸钠	$Na_3PO_4 \cdot 12H_2O$	—	—	—	20～50
	NNF		—	—	2～6	—
	香兰素	$C_8H_8O_3$	—	—	0.01～0.02	0.01～0.02
操作条件	温度/℃		30～60	30～40	30～50	30～50
	时间/min		4～6	4～6	4～8	4～8

配方 1 是一种浓缩液配制比例，配制好后，再按 3%～5% 进行添加。配方 1 是一种宽温清洗剂，从室温到 80℃都不会有浊点。配方 1 通过调节温度与浓度，基本上能适用于所有金属材料。

配方 2 不能高于 40℃，否则会变浑浊，对铝不腐蚀（目视观察）。配方 2 也可配制成粉状进行添加。

配方 3 和配方 4 是无硅酸钠配方，水洗性好，通用性强。常温用于铝合金清洗，高温用于钢片类清洗，用于钢类清洗时，应补加 3%～5% 的氢氧化钠。

铝合金碱性清洗常见故障的产生原因和排除方法见表 5-7。

表 5-7 铝合金碱性清洗常见故障的产生原因和排除方法

故障现象	产生原因	排除方法
腐蚀过度	抑制剂浓度过低 溶液 pH 值太高	添加抑制剂 调整 pH 值
工件表面有蚀点	水洗不彻底,工件表面有残余碱	加强酸洗前的水洗工作,适当延长在硝酸中的酸洗时间
无法对工件表面进行正常清洗	工件表面太多污物	碱性清洗前进行蒸气溶剂洗涤或用相应的有机溶剂擦洗
工件在清洗过程中生成暗斑或光斑	在含铜合金中 pH 值过高	降低 pH 值,避免使用强碱,使用足够的抑制剂

故障现象	产生原因	排除方法
清洗液中过多絮凝物形成	铜离子、镁离子等金属离子的多价螯合剂缺乏	补充消耗的多价螯合剂
	清洗液吸收燃炉产生的二氧化碳生成碳酸盐(使用燃油加热)	防止燃炉二氧化碳吸入
	使用过多的碳酸盐	少量或不使用碳酸盐
	清洗液中有酸混入	防止酸的混入
形成不溶性的膜层,影响后续工序的正常进行	太高的抑制剂浓度	选择适当数量的抑制剂,并选择含有提高清洗作用的润湿剂的清洗液以改良清洗剂的洗涤性能
	清洗和洗涤之间的传递时间太长	减少传递时间,清洗后马上进行水洗
清洗不良造成后工序质量缺陷	清洗不充分	洗涤清洗水槽,增加水流速度
	抑制膜黏滞性太高造成抑制膜层、氧化膜层不能充分去除	使用宜于除去的正常含量的抑制剂,选取易除去表面膜层的溶液

钢铁类及铜合金类碱性清洗常见故障的产生原因及排除方法见表 5-8。

表 5-8　钢铁类及铜合金类碱性清洗常见故障的产生原因及排除方法

故障现象	产生原因	排除方法
清洗不净	氢氧化钠浓度太低	通过分析添加氢氧化钠到工艺规定浓度范围
	清洗温度太低	提高清洗温度到工艺规定范围
	清洗时间不够	适当延长清洗时间
	表面活性剂不足	添加适量表面活性剂
	清洗前表面油污太重	对表面油污太重的零件,如经过油封的零件,在进行碱性清洗前先用有机溶剂进行处理,将表面油污预先清除
工件表面有蚀点	水洗不彻底,工件表面有残余碱	加强酸洗前的水洗工作,适当延长在硝酸中的酸洗时间
清洗酸洗后表面不亲水	清洗不净	加强清洗工序管理,保证清洗质量。分析清洗溶液中的主要成分浓度是否在工艺要求范围;检查清洗温度及时间是否在工艺规定的范围
	溶液中硅酸钠浓度太高	稀释溶液降低硅酸钠浓度,如太高则应考虑放掉部分清洗溶液
	清洗后水洗不够	加强清洗后的水洗
表面有顽固印迹	表面油漆类打磨不净	在清洗前用细砂纸轻轻打磨掉油漆印迹,也可采用有机溶剂擦干净后再进行碱性清洗

2. 酸性化学清洗

酸性化学清洗也是一种被广泛采用的清洗方法。酸性化学清洗在完成清洗的同时还可去除金属表面的氧化层。酸性化学清洗剂由有机酸或无机酸与表面活性剂及渗透剂组成。

酸性化学清洗剂最经济的配制方法,是在硫酸溶液中添加少量 F^- 和 OP 乳化剂。也可以直接到市场上去购买酸性化学清洗剂来使用。

酸性化学清洗液配方及操作条件见表 5-9。

表 5-9　酸性化学清洗液配方及操作条件

	材料名称	化学式	浓度/(g/L)					
			配方 1	配方 2	配方 3	配方 4	配方 5	配方 6
溶液成分	硫酸	H_2SO_4	100~150	150~200	150~200	200~400	200~400	40~80
	甲酸	HCOOH	—	—	—	—	30~80	—
	羟基乙酸	$HOCH_2COOH$	—	—	—	15~30	—	—
	香兰素	$C_8H_8O_3$	—	—	—	—	0.1~0.2	—
	氟化氢铵	NH_4HF_2	1~5	0.1~2				

溶液成分	材料名称	化学式	浓度/(g/L)					
			配方 1	配方 2	配方 3	配方 4	配方 5	配方 6
	缓蚀剂	—	适量	适量	适量	—	—	—
	过硫酸钠	$Na_2S_2O_8$	—	—	—	—	—	60～100
	S90	—	3～6	3～6	3～6	3～6	3～6	3～6
操作条件	温度/℃		25～35	25～35	25～35	35～45	35～45	25～35
	时间/min		1～5	1～5	1～5	4～10	4～10	1～3
	搅拌		可采用机械搅拌或超声波处理					

注：1. 表中配方 1 适用于铜及其合金、钢铁及不锈钢类的浸渍清洗处理。

2. 表中配方 2 适用于铝及其合金零件的清洗处理。

3. 表中配方 3 适用于大型钢铁件的刷洗清洗。

4. 表中缓蚀剂根据金属材料不同而异，可采用若丁、硫脲、乌洛托品、硝酸盐等。

5. 表中配方 4 和配方 5 属于无氟清洗剂，对多种材料都有不错的清洗效果，由于不含氟，清洗时间较长。

6. 表中配方 6 可用于铝及其合金的清洗，也可用于非镜面的不锈钢类的清洗，但时间会长一些。

酸性清洗常见故障的产生原因及排除方法见表 5-10。

表 5-10　酸性清洗常见故障的产生原因及排除方法

故障现象	产生原因	排除方法
清洗不净	温度太低	提高溶液温度
	硫酸浓度太低	添加硫酸到工艺规定范围
	清洗时间太短	适当延长清洗时间
	OP 乳化剂浓度太低	批量生产要注意及时补加消耗的 OP 乳化剂
	氟化氢铵浓度太低	添加氟化氢铵到工艺规定范围
	金属表面油污太重	对表面油污太重的零件，如经过油封的零件，在进行酸性清洗前先用有机溶剂进行处理，将表面油污预先清除
对金属侵蚀太强	温度太高	降低溶液温度到工艺规定范围
	硫酸浓度太高	稀释溶液降低硫酸浓度
	氟化氢铵浓度太高	稀释溶液降低氟化氢铵浓度
局部清洗不净	金属表面有顽固印迹	在清洗前，用粒度合适的砂纸打磨印迹

三、电解清洗

电解清洗一般都采用碱性溶液，但浓度比碱性化学清洗低，同时溶液中不会添加高泡表面活性剂，因为高泡表面活性剂在电解过程中会产生大量泡沫，这些泡沫会覆盖在液面或溢出槽外。同时当电接点接触不良时，电解产生的 H_2 和 O_2 会引起爆鸣。

电解清洗的优点是它有较大的活性和纯净作用，因为有气体从电极上产生。使用电压为 6～12V，电流密度为 $4～10A/dm^2$，一般都在室温下操作。但电解清洗对金属有较大侵蚀作用，设备投入较大，除特殊情况外，在实际生产中使用不多。

电解清洗分为阴极清洗和阳极清洗。多数采用阴极清洗，但应注意吸氢金属易于发生氢脆而影响零件的力学性能，特别是当电流密度较大时，这种现象更易发生。所以最好的方法是于阴极清洗之时使用转换开关来不断改变电流方向，以防止氢脆发生。电解清洗各种方式的特点及适用范围见表 5-11。

表 5-11　电解清洗各种方式的特点及适用范围

电解清洗方式	特点	适用范围
阴极电解清洗	阴极上析出 H_2 的体积为阳极上析出 O_2 的两倍。所以阴极清洗效率比阳极高,同时基体金属不受腐蚀。但对于吸氢金属易于发生氢脆而影响零件的力学性能(吸氢金属主要指钢铁类及钛合金类)。溶液中如有金属杂质易于在阴极沉积而影响后续加工,常用处理方法:在阴极清洗后倒换开关在阳极短暂处理,或者经阴极清洗后酸蚀去除	适用于有色金属零件的清洗。如铝及其合金、铜及其合金、锌及其合金、锡、铅等
阳极电解清洗	由于在阳极不会发生析氢现象,所以金属基体不会有吸氢发生,也不会产生氢脆。阳极清洗能除去零件表面的浸渍残渣和某些金属薄膜,如锌、铅、锡等。阳极电解清洗效率比阴极电解清洗低,且对有色金属腐蚀性较大	适用于硬质高碳钢、弹性材料等的电解清洗,但不适于铝及其合金、锌及其合金等化学性能活泼的金属材料的清洗
阴-阳极联合电解清洗	交替进行阴极电解和阳极电解,可以发挥二者的优点,是最有效的电解清洗方法。根据零件材料性质及要求,选择先阴极电解清洗后转阳极短时间清洗,或先阳极电解清洗后转阴极短时间清洗	适用于无特殊要求的钢铁零件的清洗

由于电解清洗使用较少,在此亦不过多介绍。

四、除锈

锈蚀主要是针对金属而言的,锈是金属和环境中的酸或碱接触而产生的局部或全面腐蚀所致的,锈蚀最明显的现象就是常见到的各种锈斑,锈斑都是一些不溶性的金属氧化物和盐类。锈斑会影响防蚀层与金属表面的结合力,特别是厚的结构疏松的锈斑。为了保证防蚀层对金属表面有良好的黏附性,对于发生锈蚀的工件必须进行除锈处理。除锈方法有酸侵蚀及碱侵蚀。铝及其合金的锈蚀采用碱侵蚀,铜及其合金、钛合金及不锈钢的锈蚀则采用酸侵蚀。

目前用于化学铣切的金属材料,都具有平整的表面,同时这些材料在出厂时都进行了防护处理,对于毛坯材料也会先通过机械方式对其进行预加工,所以很少会单独采用除锈这一工序。而在这里的除锈更多的是除去工件在加工过程中,由于放置时间过长或在中间工序进行水清洗时处理不净而造成的局部轻微锈蚀。这种锈蚀一经发现也需要除去,否则会对后续工序产生影响,甚至造成产品加工失败。这种锈蚀只要及时发现一般都比较轻微,但是这种锈蚀如不及时处理同样会形成严重的锈斑,甚至蚀点而使工件报废或需要进行抛光、磨光等机械处理。对于这种情况下的除锈处理,如果是铜及其合金或普通钢材,可以在盐酸或硫酸中进行除锈处理,在除锈酸液中同样需要加入缓蚀剂,铝及其合金可采用重新清洗后碱蚀的方式进行,其他材料,如不锈钢、钛及其他耐蚀合金需用酸性较强的复配混酸溶液进行除锈处理。

五、金属表面微粗化及钝化处理

1. 微粗化

粗化表面是相对光滑表面而言的,金属表面的粗化是采用化学或物理的方法将金属表面原有的光滑表面变成粗糙表面。在这里采用化学的方式对金属表面进行粗糙化处理，同时这个粗糙化是指表面的微粗化。在化学铣切中金属表面进行微粗化处理的目的是通过微粗化使金属表面的真实面积增大，提高防蚀材料对金属表面的附着力。这在铜及其合金表面采用得较多，而其他金属则较少采用。对于铜及其合金工件而言，在进行防蚀处理时，如能在铜表面进行微粗化处理，经微粗化的表面可明显提高金属表面的真实表面积，进而提高铜表面对防蚀层的黏附性能。但对于表面要求光滑的工件不宜采用微粗化的处理方法。

金属表面微粗化配方及操作条件见表 5-12。

表 5-12　金属表面微粗化配方及操作条件

溶液成分	材料名称	化学式	含量/(g/L)	
			配方 1	配方 2
	硫酸	H_2SO_4	$100\sim200$	$10\sim20$
	过氧化氢	H_2O_2	$40\sim80$	—
	稳定剂	—	适量	—
	过硫酸铵	$(NH_4)_2S_2O_8$	—	$100\sim200$
操作条件	温度/℃		$35\sim45$	室温
	时间/min		$1\sim3$	$2\sim4$

如采用表 5-12 中配方 1，经粗化后可不再酸洗；如采用配方 2，经粗化后需经酸洗去掉表面氧化层。

2. 钝化

金属表面的钝化是金属通过暴露于空气中或采用化学、电化学的方法使金属表面的活性态转化为钝态，从而延缓金属的腐蚀或进一步氧化的方法。前者可以称为自然钝化，后者则可称为人工钝化。金属工件在进行防蚀层制作之前的钝化处理有两个目的，一是防止金属表面锈蚀；二是可以通过钝化膜来提高对防蚀层的附着力。

在常用化学铣切中，铝工件如在进行防蚀处理前不需要阳极氧化，那么经清洁处理后应对工件表面进行化学钝化处理。否则，铝表面在干燥或转运过程中容易产生水印迹影响防蚀层与铝基体的结合力，对于铝工件表面如有特别需要，可采用化学氧化的方法来提高膜层的厚度，实验证明，具有氧化膜层的铝表面更易于与防蚀层可靠粘接。

铜及其合金工件经酸洗、水洗后如不迅速干燥，很容易在铜表面生成铜锈而影响防蚀效果，这时也可采用钝化的方式来防止铜锈的产生。

一般来讲，容易在水汽环境中锈蚀的金属都可采用钝化的方式进行预处理。钝化处理时应注意是金属表层的钝化处理而不是化学氧化处理，经过专门钝化而产生的钝化膜是一层很致密同时结合力很好的防护层，而不同于金属材料在自然环境中所生成的钝化膜。

这一工序并不是每一种金属都需要进行，这要根据金属材料的性质及对产品的要求来确定，同时在决定是否需要采用钝化处理之前，应预先进行工艺试验，取得可靠的试验数据后再决定。但不可否认，对于精密蚀刻加工，钝化是必不可少的工序，因为经过钝化的表面其侧蚀率会明显降低，不管是不锈钢类或是铝合金，在条件允许的情况下尽可能采用硝酸钝化。

常用金属化学钝化配方及操作条件见表 5-13。

表 5-13　常用金属化学钝化配方及操作条件

溶液成分	材料名称	化学式	含量/(g/L)			
			配方 1	配方 2	配方 3	配方 4
溶液成分	重铬酸钾	$K_2Cr_2O_7$	10～50	—	—	—
	硝酸	HNO_3	—	500～600	—	200～400
	过硫酸钠	$Na_2S_2O_8$	—	—	60～200	—
	硫酸	H_2SO_4	—	—	30～60	—
操作条件	温度/℃		室温	室温	40～60	35～45
	时间/min		3～10	3～5	5～10	5～10

六、酸洗

金属工件经化学清洗、粗化后，还要将工件浸入一种专用的酸洗溶液中处理。经清洗后的工件进行酸洗的目的为：一方面是对碱性清洗后的中和；另一方面通过酸洗将工件在进行碱性或酸性清洗时所产生的不溶性附着物进行清除，使工件的整个表层形成一个完美的清洁面。工件表面的不溶性附着物是在进行化学清洗处理时所形成的自身材料和杂质的氧化物或其他不溶性的盐类。这些不溶性的氧化物或盐类大都溶于酸。

对于金属表面的酸洗，不仅仅限于对清洗后的酸洗，其实在整个化学铣切的工艺流程中有很多工序经加工后都要进行酸洗。但是钝化和化学氧化后不能进行酸洗，这是例外的情况。

酸洗通常是采用一个酸洗槽和与其配套的水洗槽进行浸泡式酸洗，也有采用由喷射式或超声波水洗组成的联合清洗系统。使用这种联合清洗系统可以将复杂的工件表面清洗干净，还可以使操作时间缩短，特别是合理的水清洗系统更可以做到在清洗彻底的前提下最大限度地减少用水量，从而减少废水处理系统的负荷和成本。

金属的酸洗，对于钢铁类可用稀盐酸，对于铜及其合金类可用稀盐酸或稀硫酸，对于铝合金可采用硝酸、硫酸＋过氧化氢或氨基磺酸等，对于铸铝类可采用硝酸＋氟化物、氢氟酸＋过氧化氢、氟化氢铵＋硼酸＋过氧化氢等，对于钛材可采用硝酸和氟化物的混酸，对于不锈钢的酸洗可采用硝酸和铬酐或硝酸和氟化氢铵。

请大家注意，在这里所讨论的酸洗只是限于经清洗及本节所谈到的粗化后的酸洗，其主要是起中和和溶解表面氧化物或不溶性盐的作用，可得到一个清洁的表面，它不属于酸蚀或侵蚀，酸蚀或侵蚀和酸洗相比具有更强的腐蚀能力，在这里并不需要这种强的腐蚀。对于酸洗还有另外一种称呼"酸出光"，这里所讨论的酸洗就是酸出光的意思。在化学铣切过程中的中间检查阶段及化学铣切结束退除防蚀层后，也会用到酸洗的过程并且和在这里所讨论的酸洗在本质及要求上是一致的。

酸洗的方法依据其工作原理可分为浸泡式酸洗和喷淋式酸洗，前者设备简单，投资成本低，使用灵活而被广泛采用；后者设备复杂，投资成本高，但喷淋法酸洗效率高，酸洗效果好。这两种方法的选取要根据产品的要求及企业自身的条件来决定，并添置其相应的设备。浸泡式酸洗工作槽可用硬 PVC 或 PP 制作。

酸洗一般都是在室温条件下进行的。常用金属的酸洗配方及操作条件见表 5-14。

表 5-14 中配方 1、配方 6 适用于铝及其合金的酸洗，且配方 6 是一种无氨氮的环保型除灰剂，配方 7 可以代替铬酐对蚀刻后的钢类产品进行漂白处理，其中硝酸是否需要应通过实验来确定；配方 2 适用于铸铝合金的酸洗；配方 3 适用于铜或钢铁类零件的酸洗；配方 4 适

用于不锈钢零件的酸洗；配方 5 适用于铜及其合金零件的酸洗。

表 5-14　常用金属的酸洗配方及操作条件

材料名称	化学式	含量/(g/L)						
		配方 1	配方 2	配方 3	配方 4	配方 5	配方 6	配方 7
硝酸	HNO_3	300～400	—	—	100～200	—	—	0～200
盐酸	HCl	—	—	100～200	—	—	—	—
硫酸	H_2SO_4	—	—	—	200～300	100～200	15～30	30～60
铬酐	CrO_3	0～10	—	—	—	0～5	—	—
硼酸	H_3BO_3	—	5～20	—	—	—	—	—
氟化氢铵	NH_4HF_2	—	100～200	—	—	—	—	—
过氧化氢	H_2O_2	—	50～150	—	—	—	—	—
乙酸铵	CH_3COONH_4	—	0～100	—	—	—	—	—
氢氟酸	HF	—	—	—	0～100	—	—	—
过硫酸钠	$Na_2S_2O_8$	—	—	—	—	—	30～60	80～20
操作条件 温度/℃		20～30	20～30	20～30	20～30	20～30	20～30	30～60
时间/s		20～40	20～40	10～30	20～40	10～20	20～40	60～120
搅拌		形状复杂的大型零件应采用机械搅拌或应用超声波装置						

七、水洗

　　水洗是化学铣切的整个工艺流程中采用最多的一个步骤，每经过一次处理其后都要进行水洗。水洗按其温度范围可分为常温水清洗和热水清洗，对于清洗而言大多数都是采用常温水清洗，这种方法不需要加热，能耗低，使用方便，对水洗槽也无特殊要求。热水清洗一般都是在 60℃左右的条件下进行，热水清洗对经过碱性处理的工件是很有效的，热水环境有利于工件表面的碱膜在水中扩散而利于清洗，所以在碱性清洗或碱蚀后首先采用热水清洗，然后再用常温水清洗其清洗效果会更佳。如果是经过酸性处理后，则不能先用热水清洗，而应先采用常温水清洗再采用热水清洗。热水清洗要求水洗槽有保温装置，其制作成本较常温水清洗高。

　　水洗按其工件在水中的洗涤方式可分为浸泡式水洗和喷淋式水洗，在实际生产中以浸泡式水洗应用得最为广泛，喷淋式水洗更多的是和浸泡式水洗配合使用。

　　水洗按水的性质可分为普通水洗和纯水洗，前者采用经普通方法过滤的自来水进行洗涤，是化学铣切过程中采用最多的一种水洗方案。但这种方案不适宜用于精密工件或对表面要求严格的工件，因为采用普通方法过滤的洁净水中还存在多种腐蚀性阴离子，特别是氯离子的存在会使工件表面产生水印或锈蚀等。后者是采用经过去除水中杂质离子的高纯水，这种水中不含有氯离子等有腐蚀性的阴离子，对于精密工件和表面要求严格的工件采用去离子水进行清洗是很有必要的。但是这种水的生产成本高，在实际生产中很少会这样采用。但可以采用一种折中的方法，即先用清水进行初洗，然后再用去离子水（也即是纯水，下同）进行最后清洗，这种方法对于要求严格的产品常被采用。不管对于何种要求的工件，加工完成后，在最后的清洗过程中，都推荐采用去离子水。

八、预处理质量控制

　　工件经清洁处理完毕后，要检查是否合格，同时合格的工件有两个途径转入下道工序：

一是直接在线化学铣切，这主要是对于不经防蚀处理的金属工件的整体化学铣切及已经过防蚀处理的工件在经过简单清洗后即进行的化学铣切加工。

二是检查合格后，经干燥处理，然后再进行防蚀处理，这时就存在离线转运问题。经清洗后的工件如果长时间暴露在空气中会被空气中的灰尘和湿气重新污染。所以经清洗后的工件，操作者不戴洁净手套不得接触工件表面，以免手上的油污把工件表面弄脏。

清洗后的工件对于整个化学铣切全过程来说并没有结束，还需要继续执行预先制定好的加工程序，同时又不允许用手过多接触（戴洁净手套的情况下），因此在考虑工件清洗后的转运时，可采取自动传输的方式直接转运到防蚀工作间进行防蚀处理。

有效而完善的清洁处理和尽可能快地把工件转移到防蚀工作区对于保证防蚀层的附着性是很重要的。对于不具有自动传输设备的联合生产线，工件经干燥后，操作人员必须戴洁净的细纱手套拿放工件，但尽量做到不接触需要进行图文转移的表面。在安排生产时，要做到同班清洗的工件在同班次进行完防蚀处理（以 8h 为一班次），不得无故放置。如超过 8h 没有进行防蚀处理，应重新进行清洗工作。

工件经预处理后是否能满足防蚀层制作的要求是恒量预处理质量的标准，但是不能在经过防蚀层处理后再去判断其预处理是否合格，而是在整个预处理过程中设立数个质量控制点来进行质量过程控制，在这里请注意，是讲的设立数个质量控制点而不是对所有步骤都设立质量控制点。这就有一个设立质量控制点的条件问题，可以把下面的几点要求作为设立质量控制点的参考依据（其他工序也是一样）：

① 这个点是一个可以量化的或者说可以用语言进行清楚的描述；

② 这个点是整个工艺流程中的关键点，其质量不合格将直接导致其产品质量变劣或最终导致产品报废；

③ 这个点的质量缺陷在后面的加工过程中并得不到改善，这个改善的前提是不影响产品的表面状态；

④ 这个点的加工受材料本身及上一工序的处理影响较大；

⑤ 这个点的参数设定并不能保证所有工件经加工后都能满足，而必须进行在线检查；

⑥ 产品经这一步骤加工完后，转入下一工段前的质量检查。

设立质量控制点的检查过程，可以是离线检查，也可以是在线检查，对于化学铣切的预处理，并不需要对其进行离线检查，只有当其质量波动大，经在线调节后仍不能达到工艺要求且无法进行再次预处理进行补救的情况下，才会将产品取出进行离线检查。

不设立质量控制点的工序，并不等于是不重要的，更不等于是可以随意进行的，相反，不设立质量控制点的工序和设立质量控制点的工序在加工过程中都要严格要求，并且都要经过自检。

那么不设立质量控制点的理由又是什么呢？

① 这些点的质量状态难以用量化或语言的方式进行描述；

② 经这些点加工后的表面状态不设立专门质量控制点并不影响其产品的后续加工，或在后续加工中有设立的质量控制点；

③ 可以通过对配方的多次试验，以及材料和配方的配合将配方组成及加工条件设定在所需要的范围，并且这些参数一经设定，在一定的范围内都会使工件加工后的表面质量保持在工艺要求的范围内。

对于化学铣切的预处理，所设的质量控制点一般情况下有两个，第一个控制点是经化学或电解清洗后的表面质量检查，这一步是检查工件清洗是否彻底，清洗不净将会影响后续加工过程，甚至是无法进行后面的加工过程。其检查方法是将经清洗酸洗后的工件从清水中提出，其表面水膜保持30s连续不断裂为合格。

这一质量控制点的质量检查不仅是检查清洗工序本身的处理质量，同时也是对清洗之前的工序进行质量检查，之前的工序有溶剂清洗、脱蜡等，而溶剂清洗或脱蜡后不太容易使用可量化的方法进行检查，同时，经过这些工序的处理后，其工件表面并不处于亲水状态，因为判断清洗是否彻底最简单而直接的方式就是采用连续水膜这个直观并且可计时的方法来检查。道理很简单，洁净的表面对水有亲和力，水能在其表面形成一层完整的水膜而不破裂。

虽然化学或电解清洗都能对工件表面的油污进行处理，但是对一些非皂化油、干涸的蜡，干涸的印迹，常用的化学或电解清洗方法并不能保证都是很有效的，这就需要通过溶剂的预先清洗或经过预先脱蜡处理。如果这些工序的加工质量达不到要求，经化学或电解清洗后就能检查出来，同时化学清洗过程对很多金属都不会影响其表面的腐蚀（铝及其合金等碱溶性金属例外），这时一经发现还可以重新对工件进行清洗工作而不影响产品的质量。

经过清洗工序的质量控制点后，一直到最后才会有一个质量控制点，在此之间还有粗化、钝化等工序的加工，然而在这些工序中并没有设立专门的质量控制点，前已述及，没有设立控制点并不等于不重要，相反，这两步工序对其工件表面与防蚀材料的黏附力是非常重要的。没有设立控制点，一是对于粗化和钝化的表面质量都不太可能在线对其进行定量的检查，如果对工件进行离线检查一则需要消耗时间，二则也需要专用设备；二是这两步的加工质量，可以事先通过工艺试验来确定所需要的粗化程度、钝化膜层的状态、对防蚀层材料的附着力及化学铣切对防蚀层的附着影响而得出所需要的工艺配方及工艺参数，并且这些参数一经确定，在其工艺规定的范围内都会保持一个较为稳定的状态。这就是靠工艺配方及工艺参数来达到质量控制的例子。这两个工序经加工后，用目视就能判断其加工质量是否符合要求，粗化后的表面是一磨砂层，整个表面粗化均匀，无斑块等缺陷。

酸洗在预处理中只是一个辅助工序，其质量检查通常都是采用目视的方法，观察工件表面在进行酸洗后，其表面的氧化物或不溶性盐是否已经溶解，可以从色泽的变化看出。这一工序只要酸的浓度及杂质在工艺控制范围，经目视就能判断酸洗的质量。如果不能确定其是否酸洗彻底，这时可将洁白的卫生巾或洁白的软纱布用清水润湿后轻轻擦拭经水洗后的工件表面，根据其表面颜色的变化就可判断工件表面酸洗是否彻底。酸洗合格的表面，擦拭后洁白卫生巾或软纱布表面应无任何杂色。

第二个控制点是预处理全部加工完成后在防蚀层制作前的质量检查。这一质量控制点是预处理工序中的最后一次质量检查，经检查后，合格的工件转入防蚀层制作车间，不合格的工件应剔除并根据不合格的情况确定其处理方法。这一步的检查内容包括：工件表面有无印迹，工件表面有无蚀点、砂眼及其他表面色泽或粗化不均匀的现象等。工件应无变形，工件表面无撞伤、划伤等。如果工件经过钝化处理，钝化膜颜色均匀不起粉，必要时可做结合力试验。这些质量问题的产生有些来自于工件材料本身的质量问题，如砂眼、晶纹的显露等，有些是由于粗化溶液失控，如粗化不均匀（排除材料因素）、蚀点等，有些是人为因素造成的，如划伤、撞伤、蚀点等。

关于化学铣切的预处理工序，到这里就讲述完毕，应该看到，虽然在这一节详细讨论了预处理所涉及的各个工序，但并没有因此而形成任何一个工艺规范，只有一个通用的工艺流程图。这是为什么呢？首先要清楚，典型工艺规范具有专一性，不能制定出一个典型工艺规范来满足多种金属材料对表面效果的不同要求，也许从语言结构及内容组合上是可以做到的，但这个工艺规范在相关步骤的组合上就会给操作者留下几种选择，从节约篇幅的角度出发，也许是应该这样做，但从专业的角度出发，所需要的并不是多出的篇幅，而是其专一性。这是因为，不同的金属材料对预处理的要求并不完全相同，就算是同一种金属材料采用不同的防蚀材料及图文制作方法其对预处理的要求也是不同的，所以，关于金属表面的预处理工艺规范读者可以根据所加工产品的类型及要求自行编制。

化学铣切预处理工序工艺出口设置与说明见图 5-2。

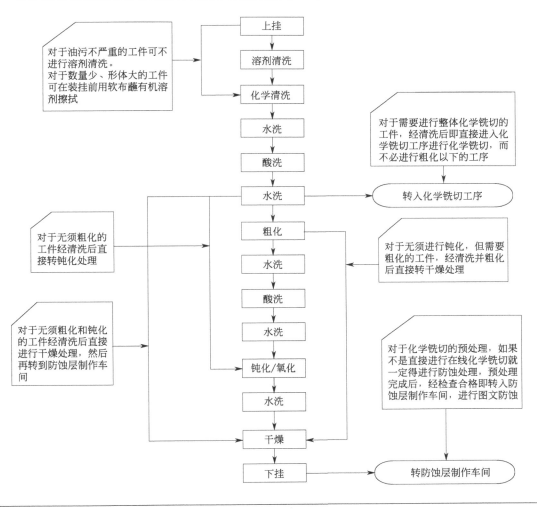

图 5-2　化学铣切预处理工序工艺出口设置与说明

从图 5-2 中可看出，只要是需要进行防蚀处理的材料基本上都要经过钝化处理，通过实验证明，材料经过钝化处理后可明显提高防蚀层附着力并提高蚀刻精度，特别是对厚度薄的材料的精细线条的蚀刻，钝化可以做到几乎无黑边的边缘效果。同样表面的微粗化也具有提高防蚀层附着力的作用。进行预处理的方式有两种，一是装挂后在生产线上进行，二是采用一条传输式清洗机进行。前者对于厚重的大型工件有优势，后者对于各种片材有优势。粗化并不是必须的，同时经过粗化处理的材料是否需要进行钝化处理，需经过工艺实验来确定。

清洗线布局见图 5-3（a），传输式清洗机的模型见图 5-3（b）。

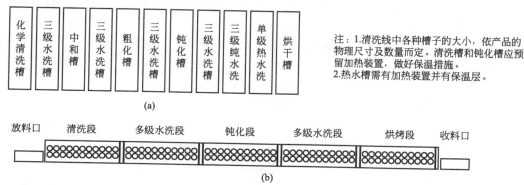

注：1.清洗线中各种槽子的大小，依产品的物理尺寸及数量而定。清洗槽和钝化槽应预留加热装置，做好保温措施。
2.热水槽需有加热装置并有保温层。

注：1.清洗段应有足够的长度并有加热装置，可取3～4m长，可采用喷淋或浸泡式。
2.清洗后的多级水洗应有独立的三段，总长度在1.5～2m，可采用喷淋或浸泡式。
3.钝化段也应至少保持3～4m的长度，采用浸泡式。
4.钝化后的多级水洗可分成多个三级水洗段，以确保经清洗后的产品表面有一个好的清洁质量，其长度可在4～8m，可采用喷淋或浸泡式。

图 5-3　预处理工段布局示意图

第二节
水洗技术

水洗看起来是一个很简单的过程，但其内容却是很丰富的，是表面处理过程中采用频率最高的一个工序。对于产品质量的稳定做好水洗工作更为重要，闭路循环生产中在保证产品质量的前提下怎样将水洗的用水量降到最低是一项极其重要的工作，同时也是最容易被大家忽视的一个工序。本节将对水洗作用及节水方案进行详细讨论。

一、水洗的目的

水洗在本质上是一种稀释的过程，其目的是稀释工件表面附着的已溶解了的化学药品液膜层使之达到极低的浓度，从而成为清洁表面。选择合适的水洗方式不仅是为了产品质量的稳定，更多的是为了减少清洗废水的排放量。然而水洗技术却少有人关心，在普遍的认识中，水洗只是一个简单的过程，并不需要进行过多的了解。这种认识是错误的，不讲技术层面的东西，只就成本而言，水洗技术也是一个值得去认真思考的问题。对于化学铣切过程中所产生的各种废水都要先进行"无害化"处理，然后才能排放到自然水体中，且化学铣切加工过程中的用水量是很大的，如果在加工过程中不注意对水的节约使用势必会增加废水处理量，必然会导致成本上升。从经济的角度来看多了解一些有关水洗的技术问题也是很有必要的，同时清洗水的减少也为清洁生产的实现创造了先机，特别是针对"零排放"而言，尽可能少的清洗水是非常关键的。可以毫不夸张地说，只有先解决了水洗的技术问题，"零排放"

才有实现的可能。

在这一节所讨论的水洗技术是以最小的用水量来达到最好的水洗质量的要求为目的，特别是对于闭路循环系统或零排放系统，如何在保证清洗质量的前提下使清洗水量减到最少的操作方法是一个非常关键的课题。因为清洗水的减少，直接看只是节约了用水，而间接看则关系到整个系统所用设备大小和效率的高低，对整个系统的经济性有很大的影响。

在水洗过程中如何判别水洗质量呢？在这里需要设立一个可以人为控制的指标，这个指标就是水洗槽中的溶质浓度。水洗槽中的溶质来自于两个方面：一是水本身的溶质浓度，水纯度越高其溶质越少，这是水的基础溶质，对于要求不高的场合，自来水的基础溶质可以不计；二是工件从各种化学溶液中的带出，这是清洗水中溶质的主要来源。单位时间内生产面积越大带出量就越多，水洗槽中的溶质浓度就会越高，最终达到一个所设定的最大值。从水洗的质量要求来看，清洗水中溶质浓度越低，水洗质量越好。

前面提到了清洗质量，那么怎么来衡量清洗质量呢？或者说怎么判断是否满足了工艺要求的清洗效果呢？显然，用肉眼是无法判断的。大家都知道，清洗是一个无限稀释的过程，但总不能无限稀释下去，得有一个判断的标准。当有几个清洗槽串联在一起的时候，工件依次从第一个清洗槽开始到最后一个清洗槽结束，就完成了一个清洗过程或周期。显然，清洗质量是否满足要求就要看最后一个清洗槽的溶质浓度是否在工艺要求的范围之内。清洗质量要求越高，最后一个清洗槽中的溶质浓度就要越低，那么低到什么程度是合理的呢？每升10mg以下，或是每升100mg呢？这要根据工序要求而定。如果是最后一级清洗或是中间重要工序间的清洗就要求有更低的溶质浓度，对于不太重要的中间过程，其溶质浓度可以取得高些以减少清洗水的用量，这要根据工艺要求而定。对于清洗要求不高的中间过程溶质浓度可以放宽到100mg/L，对于一般要求溶质浓度可取50mg/L，对于加工完后的最后清洗，溶质浓度应不大于10mg/L，对于高要求的清洗质量则需要溶质浓度在1mg/L以内（这需要在最后一级清洗槽后面再增加一级连续循环再生纯水清洗装置，见图5-6）。

一槽新的清洗水，随着生产的进行，工件带出累计量增加，当增加到一定浓度时，可以认为清洗水质量已不合格，需要更换或连续补加以维持清洗水的水质。同时在清洗过程中为了使工件带入的溶液与清洗水能快速地完全混合，需要采取搅拌措施来完成，在本节将详细讨论水洗的方式及要求。

水洗技术按给水的方式可分为连续给水逆流清洗和间歇给水逆流清洗。连续给水逆流清洗又分为单级给水式和多级给水式，而间歇给水逆流清洗都为多级式。下面分别对这几种方式进行讨论。

二、水洗模型的建立

水洗看起来是一个简单的事情，但其过程也是复杂的，同时也是容易被人们所轻视的。为了方便讨论，假设整个水洗过程以下列条件为基础：

① 水洗槽内要充分搅拌，使带入水洗槽内的溶液能快速地与水洗槽中的水"完全混合"成均匀的稀溶液，因此从水洗槽中向外带出的溶液浓度可看作与水洗槽中的溶液浓度相等。

② 工件表面从工作槽中的带出量与从水洗槽中所带出的量相等，或者说水洗槽中的溶液带入量与带出量相等。

③ 一次带出量或单位时间平均带出量是恒定的。

④ 与水洗槽的容积相比，一次带入或带出量是很少的，其水洗槽的容积与一次带入或带出量之比以不低于 100∶1 为好。比如，当一次带出量为 1L 时，其水洗槽的有效体积不应小于 100L。

在这些前提条件中，第一条中所说的"完全混合"是推导有关水洗方程式的重要依据。但是，从事表面处理行业的人员都知道，根据被带出工作液的性质、工件的形状、装挂工件的结构、水洗操作的方法等，实际情况往往与清洗要求所需要的"完全混合"相差甚远。由于是否能达到"完全混合"是影响水洗效果优劣的重要因素，所以在实际生产中应尽可能地想办法使其接近理想状态——完全混合，比如，在生产中可以采用以下方式：

① 加强清洗水的搅拌，最行之有效的方法就是采用空气搅拌，强制水的连续循环。加热和超声波振动也是有效的方式。

② 延长工件在清洗槽中的清洗时间，这一条是很多操作者容易忽视的，在工艺上就应严格规定每次的清洗时间。

③ 合理设计装挂工件及装挂方式，防止有清洗死角的存在。

④ 合理设计多级清洗槽的结构，防止槽与槽之间清洗水"短路"或"回流"。

在清洗过程中，怎么判断清洗是否合格呢？这就需要给清洗设定一个可以量化的指标，这个指标就是清洗水的"平衡浓度"，所谓平衡浓度也即是清洗槽中允许带入溶质的最大浓度，是判断清洗质量的重要指标，也是目前几乎所有从事表面处理的人员容易忽视的问题。平衡浓度规定得越低，清洗质量就越高，同时单位面积所需要的水就越多。平衡浓度的设定也是根据清洗质量的要求而人为设定的。

首先我们以一级清洗来建立模型，一级清洗结构如图 5-4 所示。

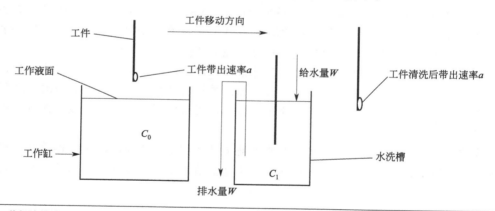

图 5-4 单级连续清洗示意图

a—工件带出速率即单位时间带出量，单位为 L/h；W—给、排水量，单位为 L/h；C_0—工作溶液浓度，单位为 g/L；C_1—清洗水浓度，单位为 g/L

清洗槽是以新水为起点，为了便于分析和计算可以设定一槽新的清水溶质浓度为零。随着工件将工作液不断带入，清洗槽中的溶质浓度会逐渐升高，最终达到平衡浓度，如图 5-5 所示。

在这个平衡中，从清洗槽溶质成分的物料平衡来看，在单位时间内带入清洗槽的溶质成分的绝对量 $C_0 a$ 与从清洗槽带出的溶质成分的绝对量 $C_1(a+W)$ 是相等的：

$$C_0 \times a = C_1 \times (a+W)$$
$$C_0/C_1 = (a+W)/a = 1+W/a$$

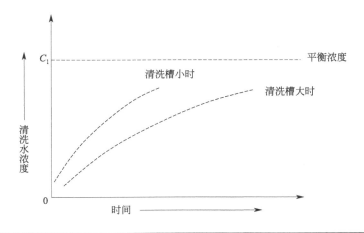

图 5-5　清洗水浓度-时间变化示意图

式中，C_0 是已知值；C_1 是设定已知值；a 是单位时间带出量，根据每挂产品的平均面积和单位时间的生产频次，从工作槽中的提出速度及在工作槽上方是否有停留等参数，就可以估算出平均带出量。除掉这些已知的值，需要求的值就只有一个，即单位时间内的给水量 W。公式可以变换为：

$$W = a\,[(C_0/C_1) - 1]$$

以表面处理工艺中用得最多的除油工序为例来进行计算：

设除油槽的总溶质浓度为 $C_0 = 20\mathrm{g/L}$，要求清洗槽的最大溶质浓度 $C_1 = 0.05\mathrm{g/L}$，带出量估算值为 $a = 4\mathrm{L/h}$。

将上述已知值代入公式 $W = a\,[\,(C_0/C_1)\,-1\,]$ 可得：

$$W = 4[(20/0.05) - 1] = 1596(\mathrm{L/h})$$

这是单级清洗时的用水量。在工作槽中溶质浓度不变的前提下，C_1 是决定清洗质量的预设值，C_1 的设定值越低，用水量就越大，同时清洗质量也越好；a 是单位时间内带出量，其大小与清洗质量无关，只与单位时间的用水量有关，单位时间产能越高，a 值就越大，用水量就越大。

将公式 $W/a = (C_0/C_1) - 1$ 进一步变换：

设 $C_0/C_1 = R$，定义为清洗效果（n 级清洗时为 $C_0/C_n = R$），其数值越大则清洗效果越好。

设 $W/a = A$，定义为稀释比。

则公式可简化为 $R = 1 + A$，为了便于计算，简化式也可表达为 $C_0/C_1 = 1 + A$。经简化后的公式更方便于多级清洗的理论公式推导。

根据以上公式所计算的是一个理论给水量，由于生产过程中单位时间产能的非线性，会存在偏差，这时就需要通过外部手段来修正，其修正手段有两种。一是通过化学方法分析清洗槽中的溶质浓度，通过人工调节给水量；二是在清洗槽上加装电导仪，再连上电磁阀，通过电磁阀的开关来调节给水量。

此公式为满足一级清洗时的清洗效果，其给水量是很大的。在实际清洗中往往是将多个水槽串或并联在一起组成联合清洗系统，也即是后面要讨论的多级清洗技术，其清洗理论公式也是以此为基础推导而得。

关于水洗，发展经历了连续给水单级清洗技术，连续给水多级并列逆流清洗技术，连续给水多级串联逆流清洗技术，间隙给水多级逆流清洗技术。随着技术的更新，在满足同等清洗质量的前提下，用水更少，这就为闭路循环的实现提供了条件。目前在表面处理行业中普遍采用的是连续给水多级串联逆流清洗技术，更为节水的间隙给水多级逆流清洗技术采用得较少。本章主要讨论连续给水多级串联逆流清洗技术、间隙给水多级逆流清洗技术的使用方法及给水量的估算。同时也对这两种方式的优缺点进行取舍，组合成间隙-连续给水多级逆流清洗技术并进行简要讨论，以期获得更有利于闭路循环生产的清洗技术。

三、连续给水多级串联逆流清洗技术

连续给水多级串联逆流清洗技术的实现需要将多个水洗槽按一定的水位差串联起来，为了防止清洗水回流，其槽与槽之间的水位差应不低于 50mm，这个水位差是以满挂工件入槽后所得的净水位差，其中也包括打气所产生的液面波动。但在现实生产中都是低于这个水位差要求，因为普遍认为，只要两个水槽有点水位差（比如 20mm）就可以防止水位倒流，也有人认为，有少量水回流对清洗影响不大。但是，这种清洗方式得以成立的前提就是建立在清洗水不能回流的基础之上的，并且也是遵照清洗水不能回流来进行给水公式推导的，所以，采用这种方式还是应该保持足够的水位差，以防止任何形式下的清洗水回流。在生产过程中有清洗水回流就失去了清洗的意义。

这种水洗方式的特点是操作方便，在连续生产的情况下，只需要从最后一个清洗槽不停地放水就行；其缺点是需要连续给水，用水量较大，同时由于相邻两级之间有水位差，如果级数太多，势必造成落差太大，给生产线的加工带来不便，这就限制了级数的增加。如果达到了四级，水位差就会很大，下面的公式推导按最大四级来进行。

关于清洗水的给水公式《电镀废水闭路循环的理论与应用》一书中对连续给水是按无穷级数来进行推导的，所以公式很复杂，同时也采用一种 $A\text{-}R$ 图来进行计算。为了简化起见，同时清洗级数也很少，设有超过四级，在此就直接按二级、三级、四级来进行公式推导。

1. 串联多级清洗给水量公式推导

本书只针对二级、三级、四级水洗进行公式推导，其二级、三级、四级清洗槽结构如图 5-6 所示。

以二级串联清洗为例来进行公式推导，从图 5-6（a）可知，达到平衡状态后，第一和第二清洗槽内的溶质浓度保持一定值时，各清洗槽内单位时间内的溶质平衡可用下式表达：

第一清洗槽：$C_0 a + C_2 W = C_1 a + C_1 W$

第二清洗槽：$C_1 a = C_2 a + C_2 W$

式中左边为带入量，右边为带出量。

$$\begin{cases} C_0 a + C_2 W = C_1 a + C_1 W & \textcircled{1} \\ C_1 a = C_2 a + C_2 W & \textcircled{2} \end{cases}$$

将①式②式等式两边同除以 a 可得：

$$\begin{cases} C_0 + \dfrac{C_2 W}{a} = C_1 + \dfrac{C_1 W}{a} & \textcircled{3} \\[3mm] C_1 = C_2 + \dfrac{C_2 W}{a} & \textcircled{4} \end{cases}$$

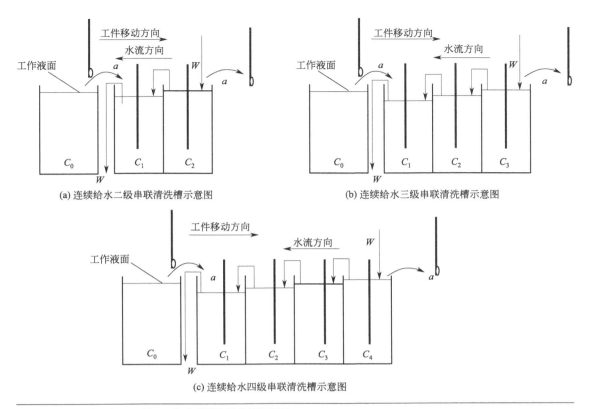

(a) 连续给水二级串联清洗槽示意图   (b) 连续给水三级串联清洗槽示意图

(c) 连续给水四级串联清洗槽示意图

图 5-6　连续给水二级、三级、四级串联逆流清洗槽示意图

a—工件单位时间带出量，L/h；W—给、排水量，L/h；C_0—工作缸中溶质浓度，g/L；C_1—第一清洗槽中溶质浓度，g/L；C_2—第二清洗槽中溶质浓度，g/L；C_3—第三清洗槽中溶质浓度，g/L；C_4—第四清洗槽中溶质浓度，g/L

将 $\dfrac{W}{a}=A$，代入③、④式化简后可得：

$$\begin{cases} C_1 = \dfrac{C_0 + C_2 A}{1+A} & ⑤ \\[2mm] C_1 = C_2(1+A) & ⑥ \end{cases}$$

将⑥式代入⑤式并整理得：

$$\frac{C_0 + C_2 A}{1+A} = C_2(1+A)$$

$$C_0 + C_2 A = C_2(1+A)^2$$

等式两边同除以 C_2 并整理得：

$$\frac{C_0}{C_2} + A = (1+A)^2$$

$$A^2 + A + 1 - \frac{C_0}{C_2} = 0 \qquad ⑦$$

将已知值 C_0、C_2 代入⑦式就可以求出稀释比 A，再将带出速度 a 带入稀释比公式（$A=W/a$）就可以求出给水量。前面已讨论过 $C_0/C_2=R$，R 是清洗效果，这时公式可进一步简化为：

$$A^2 + A + 1 - R = 0$$

在计算时先通过已知的 C_0、C_2 算出清洗效果 R 值，然后代入公式计算稀释比，进而求出单位时间给水量。

采用同样的方法即可推导出三级水洗和四级水洗的给水方程：

三级清洗给水方程：$A^3 + A^2 + A + 1 - R = 0$

四级清洗给水方程：$A^4 + A^3 + A^2 + A + 1 - R = 0$

三级和四级是高阶方程，采用多次逼近法进行求解，虽然计算比较复杂，但比查 A-R 计算图更直观和方便。

2. 连续给水清洗水量计算

不管采用什么样的连续给水清洗技术其用水量的计算，可用 A-R 计算图，也可用本节所推导的公式。但不管采用哪种方式，其计算结果都带有很大的估算性质，只能为生产提供一个参考值。因为在实际生产中的变数很大，不是用几个公式就可以解决的（比如清洗水的蒸发损失），最好的做法是通过计算再结合化学分析对清洗质量进行评估。

在进行计算之前，会用到带出量这个数据，带出量即是工件从溶液中提出时附着在工件表面的溶液。带出量的多少主要受三个因素的影响：一是工件形状，工件形状越复杂带出量就越多，反之则越少；二是溶液浓度，浓度越高在工件表面附着的液膜就会越厚，带出量就会越大；三是工件从溶液中提出的速度，提出速度越快带出量越多。工件的提出速度也受工件在溶液中进行化学反应剧烈程度的影响，如果在化学反应剧烈程度允许的情况下，可减慢提出速度或将工件从溶液中提出后在工作槽上略为停留以减少带出量。带出量的取值范围一般在 $50 \sim 100 \mathrm{mL/m^2}$。对于化学抛光和高浓度碱蚀带出量会更多一些。下面举例进行计算。

例 1：设某工作缸的溶质浓度为 $100 \mathrm{g/L}$，带出速度为 $4 \mathrm{L/h}$，要求清洗效果 $R = C_0 / C_n = 2000$，也即最后一个清洗槽中的溶质浓度不超过 $50 \mathrm{mg/L}$。试计算二级、三级、四级水洗时的每小时给水量。

解：二级水洗：

将 R 代入公式 $A^2 + A + 1 - R = 0$ 得：

$$A^2 + A + 1 - 2000 = 0$$

解方程可得近似值 $A = 44.2$，代入稀释比公式：

$A = W/a$，即可算出每小时给水量 $W = Aa$

$$W = 44.2 \times 4 = 176.8 \approx 177 (\mathrm{L/h})$$

三级水洗：

将 R 代入公式 $A^3 + A^2 + A + 1 - R = 0$ 得：

$$A^3 + A^2 + A + 1 - 2000 = 0$$

解方程可得近似值 $A = 12.247$，代入稀释比公式：

$A = W/a$，即可算出每小时给水量 $W = Aa$

$$W = 12.247 \times 4 = 48.988 \approx 49 (\mathrm{L/h})$$

四级水洗：

将 R 代入公式 $A^4 + A^3 + A^2 + A + 1 - R = 0$ 得：

$$A^4 + A^3 + A^2 + A + 1 - 2000 = 0$$

解方程可得近似值 $A = 6.41$，代入稀释比公式：

$A=W/a$，即可算出每小时给水量 $W=Aa$

$$W=6.41\times4=25.64\approx26(L/h)$$

从以上计算可看出，四级和二级相比，节约水 85.3%，其节水效果明显，见表5-15。

表 5-15　三种连续清洗方法的总给水量

清洗方式	给水总量/(L/h)
二级串联连续清洗	177
三级串联连续清洗	49
四级串联连续清洗	26

四、连续给水串联清洗技术的应用

1. 级数的确定

确定合理的级数很重要，级数少，可能满足不了清洗质量要求，级数过大一则设备投入增加，同时也使第一级清洗槽和最后一级清洗槽之间的落差太大，会降低工作缸的深度利用率。其选择原则可从以下几个方面来考虑：

① 确定清洗质量，也即是最后一槽清洗水的最大溶质浓度，对于清洗质量要求高的往往都是在重要工序之前或最后一道工序。在整个工艺过程中，上一工序和下一工序之间都会有一个中和过程（也可称为酸出光或除灰），这个中和过程有两个目的，一是除去上一道工序附着在工件上的不溶物以获得一个清洁的表面，二是防止将上道工序的杂质带入下道工序中。所以，中和也可理解为将上一道工序所用的化学成分截留在中和槽中。从这个意义上去分析，在中和之前对清洗质量的要求比在中和之后对清洗质量的要求低。对清洗要求不高的工序需要的级数就少，反之则多。

② 用水量，确定了清洗质量要求，下一个影响级数的因素就是对用水量的希望值有多大，如果需要以最小用水量来满足最高的清洗质量要求，显然级数就要增大。

③ 生产条件，生产条件主要体现在两个方面，一是生产场地长度的大小，二是资金预算。毕竟一条生产线不止一组水洗槽，级数的增加，一方面增加了生产线的长度，在有限长度范围内要想增加级数，就只能在不影响生产的前提下减少槽体宽度；另一方面也增加了设备资金投入，级数增加，投入的并不是几个简单的槽子，可能还会牵涉到线体的重排，整个线体拉长所需要的基建投入的增加，甚至还会牵涉到更多的环保审批问题。

综上所述，对于浓度不高的工作液，水洗级数可选二到三级；对于高浓度的工作液，水洗级数应选三到四级。中和后的水洗级数选三到四级。最后一个工序的水洗级数应选四级，场地允许以选上限为好。

2. 水洗质量的管控

在表面处理工业园中，水是很贵的，所以，生产过程中在满足清洗质量要求的前提下，不能浪费水。对水洗质量的管控，就显得十分重要。然而，在现实生产中，大部分工厂对水洗过程的管控并没有做细，都完全是凭经验来进行，在这种模式下，为了保证清洗质量，一般都是采用水过量的方式。下面对水洗质量的管控进行简要讨论。

水洗质量管控的唯一可量化手段，就是对最后一槽清洗水中溶质浓度进行连续监测，其监测手段有化学分析法和电导率在线监测法。如果工作槽液是单一的酸或碱，最后一槽清洗水中的溶质浓度即使很低，采用化学分析方法同样可以进行监测。比如普通阳极氧化、单一酸洗等，都可以通过简单的酸碱滴定分析监测溶质浓度是否在工艺要求的范围之内（在这里忽略了生产过程中其他外来离子的带入）。但对于不是单一组分的溶液，分析过程就相对复杂一些，一方面要通过中和滴定分析出某种酸或碱在清洗水中的量，另一方面还要通过氧化-还原滴定或络合滴定分析出清洗水中的其他离子或离子基团的浓度，然后将两者结果相加才是清洗水中的溶质总浓度，采用这种方法在计算时需要防止同一离子的重复计算。采用化学计量分析的方式虽然直观，但计量分析不能做到对清洗水水质的实时监控。这时就可以采用电导仪的方式来进行监测，而利用化学计量分析结果对电导仪监测值进行校对，其具体管控方式如下：

① 通过周或月产量计算出每天平均生产量（换算成平方米）。

② 在给水处安装一水表，并预先确定一个给水流量（水表流量根据清洗水体积及每小时生产量而定）。

③ 在饱和生产的情况下每 2h 或 4h 分析一次清洗水中的溶质浓度，并作好记录。

④ 在连续生产的情况下，以两天的分析结果对照给水处水表的流量进行调整。在流量一定的情况下，如果最后一个清洗槽中的溶质浓度高于预先规定值，需要增大给水处的给水流量，反之则减小给水处的给水流量。

⑤ 将以上的分析结果及流量调节作图，经过多次实验以后即可得到一个每小时加工面积的经验给水量。

连续给水式逆流清洗法对清洗水水质的控制也可以通过对电导率的测试来进行，清洗水的电导率随溶质浓度的升高而升高。比如对于三级串联式清洗方式在最后一个清洗槽中加装一个可以测试电导率的传感器，再通过电源控制装置与给水管的电磁阀相连。当清洗槽中的溶质浓度高于预定值后，其电导率必高于预先设定值，这时控制器打开电磁阀开始给水直至清洗槽中的电导率降到预先规定值后，关闭电磁阀停止给水，如图 5-7 所示。同样对于间隙式逆流清洗技术也可采用电导法来对最后一级清洗水进行监控。

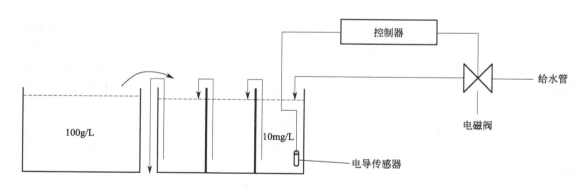

图 5-7　电导率控制给水方式示意图

3. 多级清洗槽的连接方式

目前，在生产线上的多级清洗槽基本上都是采用的侧面互通的方式进行级间排水［图5-8（a）］。采用这种方式很明显，当给水进入第一级后还没有来得及完全混合就会从侧面排入第二级然后到第三级，并且排到第三级后同样还没有完全混合之前就会从溢出水口溢出，这就明显出现了水短路的情况，使第三级水洗槽中的水容易变脏。当我们改变其水流交换方式就会有不一样的结果［图 5-8（b）］。清洗水进入第一清洗槽首端后是从尾端进第二级清洗槽，这就保证了清洗水在第一清洗槽可以最大限度地完全混合，依此类推，在第二和第三级都可以得到很好的混合，然后再排入下一级或通过溢出水口排出。也只有这种方式才能最接近前面讨论的水洗模型对清洗过程的基本要求。

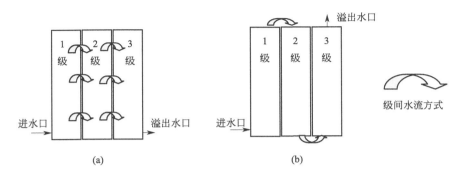

图 5-8 级间水流方式图

五、间隙式多级逆流清洗技术

前面介绍的多级串联清洗方法，是一种以最少的用水量来提高清洗效果的有效方法，一般称为多级逆流清洗法，其原则是连续向最后一级清洗槽给水，所以又称为连续式多级逆流清洗法。在这里所说的间隙式多级逆流清洗法，是断续地给水，每隔一定时间进行给水。间隙式逆流清洗也是采用多个清洗槽来进行的，各清洗槽之间的清洗水不能自由流动，需采用输水泵来使清洗水在槽与槽之间流动。n 级间隙式逆流清洗见图 5-9。

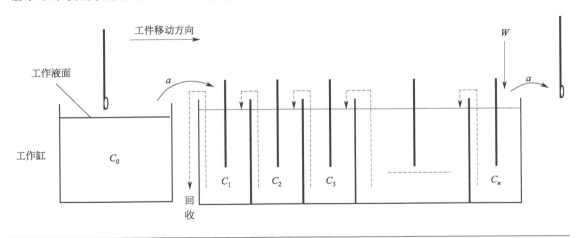

图 5-9 n 级间隙式逆流清洗示意图（图中虚线箭头表示间隙给水和排水）

a—表示工件带出量，单位为 L/h；W—给、排水量，单位为 L/h；C_0—工作缸中溶质浓度，单位为 g/L；C_1—第一清洗槽中溶质浓度，单位为 g/L；C_2—第二清洗槽中溶质浓度，单位为 g/L；C_3—第三清洗槽中溶质浓度，单位为 g/L；C_n—第 n 清洗槽中溶质浓度，单位为 g/L

1. 间隙式多级逆流清洗的优点

间隙式多级逆流清洗改变了过去"长流水清洗"的方法，与连续多级式清洗相比，有如下优点：

（1）水不再是长流式　用连续给水，即使在生产中出现生产暂停，清洗水还是照样继续长流。由于在生产中带出量的变动，给水总是在安全指标以上，也就是说水总是要多用的。而间隙式给水由于操作中停止给水，只有当最后一个清洗槽中的水中溶质含量达到一定浓度时才会依次将清洗水往前交换，并在最后一个清洗槽中放满清水，所以清洗槽的水得以有效利用，没有白白浪费。

（2）结构简单　间隙式多级逆流清洗只需要将清洗槽隔开，而连续串联给水时，为了达到多级清洗的目的，在各清洗槽内需要增设两块隔板隔开［如图5-10（a）所示］或用虹吸管［如图5-10（b）所示］等装置。

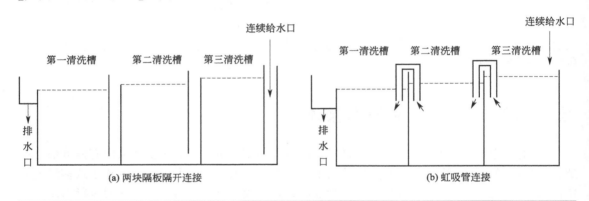

图 5-10　三级连续给水串联逆流清洗方式连接示意图

从图5-10可以看出各清洗槽间需要有液位差。用这样的连接方式，如果液位差不大，有时会产生液位差倒过来的现象（例如，第一清洗槽的液面较第二清洗槽的液面高，清洗水就会倒流）。尤其是用虹吸管的方式时，当停止操作时不及时切断虹吸管，各槽间的清洗水由于浓差扩散作用有可能混合起来，为了防止倒流现象，还需要安装止回阀。

而间隙式给水只要将清洗槽用隔板隔开，或用同样的槽并列起来即可，这样清洗槽的结构就可以简化。各清洗槽间的清水移送，可用电动泵或手摇泵来完成。

（3）不需要调节水量　连续给水时，即使利用计算式可求出给水量，但当每小时的给水量在100L以下时，要维持给水量的恒定是比较困难的，而且在带出量有变动时就要调节给水量，而间隙式清洗时最初与最后的清洗水浓度可以凭经验或通过分析来控制，间隙给水周期没有必要严格按一定时间或天数，可以灵活掌握。

（4）总给水量比连续式的少　在同样条件下进行清洗效果比较时，间隙式清洗所用的给水量比连续式的给水量要少得多，间隙式给水基本上没有浪费，所以实际清洗效果比计算值还好。

（5）清洗水回收容易　在间隙式清洗方式中，第一槽清洗水中的溶质随清洗量的增多可自动富集，使其浓度增高，这时可方便地采用某些方法进行处理（如电解、浓缩等）。回收或去除有害杂质时，在相同清洗效果下，间隙式清洗比连续式清洗能得到浓度更高且水量少，并容易处理的第一清洗槽液，使回收或处理效率大大提高。

（6）可延长离子交换树脂的再生周期　用离子交换法使多级清洗的最后清洗水循环回用

时，在相同的清洗效果下，间隙式清洗法减轻了对离子交换树脂的负荷，因此延长了离子交换树脂的再生周期。

2. 间隙式多级逆流清洗的操作

间隙式多级逆流清洗在操作过程中一个最重要的问题就是何时应该给水。给水间隔时间受多方面因素的影响，概括起来主要有以下三方面的因素。

(1) 带入量　先统计出每天生产的平均面积，根据生产面积就可以估算出将溶液带入清洗槽中的带入量。当生产面积是个确定值时，影响带入量的因素有两个：一是工件的形状复杂程度，带有型腔、盲孔、折边以及溶液不易排空的各种孔都会使溶液的带出量增大，相应地往清洗槽中的带入量也增大；二是工件从溶液中的提出速度，速度越快带出量就越多，相应地清洗槽带入量就越多。对于形状复杂的工件在装挂时要考虑到溶液排空问题，减少溶液的带出量；在实际操作且工艺允许的情况下，工件提出速度不宜过快，工件离开液面后稍停留片刻使工件上的溶液流回工作槽，减少带出量。在生产面积不变的情况下，工作槽中溶液带出量减少，必然使清洗槽带入量减少，也就延长了给水间隔时间。

(2) 清洗槽的体积及级数　清洗槽的体积越大负荷量就越大，在浓度要求不变的情况下，可以接纳更多的带入量，但清洗槽体积越大给生产带来的困难也就越多。同时清洗槽的体积也受清洗槽的级数影响，级数越多，在清洗质量要求不变的情况下，清洗槽的体积也就越小。在级数不变的情况下，增大清洗槽的体积只是延长了给水间隔时间，但并没有减少给水量与排水量。在体积不变的情况下，级数越多，给水间隔时间就越长，同时给水量越少，且第一清洗槽的溶质浓度随级数的增多浓度升高，利于回收利用。

清洗槽的体积受工件大小及生产量的影响，其中主要是工件大小的影响。在通常情况下（即不考虑工件尺寸的变化）清洗槽以 $300 \sim 400L$ 为宜（但对于自动或半自动式行车生产线，其清洗槽容积都在 $1000L$ 以上）。清洗槽一般采用三级，如果要增大第一清洗槽浓度以利于回收或处理可采用四级或五级，级数是在最后一个清洗槽溶质浓度不变的情况下，依据第一清洗槽的溶质浓度要求而定的。如果要求第一清洗槽溶质浓度高则可以采用更多级数，反之则可以减少级数。在多级清洗槽的最后一级之后还可再增加一级与前面不相连接的离子交换清洗槽，根据每小时的交换流量可以把工件表面清洗水的溶质浓度控制在 $0.0001g/L$ 以下，这对高质量要求的工件来说是非常重要的。

(3) 最后一级清洗槽中的溶质浓度要求　在体积和级数不变的情况下，最后一级清洗槽中溶质浓度要求越低给水间隔时间就越短。最后一级清洗槽的溶质浓度与带出溶液的成分对工件及环境的影响有关，一般取 $0.01 \sim 0.05g/L$。给水间隔时间也可以第一清洗槽的浓度上限值来确定。

间隙式给水清洗时，给水方式是将第一清洗槽的清洗水排入到回收或处理系统，然后将第二槽的清洗水排入第一槽，依此类推，最后一级清洗水排到前面清洗槽后，放入新的清洗水，这就完成了一个给水周期。在第一清洗槽的底部可安装水阀来完成排水过程，后面清洗槽的水往前面清洗槽排放时可采用手摇泵或电动泵来完成。

以上讲的是完全排空情况下的间隙给水，在更多的情况下，由于工作槽溶液的蒸发，特别是很多工作槽都是在升温的情况下进行加工，所以其溶液蒸发更快，为了维持液面高度需要补加水到工作槽，这时就可以直接将第一清洗槽的清洗水补加到工作槽内，其补加量与工作槽溶液的蒸发量相等。然后再从第二清洗槽排出同体积的清洗水到第一清洗槽，依此类推，最后一个清洗槽排出的水用新的清洗水补加。

六、间隙式多级逆流清洗给水量的计算

例 2： 某碱性处理槽，氢氧化钠浓度为 $C_0 = 100g/L$，从工作溶液中的带出速度 $a = 3L/h$。清洗槽体积 $V = 600L$，清洗级数 $n = 3$，第四清洗槽采用离子交换循环（1000L/h）。试计算：

① 为了使 $C_3 = 0.06g/L$，给水周期应为多少小时？

② 这时的 C_1、C_2、C_3 分别是多少？

③ 离子交换清洗水的平均浓度 C_I 是多少？

④ 换算成每天的给水量是多少？

解 ① 为了使 $C_3 = 0.06g/L$，给水周期的计算：

$B = C_0/100 = 100/100 = 1$

$C_3 = C_3^* B$

$C_3^* = C_3/B = 0.06/1 = 0.06 (g/L)$

通过查表 5-16 可知，相当于 $C_3^* = 0.06g/L$ 的给水周期是 14h，其 $C_3^* = 0.057g/L$

$a/V = 3/600 = 0.005$

$0.01/0.005 = 2$，因此给水周期为 $14 \times 2 = 28$ （h）（0.01 为表 5-16 中平衡值所取参数 a/V 值）。

② 这时的 C_1、C_2、C_3 分别是多少的计算方法：

$C_1 = C_1^* B = 13.996 \times 1 = 13.996 (g/L)$

$C_2 = C_2^* B = 1.073 \times 1 = 1.073 (g/L)$

$C_3 = C_3^* B = 0.057 \times 1 = 0.057 (g/L) = 57 (mg/L)$

③ 离子交换清洗水的平均浓度 C_I 的计算：

$C_I = C_3 (a/1000) \times 0.5 = 57 \times (3/1000) \times 0.5 = 0.0855 (mg/L)$

④ 换算成每天的给水量是多少的计算：

给水周期是 28h，以每天工作 8h 计（实际工作时间，不含上、下班准备时间），28h 是 3.5d，换水量 600L；

每天给水量 $= 600/3.5 = 171.428$ （L），约 172L，每小时给水量 21.5L（按每天 8h 计）。

本例计算说明示意见图 5-11。

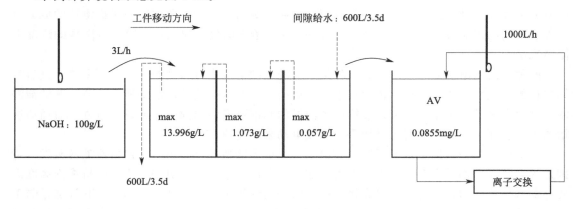

图 5-11　例 2 的计算说明示意（max 指最高值；AV 指平均值）

例 2 是一个三级间隙清洗的例子，现在按例 2 所给的条件采用四级间隙清洗进行计算。

例 3：某碱性处理槽，氢氧化钠浓度为 $C_0 = 100g/L$，从工作溶液中的带出速度 $a = 3L/h$。清洗槽体积 $V = 600L$，清洗级数 $n = 4$，第五清洗槽采用离子交换循环（1000L/h）。计算：

① 为了使 $C_4 = 0.06g/L$，给水周期为多少小时？

② 这时的 C_1、C_2、C_3、C_4 分别是多少？

③ 离子交换清洗水的平均浓度 C_I 是多少？

④ 换算成每天的给水量是多少？

解① 为了使 $C_4 = 0.06g/h$ 给水周期的计算：

$B = C_0/100 = 100/100 = 1$

$C_4 = C_4^* B$

$C_4^* = C_4/B = 0.06/1 = 0.06(g/L)$

通过查表 5-17 可知，相当于 $C_4^* = 0.06g/L$ 的给水周期是 27h，其 $C_4^* = 0.055g/L$

$a/V = 3/600 = 0.005$

$0.01/0.005 = 2$，因此给水周期为 $27 \times 2 = 54$（h）

② 这时的 C_1、C_2、C_3、C_4 分别是多少的计算方法：

$C_1 = C_1^* B = 26.994 \times 1 = 26.994(g/L)$

$C_2 = C_2^* B = 4.365 \times 1 = 4.365(g/L)$

$C_3 = C_3^* B = 0.534 \times 1 = 0.534(g/L)$

$C_4 = C_4^* B = 0.055 \times 1 = 0.055(g/L) = 55(mg/L)$

③ 离子交换清洗水的平均浓度 C_I 的计算：

$C_I = C_4(a/1000) \times 0.5 = 55 \times (3/1000) \times 0.5 = 0.0825(mg/L)$

④ 换算成每天的给水量是多少的计算：

给水周期是 54h，以每天工作 8h 计（实际工作时间，不含上、下班准备时间），54h 是 6.75d，按 6.5d 计，换水量 600L；

每天给水量 $= 600/6.5 = 92.3$（L），约 93L，每小时给水量约 11.7L（按每天 8h 计）。

本例计算说明示意见图 5-12。

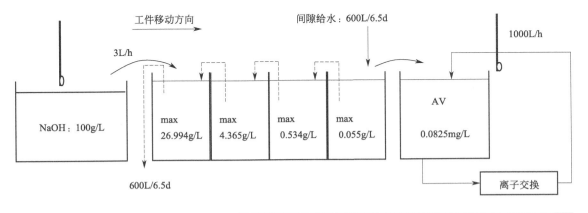

图 5-12　例 3 的计算说明示意图（max 指最高值；　AV 指平均值）

从例 2 和例 3 的计算结果来看，多增加一级清洗槽，每天给水量从 172L 降到了 93L，第一清洗槽的溶质浓度从 13.996g/L 上升到 26.994g/L，浓度接近增加了一倍，这对于需要对第一清洗槽进行回收的意义是非常重大的，也给后续处理带来了方便。

关于间隙式多级逆流清洗的平衡值见表 5-16 和表 5-17。表 5-16 和表 5-17 中的数据摘自中村实所著之《电镀废水闭路循环的理论与应用》。

表 5-16　间隙式三级逆流清洗平衡值

给水周期/h	C_1^*/(g/L)	C_2^*/(g/L)	C_3^*/(g/L)	给水周期/h	C_1^*/(g/L)	C_2^*/(g/L)	C_3^*/(g/L)
1	1.000	0.005	0.000	19	18.989	2.038	0.153
2	2.000	0.020	0.000	20	19.988	2.273	0.182
3	3.000	0.045	0.000	21	20.984	2.520	0.213
4	4.000	0.082	0.001	22	21.981	2.762	0.248
5	5.000	0.129	0.002	23	22.976	3.058	0.287
6	5.998	0.186	0.003	24	23.971	3.350	0.330
7	6.998	0.255	0.006	25	24.967	3.656	0.378
8	7.998	0.336	0.009	26	25.962	3.978	0.432
9	8.998	0.429	0.014	27	26.954	4.312	0.489
10	9.998	0.534	0.020	28	27.945	4.662	0.551
11	10.997	0.649	0.026	29	28.936	5.028	0.620
12	11.997	0.778	0.034	30	29.925	5.407	0.694
13	12.996	0.918	0.044	31	30.914	5.806	0.775
14	13.996	1.073	0.057	32	31.900	6.218	0.861
15	14.996	1.239	0.071	33	32.885	6.646	0.955
16	15.995	1.420	0.88	34	33.868	7.089	1.055
17	16.993	1.612	0.107	35	34.850	7.548	1.163
18	17.991	1.818	0.128				

注：表中平衡数据计算参数里，级数 n 为 3，带出量与清洗槽体积的比值 a/V 为 0.01，溶质浓度 C_0 为 100g/L。

表 5-17　间隙式四级逆流清洗平衡值

给水周期/h	C_1^*/(g/L)	C_2^*/(g/L)	C_3^*/(g/L)	C_4^*/(g/L)	给水周期/h	C_1^*/(g/L)	C_2^*/(g/L)	C_3^*/(g/L)	C_4^*/(g/L)
1	1.000	0.005	0.000	0.000	19	18.996	2.047	0.163	0.010
2	2.000	0.020	0.000	0.000	20	19.998	2.286	0.195	0.013
3	3.000	0.045	0.000	0.000	21	20.996	2.536	0.229	0.016
4	4.000	0.082	0.001	0.000	22	21.997	2.802	0.268	0.020
5	5.000	0.129	0.002	0.000	23	22.995	3.082	0.312	0.025
6	5.998	0.186	0.003	0.000	24	23.995	3.379	0.361	0.031
7	6.998	0.255	0.006	0.000	25	24.995	3.693	0.416	0.038
8	7.998	0.336	0.009	0.000	26	25.996	4.022	0.478	0.046
9	8.999	0.429	0.014	0.000	27	26.994	4.365	0.534	0.055
10	10.000	0.534	0.020	0.000	28	27.991	4.724	0.615	0.065
11	10.997	0.649	0.026	0.000	29	28.990	5.101	0.696	0.077
12	11.998	0.778	0.035	0.001	30	29.988	5.495	0.784	0.091
13	12.997	0.919	0.045	0.001	31	30.987	5.907	0.880	0.106
14	13.999	1.075	0.059	0.002	32	31.984	6.334	0.984	0.124
15	14.998	1.243	0.074	0.003	33	32.981	6.780	1.097	0.144
16	16.000	1.425	0.093	0.005	34	33.978	7.243	1.220	0.166
17	16.998	1.618	0.113	0.006	35	34.974	7.724	1.352	0.191
18	17.997	1.825	0.136	0.008					

注：表中平衡数据参数里，级数 n 为 4，带出量与清洗槽体积的比值 a/V 为 0.01，溶质浓度 C_0 为 100g/L。

七、连续式和间隙式给水总量比较

现在将例 1、例 2、例 3 三个例子中的总给水量作一个比较，见表 5-18。

表 5-18　例 1、例 2、例 3 清洗方法总给水量比较

清洗方式	总给水量/(L/h)	工作槽浓度	各清洗槽溶质浓度/(g/L)			
			C_1	C_2	C_3	C_4
二级串联连续给水逆流清洗	177			0.05		
三级串联连续给水逆流清洗	49				0.05	
四级串联连续给水逆流清洗	26	100g/L				0.05
三级间隙给水逆流清洗	21.5		13.996	1.073	0.057	
四级间隙给水逆流清洗	11.7		26.994	4.365	0.534	0.055

从表 5-18 中能很直观地看出在不降低清洗质量的前提下间隙给水清洗比连续给水清洗更加节水，所以，不管是从环保还是从生产成本考虑，都应该将多级间隙式逆流清洗作为首选方案。

八、间隙给水-连续给水混合清洗系统简介

前面已经讨论了连续给水和间隙给水的优缺点，在此，将两种水洗方式有机地结合起来，组成间隙给水-连续给水清洗系统。

这种方式是在工作槽的旁边用两个到三个间隙给水清洗槽，然后在最后一个间隙给水清洗槽后再增加几级连续给水清洗槽，如图 5-13 所示。

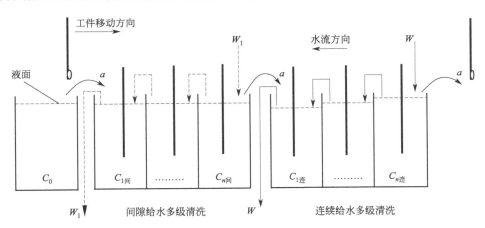

图 5-13　间隙多级给水-连续多级给水联合清洗示意图

　　a—溶质带出速度，L/h；W_1—间隙式多级清洗给水周期，h；W—连续给水多级清洗给水量，L/h；C_0—工作液溶质浓度，g/L；$C_{1间}$—间隙给水第一级溶质浓度，g/L；$C_{n间}$—间隙给水第 n 级溶质浓度，g/L；$C_{1连}$—连续给水第一级溶质浓度，g/L；$C_{n连}$—连续给水第 n 级溶质浓度，g/L

图中前半部分的间隙多级给水的目的是为了提高第一清洗槽中的溶质浓度，以利于回用或集中处理，而后半部分的连续给水多级清洗是为了给水方便而增加的多级清洗槽。这种方式既满足了清洗水的富集又满足了生产中清洗给水量的操作可行性。

给水周期及给水量的计算：这里的给水周期主要是针对前半部分的间隙多级给水，给水量是两部分给水的总和。

给水周期主要由第一清洗槽中的溶质浓度来决定，要求浓度越高周期越长，相应这部分的给水量就越少。在生产中不可能无限制地富集第一清洗槽中的溶质，笔者推导过一个对第

一清洗槽中溶质浓度的计算公式：

$$C_{1间} = [0.01C_0V/(a+V)]H$$

式中　$C_{1间}$——间隙给水第一清洗槽的溶质浓度，g/L；
　　　C_0——工作液溶质浓度，g/L；
　　　V——清洗槽体积，L；
　　　a——带出量，L/h；
　　　H——给水周期，h。

通过以上公式可以计算出第一级间隙清洗槽中的溶质浓度，其计算结果与表5-16和表5-17及笔者的实验基本相符合，可以满足对第一清洗槽溶质浓度的估算。也可以按间隙清洗的计算方式来进行 n 级间隙清洗槽中各槽溶质浓度的计算。

对于后半部分的连续给水清洗部分就不能采用连续给水所推导的公式进行计算，因为间隙给水清洗系统的最后一个清洗槽中的溶质浓度是一个随时间延长而上升的函数，是一个变量，所以，在计算中无法得到一个浓度相对稳定的 $C_{n间}$ 值，这时就只能通过对 $C_{n连}$ 的溶质浓度的化学计量分析，或通过电导仪测量电导的方式来对清洗水的给水量进行控制。

在实际应用中，间隙式清洗的级数多少对后续连续给水清洗的给水量有很大影响。级数越多，在第一级清洗槽中溶质浓度一定的前提下，最后一级清洗槽中的溶质浓度就越低，那么连续给水清洗的给水量就越少。一般来说间隙给水清洗有二级就能满足清洗的要求，因为第一级槽中的溶质浓度与级数无关，只与周期成正比。后半部分的连续给水清洗系统采用二级或三级即可。

这种方式的具体级数的选取可根据工艺要求或工厂的实际情况而定。

第六章

防蚀技术

防蚀技术是通过丝网印刷技术、光化学成像技术、激光光刻技术、刻划防蚀层技术及图文电镀/化学镀技术等方法，将选定的图文复制到需要进行化学铣切加工的零件表面，形成一层可以防止腐蚀的阻挡层，通常称为防蚀层。这一过程也可称为图文转移过程。

图文转移根据所使用的方法不同又可分为直接图文转移和间接图文转移两种。

直接图文转移是通过光化学成像技术或丝网印刷技术，直接将所需要的图文转移到工件表面的一种方法。这种方法适用于可直接感光或丝网印刷的平面或柱面的图文转移。刻划法也是直接图文转移的一种。

间接图文转移是把需要转移的图文，先通过光化学成像技术或丝网印刷技术转移到一个柔性载体上，再通过这个载体将图文转移到工件表面的一种方法。这种方法适用于不可以或难于直接感光或丝网印刷的球面，或其他表面形状复杂的工件。这一方法在异形模具花纹的化学铣切上应用非常广泛。

移印也是间接图文转移的一种，对于可通过移印进行图文转移的工件，在批量生产时，是非常适用的一种高效率转移方法。

第一节
照相底片制作

不管是丝印防蚀技术或照相防蚀技术，要得到高的图文质量，首先要制作出高质量的照相底片。照相底片的制作首先要设计出图文原稿，图文原稿的形式包括手工或绘图仪绘制的图文底图和通过软件设计的图文文件，然后再将原稿通过照相或光绘的方式输出制作出图文照相底片。

在光绘未普及前，丝印或感光所需图文照相底片都是由美工在铜版纸上绘出图文放大稿，再用制版照相机进行拍照制作出图文底片。这种照相底片的制作方法一则受操作人员技术影响较大，需要经验丰富的暗房师傅才能制作出高质量照相底片；二则制版周期长，并受图文原稿质量的影响很大。

现在的图文底片制作除个别情况外，已很少采用照相制版方式进行，都是通过光绘完成，只需要在电脑上完成图文设计，然后输出到光绘仪就可以绘出所需图文照相底片。

关于制版照相机及光绘设备的结构及操作方法，不是本书的讨论范围，有兴趣的读者可以参考这方面的专著。本节只着重介绍图文底片的制作及拼版技术。

照相底片目前有两种，即银盐感光片和重氮感光片，本节主要介绍银盐感光片的使用方法。

一、银盐感光片的制作方法

1. 银盐感光片的构造

银盐感光片由保护膜、乳剂层、结合膜、片基和防光晕层组成。

银盐感光片的结构示意图如图6-1所示。

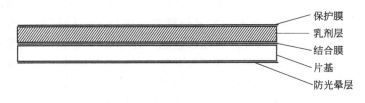

图6-1　银盐感光片的结构示意图

（1）乳剂层　底片乳剂的主要成分是溴化银（AgBr）、氯化银（AgCl）、碘化银（AgI）等银盐感光剂及明胶和色素。银盐是感光片的关键部分，在光的作用下，银盐吸收光子的能量还原出银核中心。银盐不溶于水，所以使用明胶使之成均匀的悬浮状态。为了增加乳剂的感光性，乳剂中还要添加一些色素体。

（2）片基　片基是感光乳剂层的载体，感光银盐的明胶乳液通过涂布设备，涂布在硝化纤维、乙酸纤维或涤纶片基上。在这几种片基中，以涤纶片基的尺寸稳定性最好。

（3）结合膜　为了提高乳剂和片基间的结合力，采用了明胶、铬矾的水溶液作为结合层，使之牢固结合。

（4）保护膜　为防止乳胶层磨损，使用明胶或其他水溶性胶涂布在乳剂层表面上，作为保护层。

（5）防光晕层　防光晕层是为了防止底片片基底面反射光线，使乳剂层再次感光而产生光晕。防光晕层是采用明胶加碱性品红的水溶液涂覆在片基的背面，用以吸收光线，防止光晕。

2. 银盐照相底片的感光特性

（1）感色性　不同底片对不同波长的色光，敏感度不同，银盐底片对紫外光感受力最强，紫色光次之，对橙红色光几乎不能感光，因此在使用银盐底片时可以使用红色光作为安全光。

（2）感光度　感光度表示感光材料对光化学作用的反应能力和反应速率。通常是指在一定条件下，底片上得到一定光密度所需要能量的大小。光密度是指乳剂层内还原出银粒的多少，光密度越大还原的银粒就越多，光密度越小还原的银粒就越少。

对于制板使用的照相底片，要求透明部分的光密度要小，不透明部分的光密度要大。光密度（D）可用下面公式表示：

$$D = \lg(\lambda_入 / \lambda_透)$$

式中，D 为光密度；$\lambda_入$ 为入射光能量；$\lambda_透$ 为透射光能量。

（3）反差系数　反差系数反映了底片在经过不同强度的光源曝光后，按标准工艺冲洗，其光密度变化大小的程度。制板使用的照相底片，应选用反差大的底片。

（4）感光速度　感光速度是指照相底片对光的灵敏度。

（5）分辨率　分辨率是指在 1mm 长度内能分辨黑白等距线条的最大数目。分辨率大小除了与照相底片银盐颗粒大小有关外，还与照相机镜头、调焦、照相底图的反差、光绘仪的光头和冲洗效果有关。

3. 银盐片的制作

银盐片制作流程简图如图 6-2 所示。

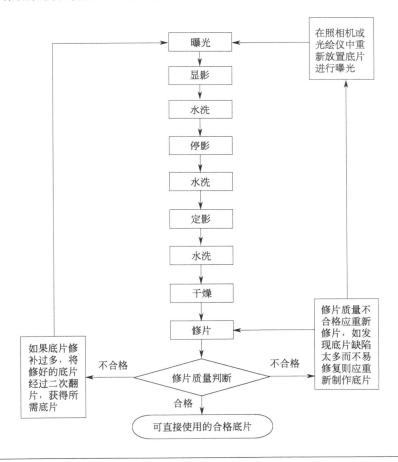

图 6-2　银盐片制作流程简图

（1）曝光　曝光是指底片用制版照相机曝光光源，或光绘仪的激光光源进行光化学成像的过程。经曝光后的底片，银盐还原出银，但这时在底片上看不到图形，称为潜像。

（2）显影　显影是将经曝光形成潜影的底片，放入显影液中使曝光后的银盐还原成黑色银粒的过程。由于制版底片的感光速度慢，因此可以在较暗的安全灯下进行显影。当底片正反两面黑色影像的颜色深度一致时，就应当停止显影，将底片从显影液中取出经水洗、酸性停影、水洗后放入定影液中定影。

显影液由显影剂、保护剂、促进剂和抑制剂配制而成。显影剂的作用是将感光后的银盐还原成银，因此显影剂都是一些还原剂。常用的显影剂有对甲氨基苯酚磺酸盐（米吐尔）、菲尼酮和对苯二酚（几奴尼）。其中对甲氨基苯酚磺酸盐和菲尼酮是主显影剂，对苯二酚是辅助显影剂。保护剂的作用是防止显影剂氧化而失去显影作用，常用的保护剂是无水亚硫酸钠。促进剂是一种可以促进银盐还原的添加物质，常用的促进剂有无水碳酸盐及氢氧化钾等碱性物质，但氢氧化钾或氢氧化钠不能用于以米吐尔为主显影剂的配方。抑制剂的作用是在显影时，抑制没有感光的银盐还原成银，以防止显影时未曝光的地方产生灰雾，溴化钾（KBr）是常用的抑制剂，其对感光的银盐抑制作用弱，对未感光的银盐抑制作用强。在菲尼酮显影配方中，苯并三氮唑也是常用灰雾抑制剂。

显影液的温度对显影速度影响非常大，显影温度越高，显影速度越快，较为合适的显影温度为 $18\sim25℃$。常用显影液配方及操作条件见表 6-1。

表 6-1　常用显影液配方及操作条件

	材料名称	化学式	含量/(g/L)	
			配方1	配方2
溶液成分	米吐尔	—	1	—
	无水亚硫酸钠	Na_2SO_3	75	50
	对苯二酚		8	8
	溴化钾	KBr	3	2.5
	菲尼酮	—	—	0.2
	苯并三氮唑	—	—	0.2
	氢氧化钾	KOH	—	3
	无水碳酸钾	K_2CO_3	30	30
操作条件	温度/℃		$18\sim25$	$18\sim25$
	时间/min		$1\sim3$	$1\sim3$

显影液的配制（以配方 1 为例）：①量取 300mL $30\sim35℃$ 经煮沸的纯水倒入 1L 的烧杯中，将米吐尔放入纯水中，搅拌使其完全溶解，然后加入对苯二酚，搅拌溶解完全，配成 A 液；②余下的化学药品用同样的方法溶解在 500mL 经煮沸的纯水中配成 B 液；③在不断搅拌的条件下，将 A 液慢慢倒入 B 液，并加纯水至 1L 即可用于显影。

（3）水洗　经显影后的底片用流动水冲洗干净底片表面多余的显影液，并迅速放入停影液里停影，以防过显。

（4）停影　显影并经水洗后的底片在 1%～3% 的乙酸（HAc）溶液中停影，停影的目的是防止底片上残余的显影液对底片造成过显。同时也防止将残余显影剂带入定影液，影响定影效果。这一步并不是必需的过程，显影并经大量水冲洗后也可直接进行定影。

（5）水洗　停影后的底片，经水冲洗后即可进行定影。

（6）定影　定影就是把底片上没有曝光还原成银的银盐溶解掉，成为透明部分，形成高反差的底片图像。定影时间一定要够，否则底片存放一段时间后容易发黄。定影时间以底片上没有曝光的部分完全透明后，再增加 1 倍时间为准。定影液的常用配方及操作条件见表 6-2。

表 6-2　定影液的常用配方及操作条件

<table>
<tr><td rowspan="3">溶液成分</td><td rowspan="3">材料名称</td><td rowspan="3">化学式</td><td colspan="4">含量/(g/L)</td></tr>
<tr><td colspan="2">配方 1</td><td colspan="2">配方 2</td></tr>
<tr><td>A</td><td>B</td><td>A</td><td>B</td></tr>
<tr><td>无水亚硫酸钠</td><td>Na_2SO_3</td><td>12</td><td>—</td><td>12</td><td>—</td></tr>
<tr><td>硼酸</td><td>H_3BO_3</td><td>2</td><td>—</td><td>7.5</td><td>—</td></tr>
<tr><td>冰醋酸</td><td>HAc</td><td>6</td><td>—</td><td>15</td><td>—</td></tr>
<tr><td>硫酸铝钾</td><td>$KAl(SO_4)_2$</td><td>20</td><td>—</td><td>20</td><td>—</td></tr>
<tr><td>硫代硫酸钠</td><td>$Na_2S_2O_3 \cdot H_2O$</td><td>—</td><td>100</td><td>—</td><td>200</td></tr>
<tr><td rowspan="2">操作条件</td><td colspan="2">温度/℃</td><td colspan="4">20～30</td></tr>
<tr><td colspan="2">时间/min</td><td colspan="4">10～15</td></tr>
</table>

定影液配制方法：

在配制时，按照表 6-2 配方分别配制成 A 液和 B 液，按表中顺序将各种化学药品分别溶解在 300mL 经煮沸的纯水中。在溶解过程中，要等先加的药品溶解完全后再加后一种，到最后所有的药品完全溶解后，将 A 液和 B 液混合，并加纯水至 1L 即可用于定影。

（7）水洗　定影后的底片上还粘有化学药品，如不冲洗干净，底片会发黄。通常用流动水至少冲洗 20min，冲洗时注意不得划伤底片。

（8）干燥　底片干燥采用自然的晾干方式。将底片用曲别针固定在绳子上，底片之间要间隔一定距离，避免底片之间相互重叠。

（9）修片　底片干燥后，首先在透图台上检查底片图文的光密度，要求图文部分全黑不透光，而非图文部分透明度好无灰雾。然后检查图文线条缺陷，这些缺陷包括砂眼、锯齿、多余连线等。如发现这些缺陷要及时修补，修补材料采用黑色或红色油墨，也可采用其他修片材料，底片上的多余物用修版刀刮掉。如果修补不多，经修好并晾干后即可使用，如果修补太多，则应重新翻片。

二、重氮片简介

1. 重氮片的特点

重氮片是一种非银盐感光材料，是将一层非常薄的含有重氮盐的光敏材料及有色染料偶合剂和稳定剂涂覆在聚酯基片上构成的。重氮盐在紫外光照射下分解，未曝光部分在显影过程中接触热氨气，将酸性稳定剂中和，并触发了有色染料偶合剂的化学作用，从而显像出能阻止紫外光、密度很高的彩色图像。重氮片显影后的颜色一般为橙色或深褐色。重氮片与银盐片相比主要有以下优点：

（1）分辨率高　重氮盐分子颗粒小，只有 1.5nm，而银盐颗粒是 300nm。重氮盐分子颗粒是银盐分子颗粒的 1/200，因此重氮片可以做到比银盐片更高的分辨率，可达 1000 线/mm。

（2）操作方便　重氮片的感光波长范围是紫外线（300～450nm），且感光速度是银盐感光片的 1/10～1/5，因此可以在普通灯光下曝光和显影。

（3）显影方便　通常在 50～60℃的氨水蒸气中显影，不需要定影，且没有过显影问题。显影后不需要再经冲洗或干燥。

2. 重氮片使用注意事项

（1）重氮片在未曝光前，不应长时间暴露在含氨的空气中。

（2）重氮片在未显影前，不要长时间暴露在灯光下。

（3）重氮片在保存和使用时，绝对不能接触乙醇等有机溶剂。

（4）重氮片在修版时，需用专用的修版料，否则会造成光密度不够或易脱落。

（5）重氮片在显影时温度不能太高。

三、照相底片的检验

照相底片的检验一般包括以下几项内容：

（1）照相底片的外观检验　照相底片的外观检查大多采用目检，即用肉眼（标准视力，正常色感）在最有利的观察距离及合适的照度下检验，不用放大镜进行检验。合格的底片外观平整、无折皱、无破裂、无划痕、无油污、无灰尘和指纹。如发现有灰尘和指纹可用脱脂棉沾乙醇轻轻擦拭干净，切不可用棉纱等粗纤维材料用力擦拭。

（2）细节和细节尺寸检验　细节检验时一般使用线性放大约 10 倍或 10 倍以上的光学仪器进行检查。检验时使用透射光检查是否有针孔、边缘缺口等导线缺陷和导线间是否有污点等。细节尺寸检验应使用带有测量刻度，并可进行读数的线性放大约 100 倍或以上的专用光学仪器，如读数显微镜等。

（3）光密度检验　光密度是指透射光密度，检验时可以使用普通光密度计测量透明部分和不透明部分，测量面积为 1mm 直径。要求不高时也可以用目测法检验，最简单的目测检验方法是将底片在透射光照情况下进行检查，透明部分光线无任何可见灰度，不透明部分完全不透过光线视为合格。

（4）尺寸及尺寸稳定性检验　尺寸检验采用测量精度为 0.02mm 或 0.01mm 的游标卡尺进行检查，尺寸精度以设计要求为准。

底片尺寸稳定性是保证批量图文转移重现性的关键。任何有机材料片基都会根据环境变化而产生伸缩，造成底片纵向和横向尺寸变化，除非使用玻璃制作底片，但玻璃底片显然并不能满足变化多样的生产需要，只有对重要底片的长期保存，才会考虑制作玻璃底片。关于玻璃底片的制作方法，由于工序要求严格，同时非专业人员也难于进行，在此亦不作介绍。

所以，在实际生产中，还是要根据底片片基的性能寻求解决的方法。从片基材料来看，厚的片基对环境变化的敏感程度比薄片基小一些；涤纶片基比硝酸纤维片基和乙酸纤维片基的稳定性好。在片基材料和厚度一定的情况下，环境温度和湿度的变化是影响底片尺寸偏差最主要的因素。也就是说，照相底片的尺寸偏差主要是由环境温度和相对湿度决定的。且底片尺寸越大，总偏差就越大。表 6-3 提供了底片尺寸变化与环境温度和湿度之间的关系。

表 6-3　底片尺寸变化与环境温度、湿度之间的关系

底片尺寸/mm	温度变化范围/℃	相对湿度变化范围/%	底片偏差/mm
254	±4	±9	0.0254
508	±2	±4.5	0.0254
762	±1	±3	0.0254
1016	±1	±2	0.0254

照相底片原包装在使用之前，可先打开包装，在制版环境中闭光放置 24h 以上，使未曝光的底片在一定环境温度、湿度下充分暴露，以减小底片经曝光显影后的尺寸变化。

如果在底片制作过程中需要对底片进行复制，则应对原始底片的尺寸作严格检查，经确

认合格后，才能进行翻片。复制底片要做到只能从一张合格的原始底片上复制，而不能用中间使用过的底片作为母片进行复制。

四、底片图文线条及外形尺寸的确定

对于化学铣切所用图文照相底片制作，要注意图文铣切后的尺寸变化，特别是对那些精度要求高的图文更应注意这一点。

为了保证图文铣切精度，在设计图文文件时，应考虑到图文侧蚀量，也就是专业上所讲的化学铣切精度。一般情况下铜及其合金的侧蚀量最小，钢铁及镍合金次之，铝合金侧蚀量最大。侧蚀量越小，铣切精度越高。常用金属的化学铣切深度及对应公差如图 6-3 所示。

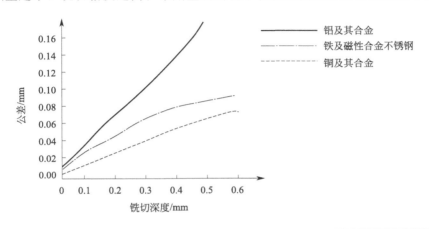

图 6-3　常用金属的化学铣切深度及对应公差

侧蚀量除与金属材料固有的性质有关外，还与铣切剂的组成、铣切方法、铣切温度及时间、材料热处理状态等有很大关系。

在实际生产中铝合金的侧蚀量，在受控铣切的情况下，单边侧蚀量一般为铣切深度的 1/3 左右。铜的单边侧蚀量可以达到铣切深度的 1/5 精度。

金属侧蚀量与铣切深度的关系如图 6-4 所示。

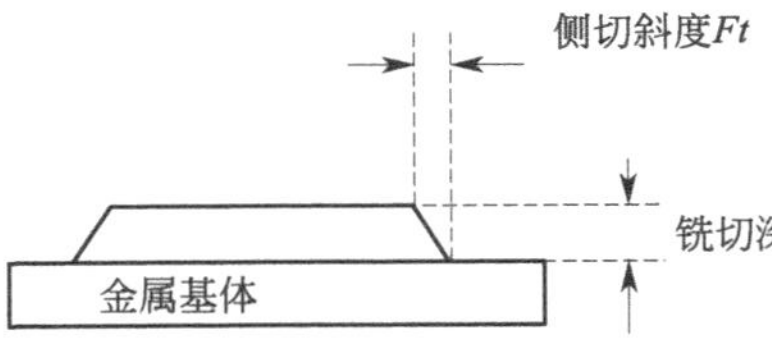

如果对于镂空铣切就不能采用单面铣切方式，特

图 6-4　金属侧蚀量与铣切深度的关系

别是对那些材料较厚且线条精细的图文加工，需要采用双面铣切方式。双面受控铣切加工的侧蚀量，对于铝合金双边侧蚀量约为被铣切材料厚度的 1/4。对于其他金属，具体侧蚀量必须通过实验确定，切不可估算。

在进行镂空铣切时，圆孔直径应不小于材料厚度的 125％；方孔边长及菱形的最小对角线不应小于材料厚度的 150％。这个要求同样也适合于非镂空的图文铣切。

对于较厚的材料且要求图文精细的镂空铣切，根据一些工厂的经验，先把已做好图文的正面用保护胶纸封闭，铣切背面，经铣切到材料厚度一半时，再把正面保护胶纸去掉，同时两面进行铣切，也可把背面的图形尺寸放大以防止大小孔的现象。这是一种很有效的方法，在生产中可以借鉴。

在设计照相底片时，如果要求图文线条精细且有较深的铣切深度或进行镂空铣切，必须要把侧蚀量计算准确，否则经铣切后的图文会有较大的失真而造成铣切失败。这里要注意一个问题，在进行图文铣切时，有阳文铣切和阴文铣切。阳文铣切，经铣切后的图文线条尺寸会变细；经阴文铣切后的图文线条尺寸会变粗。所以在制作照相底片时一定要注意这个问题。照相底片线条尺寸估算方法如下：

图文铣切（阳文）：照相底片线条尺寸＝要求图文线条尺寸＋铣切深度×F×2

图文铣切（阴文）：照相底片线条尺寸＝要求图文线条尺寸－铣切深度×F×2

镂空铣切（单面铣切）：照相底片图文尺寸＝要求图文尺寸＋材料厚度×F×2

镂空铣切（双面铣切）：照相底片图文尺寸＝要求图文尺寸＋材料厚度×F

式中，F 为侧蚀率。

式中的镂空铣切是指刚铣切透时的侧蚀量，这时的铣切截面并不是一垂直面，而是一向外突起的尖角，尖角突出部分约为材料厚度的 1/4，如要将尖角铣切成近乎垂直的截面，还需要继续铣切，由此而产生的新的侧蚀量根据截面要求不同而异，这主要通过实验获得数据，在设计底片时应把这一增加的侧蚀量加上。

现举一例来说明：

某零件外形及尺寸要求如图 6-5(a) 所示，材料厚度 $t=0.4$mm，侧蚀率 $F=0.5$，采用双面铣切。通过以上公式计算得出底片的尺寸如图 6-5(b) 所示。这只是个例子，生产中的实际尺寸必须以实验数据为准。

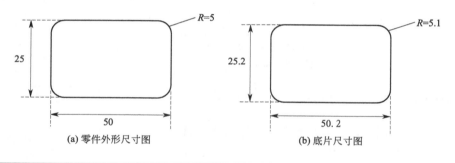

(a) 零件外形尺寸图　　　　　(b) 底片尺寸图

图 6-5　实际零件外形尺寸和底片尺寸要求

五、拼版技术

拼版就是将多个零件按一定方向和间距拼接在一起。这也是金属化学铣切的优势所在，通过拼版技术就可以把多个相同或不相同的零件拼在一起同时进行铣切，以提高生产效率。

拼版技术根据金属铣切要求不同而异。一是用于浮雕图文铣切，二是用于镂空铣切或用于化学切割。根据图形要求的不同有不同的拼版方法，在这里也不可能将所有的拼版方法一一列举。为了便于叙述，同时也直观，下面以图 6-6 为例来说明。

拼版图 6-6(a) 中的小孔既是零件的安装孔，同时也是定位孔。定位孔根据情况，可以先用定位冲模冲出。加工外形时用跳步模进行冲裁。也可在铣切时，铣切出定位孔位，经铣切后用钻床钻出定位孔，再用钻出的定位孔套在冲模定位销钉上进行冲裁。前者适用于大批量生产，后者适用于小批量生产。

拼版图 6-6(b) 中空白处的黑线为零件连接线，即化学切割带，其作用是保证经化学切割后的零件不掉入腐蚀槽中。

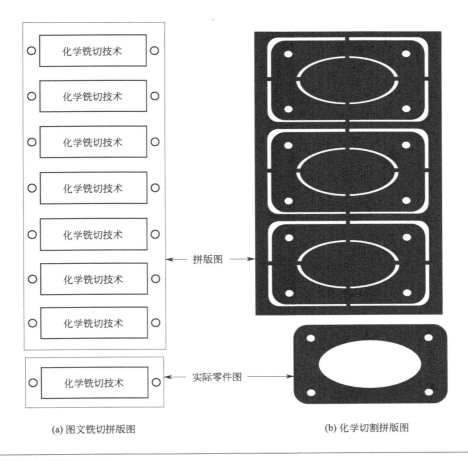

(a) 图文铣切拼版图   (b) 化学切割拼版图

图 6-6　拼版样式示意图

第二节
防蚀层制作的基本要求

一、对防蚀层的要求

化学铣切对防蚀层的要求主要表现在以下几个方面。

1. 防蚀材料在工件表面的附着强度及韧性

当工件浸泡在铣切溶液中时，防蚀层必须牢固地黏着在工件表面上，因此，防蚀层既要有牢固的附着力，又必须有足够的内在强度，以保护铣切区的边缘，使加工出来的结构图形（凹槽或凸台）边缘及轮廓整齐清晰。对于图文铣切工件，要求图文饱满、边缘整齐等。在这里对防蚀层有一个厚度要求，过厚过薄的防蚀层都会对化学铣切后的线条结构产生影响，铣切液浓度越大这个影响就越明显。防蚀层太薄容易产生秃肩，防蚀层太厚容易倒钩（也即是锐边）。

对于刻划制图的防蚀层，要求所用防蚀剂对金属表面要有足够的黏附力，才能保证在铣切过程中防蚀层不脱落，因而在涂防蚀层时，工件表面的化学清洁质量极为重要，市场上所供应的防蚀材料，对于达到标准清洁度的表面，都具有不错的黏附力。假若工件表面上有油污而使黏附力太低，铣切加工后的边沿轮廓就会很不整齐。如若表面上有氧化膜或表面粗化而使黏附力过高，则很难把防蚀层从工件表面剥离下来。另一个重要之处是，为了使化学铣切加工的质量良好，还必须考虑到防蚀层的高温黏结性能，即在铣切液温度高达 100℃ 的情况下，其仍能够可靠地黏附在工件表面上。同时它还应有较好的柔韧性，以便使化学铣切时产生的气体很容易地从内圆角边缘处排出。

2. 防蚀层的易于清除性

防蚀材料不仅需要满足上面所谈到的对金属表面的附着强度问题，同时，这层防蚀层完成其工作使命后，还得容易采用化学溶解或采用超声波辅助的方法退除，否则就会给产品加工带来不便，特别是对一些高精密的产品，很难想象采用物理的破坏方法去进行防蚀层的清除。对于刻划法制作防蚀层，还得要求防蚀材料对金属表面的黏附力也不能过大，否则，在铣切加工之前，人工剥离防蚀层会比较困难，甚至难以进行。

3. 防蚀层的化学稳定性

防蚀层的化学稳定性（即抗腐蚀性）是对所选防蚀材料最基本的要求。在化学铣切中有两种不同的铣切体系，即酸性铣切和碱性铣切，这就对防蚀层在选定的铣切体系中的化学稳定性提出了要求。对于酸性铣切体系的防蚀材料，市场上有较多的商品，同时很多油漆也具有在酸性环境中的化学稳定性能。而碱性铣切体系对防蚀材料的要求较高，市场上拥有量较多的抗酸防蚀材料是不能胜任的，需要采购专用的抗碱防蚀材料，这种材料的价格都较抗酸防蚀材料高，所以在选择铣切体系时要根据市场防蚀材料的行情来定，否则会给生产带来一系列不利影响。

综上所述，化学铣切对防蚀材料的要求，一方面要求其具有高的附着强度、高的抗化学破坏性能以及抗铣切时的高温、压力等物理因素的冲击；另一方面又要求防蚀材料要易于清除，否则，性能再优异的防蚀材料都是没有实用价值的。这就是一对矛盾体，同时它们之间也是一种辩证关系，一种对立统一的辩证关系，既需要其优异的附着力及抗化学破坏性能，又需要其易于清除。

二、防蚀层制作技术简介

1. 刻划法

刻划法防蚀层制作的基础是需要既能满足化学铣切时的各项要求同时又要容易剥离的防蚀材料及其配套的样板及熟练的刻划技术，这一方法受样板及刻划技艺的影响很大。对于普通民用领域的化学铣切很少采用刻划法来进行防蚀层制作，这一方法主要用于宇航工业某些部件及一些大型工件的铣切加工，在这些特殊领域中刻划法是其他方式不可代替的。

2. 照相化学铣切法

照相化学铣切法的基础是光敏防蚀层，这种防蚀层是把感光树脂溶解于有机溶剂中而成为一种溶液，当把这种溶液作为一种涂料涂覆到金属表面上并经过烘干之后，它就成了一种对光很敏感的耐蚀薄膜。如在这层感光膜上，放上一张带有图文的胶片，当紫外线透过这层带有图文的照相胶片时，感光膜在透过胶片非图文部分的紫外线照射下曝光，这种光敏防蚀层中的树脂便会在紫外线的作用下光聚合并牢固附着在胶片透光部分的金属表面上，而这部分经过曝光而聚合的防蚀层和那些被胶片中有图文部分遮蔽而未受光照的光敏防蚀层不同，在显影剂中它们是不溶解的，通过感光与未感光的光敏抗蚀材料在显影剂中的溶解特性的不同，从而完成防蚀层的制作，这一方法由于制作精度高、效率高而被普遍采用，可以认为，对于要求精密的图文铣切来说，这是目前使用得最为普遍的防蚀层制作技术。

3. 丝网印刷法

高精度丝网印刷防蚀技术的发展和起步都晚于照相化学铣切法，但其发展的速度和普及程度远比照相化学铣切法快。关于丝网印刷防蚀层，其实也可以看成刻划防蚀技术的另一种做法，是采用漏印的方式将需要保护的图文部分转印在金属表面来完成图文防蚀层制作并达到保护的目的。

在这里要做一个说明，虽然从上面所讲述的顺序来看，对于化学铣切的防蚀处理，几乎网印技术都晚于感光技术，其实并不是这样的。采用丝网遮蔽进行防蚀层涂覆实际应用要早于感光法，在感光法普及之前曾大量用于早期线路板的制造，只是由于当时的丝印技术不管是制网技术、抗蚀材料还是丝印工艺和现在相比都要落后很多，随后感光技术的成熟并普及使用，这才使丝印技术在精密化学铣切中的应用逐渐消退。随着丝印制版、抗蚀材料及丝印工艺等技术的不断提高，今日的丝印技术在某些方面已经可以和感光技术一争高下，同时丝印技术设备投入及生产成本都比感光法低，使得这一技术在化学铣切加工这一领域又重新得到了应用。

4. 激光光刻法

激光光刻法在化学铣切领域中的应用已有相当的历程，只是用于普通化学铣切的防蚀层制作，是近十几年才逐渐普及的。这一方法是采用喷涂或电泳的方法将防蚀材料涂覆在工件表面，然后再用激光光刻机将需要铣切的图文部分的防蚀层光刻去除，暴露出基体金属。这一方法对平整工件表面的阴图文铣切具有较大优势，其最大的特点是，图文精细度高，可以一次批量光刻出边缘平直且非常精细的几乎无缺陷的线条或图文，这是丝印法甚至感光法都难以做到的。

5. 图形电镀或化学镀法

图形电镀或化学镀法其实是感光法或丝印法与电镀或化学镀相结合的一种防蚀技术，这种方法曾广泛用于线路板的制造，在其他非线路板制造行业较少采用。

图形电镀防蚀层在 PCB 加工中获得广泛应用。其详细工艺流程为：钻孔合格板验收→上挂→除油→水洗→酸洗→水洗→除油效果自检→粗化→水洗→酸洗→水洗→预浸处理→活化→水洗→解胶→水洗→化学镀铜→水洗→板面电镀铜加厚→水洗→微粗化→水洗→酸洗→水洗→干燥→线路图形转移→修版→线路图形转移检查→装挂→清洁处理→水洗→微粗化处理→水洗→图形镀铜→水洗→活化→水洗→图形电镀防蚀层→水洗→脱膜→水洗→酸洗→水洗→化学铣切→水洗→干燥→检查→转后工序加工。

在玻璃上进行化学沉银，然后采用感光法进行图形转移，再将化学银层腐蚀后进行玻璃的精细线条化学铣切，这种方法也可称为反图形镀法。在金属工件上将需要铣切的部分采用感光或丝印法保护起来，然后电镀或化学镀上防蚀层，再去掉预先制作的保护层的方式也是反图形镀法，只是这种方法采用得更少。

6. 二次转移法

二次转移法主要用于无法采用一次转移法进行图文转移的工件，这一方法主要是针对一些异形面、型腔内壁等难以用丝印或感光的方法进行防蚀层制作的表面。在这些类型的工件中以各种模具型腔为主，是模具型腔的标准转移方法。二次转移有三个部分，一是图文的丝印，二是转移膜的制作与性能，三是转移的过程。二次转移将在本书第八章中进行详细讨论。

对于防蚀层制作来说，主要包括三个要素，一是模板，二是防蚀材料，三是防蚀图文的制作方法。

第三节
丝网印刷图文防蚀技术

丝网印刷图文防蚀技术，就是采用丝网印刷的方式来获得所需的图文防蚀保护层，再用化学铣切液进行图文铣切的方法。这种方法同样也可用于形状简单的结构化学铣切及成型化学铣切的防蚀层制作。

丝网印刷图文防蚀技术设备投资小，加工成本低，生产效率高，被大量用于图文的防蚀层制作。本节将对这一技术从材料性能、选择、网版制作及丝网印刷方法等有关方面进行详细讨论。

丝网印刷是利用丝网进行网版印刷的加工方式。是采用丝网作印版，在印版上形成图文和模板两部分，模板部分防止印料通过，图文部分通过刮板在印版上刮动挤压使印料通过图文网版，漏印在承印物上的一种印刷方式。就其范畴而言，属于滤过版印刷。

一、丝网

1. 丝网的基本知识

丝网是丝网印刷中最基本的材料，丝网既是印刷转移图文版的支撑和载体，同时丝网网孔能让油墨顺利通过，以得到所需要的图文效果。丝网根据编织材料的不同可分为绢网、尼龙网、聚酯网及不锈钢网。丝的材料不同，其弹性和软化点及耐化学药品性能亦有较大差异，简要介绍如下：

（1）丝的种类　既然是丝网，显然这种材料是用丝来编织的。根据丝网的种类不同，也就有了不同的丝。但不管有多少种丝，其丝的组成都可分为"单丝"和"复丝"。所谓单丝是指从某种纤维材料中抽出单根丝来进行编织；复丝是由两根或以上的单丝，先纺织成丝线再编织成丝网。绢网编织所用的丝线都是复丝，尼龙网、聚酯网、不锈钢网多采用单丝，聚酯网线也有的采用复丝，但使用很少。作为丝网最基本的材料，丝都应具备良好的耐印刷性、耐摩擦性、耐化学药品性等。

（2）丝网的弹性　一种物质在外力作用下发生形变，一旦外力消失之后又恢复原状，在物理学上把这种性质称为弹性。同样，丝受到外加拉力的作用会伸长，当外加拉力消失后，丝即复原。但是，当外加拉力超过某种程度，就不能复原。因此把在复原范围内的伸长百分比叫作拉伸率。固定住丝的一端，如果用力猛拉，丝会被拉断。改变拉伸速度可以测量丝的强度。

对于材料而言，拉长后使之收缩，或者弯曲后使之复原，这样反复进行多次，就能检查出材料的疲劳强度。对于丝而言，拉伸疲劳强度是很重要的，这是在进行丝网印刷时，保证丝网在丝网印刷刮板外加力的作用下，被拉伸后的弹性复原能力，这对于保证图文保真度及图文印刷重现性都是很重要的。如果弹性过大，势必使丝网在印刷时形变过大，造成图文转移失真。不锈钢网弹性小，伸缩性小，丝网印刷保真度极高，但也正因为不锈钢网弹性小，所以当受外力作用使之变形后，将不能恢复原始状态而使整个网版报废。尼龙网弹性过大，使用一段时间后，出现弹性疲劳，使网版变松，图文发生形变。聚酯网的弹性介于不锈钢网和尼龙网之间，是目前最好的非金属网材。

（3）软化点　所谓软化点就是由热引起的软化温度及熔化温度。当丝网与网框粘接时，电熨斗的熨烫标准温度必须在软化点以下。例如由尼龙 6 编织的尼龙网，其强度为 5.7%～5.89%，软化点为 190℃，熔点为 215～225℃，延伸率为 25%～38%。由尼龙 66 编织的丝网，强度为 6.6%～9.0%，软化点为 225～230℃，熔点为 250～256℃，延伸率为 20%～30%。从这些数据可看出，由尼龙 66 编织的尼龙网，其印刷适应性比尼龙 6 要好。

聚酯也和尼龙 66 一样具有优良的性质，比如它的强度为 6.6%～7.5%，软化点为238～240℃，熔点为 255～260℃，延伸率为 15%～20%。在耐磨性方面，尼龙是绢的 30倍，聚酯是绢的 10 倍。

（4）耐化学药品性能　丝网在使用过程中需要经受多种化学药品的侵蚀，因此，丝网的耐化学性能是选择丝网时要特别注意的问题。尼龙 66 和聚酯在高温条件下也不受碱的侵蚀，同时，稀乙酸及稀硫酸对它们也不发生化学作用。因此，油墨及稀释剂中混有此类酸时，不会影响丝网的化学稳定性。同时油墨适用范围宽。但是它们容易受到蚁酸、乙酸、苯酚浓溶液的侵蚀，而且甲苯和间二甲苯都能使它们分解，所以在使用过程中，应注意防止接触这些化学药品。

（5）网孔线数　网孔线数即是网目，是指每平方英寸的网孔数量，也可用每平方厘米的网孔数来表示。如德国、瑞士等中欧国家在计算网目时采用平方厘米为单位。用平方厘米为计算单位时，在数字后面加 T，比如 100T、80T 等。而日本则以平方英寸为单位，以平方英寸为计算单位时，一般在数字后面直接加目，比如 200 目、250 目等。T 和目的换算公式：

$$T×2.54＝目$$

比如 100T 换算成目：

100T×2.54＝254 目

目前随着编织技术的不断提高，丝网最密可达 500 目。通常情况下，丝网目数越高，制作的图文越精细。但在实际生产中并非越高越好。丝网过密，油墨通过性变差，印刷图文不饱满，铣切时容易掉墨。精细图文选用 $200\sim300$ 目的丝网，大幅图文铣切，则采用 150 目甚至更低目数的丝网。

（6）开度　开度是指编织丝网所用经线和纬线织出的"格"。以网孔面积的平方根表示，单位为 μm。如某丝网开度为 $70\mu m$，则网孔空格的平均面积为：$70\mu m\times70\mu m=4900\mu m^2$。

在丝网目数相同的情况下，编织所用丝线越细则开度越大，网的空间率越大。开度大的网材油墨通过性好，易于印刷。但过大的开度，会使油墨通过量难于控制。较小的开度油墨通过量易于控制，印刷时需要加大刮板压力，但过小的开度将使油墨难于正常通过。很明显，油墨通过性好坏的指标，首先是由网孔的大小即开度决定的。但是丝网编织的丝线构成，对油墨的通过性同样会有影响，用单丝编织的网其油墨通过性能，要比多丝编织的网通过性能好。在常用的几种网材中，聚酯网、尼龙网、不锈钢网都是由单丝编成的，而绢网是由几根单线纺成丝线后再编成的，所以聚酯网、尼龙网、不锈钢网的油墨通过性能要比绢网好。

丝网的开度受网孔线数（即网目数）及编织丝网所用丝线直径大小的影响。单从语言上不好理解，如用数学公式来表示网孔开度、网孔线数、丝线直径及网格的关系，就能比较容易理解丝网的开度对油墨通过性的影响。

以 200 目的尼龙网为例，通过已知条件可计算出网丝间距、开度、线径等数据。

丝网中开度、网孔线数、丝线直径、网丝间距、丝网厚度、油墨通过量、空格面积及空间率的表示方法及单位如下：

开度为 O，单位为 μm；

网孔线数为 M；

丝线直径为 t，单位为 μm；

网丝间距为 d，单位为 μm；

丝网厚度为 h，单位为 μm；

油墨通过量为 P，单位为 μm^3；

每英寸单位空格面积为 S，单位为 $\mu m^2/in$；

空间率为 η。

计算过程中的常用单位换算如下：

$1in=25.4mm$；$1mm=1000\mu m(1\times10^3\mu m)$；$1mm^2=1000000\mu m^2(1\times10^6\mu m^2)$，$1mm^3=1000000000\mu m^3(1\times10^9\mu m^3)$。

网丝间距：$d=1in/200=25.4mm/200=0.127mm=127\mu m$。

设 200 线尼龙丝网的线径为 $50\mu m$，则其开度为：

$O=(25.4mm/200)-50\mu m=127\mu m-50\mu m=77\mu m$。

在丝网的质量标记中也有不标识出丝线粗度的情况，但开度一般都有标识，通过开度同样可以计算出丝线的线径：

$t=25.4mm/200-77\mu m=50\mu m$。

油墨转移量与网格的空间率有关，以上计算出了网的开度，通过开度即可计算出每平方英寸的实际网孔单位面积（即每英寸的实际空格面积）：

$S=(77\mu m\times200)^2=237160000\mu m^2=237.16mm^2$。

其空间率的计算公式：

$\eta=(OM)^2/(1n\times1000)^2=(77\mu m\times200)^2/(25.4mm\times1000)^2=0.37$，即 37%。

仅用空间率也不能完全确定油墨转移量的多少，还与网的厚度有关，因此还应计算其透过体积。油墨的透过体积与丝网的厚度 h 有关，丝网的厚度最简单的计算就是两根丝线直径之和，200 目的尼龙丝网的单根丝线是 $50\mu m$，丝网厚度 $h=50\mu m\times2=100\mu m$。油墨转移量为：

$$P=(OM)^2\times100\mu m=23716000000\mu m^3=23.716mm^3/in^2。$$

丝网线径、开度、厚度及油墨转移量示意图见图 6-7。

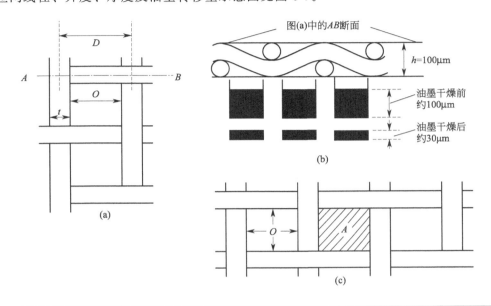

图 6-7　丝网线径、开度、厚度及油墨转移量示意图 (图中丝网材料：　200 目尼龙 66 丝网)
　　　O—开度；D—网孔线间中心距离；A—单个网孔区域；h—丝网厚度；t—丝线直径

2. 丝网的分类

丝网根据选用编织材料的不同，可分为绢网、尼龙网、聚酯网、不锈钢网和金属化丝网等。在这几种丝网中目前使用最多的是聚酯网，下面对这几种丝网的性能及特点作简要介绍。

(1) 绢网　绢网的原料是生丝（蚕丝），是将单丝纺成一定粗细的丝线再编织成网布。绢网是印刷行业应用得最早的一种网材。

绢网的特点首先是耐水性好，富有弹性，复原快。绢网在印刷时，由于弹性好，刮板刮动油墨后网版能立即复原。这一特性对丝网印刷十分重要，这也是绢网能长期应用的原因。其次，绢网耐水耐热，当绷网时，先将绢网浸于水中，使之柔软，然后绷网，即使没有绷网机，也可以用手工方法获得良好的绷网质量，绷好并干燥后就能使网绷得紧而富有弹性。

由于绢网是由几根单丝拧成丝线来编织的，这种丝线较粗并带有细刺。所以绢丝难以织成高密度的网布，即使织成高密度网布，油墨也难以通过，影响丝网印刷质量。同时绢网伸缩性太大，对于追求高精密图文印刷的今天，已逐渐被其他人造纤维网所代替，这种网材现在已很少使用。

由绢网制成的网版，在印刷过程中，油墨通过绢丝网孔时会渗入绢丝中，从而使绢丝变粗，不利于油墨通过。这种网材只有在要求不高的场合还有使用。

（2）尼龙网　目前在丝网印刷中所使用的基本上都是尼龙66。尼龙66富有弹性，既有良好的伸缩性又有良好的耐化学药品性。耐水性和耐磨性也较强。尼龙丝线粗细均匀，油墨通过性能好，在丝网印刷行业得到了广泛应用。即使承印物的印刷表面凹凸不平，印刷的图文也能光洁无疵，这一点是其他网材所不能及的。

尼龙66最大的缺点就是弹性过大，如果印件批量较大，且要求精度较高时，尼龙并不算是最好的网材。尼龙经水洗后，其伸缩性变化较大，所以使用尼龙绷网时，应将尼龙丝网用清水浸泡后再绷网。

（3）聚酯网　聚酯网和尼龙网不同，它是用单丝的聚酯纤维编织而成的，并经过特殊处理后才投放市场。所以这种丝网具有很强的弹性，因此离版性能良好（即与承印物表面的分离性），能获得最佳印刷效果，长时间使用亦不会老化。几乎完全没有弹性消失现象，并且这种丝网也不会出现凹陷和永久变形。加之聚酯网尺寸稳定性能非常好，套印精度仅次于不锈钢网版。这种网材不管是油墨通过性或是化学稳定性都不低于尼龙网材。聚酯网能制出高质量网版，备受欢迎，是目前图文印刷采用最多的一种丝网材料。

聚酯网经水洗后，其伸缩性基本上无变化，所以使用聚酯丝网绷网时可以直接干绷网。

（4）金属化丝网　这种网材是在聚酯丝网上镀上金属，具有聚酯网和不锈钢网的优点，弥补双方的缺陷，制版比聚酯网容易，增加了强度和耐印次数，可达4万～5万印次。这种网材的缺点是孔隙较小，特别是高密度聚酯网经金属化后油墨通过比较困难，同时这种网材的成本高。

（5）镀镍丝网　这种丝网是在金属丝上镀镍形成电镀镍薄板，制版时使用照相化学铣切技术。适于高精度的图文印刷，但这种网材，缺乏弹性，受外力碰击时易破损，同时成本也较高。

（6）不锈钢网　不锈钢网平面稳定性好，制作的图文尺寸稳定，适于尺寸精度要求高的图文印刷。不锈钢网透墨性好、耐热性好、耐化学药品性好，但这种网材弹性差，被扭曲或受外力作用变形后不能复原，同时成本高，只在少数场合使用。

表6-4是常用网材的性能比较。

表6-4　常用网材的性能比较

网材性能	不锈钢网	尼龙网	聚酯网
抗张强度	极高	中等	高
耐化学药品	极佳	佳	佳
吸水率（20℃,65%RH）	不吸水	24%	0.4%
网目范围	30～500目	16～500目	60～500目
尺寸稳定性	极佳	差	中等
耐磨性能	极佳	中等	中等
弹性及伸长率	差（伸长0.1%）	极佳（伸长4%）	佳（伸长2%）
纤维粗细	细	较粗	粗
耐印次数	20000次	40000次	40000次
破坏点的延伸率	40%～60%	20%～24%	10%～14%
印料控制	差	佳	佳
价格	最高	低	中等

3. 丝网的选用

丝网的质量对图文印刷有很大影响，特别是在进行高精度图文印刷时更应注意这一点，在选择丝网时不能太过相信供货商的质量承诺，再好的丝网都存在质量偏差。所以在使用丝网时，应对丝网表面仔细检查，及时发现丝网表面的质量缺陷，在制版时就可以避开这些有质量缺陷的部位，不至于影响印刷质量。选用丝网时主要应避免以下缺陷。

（1）丝网编织不均匀　丝网在进行编织时，如果丝与丝之间的间隔不均匀，这必然会造成丝网孔径不均一，从而影响印刷时油墨的转移量，使油墨的转移厚度出现偏差。很少有整幅丝网出现丝网编织不均匀，一般都是在一幅丝网的局部有这样的情况发生，在使用时应尽可能避开这些区域，不使其影响印刷质量。

（2）跳丝　所谓跳丝是指编织中某根丝线在中途断开，形成几厘米的脱落状态，若不注意往往很难发现，如果在制版时，图文正好落在这些区域，将明显影响丝网印刷质量。

（3）丝粗细不均匀　丝网是由丝编织而成的，一般情况下，都会认为丝的粗细大体上都是一致的，其实不然，从丝网印刷发生的故障也不难发现丝的粗细有误差。由于粗细变化使丝网的某些部位的孔径产生误差，造成局部油墨通过不畅。

（4）丝网疵点　疵点是丝网的某些部位编织时带有线结而造成的，疵点不但影响网孔，还会使丝网在疵点部位形成凸起，致使承印物在这一部分出现粒状油墨。在丝网印刷高精度图文时，要求使用高质量的丝网，往往一个疵点就会造成图文线条的断线。所以，在制网前一定要仔细检查丝网的质量，以确保丝网印刷图文的精度。

4. 丝网颜色对制版的影响

丝网的颜色对制版很重要，丝网一般分为白色和黄色。着色的目的是防止晒版时光的漫反射，如果将一块白色丝网一半染上黄色，另一半不染色，绷好网后，在相同条件下进行晒版。其结果是染色部分图像清晰，不染色部分的图像要差一些，这是由于光的漫反射。

常用制版感光材料在紫外线区域都有较大的吸收峰，当用黄色丝网制版时，由于黄色丝线对光的漫反射小，即使有漫反射光也为非活性光，对感光材料不会有影响，制作的图文网版精度高，边缘平直。

用白色丝网制版时，由于白色丝线对光的漫反射大，且为白色活性光，会对感光材料有影响，制作的图文网版精度低。大图文低目数网材可选用白色丝网，要求高的精细图文则要选用黄色丝网。丝网颜色对网版图文精度的影响如图 6-8 所示。

二、绷网

1. 绷网方式对开度及网版质量的影响

把所选定的网材绷在网框上称为绷网，绷网质量的优劣，将直接影响制版和印刷质量。绷网是制出好版，丝网印刷出优质图文的基础。绷网根据网材经线与纬线和网框边的夹角可分为正绷网和斜绷网。正绷网和斜绷网示意图见图 6-9。

（1）正绷网　正绷网是指网的经纬线与网框边垂直且平行的绷网方法，也称为平行绷网，这是使用最多的一种标准绷网方法。正绷网丝网利用率高，能满足一般及较高印刷质量的需要，特别是线路板行业一般都采用正绷网。对于精细图文印刷，正绷网难以做到平直清晰的线条。

使用正绷网时，随网张力增加，网向四周伸展，导致网孔增大，目数减少，并使开度增大。绷网时尼龙网材和聚酯网材的张力和延伸率见表 6-5。

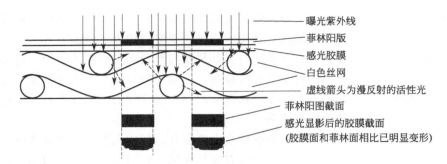

（a）白色丝网的网丝漫反射造成网版图文发生形变，使图文精度不能和菲林保持一致

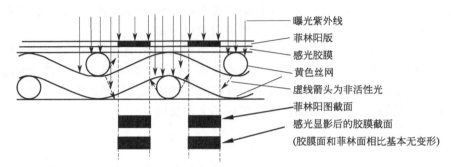

（b）黄色丝网的网丝能吸收漫反射光线，使图文在曝光后不发生形变，保证了图文精度

图 6-8　丝网颜色对网版图文精度的影响示意图

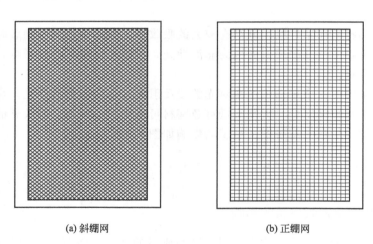

（a）斜绷网　　　　　　　　　　　（b）正绷网

图 6-9　正绷网和斜绷网示意图

表 6-5　绷网时尼龙网材和聚酯网材的张力和延伸率

丝网材料	丝网目数	延伸率/%	绷网张力/kgf
尼龙	350	7.0～8.5	3.7
	300	7.0～8.5	4.2
	270	6.5～8.0	4.2
	250	6.0～7.5	5.0
	225	6.0～7.5	5.0
	200	5.5～7.0	6.0

丝网材料	丝网目数	延伸率/%	绷网张力/kgf
尼龙	175	5.0～6.5	7.0
	150	5.0～6.5	7.0
聚酯	300	4.0～5.5	5.0
	270	4.0～5.5	5.0
	250	3.5～4.0	5.0
	225	3.5～4.0	7.0
	200	3.0～3.5	7.0

注：1kgf=9.80665N，下同。

随着丝网目数增大，相应网丝越细，延伸率越大。表 6-5 中显示的数据表明，在相同网目数及相同张力条件下聚酯网的延伸率较尼龙网低。在绷网时，网的目数及开度变化小。以尼龙 225 目的网材为例，根据不同的绷网张力可得到不同的网目数。

绷网张力为 4.9kgf 时，延伸率为 6.0%～7.5%，取 6% 的数值进行计算：

网孔开度原为 75μm。

拉伸后开度为 75μm×(1+0.06)=79.5(μm)。

这时网的目数为 225/1.06=212（目）。

若以 5kgf 的张力绷网，延伸率为 7.5%，计算结果为：

网孔开度为 75μm×(1+0.075)=80.6(μm)。

网的目数为 225/1.075=209（目）。

绷网时，网材在伸展状态下，网丝直径变细，网孔开度略增大，在极限范围内，与绷网张力成正比。

(2) 斜绷网　斜绷网是指网的经纬线与框边形成一定夹角的绷网方法。丝线走向与框边一般为 45°角，但根据不同的目的，或为提高丝网利用率也可以采用不同的角度。斜绷网能消除图文边线锯齿，能制作出更加平直清晰的线条，所以多用于交叉线条较多的精细图文用网版的绷网。

斜绷网时，网材的经线和纬线与框边成一定夹角 α，而不是像正绷网那样垂直相交。使用这种绷网方法会使网材的开度和目数发生变化。假定绷网张力为 F，延伸率为 d，开度为 $O(1+d)$，则网孔的面积为：$O(1+d)O(1+d)\sin\alpha=O^2(1+d)^2\sin\alpha$

根据有关资料的推导，斜绷网网材开度 $O'=O(1+d)\sqrt{\sin\alpha}$。

斜绷网网材网孔目数 $M'=M/[(1+d)\sqrt{\sin\alpha}]$

式中，O 为网材原始开度；O' 为绷网后的开度；d 为延伸率；M 为网材原始网目数；M' 为绷网后网材目数；α 为经纬线夹角。

当 $\alpha=90°$ 时，$\sin\alpha=1$；$\alpha<90°$ 时，$\sin\alpha<1$，$\sqrt{\sin\alpha}<1$，$1/\sqrt{\sin\alpha}>1$。所以当网材目数相同，绷网张力相同时，斜绷网比正绷网的开度小，网目数大。例如：使用绷网机将 270 目的尼龙网进行斜交 45° 的夹角绷网，绷网张力为 4.2kgf，延伸率为 8%，原始网孔开度为 61μm，根据以上公式可以计算出斜绷网后的开度 O' 和网目数 M'（见图 6-10）。

45°斜绷网计算：

$O'=O(1+d)\sqrt{\sin\alpha}=61×(1+0.08)×\sqrt{\sin45°}=65.88×0.84=55.4(μm)$，$O'$ 变小。

$M'=M/[(1+d)\sqrt{\sin\alpha}]=270/[(1+0.08)×\sqrt{\sin45°}]=270/0.91=297（目）$，$M'$ 增大。

从以上计算可以看出，按 45°斜绷网，开度变小，网目数增大。如果按正绷网计算，则：

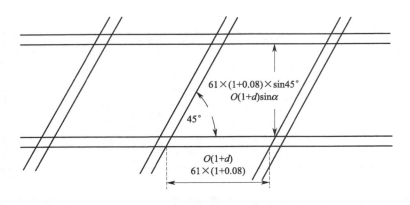

图 6-10　斜绷网实例示意图（网材：　270 目尼龙 66；绷网张力：　4.2kgf；开度：　61μm）

$O' = O(1+d)\sqrt{\sin\alpha} = 61 \times (1+0.08) \times \sqrt{\sin 90°} = 65.9(\mu m)$

$M' = M/[(1+d)\sqrt{\sin\alpha}] = 270/[(1+0.08) \times \sqrt{\sin 90°}] = 270/1.08 = 250(目)$

通过以上计算不难看出，正绷网，用 4.2kgf 张力，270 目网就变成 250 目网，开度由 61μm 变成 65.9μm。而采用 45°斜绷网，270 目网就变成 297 目网，开度由 61μm 变成 55.4μm。如果采用 60°斜交绷网，其开度和网目数基本不变。

斜绷网的优点是涂布感光胶时大量变形的网孔容易吸收感光胶。在丝网印刷作业时斜向网丝与刮板刮动方向一致时油墨通过性良好，因而能印刷出清晰的线条。

2. 绷网张力与网版伸展的关系

在进行丝网印刷时网版随着刮板压力与刮动始终处于伸展状态中，如图 6-11 所示。

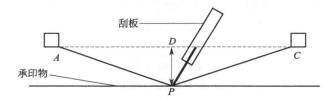

图 6-11　网版伸展示意图

设绷好的网版长度为 AC，网版距承印物的距离（即网距）为 DP，刮板在施加压力时，印版与承印物贴紧，因此，印版网面长度为 $AP + PC$，印刷时网版的伸展长度为（$AP + PC$）$- AC$。把 D 点作为 AC 的中点，如果 $AC = 400$mm，$AD = 200$mm，$DP = 5$mm，网版伸展长度为：

$AP^2 = AD^2 + DP^2 = 200^2 + 5^2 = 40025$

$AP = 200.06$mm，$AP + PC = 400.12$mm

如果网版长度 $AC = 1000$mm，网距 $DP = 10$mm，按以上计算则 $AP + PC = 1000.2$mm。因此可知，网版长 400mm 时伸展为 0.12mm；网版长 1000mm 时伸展为 0.2mm。在印刷制版时，如果网版长 400mm 时有效版长约 250mm，实际伸展长度约为 0.075mm。网版长 1000mm，有效版长约 800mm，其伸展长度约为 0.16mm。随着网距 DP 的变化，网版伸展长度也随之变化。

以上所计算的数据只是理论值，在实际印刷作业中，版长 1000mm 的网版其伸展通常为 1～3mm，远远超过计算值。而这多余的部分就是网版张力拉伸值。

在图 6-11 中的 P 点，印刷压力即为刮板尖端压力。由于刮板刮动时产生的摩擦阻力沿刮板刮动方向拖拉，由于 P 点与网版摩擦产生的阻力增加，在 PC 方向的网版趋于收缩。如果绷网张力 F 小，刮板压力大，则 AP 就会不断增大伸展长度，AP 的张力增大，但达到某一临界点时，油墨就在版面上滑动。返回 P 点，AP 张力下降。所以只要丝网版保持足够的张力，版面就不会产生不必要的伸展，其条件是：必须把刮板的印刷压力保持在所要求的最小限度，应根据刮板胶条的硬度、油墨稠度、黏度等考虑施加印刷压力；同时还应考虑承印物表面的状态以及刮板的移动速度；绷网张力要超过滑动的临界点。

3. 绷网的要求

不管是正绷网还是斜绷网，绷网的要求都是一致的，在绷网时主要注意以下几点：

（1）足够的张力及张力的均匀性　足够的张力也就是指网绷得紧不紧。张力可用张力计来测量，有经验的绷网师也可用手去感觉。张力过大容易使丝网破裂，张力小使丝网弹性不足，图文印刷变形大，网版和承印物分离困难造成黏网。绷网张力的大小，应根据丝网材料、网孔线数、印刷图文精密度的要求来决定。

张力的均匀性，即要求每根丝在相反方向上受到均匀的相同的拉力，即绷好的丝网在每个部位的张力是一致的。如果张力不均匀，则必使绷好的丝网一些部位张力大，一些部位张力小。这种情况在丝网印刷时，会造成图文尺寸变化，使图文尺寸精度难以保证，并影响图文印刷的重现性，同时也使图文边缘不平直，甚至出现龟纹图形和网孔痕迹。

（2）网丝方向的一致性　就是要求每根丝的经纬方向必须保持相互成直角或者说方向的一致。这对于保证单位面积的网孔线数及开度的均匀性是非常重要的。如果网丝方向不均一，必然会造成丝网网孔线数及开度不均一，使油墨的通过性不均匀，影响丝网印刷质量，容易造成图文龟纹和网孔痕迹。

绷网时四边拉力要均匀，以防止丝网撕裂和网的四角撕裂。

要使绷好的网保持良好的张力，在丝网固定到网框之前，应对网框预先施加一定的压力，否则新绷的网其张力会很快下降，导致丝网张力不足。

4. 绷网

（1）网框的选择　网框是为丝网提供一种支撑，使丝网能长久地保持一定的张力。这就要求网框具有一定的强度和刚性，使其在承受较大的作用力时不发生形变。在绷网时，每拉伸 1cm 宽的丝网就大约需要 3kgf 的拉力，50cm 就需要 150kgf 的拉力。如网框强度不够，网框在绷网过程中就会发生变形。网框扭曲变形，就不能对丝网平均施加拉力。对于要求较高的网框在进行绷网前都要对网框边正中施加压力，测定其强度是否满足要求。绷网时只有把网框四周和中间部分的受力调节一致，才能保证丝网面拉伸均匀。

作为网框应满足以下要求：
① 应具有承受拉力（5～7kgf）时稳定、不变形的强度；
② 绷网时丝网应易于与网框镶接或粘接；
③ 材质较轻，强度高且能重复使用，在操作中容易安装和套印对位。

从这些条件来看，铝质网框当为首选材质，取其强度高、变形小、质轻、价格适中。且铝材表面易于钝化使抗蚀能力大大提高，长期使用亦不会发生锈蚀现象。其他材料如木质和钢质相对使用不多，特别是钢质网框由于重量因素只用于少数要求很高的精细图文，同时钢质网框如不进行表面防蚀处理易锈蚀。从承印零件的数量、要求及经济上考虑也可采用木质网框。使用木质网框要选用质硬、不易变形的干燥木材，如铁杉、红松、楠木等。

（2）绷网方法　绷网方法一般有手工绷网和机械绷网。

① 手工绷网。手工绷网的方法虽然比较古老，也极少采用，但是作为一种原始的方法我们有必要去了解，同时手工绷网在网印行业也是一个重要的基本技能，我们有必要对这一方法做全面的了解。

手工绷网的方法比较多，在这里介绍一种我们曾长期使用的方法："框外嵌压绷网法"。

a. 准备一块比网框各边长 20～30cm 的纤维板或木板，要求板厚在 2cm 以上，板面平整无硬节。

b. 压条用厚 1.5～2.5mm、宽 15～25mm 的硬 PVC 条，长度比网框边长 10cm 左右。在条上每隔 2cm 打一个 2mm 或比所用小铁钉直径略大的小孔，并准备小铁钉若干。

c. 将丝网在木板的一边用压条钉紧。在钉时，先钉中间的孔，然后拉紧丝网全部钉上铁钉。将网框放在丝网下面，网框边离所钉之压条相隔约 4cm。并用同样的方法拉紧丝网，用铁钉钉牢其他三个压条。拉时用力要均匀，拉得越紧越容易调节网的张力，用力以紧而不裂为度。

d. 钉好四个压条后，丝网表面的张力还不够，还需用压条在框边和已钉好的外压条之间嵌压。方法和钉外压条相同，只是不用拉丝网，同时也不可以把小铁钉全部钉下去，可以隔一个小孔钉一个小铁钉。把四条嵌压条都比较松地钉上后，再慢慢均匀地往下钉，边钉边用手感觉丝网张力。在嵌压调节张力时要注意四个角用力均匀，防止撕裂。达到张力要求后，用强力胶均匀涂在框边的丝网上并使胶完全透过丝网。

e. 放置 12h 或 24h 即可用刀片将网框外边丝网割开，取出已绷好的网框，用小刀片将网框边的残余丝网清理干净。再用黏性强的胶纸贴在涂胶的网框边和其相垂直的面上，这样可以防止在印刷时稀释剂对粘接胶的溶胀，使网丝能在较长时间都保持良好张力。

② 机械绷网。机械绷网是用专门的绷网机来进行，其绷网方法，相应的说明书都有详细介绍。

三、丝网印刷网版的制作

丝网印刷网版的制作大体可分为直接法、间接法、直间接法三种，它们各有优缺点。所以，不管是哪种方法，都仅适合于在有效利用其优点的领域内使用。

1. 直接法

直接法是在网面上用涂胶器涂布一层感光乳剂，待干燥后形成预制感光膜，再将照相底版胶片置于涂有感光乳剂的网版面上进行曝光，使照相底版胶片透明的部分感光硬化，而照相底版的不透光部分，感光乳剂不硬化，经水洗显影后透出网孔，成为油墨可以透过的部分。

直接法所用的感光乳剂大致可分为重铬酸盐系和重氮系两种，重铬酸盐系感光液具有毒性，易于发生暗反应，难于长期保存。重氮系感光液在正常条件下保存时间较长，而且感光度比重铬酸盐系高。

感光乳剂的配方种类较多，但大都是以 PVA（聚乙烯醇）为主体再添加重铬酸盐或重氮盐混合而成。在这里 PVA 本身并不具有感光性，在紫外线照射下也不会发生聚合反应，它只是感光乳胶的基质，还需要加入感光单体，通过感光单体在紫外线作用下发生分解，在分解过程中其分解产物作用于 PVA 使 PVA 发生交联反应，生成不溶于水的高分子。重铬酸盐和重氮盐都属于感光单体。

直接法是将感光乳胶直接涂在丝网面上，可以看到是感光胶把丝网夹在中间，所以感光膜层具有较强的物理粘接力，同时耐印性能好。这种方法在涂布乳胶时不易在丝网表面形成一平整均一厚度的膜层，这不但影响油墨透过的均匀性，而且也是造成图文边缘产生锯齿的原因。直接法制版主要在中等要求且批量大的场合使用。

2. 间接法

间接法是把以铁盐或铬盐，丙烯单体为感光成分，以明胶为成膜成分构成的感光乳剂预先涂布在聚酯片基上，使用时根据需要的尺寸进行裁剪，曝光，显影后，利用半固化的明胶的黏性在网面上进行加压，粘贴在丝网面上复制成印版的一种制版方法。这种方法的特点是膜的厚度均匀，图文再现性较好，黏附性能良好，与任何丝网都能紧密结合，膜层耐溶解性强，对乙酸系、酮系、芳香系、酒精系等强溶剂都有较强的耐溶解性能。这种方法的缺点是膜版与丝网的表面粘接不是很牢固，耐印力差，现在已经很少使用。

3. 直间接法

直间接法是吸取了直接法和间接法的优点整合而成的，是以聚酯薄片为载体，将感光乳剂涂布在聚酯片基上保存，使用时再贴在润湿的丝网面上，经干燥后剥去聚酯片基，再将图文照相底版贴在感光乳胶膜面进行曝光显影制作出图文膜版的方法。

这种感光材料有两种：一种是聚酯片基上的感光乳剂不含感光单体，在贴膜时先在丝网表面刷涂一层感光单体然后再贴膜，这种片基通常都是以重铬酸盐充当感光单体，这种片基的特点是不用在暗处保存，放置较长时间也不会聚合，但重铬酸盐毒性大，感光速度慢，现在已很少使用。

另一种是聚酯片基上的感光乳剂已渗入了感光单体，在制网版时，只需用清水将丝网润湿即可进行贴膜。这种片基通常是以重氮盐充当感光单体。由于重氮盐的稳定性不是很好，所以这种片基只能在较低温度下才能较长时间保存，通常都是要求在 25℃ 的条件下储藏，且保存时间不超过一年。

直间接法感光胶片的感光效果是直接法感光膜所做不到的，其优点主要表现在以下几个方面：

① 操作方便，在丝网面上仅用清水就能粘接，简化了制版工艺，缩短了制版时间；

② 膜厚均匀性好，膜厚度断面上感光剂浓度均匀，膜面平滑，边棱明显，解像度高，图文边缘清晰；

③ 操作人员不需要熟练的技艺就能高效率地制版，制版重现性好，全面解决了直接法受操作误差的影响。

这种方法和直接法比较：感光胶片较贵，相应制版成本较高，胶膜对网线的附着性及耐印次数较直接法低。即便如此，直间接法还是以制版简单、图像清晰、容易掌握等特点，成为目前使用最多的方法。下面介绍直间接法丝网印刷网版的制作方法。

(1) 丝网前处理　前处理是为了提高粘接性，一般采用粗化处理，分为化学法和机械法。化学法容易损伤丝网，使用不多。常用机械法，最简单的机械法就是用细去污粉或 500号以上的碳化硅粉，先将丝网浸湿后用布条或 1000 号以上的水砂纸黏上去污粉或碳化硅粉，在有水润湿的情况下，用轻压力在整个丝网表面以螺旋形式反复摩擦，切不可干擦。粗化时间约5min。最后用清水冲洗干净。

（2）丝网脱脂　为使感光胶粘接牢固，丝网的清洁至关重要。一般用5%的NaOH溶液用尼龙刷在丝网两面充分刷涂均匀，放置5～10min。再用温水和刷子认真进行水洗，并用清水冲洗干净。最好再用5%的HAc溶液中和5min后，再用凉水彻底冲洗。也可以用其他商品清洁剂进行处理。清洁是否彻底的标准是：经清洁并彻底冲洗后的丝网表面水膜完整，以30s无水膜破裂为合格。但不管用什么方式进行清洁处理，所用水质一定要好，水中不可含泥沙等杂物。

（3）感光膜准备　感光膜有两种，一种是膜本身不具有感光作用，需要在丝网表面刷上一层感光液，另一种是本身就具有感光作用的胶片，使用这种感光胶片时不需要在丝网表面刷涂感光液。从这一步开始到显影结束必须在黄光下进行。

裁取比照相底版尺寸适当大的感光膜，如果膜表面有滑石粉应用绸布轻擦干净。

（4）润湿丝网或涂敏化液　敏化液为4%左右的$(NH_4)_2Cr_2O_7$溶液，可以用海绵条将敏化液均匀刷在丝网表面。如果所用感光膜已有感光性能则不需要刷涂敏化液，只需用清水润湿丝网表面即可。

（5）贴感光膜　将已裁好的感光膜贴在已刷涂敏化液或已用清水润湿的丝网表面。贴的方法可以将经过处理的丝网面朝上放在平台上，然后将感光膜药膜面朝向丝网，从丝网的一边放下，这时经敏化或润湿后的丝网表面会吸附感光膜顺势即可贴好，这种方法也可称为正贴法，贴好后用硬橡胶条轻刮感光膜背面的聚酯膜以赶走气泡。这种方法适合于面积不大的感光膜的粘贴。另一种方法是将感光膜平放在一海绵上，药膜面朝上，然后把经过敏化或润湿后的丝网面朝下对准感光药膜面先将一个角和感光膜接触，这时感光膜会自动吸附在丝网表面，接着放下丝网框，即可将感光膜贴好，这种方法也可称为反贴法，贴好后气泡处理同前。直间接法贴膜方法示意图见图6-12。

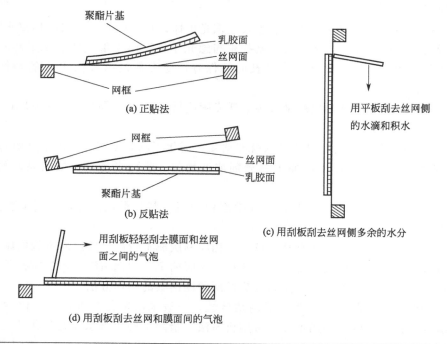

图6-12　直间接法贴膜示意图

（6）烘干　在 $35\sim45℃$ 的干燥箱中烘干，约 $10\sim15min$ 后取出，剥离聚酯保护膜。注意要烘干后才能使药膜和聚酯膜完全分离，否则在剥离聚酯膜时会把药膜撕伤。检查方法：将烘好的感光丝网取出，先在一个角剥离，如果很好剥离说明已烘干，如果不好剥离则还需要再烘。剥离后，合格的药膜面光洁平整，将丝网感光膜面斜对着黄灯有均匀一致的光度。如达不到这个要求应根据情况去掉不合格感光膜并重新贴膜。剥离聚酯膜后的网膜版可在干燥箱中回烘 $2\sim5min$，以保证烘干质量。

（7）曝光　将照相底版贴在丝网感光膜上，在丝网背面放一张比照相底版大的黑硬纸，再在黑纸上放一块和黑纸一样大小厚约 $5cm$ 的海绵。照相底版面对着光源放进曝光机中抽真空吸紧进行曝光。也可放在不漏气的透明胶袋中抽真空吸紧。手工制版光源可用 $1000W$ 高压汞灯或 $1500W$ 氙灯。灯距约 $60cm$。时间约 $2\sim4min$。市售的感光膜都附带曝光参数。最简单的曝光方法，可用一洁净的玻璃压紧在照相底版上，直接在直射太阳光下曝光，时间根据经验而定。

（8）显影　用 $40℃$ 左右的温水喷淋 $1min$ 左右使未感光的感光胶溶解，再用凉水冲洗干净。也可根据感光膜供应商提供的显影参数进行显影。如手工显影，先准备一个比丝网大的水盆，放入 $60\sim70℃$ 的热水，再将经感光的丝网药面朝下用力来回上下运动，经 $20\sim30s$ 后拿出对着灯光检查是否已显影合格。显影合格后可再在热水中上下抖动几秒，并用脱脂棉沾热水在丝网背面擦拭。接着用凉水冲洗，同样用脱脂棉在凉水冲洗的情况下擦拭背面。最后用拧干水分的洁净脱脂棉将感光膜正面的水分吸干。手工显影时，要注意动作要快，防止感光胶膜长时间在热水中浸泡，影响显影质量。

（9）干燥　显影后的丝网放在 $40℃$ 左右的烘箱中烘干。在烘干前应对着光源再次检查显影质量是否合格，如发现在图文上有残余感光胶应将余胶清除后才能进行烘干处理。如果图文上残余感光胶无法清除，则应退除感光胶后重新制网。经烘干后的网版可再曝光 $2\sim4min$，使感光胶进一步固化，提高耐用性。

（10）修版、封网　将不需要漏印的地方用封网胶封住，并将一些轻微的缺陷用封网胶修补。将修版和封网后的丝网版放在 $40\sim45℃$ 的烘箱中烘干。

丝网制版中常见问题的原因及处理方法见表 6-6。

表 6-6　丝网制版中常见问题的原因及处理方法

问题	原因	解决办法
版膜有针孔或砂眼	网版上附着尘土	保持晒版间晒版所用工具及材料的清洁卫生
	感光膜片上有尘土	感光膜片用绸布轻擦干净
	晒版玻璃上黏有灰尘	曝光前认真检查玻璃表面
	照相底版图文有缺陷	认真检查照相底版图文缺陷并修补
版膜有气泡	脱脂不完全造成敏化或润湿不良产生气泡	延长脱脂时间，经脱脂冲洗后的丝网要认真检查脱脂是否彻底
	涂敏化液或润湿涂布不均匀	涂布要足够充分
	感光膜粘贴不良	掌握正确熟练的贴膜方法
显影时丝网与感光膜接触不良	干燥不良	要求干燥温度在 $40\sim50℃$，相对湿度在 30% 以下。干燥时间要掌握好，保证膜版干燥良好
	曝光不足	根据实验确定最佳曝光时间
	光源波长不协调	使用主波长 $400\sim420\mu m$ 的光源
	显影水温度过高	根据感光膜片提供的参数通过实验确定最佳水温

问题	原因	解决办法
解像力精度不良	干燥不良	参照网与膜的粘接不良项
	照相底版质量不良	检查照相底版图文的精度和透光密度
	照相底版和网版贴合不良	检查真空晒框有无漏气、砂眼,保证晒框的真空度,不可用太软太薄的海绵充当网版背面的缓冲材料垫
	在背面有光条	在网版和海绵缓冲垫之间放一层黑纸
	曝光过度或不足	根据曝光经验或通过实验,确定最佳曝光时间
	光源波长不协调	使用主波长 $400\sim420\mu m$ 的光源
	跑光	制网过程在黄光环境中进行操作
耐印性不良	膜与网接触不良	参照"显影时丝网与感光膜接触不良"项
	膜厚比标准厚度薄	敏化或润湿不应过度,贴膜后要及时干燥,选择与网孔线数相适应的感光膜厚度

四、丝网印刷方法

1. 刮板的选择

刮板是一种有弹性的胶条,其作用是把油墨从网版上挤压到承印物上从而完成丝网印刷过程。常用的有橡胶刮板和聚氨酯刮板。前者耐溶剂性较差,硬度低,在丝网印刷过程中易于发生弹性弯曲变形,从而影响丝网印刷图文边缘的清晰度,现在除一些要求较低的图文印刷还有使用外,精细图文印刷已极少采用。后者有良好的耐溶剂性能,硬度较高,在丝网印刷过程中不易发生弹性弯曲变形,特别适用于高精细度图文要求的印刷而被普遍采用。图文印刷宜采用肖氏硬度在 $65°\sim70°$ 的刮板。手工丝网印刷宜选用矩形刮板,机械丝网印刷宜选用尖角刮板。刮板一般都是用木材或铝材制成柄再嵌上刮条,在嵌接部位用螺钉拧紧。刮条以露出柄 25mm 左右为宜。

在丝网印刷过程中,刮板的压力、刮板与网版的倾角及刮板运动速度的恒定对丝网印刷的图文质量有很大影响。

(1)刮板压力 丝网印刷是刮板通过一定的压力使网版和承印物紧密贴合,油墨渗过网版网孔转移到承印物表面。刮板压力过小,一则使油墨不能顺利渗过网孔转移到承印物上;二则网版和承印物不能紧密贴合,使印刷的图文边缘不清晰。刮板压力过大,一则容易使刮板板刃弯曲,造成刮板与网版之间形成面接触;二则刮板压力过大也会使油墨渗出。二者原因的综合,都会出现图文边缘不清晰的现象。刮板与网版夹角及受力示意图见图 6-13。

在丝网印刷过程中,压出油墨的力沿刮板角度 α 向 F_1 方向刮动,油墨对刮板产生阻力,从丝网孔压出油墨,成为渗出压 F_2,其公式为:

$$F_0{}^2 = F_1{}^2 + F_2{}^2$$
$$F_1 = F_0 \sin\alpha$$
$$F_2 = F_0 \cos\alpha$$

从上式可以看出,刮板角度 α 越小时,渗出压就越大,反之渗出压就越小,超过 $90°$ 时,F_2 方向逆转。当使用硬刮板,遇到丝网的摩擦阻力时刮板不易弯曲变形,有利于保持角度的稳定,使力的无功损失减少,同时也使丝网印刷的图文边缘清晰。如果是使用橡胶之类的弹性较大的材料制作刮板,刮板板刃受到阻力便会发生弯曲,使刮板的角度发生变化,刮板与网版接触面积增大,并增大刮板与网版的摩擦阻力,由于刮板与网版接触面积增大,

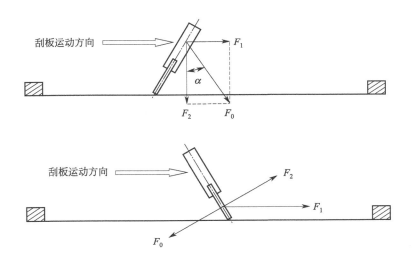

图 6-13　刮板与网版夹角及受力示意图

使刮板不能与网版之间保持线接触关系，使丝网印刷的图文边缘容易模糊。

（2）刮板的倾角　要丝网印刷出质量优良的图文效果，刮板刃口与网版的接触方式很重要。根据刮板刃口与网版接触面积的大小，可分为线接触和面接触。只有当刮板刃口与网版的接触面积最小，即保持刮板刃口与网版之间为线接触时，才能丝网印刷出边缘清晰的图文效果。刮板刃口与丝网网版的倾角为 45° 时，这时刮板刃口与丝网的接触面积最小，不管倾角大于或是小于 45° 都会使其接触面积增大，影响丝网印刷质量。在实际操作中刮板刃口的倾角都大于 45°，有时甚至达 60°～70°。但在丝网印刷用力时，使刮板发生弹性变形，接触丝网的一端倾角会变小，使实际工作倾角接近理论值。如果刮板的压力太大或刮板的硬度不够，刮板板刃与网版的接触面会发生弯曲使刮板板刃与网版之间的接触面积增大形成面接触，严重影响丝网印刷图文质量。刮板板刃与网版接触示意图见图 6-14。

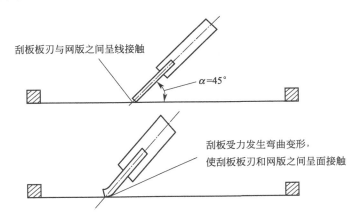

图 6-14　刮板板刃与网版接触示意图

作为稳定丝网印刷质量的首要条件是使刮板倾角 α 与刮板速度保持恒定，以便消除油墨转移压力的不均衡，这就必须控制好刮板板刃与网版的夹角 α 的变化及刮板运动速度。手工丝网印刷时，开始的刮板运动速度慢，中间快，然后停止。这就要求选取的刮板有一定的硬度，能在一定压力下进行匀速运动，并在运动中不发生弯曲变形。

（3）刮板的研磨与保管　在丝网印刷过程中刮板刃口与丝网面经常摩擦，容易耗损从而使刮板的刃口变钝。如不注意研磨并保持刮板刃口锋利，就会降低丝网印刷图文的清晰度而影响丝网印刷质量。对经常使用的刮板要注意研磨，研磨刮板时应清除刮板表面油墨。研磨时应注意刮板与研磨带平行、垂直，不可晃动。加压时用力不能过大，先进行粗研磨，再细磨。如没有研磨机也可手工研磨，把砂纸放在一厚的玻璃或其他平整硬板上，将刮板垂直拿好，轻轻研磨，只能按一个方向推磨，不可来回磨，切不可用手拿砂纸进行研磨。手工研磨一样要进行粗磨和细磨。

每次丝网印刷结束后，都要将刮板清洗干净，放在干燥避热处保存，如刮条裸露部分高度小于 15mm 应及时更换新的刮条。

2. 油墨的选择和调配

在金属上丝网印刷离不开金属丝网印刷油墨，用于金属丝网印刷的油墨习惯上又称为金属油墨，金属油墨按其用途又可分为普通金属油墨和抗蚀金属油墨。

抗蚀油墨和其他油墨一样都是由连接剂、色料、溶剂及辅助剂组成的。

（1）色料　色料的作用是使油墨具有色彩便于识别印刷后的图文质量是否合格，这里所用的色料一般都是无机颜料而很少会使用到有机染料。

（2）连接剂　连接剂是成膜的主要物质，抗蚀油墨的抗蚀性能及脱膜性能都是由连接剂决定的。所以对抗蚀油墨的连接剂要求具有抗酸、抗碱、抗氧化剂等化学性能，同时也要求这种连接剂干燥后具有一定的硬度和抗热性能，能承受由铣切机喷射铣切液的压力及在加热铣切条件下抗蚀剂保证不脱落、不变形。同时还需要这种连接剂易于去除。

（3）溶剂　丝网印刷中常用的溶剂，主要有脂肪族烃类、酮、酯、醇、二乙醇醚等。溶剂的主要作用是在配制油墨时溶解所需要的聚合物。根据溶剂对聚合物的溶解力的大小可分为三类，即真溶剂，能单独使用且有效地溶解聚合物；助溶剂，对聚合物的溶解力小，与其他溶剂配合使用，可充分发挥其效力；稀释剂，虽不能溶解聚合物，但可以和真溶剂或助溶剂混合使用。

（4）辅助剂　辅助剂在这里主要用于抗蚀油墨的干燥性及黏度的调节，比如各种稀释剂、慢干剂、催干剂、消泡剂等，或其他旨在改善油墨抗蚀性及可印性的辅助成分。

（5）油墨稀释剂　油墨稀释剂也叫标准溶剂，它与油墨内在的溶剂组成基本相同。正规的油墨生产厂家生产的油墨黏度比较大，需要用稀释剂调稀后才能用于丝网印刷，这就必须使用与油墨相对应的稀释剂来调稀油墨。调稀的油墨在丝网印刷过程中，油墨中的稀释剂挥发快，在丝网版油墨面上的油墨，黏度会越来越稠，产生黏网、堵网，造成承印物印刷图文不清晰。这时也要用稀释剂加以调稀。在调节油墨黏度时，不宜调得过稀，过稀的油墨，印刷后的线条变粗，甚至严重扩散。对于非精细的图文印刷，一般用稀释剂调稀油墨，在丝网印刷过程中不会产生什么问题，若线条很细，就需要配合慢干剂来调稀油墨，否则细线条随着印刷的进行而变得越来越细，甚至堵网。

（6）油墨慢干剂　慢干剂一方面能起稀释油墨的作用，另一方面又能调节油墨的干燥速度，防止干燥过快，造成油墨干涸堵网。慢干剂的另一个作用，是通过调节油墨表面干燥速度使变慢之后，线条边缘锯齿减少，墨层表面流平光滑，能减少表面网纹的出现，实际上起到了促变剂的作用。因此慢干剂和特慢干剂也广泛用作稀释剂，对于丝网印刷质量要求高的产品，冬季也要使用慢干剂来调稀油墨。

（7）油墨消泡剂　在一些丝网印刷中，承印物墨层表面出现小气孔，如果油墨干燥速度快，墨层表面凹凸不平的现象更严重，造成印刷图文质量下降，如用于抗蚀，经铣切后图文表面出现腐蚀砂眼。解决办法是：在油墨中加入少量消泡剂，加入量为油墨重量的 0.3％～1％即可，加得太多会影响墨层的附着力。常用消泡剂为有机硅类，正丁醇也有不错的消泡效果。

对于金属抗蚀油墨，根据去除油墨的方式，可分为溶剂型抗蚀油墨和碱溶性抗蚀油墨。溶剂型抗蚀油墨具有较好的抗蚀效果，特别是能抗碱性腐蚀，最后要使用溶剂去除防蚀油墨层。这种油墨主要用于铝合金的碱性铣切及氧化图文保护。这类油墨使用较少，价格较贵，自配的配方不多，其代表配方有以下两种。

① 在过氯乙烯清漆中加入抗蚀沥青，沥青在过氯乙烯清漆中溶解完全后，加入适量慢干剂和消泡剂，可用松节油、松节醇作慢干剂，正丁醇作消泡剂，再用 300 目的丝网过滤除去不溶性杂质，即可使用。这种油墨抗酸抗碱性能好，对金属的结合力较强。稀释剂用过氯乙烯稀料。

② 在 80％～85％的厚白漆中加入 15％～20％的酚醛清漆或醇酸清漆，混合均匀后，加入适量松节油调节黏度，再用 300 目丝网过滤，去除杂质即可使用。厚漆应选用干性油厚漆类，以免油性扩散，为了进一步提高印料成膜性及抗蚀性能，也可加入适量的抗蚀沥青等。

由于金属不像纸张有吸墨性，被丝网印刷的金属表面对油墨是完全不渗透的，所以油墨的黏度一般都较高。在调配油墨时应特别注意。现在市面上有些油墨都不需要调配可直接使用，这虽然方便，但这种油墨一般都不是正规油墨厂生产的。

新调好的油墨有较多气泡，如果调好就直接使用，丝网印刷图文表面易出现不光滑线条、边缘不整齐等缺陷。调好后至少要放置 4h，最好放置 12h 再用。为了使油墨中气泡易于排出，在调配油墨时可加少量正丁醇。

3. 丝网印刷定位及丝网印刷

在丝网印刷开始之前必须用丝网印刷台对丝网版进行固定，丝网印刷台可在丝网印刷器材商店购买。印版一般都是用夹头固定在丝网印刷台上，用夹头固定丝网印刷网版时，面向丝网印刷台的操作者，一般采用固定在前方或固定在左侧的方式。固定在左侧的方式适用于小型物品的丝网印刷。用右手可进行承印物的送入和取出。丝网印刷版的安装方法示意图如图 6-15 所示。

丝网印刷网版安装好后即要进行定位。定位力求准确，特别是需要多次套印的零件在定位时更应注意。为了便于定位，可以先将菲林贴在零件表面准确位置，然后放在与零件相适应的定位模上进行定位。丝网与零件的距离，根据丝网大小和张力而定，通常为 2～5mm。

将丝网定好位后，即可进行丝网印刷工作。印刷的方法和油印差不多，对于手工丝网印刷主要靠经验的积累，经常练习才能印出好的图文。在丝网印刷时要注意每刮印一次都要回墨，回墨的目的是保证图文上有油墨覆盖。一方面为下次印刷提供油墨，另一方面也保护图文以免溶剂挥发造成网孔堵塞。丝网印刷时刮板的几种常见操作方法示意图见图 6-16。

零件经丝网印刷后要进行图文质量检查，如发现有丝网印刷不合格，应及时用溶剂擦拭干净再丝网印刷。丝网印刷合格的零件摆放整齐，切不可叠放，置于烘箱中烘干，烘烤温度和时间以油墨提供的数据为准，也可通过实验确定最佳温度和时间。

4. 丝网的回收

丝网印刷结束后，没有用完的油墨用铲刀铲回油墨桶。再用棉纱或碎布把丝网上的

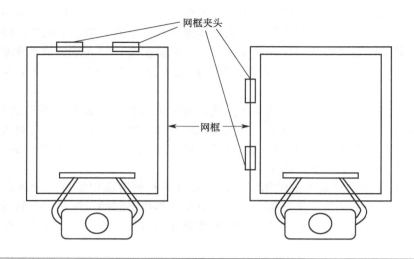

图 6-15　丝网印刷版的安装方法示意图

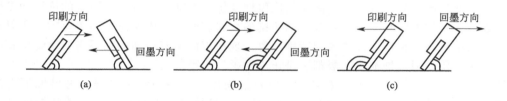

图 6-16　丝网印刷时刮板的几种常见操作方法示意图

残余油墨擦干净。最后用和油墨相适应的有机溶剂彻底清洗干净，放在干燥、避热处保存。

五、丝网印刷线条粗细极限值

丝网印刷线条粗细极限值和尺寸变化范围，受到丝网等多方面的影响。主要可归纳为如下几点：

（1）丝网种类　多纤维纺织的丝网及低目数丝网都不适合于印刷精细线条图文。网线的粗度及网孔的开度都会影响丝网印刷线条的极限尺寸。95T 和 120T 的单丝网能达到最佳的线条粗细最小极限值。

（2）感光膜片及曝光量　选择优质的感光膜片和最佳曝光时间对获得线条粗细极限值影响很大。最佳曝光量可以根据选用的感光膜片通过实验进行确定。

（3）照相底版的影响　在特定条件下，阳图印刷样品最低极限值为 80μm，阴图印刷样品最低极限值为 60μm。

（4）网丝方向与照相底片线条方向之间夹角的影响　95T 和 120T 单丝网，当阳图线条走向与网丝走向成 22.5°角时，印刷线条质量最好；成 45°角时印刷质量最差，线条出现明显锯齿状。

丝网目数与图文线条方向的线条粗细最小极限值见表 6-7。

表 6-7　丝网目数及图文线条方向的线条粗细极限值

丝网	极限值/μm					
	平行印		45°印		22.5°印	
	阳图	阴图	阳图	阴图	阳图	阴图
90HD	400	400	400	400	400	400
95T	175	150	150	125	100	100
100T	200	175	200	175	200	175
120T	175	150	150	125	80	60
140T	200	175	200	175	200	175

六、丝网印刷中常见问题与处理方法

1. 网孔堵塞

网孔堵塞是丝网印刷过程中最常见的故障之一。网孔堵塞初期，清晰的线条变成锯齿状，随后线条越来越细，直至印不出图文。产生网孔堵塞的主要原因及排除方法如下：

① 油墨中有粗颗粒，相比之下丝网孔径小，因而堵塞网孔。这时应将油墨取出重新换新油墨进行印刷。调好的油墨最好用比印刷用丝网目数更高的丝网过滤后再用。

② 油墨干燥过快造成干版，因而引起网孔堵塞。丝网印刷工作环境温度较高，溶剂挥发速度太快，所以丝网印刷应在空调房中进行。为了调节溶剂挥发速度也可在油墨中加入高沸点溶剂，比如松节油、松节醇等。

③ 油墨黏度大，流动性差，丝网印刷时透过性不良，易产生网孔堵塞。这时可向油墨中添加稀释剂，进行充分搅拌后即可使用。

④ 在丝网印刷过程中如发现有网孔堵塞现象，应重新调整油墨，并立即清洗网版再进行丝网印刷。如果不顾网孔堵塞强行丝网印刷，一则丝网印刷的产品质量低劣，二则堵塞会更加严重，甚至造成网版报废。

2. 附着不良

在铣切图文印刷中，如果操作不当，油墨选择不当，干燥不彻底，极易发生附着不良。

零件在进行预处理时，表面油污一定要清除干净。经氧化或脱脂的零件，烘干后在转运过程中严禁直接用手触摸，拿放都必须套细纱手套，防止零件表面二次黏染。

零件在烘干时一定要彻底，如果烘干不彻底，在丝网印刷时，会在零件表层和丝网印刷油墨之间形成一层微细水膜，严重影响丝网印刷附着力。

铝件经处理时，有清洁或封孔的残留物在表面形成极薄的不连续膜，引起油墨不浸润，从而使油墨和铝件表面微观分层，造成丝网印刷图文附着不良。

抗蚀油墨的选择很重要。如果油墨选择不当，在进行铣切、氧化等酸碱处理时，丝网印刷图文的油墨将会脱落。所以对购进的油墨或自行配制的油墨，要实验合格后才能用于生产。抗蚀油墨应注意保质期，超过保质期的油墨不应使用。

抗蚀油墨丝网印刷后一定要干燥彻底，否则油墨在处理过程中极易脱落。干燥条件可根据油墨提供的参数，再通过实验确定。

油墨附着不良是一种不可逆转的故障，往往要经过铣切、氧化等加工后才能发现，一旦发现这类问题，经处理的零件将无法补救，所以在进行丝网印刷之前一定要注意各工序质量控制。对于新购的油墨一定要进行实验确定其使用参数。

3. 针孔和起泡

出现针孔和起泡的原因主要有以下几种：

① 印版上有异物。这种情况多数发生在制版显影期间，水膜干燥后，仍有极少量感光胶附在丝网图文上（这种现象称为余胶），在涂布或在粘贴感光乳剂时混入灰尘黏附在丝网上。余胶和乳剂中的灰尘会阻碍油墨的通过，在丝网印刷图文时出现针孔或白点（大的针孔即是白点）。这些故障如果在丝网印刷前仔细检查可以发现，同时也可修补。

② 丝网印刷时版上落入灰尘等异物也会堵塞网孔而出现针孔或白点。在开印前，可先用吸墨性能好的纸，试印几张，异物就会被油墨吸附在纸上，使版面清洁。

③ 铝件经处理后，有清洁或封孔的残留物在其表面形成极薄的膜，引起油墨不浸润，产生针孔。

④ 环境灰尘沾污，搬运时手上油脂、手汗等沾污零件表面，都能产生针孔。所以要注意丝网印刷工作间的清洁卫生，同时在搬运过程中要戴细纱手套。在丝网印刷时也可用干净的绸布擦拭零件表面后再丝网印刷。一种常被人们采用的方法是在丝网印刷之前用酒精擦拭零件表面，去掉零件表面的油脂污物，清除灰尘，以提高丝网印刷质量。其实擦拭酒精也会出现针孔。原因是，含有油屑的表面被酒精溶解如清除不彻底，就会在零件表面形成薄薄的活性膜。这层膜不亲油墨，于是出现针孔。同时所使用的容器混入油滴，被酒精溶解，也会发生排斥油墨的现象。直接用手拿酒精擦拭时，手上的油脂也会溶入酒精而附在零件表面，形成针孔。严重时甚至会直接影响丝网印刷油墨和零件表面的附着力，出现油墨脱落现象。

⑤ 油墨中有气泡是起泡的主要原因。搅拌油墨时容易混进气泡，黏度低的油墨的气泡经过一段时间后会自行消失，但黏度高的油墨的气泡却难于消失。这种气泡有的在丝网印刷时会自行消失，有的气泡会包裹在油墨中起泡。为了消除脱脂墨中的气泡，油墨调好后要放置一段时间再用，同时向油墨中加入消泡剂。添加量一般在 $0.3\% \sim 1\%$。消泡剂有市售的硅类消泡剂，也可添加正丁醇。油墨调好后用 300 目的丝网过滤也能有效地消除气泡。过滤用的丝网目数越低消泡效果越差。

4. 黏网

黏网是指丝网印刷后，印版和零件不能分离或分离不良。黏网使丝网印刷难于正常进行，同时也会使丝网印刷后的图文表面不饱满，形成微细针孔。造成黏网的主要原因如下：

① 丝网版张力不够，使丝网版没有足够的弹性恢复，造成网版和零件分离不良。

② 油墨太稠，丝网印刷压力过大，使油墨印得过厚引起黏网。

③ 网版和零件之间距离太近，特别是在丝网印刷大图文时，网版和零件要有足够距离以保证网版和零件的正常分离。

5. 渗墨

渗墨是指在丝网印刷时，油墨通过图文网孔向刮板行进方向横向溢出，劣化丝网印刷图文的现象。防止渗墨的方法主要有以下几种：

(1) 网版图文边缘轮廓清晰　网版图文边缘轮廓清晰是保证丝网印刷图文清晰的重要前提。一般厚的感光层都容易得到边缘轮廓清晰的图文，以现代的感光材料和感光技术不难做到这一点。更重要的是零件表面与网版图文边缘必须紧贴，因此应做到以下几点：

① 刮板要有足以使网版膜与零件表面贴紧的压力。

② 网版膜要有适当的厚度和弹性，容易与承印物表面贴紧。

③ 调节油墨黏度以限制渗墨区幅度，必要时可添加增黏剂。

（2）狭窄图文间的糊墨　这是印制精细高密度图文最易发生的情况。这种图文的丝网印刷如控制不当，往往被油墨连接在一起形成一片模糊。为防止这种现象的发生，可采取如下措施：

① 线条排列方向与刮板刮动方向一致时不容易发生渗墨。线条边缘就如两个堤坝，当网版图文线条与刮板运动方向一致时，油墨就会沿着图文边缘这个堤坝运动，防止油墨的分流产生，从而减少甚至消除渗墨现象的发生。

② 丝网斜绷可以有效防止图文线条劣化和渗墨。线条方向和刮板运动方向一致时，线条边缘的堤坝效应可防止渗墨现象发生，但丝网的纬线会成为遏流的影响因素促使油墨分流，扑向边缘堤坝。如果丝网是斜绷网就能缓和这种分流趋势的发生，使边缘堤坝效应发挥得更好。

上述的油墨渗漏会影响丝网印刷图文再现性，劣化图文印刷质量。当渗墨刚发生时，用吸墨性好的纸印几张则可以阻止渗墨的进一步恶化。当严重时应洗网后再丝网印刷。

绷网松弛、一个丝网印刷周期完成后刮板离版力量过大过快、丝网印刷过程中刮板用力过大引起版膜延伸等，也会引起渗墨现象的发生。

七、丝印防蚀层的质量控制

丝印防蚀层的质量控制主要包括丝印网版的质量控制、定位准确度的控制、油墨的选择和调配、丝印过程的质量控制及干燥过程的质量控制等五个方面。

1. 丝印网版的质量控制

丝印网版制作的质量直接影响丝印工作的正常进行，合格的丝印网版要求图文线条平直光滑，胶膜表面光泽性好，膜层无砂眼，漏印线条无多余物等。丝印网版的制作质量又受网材和制网方法的影响。

（1）网材对网版质量的影响　网材主要受丝网编织方法及编织密度和丝网颜色的影响。对于精细的图文线条宜采用目数高的丝网，目数越高，虽制作的网版线条精细度越高，但过高的目数也使油墨的透过性变差，使丝印的图文线条保满度低，覆盖严密性差，在铣切时容易出现砂眼、断线、油墨脱落等。对于防蚀层的图文丝印应采用丝网目数不高于 200 目的黄色网材。

（2）制网对网版质量的影响　在制网的过程中对网版质量的影响主要表现在丝网脱蜡、贴感光膜、曝光及显影等几个方面。

2. 定位准确度的控制

工件定位是丝印之前的一项重要工作，丝印定位的方法有定位孔定位和工件边定位两种，对于需要二次冲压成型并且已加工好冲压定孔的工件必须采用定位孔定位，除此以外的其他工件一般采用工件边缘定位，定位的方式可以是用边条固定定位，对于复杂且中空的工件需预先加工定位模进行定位，否则在丝印过程中工件容易变形。

在定位时，为了使丝网版上的图文容易准确地与工件位置对准，可先将胶片贴在工件表面的准确位置，然后再放在定位装置上进行定位，通过调节丝印台上的调节旋扭使丝印网版上的图文与预先贴在工件上的胶片中的图文完全重合即可。

定位是为了保证丝印图文在工件表面的物理位置的准确性及一致性，准确性是由定位时的细心及合适的工件来完成的，一致性是由定位工件的稳定性来保证的。

3. 油墨的选择和调配

油墨的选择和调配对丝印防蚀层来说是非常重要的，不同的铣切方法对油墨有不同的要求，如果所用的油墨不能和所采用的铣切剂相配合，在铣切过程中就会有油墨脱落的现象发生。碱溶性油墨是酸性环境中常用的抗蚀油墨，这种油墨的价格较低，但这种油墨不耐碱，所以在铝合金的铣切中受到限制，而多用于铜、不锈钢等金属铣切。适用于铝合金铣切的抗碱油墨市面上出售得较少，同时价格也较贵。不管是抗碱油墨或抗酸油墨，在没有把握的前提下，最好不要自己配制，市售的各种抗蚀油墨相对于自配而言具有更好的性能和技术支持。对于特殊情况下使用的抗蚀油墨，且市面上同类商品不多或难于满足时，才考虑自配油墨。

油墨的调配，要采用专用的油墨稀释剂，油墨调好后最好用 200 目或目数更高的丝网过滤，这对于消除油墨中的气泡是很有用的，即便是采用过滤后的油墨也应放置 4h 以上，或者过夜。在调配油墨时，油墨里加入适量的正丁醇将有利于气泡的消除。

4. 丝印过程的质量控制

丝印分为机械丝印和手工丝印。就手工丝印而言，操作者的技术熟练程度对丝印质量影响很大，一个操作熟练的丝印工能独立处理在丝印工作中常见的问题，并能根据工件形状强度的不同而选择合适的定位方式等。在丝印过程中除了操作者的技术熟练程度外，还有一个重要的因素就是操作者的工作责任心，只有良好的技术加上强的工作责任心才能把工作做得更好。

5. 干燥过程的质量控制

油墨的干燥对油墨的抗蚀性能有很大的影响，如干燥不彻底，在铣切过程中极易脱落而造成铣切失败。油墨的干燥主要受干燥温度和干燥时间的影响。

油墨在干燥时对温度控制很重要。温度低达不到干燥的目的，温度高油墨干燥过度会影响油墨的清除，如温度过高则会使油墨炭化，降低附着力，甚至脱落。

油墨干燥时间和油墨干燥温度的设置有关，在油墨干燥温度范围内，温度越高，干燥时间越短，反之则越长。

油墨干燥温度和时间参数的设定主要依据两个方面，一是油墨供应商提供的参数，二是通过实验得出的数据。通常情况下都是根据油墨附带的参数再通过实验来确定，一经确定就不能轻易更改，如果是自配油墨，配制油墨所用的树脂都有干燥温度及时间等参数，根据这些参数实验确定。

八、丝印后的自检与互检

对于批量的图文丝印，不可能丝印后再对每一个工件都进行仔细检查并检修，当然不检查并不代表质量不合格，在这种情况下更多的是依靠丝印设备及操作者的技术熟练程度及工作责任心来保证丝印质量，自检就是工作责任心最直接的表现，自检是丝印操作者在丝印完后对丝印质量的检查，在正常的丝印情况下，自检并不一定要每个都检查，往往是丝印一定数量后随机抽检。工件在丝印后有专人将丝印好的工件摆放在专用的烘干转运架上，摆放的工作人员同时要负责对每一个工件进行在线检查，如发现质量问题及时告诉丝印操作者，停止操作，查找质量不合格原因，排除故障后再进行丝印工作，并将不合格的工件清洗干净油墨再重新丝印。这就将可能存在的丝印质量问题尽可能地消灭在生产过程中。丝印后由工件摆放人员进行的检查称为互检。自检和互检的项目包括断线、多余物、锯齿、油墨不饱满、渗墨等。对于批量生产的普通铣切工件一般都不设专检，但有质检员随机抽检。对于高要求的工件在铣切前必须进行专检工作，专检同样可分为目视检查和显影检查两种。

丝印法防蚀层制作工艺流程图见图 6-17。

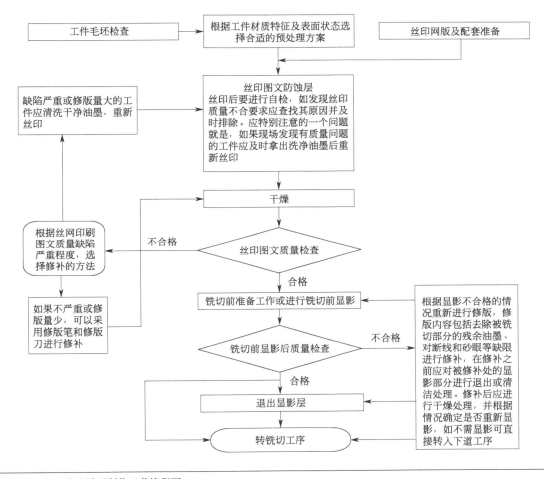

图 6-17　丝印法防蚀层制作工艺流程图

第四节
照相制版防蚀技术

在前边介绍了丝网印刷图文转移技术，丝网印刷技术成本低、加工速度快，在批量生产时更是如此。但是用丝网印刷技术转移的图文精度有限，同时亦很难做到边缘平滑的图文效果。如果要用于双面铣切，丝网印刷难以达到定位精度要求。而照相制版图文转移技术，就能解决精细图文线条精度及双面图文转移的定位精度问题。照相制版铣切技术除可用于加工精细图文，更适用于加工薄而精密的小型零件、印制线路板及集成电路等。本节将对这一技术进行详细介绍。

照相制版化学铣切具有铣切越浅精度越高的特点，通常用来进行一些深度很浅的铣切加工。比如在印制电路板的加工中，用它来把黏在绝缘材料上的金属铜箔切透；又如在精密零件加工中，用它沿着规定的外形，从金属薄板的上下两面，把一个精密的零件切割下来；在金属零件上制作精细的图文，如各种金属铭牌及一些工艺品的制作等。

照相防蚀技术的关键是光化学图文转移技术，最早使用光化学图文转移技术是在 19 世纪 20 年代，由法国人 Niepce 通过实验发现的日光胶版复制品技术。这一技术是把印刷图片放在一块涂有一层溶在薰衣草油中的沥青的平板上，然后沥青层在太阳光下暴晒 2~3h，于是没有线条遮蔽的沥青层硬化，同时有线条遮蔽的沥青层仍然保持可溶性，因而能用一种经过仔细调匀的薰衣草油与松节油的混合物冲洗掉，而冲洗后留下来的沥青层图像就不会再因光线的照射而改变。这种方法从今天看来不管是从效率或图文转移质量上都不可能和现在的同类技术相比，但这在光化学图文转移技术的发展史上是极为重要的一步，使图文的转移方法进入了一个划时代的革命时期。

要得到质量优良的光化学图文转移效果，关键是照相底版的制作和光敏材料，关于照相底版制作在前面已作了介绍。光敏材料即光致抗蚀剂，光致抗蚀剂又可分为干膜光致抗蚀剂和液体光致抗蚀剂。下面介绍干膜光致抗蚀剂。

一、干膜光致抗蚀剂的分类及结构

1. 干膜光致抗蚀剂的分类

干膜光致抗蚀剂是 20 世纪 70 年代初期发展起来的一种感光材料，至今已有多种产品用于要求不同的生产需要。干膜具有良好的工艺性能、优良的成像性和耐化学药品性能，在线路板制造、图文制作及精密零件的切割上都得到了非常广泛的应用。

干膜有较高的图像解析度，精度可做到宽度达 $100\mu m$ 的线条。由于干膜的厚度和组成一致性好，可靠性高，避免了成像时的不连续性。应用干膜进行图文转移，大大简化了制造工序，有利于实现机械化和自动化生产。

根据显影和去膜的方法不同可把干膜分为：溶剂型干膜、水溶型干膜和干显影或剥离型干膜三种。在这三种干膜中，现在最常用的是第二种水溶型干膜。在这里也主要介绍水溶型干膜。

2. 干膜光致抗蚀剂的结构

干膜光致抗蚀剂由聚酯薄膜、光致抗蚀膜及聚乙烯保护膜三部分组成，如图 6-18 所示。

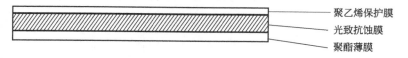

图 6-18　干膜光致抗蚀剂结构示意图

聚酯薄膜是支撑感光胶层的载体，使之涂布成膜，厚度通常为 $25\mu m$ 左右。聚酯薄膜在曝光之后显影之前除去。聚酯薄膜能防止曝光时氧气向光致抗蚀膜扩散，破坏游离基，引起感光度下降。

聚乙烯保护膜是覆盖在感光胶层上的保护膜，其目的是防止灰尘等污物沾污干膜；避免在卷膜时，抗蚀剂层之间相互粘连。聚乙烯保护膜厚度约为 $25\mu m$。

光致抗蚀膜为干膜的主体部分，常用的都为负性感光材料，其厚度视用途不同而异，从十几个微米到 $100\mu m$ 不等。通常情况下，感光胶膜越薄，膜层的解像度越高，但膜层的抗化学药品性能及物理性能越差。

感光胶膜主要由光聚合单体及光引发剂组成。光聚合单体是光致抗蚀膜的主要成分，在光引发剂的存在下，经紫外线照射发生聚合反应，生成体型聚合物。经感光的部分不溶于显影剂，而未感光的部分能很好地溶解在显影剂中而被除去，从而形成抗蚀图像。

感光单体应用最多的是多元醇丙烯酸酯类及甲基丙烯酸酯类，如季戊四醇三丙烯酸酯等。光引发剂在紫外线照射下，吸收紫外线的能量产生游离基，游离基进一步引发光聚合单体交联成为聚合物。

干膜光致抗蚀剂通常使用的光引发剂是安息香醚、叔丁基蒽醌等醚键有机化合物。在感光胶体层中除了上述光聚合单体和光引发剂外还有黏结剂、增塑剂、增黏剂、色料、溶剂和热阻聚剂等辅助材料。在这些材料中，黏结剂是使感光胶各组分黏结成膜，起抗蚀剂的骨架作用，黏结剂在光聚合过程中不参与化学反应；增塑剂可增加干膜光致抗蚀剂的均匀性和柔韧性，三乙二醇双乙酸酯常作为增塑剂使用；增黏剂，可增加光致抗蚀剂与金属表面的化学结合力，防止因黏结不牢引起胶膜脱落及胶膜边缘起翘等，常用的增黏剂为苯并三氮唑；添加色料的目的是使干膜呈现鲜艳的颜色，便于修版和检查，孔雀石绿、苏丹兰等常作为色料添加；溶剂用于溶解感光胶体中的各种组分，通常采用丙酮、乙醇作溶剂；热阻聚剂是为了防止干膜在生产或储藏时因吸收热能而发生聚合的一种添加物质，如甲氧基酚、对苯二酚等。

二、干膜光致抗蚀剂法的技术条件

1. 外观

质量好的干膜光致抗蚀膜必须无气泡、颗粒、杂质，厚度均匀，颜色一致。如果干膜存在上述要求中的质量缺陷，就会增加图像转移后的修版量，严重时甚至不能使用。干膜的外观技术指标见表 6-8。

表 6-8　干膜的外观技术指标

指标项目	指标	
	一级	二级
透明度	透明度良好,无浑浊	透明度良好,允许有不明显的浑浊
色泽	浅色,不允许有明显的颜色不均匀现象	浅色,允许有颜色不均匀现象,但不得相差悬殊
气泡,针孔	不允许有大于 $60\mu m$ 的气泡及针孔	不允许有大于 $120\mu m$ 的气泡及针孔,$60\sim120\mu m$ 的气泡及针孔允许小于或等于 20 个 $/m^2$
凝胶粒子	不允许有大于 $60\mu m$ 的凝胶粒子	不允许有大于 $120\mu m$ 的凝胶粒子,$60\sim120\mu m$ 的凝胶粒子允许小于或等于 15 个 $/m^2$
机械杂质	不允许有明显的机械杂质	允许有少量的机械杂质
划伤	不允许	允许有不明显的划伤
流胶	不允许	允许有不明显的流胶
折痕	不允许	允许有轻微折痕

表 6-8 中所列指标缺陷是对于普通干膜的基本要求，随着生产技术的不断提高，现在生产的高质量干膜，外观几乎没有任何缺陷。

2. 干膜光致抗蚀剂的厚度

在产品说明书上都会标出光致抗蚀膜层的厚度（注意是光致抗蚀膜层的厚度，而不是包括聚酯薄膜和聚乙烯保护膜的整个干膜厚度），可根据不同的需要选择不同厚度的感光膜。精细图文可选用光致抗蚀层厚度为 $25\mu m$ 的干膜；图形电镀可选用光致抗蚀层厚度为 $38\mu m$ 的干膜；需要进行遮蔽的孔或需要长时间铣切的场合，可选择光致抗蚀层厚度为 $50\mu m$ 的干膜。干膜厚度的尺寸公差技术要求见表 6-9。

表 6-9　干膜厚度的尺寸公差技术要求

规格名称		标称尺寸	公差	
			一级	二级
厚度 /μm	聚酯薄膜/μm	25～30	±3	±3
	光致抗蚀层/μm	25、38、50	±2.5	±3.5
	聚乙烯保护膜/μm	25～30	±5	±10
	干膜总厚度/μm	75～110	±10.5	±16.5
宽度/mm		300、485	+5	
长度/m		≥100		

3. 干膜的使用性

聚乙烯保护膜的剥离性要好，易于剥离同时保护膜不得粘连抗蚀层。当在加热加压的条件下将干膜贴在金属表面时，贴膜机热压辊的温度为 (105 ± 10)℃，传送速度为 $0.9\sim1.8m/min$，线压力为 $0.54kgf/cm$，干膜能良好地和金属表面粘贴牢固。

4. 光谱特性

干膜必须有确定的吸收区域波长及安全光区域。技术要求规定：干膜的吸收区域波长为 $310\sim440nm$，安全区域波长≥460nm。高压汞灯及卤化物灯在近紫外区附近辐射强度较大，均可作为干膜曝光的光源。

低压钠灯主要辐射能量波长范围为 $589\sim589.6nm$，且单色性好，所发出的黄光对人眼睛较敏感，明亮，便于操作。故可选用低压钠灯作为安全灯。也可选取专用的冷光源紫外灯进行曝光及冷光源安全灯作为暗室安全灯。

5. 感光性

感光性包括感光速度、曝光时间宽容度和深度曝光特性等指标。

（1）感光速度　感光速度是指光致抗蚀剂在紫外线照射下，光聚合单体产生聚合反应，形成具有一定抗蚀能力的聚合物，所需要的光能量的多少。在光源强度及灯距固定的情况下，感光速度表现为曝光时间的长短，曝光时间短即为感光速度快。从提高生产效率和保证图文精度来考虑，则希望干膜的感光速度越快越好。

（2）曝光时间宽容度　最大曝光时间与最短曝光时间之比称为曝光时间宽容度。干膜曝光一段时间后，经显影，光致抗蚀层已全部或大部分聚合，并具有技术条件所要求的抗蚀性能，该时间称为最短曝光时间或称为最小曝光量。将曝光时间继续延长，使光致抗蚀剂聚合得更彻底，且能正常显影，显影后得到的图文尺寸仍与照相底版尺寸相符，显影后的抗蚀层满足技术条件要求的抗蚀性能及附着性能，该时间称为最大曝光时间或最大曝光量。通常干膜的最佳曝光时间选择在最短曝光时间和最大曝光时间之间，干膜产品说明书都有一参考曝光时间，根据这一参数经过多次实验很容易得最佳曝光时间。

（3）深度曝光特性　干膜的深度曝光特性很重要，曝光时，光能量因通过光致抗蚀层和散射效应而减少。若光致抗蚀层对光的透过率不好，在光致抗蚀层较厚时，会造成上层曝光量合适，下层就可能不发生聚合反应，使显影后光致抗蚀层边缘不整齐，影响图文的精度和分辨率，严重时抗蚀层容易发生起翘和脱落现象。在这种情况下，为使下层能完全聚合，必须加大曝光量即延长曝光时间，上层就可能曝光过度。因此深度曝光特性的好坏是衡量干膜感光质量的一项重要指标。

（4）深度曝光系数　第一次响应时间的光密度和饱和光密度的比值称为深度曝光系数，此系数的测量方法是将干膜贴在透明的有机玻璃上，采用透射密度计测量光密度。深度曝光系数的测试比较复杂，且干膜贴在有机玻璃板上与贴在金属板上的情况也不相同。所以为简便测量及符合实际情况，以干膜的最短曝光时间为基准来衡量深度曝光性，其测量方法是将干膜贴在金属板上后，按最小曝光时间缩小一定倍数曝光并显影，再检查金属板表面上的干膜有无响应。

在使用 5kW 高压汞灯，灯距 650mm，曝光表面温度为（25±5）℃的条件下，干膜的感光性能应符合表 6-10 的要求。

表 6-10　干膜的感光性能要求

项目		一级	二级
最短曝光时间 /s	抗蚀层厚度 25μm	≤10	≤20
	抗蚀层厚度 38μm	≤10	≤20
	抗蚀层厚度 50μm	≤12	≤24
曝光时间宽容度 t_{max}/t_{min}		≥2	>1.585
深度曝光性/s		≤0.25	≤0.5

6. 显影性及耐显影性

（1）显影性　干膜的显影性是指干膜按最佳工作状态贴膜、曝光及显影后所获得图文效果的好坏。即图文应是清晰的，未曝光部分的感光胶层应去除干净无残胶。曝光后留在金属板面上的抗蚀层应光滑、坚实。

（2）耐显影性　干膜的耐显影性是指曝光的干膜耐过显影的程度，即显影时间可以超过的最大限度，耐显影性反映了显影工艺宽容度。

干膜的显影性与耐显影性直接影响图文的转移质量。显影不良的干膜会给铣切带来困难。干膜的耐显影性不良，在过度显影时，会产生干膜脱落或边缘起层等质量缺陷，上述缺陷严重时，将直接导致生产不能正常进行。干膜的显影性和耐显影性技术要求见表 6-11。

表 6-11　干膜的显影性和耐显影性技术要求

项目		一级	二级
显影液温度/℃		40±2	40±2
1%Na$_2$CO$_3$ 溶液显影时间 /s	抗蚀层厚度 25μm	≤60	≤90
	抗蚀层厚度 38μm	≤80	≤100
	抗蚀层厚度 50μm	≤100	≤120
1%Na$_2$CO$_3$ 溶液耐显影时间/min		≥5	≥3

7. 分辨率

分辨率是指在 1mm 的距离内，干膜抗蚀剂所能形成的线条（或间距）的条数，分辨率也可以用线（或间距）的绝对尺寸的大小来表示，分辨率也可称为解像度。干膜的分辨率与抗蚀膜的厚度有关，抗蚀膜层越厚，分辨率越低。光线透过照相底版和聚酯薄膜对干膜曝光时，由于聚酯薄膜对光线的散射作用，使光线侧射，因而降低了干膜的分辨率，聚酯薄膜越厚，光线侧射越严重，分辨率越低。普通干膜的技术要求规定：能分辨的最小平均线条宽度，一级指标≤100μm，二级指标≤150μm。

8. 耐腐蚀性和耐电镀性

技术要求规定：光聚合后的干膜抗蚀层，应能耐 $FeCl_3$ 铣切液、$(NH_4)_2S_2O_8$ 铣切液、酸性 $CuCl_2$ 铣切液、H_2SO_4-H_2O_2 铣切液的铣切。在上述铣切液中当温度为 50～55℃时，干膜表面应无发毛、渗漏、起翘和脱落现象发生。在酸性光亮镀铜、氟硼酸盐普通镀铅锡合金或光亮镀铅锡合金、光亮镀镍及上述各种电镀前酸性处理溶液中，聚合后的干膜抗蚀层应无表面发毛、渗镀、起翘和脱落现象发生。但经聚合后的干膜不抗酸性硫脲溶液，所以使用干膜的图形不可以进行图形化学镀锡。

9. 去膜性能

曝光后的干膜，经铣切或电镀后，可以在强碱溶液中除去。一般采用 3%～5%的氢氧化钠溶液，除膜温度为 50～60℃，以机械喷淋或浸泡方式去除。去膜速度越快越有利于提高生产效率，去膜形式最好是呈片状剥离，剥离下来的碎片通过过滤网除去，这样既有利于延长去膜溶液的使用寿命也可以减少对喷嘴的堵塞。经聚合后的干膜用乙醇和丙酮也能很好地去除，这对于铝合金表面光致抗蚀膜的去除非常有利，因为铝是两性金属如果用强碱去膜会对铝表面产生腐蚀，影响美观。

干膜技术要求规定：在 3%～5%的氢氧化钠溶液中，温度为 50～70℃，一级指标去膜时间为 30～75s，二级指标去膜时间为 60～150s，去膜后表面无残胶。

10. 干膜的保存

干膜在储存过程中可能由于溶剂的挥发而变脆，也可能由于环境温度的影响而产生热聚合，或因抗蚀剂产生局部流动而造成膜层厚度不均匀（即所谓的冷流），这些都将严重影响干膜的使用。因此在良好的环境中储存干膜是十分重要的，技术要求规定：干膜应储存在阴凉而洁净的室内，禁止与化学药品和放射性物质一起存放。储存条件为，黄光区，温度低于27℃（5～21℃为佳），相对湿度 50%左右。储存期为出厂不超过六个月，超出这个期限，按技术要求检验合格后才能继续使用。

三、图文转移工艺流程

采用干膜的图文转移工艺流程为：

贴干膜前基板清洁处理→干燥→贴干膜→照相底版定位→曝光→显影→水洗→停影→水洗→图形转移效果自检→干燥→修版→修版效果自检→图形电镀或铣切工序流程→退膜工序流程→转后工序加工或包装。贴干膜时有贴膜机连续贴膜和贴膜机单件贴膜，前者用于批量生产，后者用于少量生产。

图 6-19 为干膜的图形转移工艺流程图。

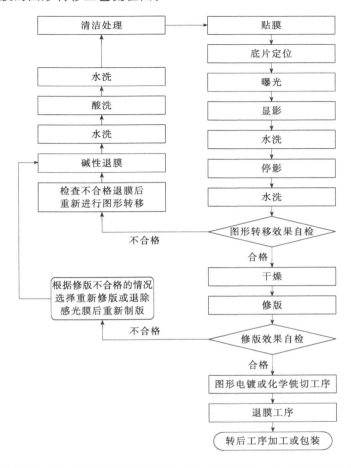

图 6-19　干膜的图形转移工艺流程图

1. 清洁处理

根据不同的材料及用途，基板的清洁处理的方法有一定差异。主要分成两类，即线路板的清洁处理和其他金属材料的清洁处理。本节只介绍线路板的清洁处理。

贴膜前的线路板板面，包括覆铜板基板和孔金属化后预镀铜的基板。为了保证干膜与基板表面牢固黏附，要求基板表面无氧化层、油污、指印及其他污物，无钻孔毛刺，无粗糙镀层。为了增大干膜与基板表面的接触面积，还要求基板有微观粗糙化表面。为了达到上述两项要求，贴膜前要对基板进行认真处理，其处理方法可分为机械清洁、化学清洁和电解清洁三大类。由于电解清洁在线路板制作中很少采用，所以本节主要介绍机械清洁和化学清洁。

（1）机械清洁　机械清洁即用刷板机清洁，刷板机又分磨料刷辊式刷板机和浮石料刷板机两种。

① 磨料刷辊式刷板机。磨料刷辊式刷板机装配的刷子通常有两种类型，即压缩型刷子和硬毛型刷子。压缩型刷子是将粒度很细的碳化硅或氧化铝磨料黏结在尼龙丝上，然后将这种尼龙丝制成纤维板或软垫，经固化后切成圆片，装在一根辊芯上制成刷辊。硬毛型刷子的

刷体是用含有碳化硅磨料的直径为 0.6mm 的尼龙丝编绕而成的。

磨料粒度不同，用途也不同。通常粒度为 180 目和 240 目的刷子用于钻孔后去毛刺处理；粒度为 320 目和 500 目的刷子用于贴干膜前基板的处理。这两种刷子相比各有优缺点。

压缩型刷子因含的磨料粒度很细，并且刷辊对被刷板面的压力较大，因此刷过的铜表面均匀一致，主要用于多层板内层基板的清洗。其缺点是由于尼龙丝较细容易撕裂，使用寿命短。

硬毛型刷子的显著特点是尼龙丝耐磨性好，因而使用寿命长，大约是压缩型刷子的 10 倍，但是这种刷子不宜用于处理多层基板。因多层基板薄，不仅处理效果不理想，而且还会造成卷曲。在使用刷辊式刷板机时，为了防止尼龙丝因过热而损坏，应不断向板面喷淋自来水进行冷却和润湿。这种刷板机虽然是目前应用较多的一种刷板方式，但这种方式也有缺陷，如在表面上有定向的擦伤，有耕地式的沟槽，有时孔的边缘被撕破形成椭圆孔，由于磨刷磨损，刷子高度不一致而造成处理后的板面不均匀等。

② 浮石粉刷板机。浮石粉刷板机是将浮石粉悬浊液喷射到板面上用尼龙刷进行擦刷，其刷洗过程主要有以下几个工段：尼龙刷与浮石粉浆液相结合进行擦刷；刷洗除去板面的浮石粉；高压水洗；水洗；干燥。

浮石粉刷板机处理的基板有如下优点：

a. 磨料浮石粉与尼龙刷相结合，与板面相切擦刷，能除去所有污物，露出新鲜洁净的铜表面；

b. 能够形成完全砂粒化的、粗糙的、均匀的、多峰的表面，没有耕地式的沟槽；

c. 尼龙刷的作用缓和，表面和孔之间的连接不会受到破坏；

d. 相对软的尼龙刷的灵活性，可以弥补由于刷子磨损而造成的板面不均匀问题；

e. 由于板面均匀无沟槽，降低了曝光时光的散射，从而提高了成像分辨率。

这种方法的不足之处在于浮石粉对设备的机械部分易造成损伤。

（2）化学清洁　化学清洁首先是用碱液除去表面的油污、指印及其他有机污物。然后用酸性溶液除去氧化层。最后再进行微粗化处理，以得到与干膜具有优良黏附性能的粗化表面。化学清洁的优点是铜箔损失少，基材本身不受机械应力的影响，对薄板材的处理较其他方法易于操作。但化学清洁处理需要分析化学溶液中各种化学成分的变化并进行调整，废旧的除油剂需要进行处理，增加了对废物的处理工序和费用。

经处理后的板面是否清洁应进行检查，简单的检验方法是水膜破裂试验法。板面清洁处理后，垂直放置，整个板面上的连续水膜保持 30s 不破裂即为合格。

对于清洁好的基板干燥后应立即贴膜，如因故不能贴膜，放置 4h 后应重新进行清洁处理。在这里要注意的一个问题就是清洁后的干燥处理，贴膜前的彻底干燥处理非常重要，如果干燥不彻底，在板面上残存的水汽往往是造成砂眼或膜贴不牢固的原因之一，因此必须去除板面及孔内的水汽，以确保干膜与板子的牢固结合。

在进行烘烤前，通常先用物理方法去除大量水分，如用干燥洁净的压缩空气吹干，或者用洁净的干毛巾将表面的水分擦净，然后再放入 100℃ 左右的热烘箱中进行烘干，时间 10～15min，在烘干前如不把铜表面多余的水分去掉，在高温烘干过程中，铜表面易锈蚀。

2. 贴膜

贴膜时，先从膜上剥下聚乙烯薄膜，然后在加热加压的条件下将干膜光致抗蚀层粘贴在铜箔面。干膜中的光致抗蚀层受热后变软，流动性增加，借助于热压辊的压力和光致抗蚀层中黏结剂的作用完成贴膜过程。

贴膜过程通常都是在贴膜机上完成的，贴膜机的型号很多，但基本结构大致相同，贴膜机结构示意图见图 6-20。

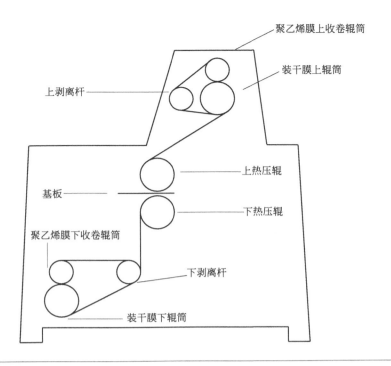

图 6-20 贴膜机结构示意图

贴膜可连续贴也可以单张贴。连续贴膜时要注意在上、下干膜送料辊上装干膜时要对齐。单张贴时，膜的尺寸不可大于板面，以防止抗蚀剂黏到热压辊上。

连续贴膜生产效率高，适合于大批量生产，小批量生产可采用单张贴膜法，以减少干膜的浪费。

不管是连续贴还是单张贴在贴膜时都要掌握好贴膜压力、贴膜温度及贴膜传送速度三个要素。

（1）压力 新安装的贴膜机，首先要将上下两热压辊调至轴向平行，然后采用逐渐加大压力的办法进行压力调节。压力大小根据基板厚度调到使干膜易贴、贴牢、不出折皱为度，线压力以 0.5～0.6kgf/cm 为宜。压力调整好后就可固定使用，不需经常调节。

（2）温度 根据干膜的类型、性能、环境温度和湿度的不同而略有不同。膜层较干，环境温度低，湿度小时，贴膜温度要高些，反之则低些。贴膜温度过高，干膜图像变脆，耐铣切性和耐镀性能变差，甚至于发生热聚合。贴膜温度过低时，干膜与金属表面黏附不牢，在显影或电镀过程中膜易起层甚至脱落。通常温度控制在 80～100℃左右。

（3）传送速度 传送速度与贴膜温度有关，温度高传送速度可快些，温度低则可适当调慢传送速度。通常采用的传送速度为 0.9～1.8m/min。在贴膜过程中，热压辊在要求的传送速度下，难以给基板提供足够的热量，因此需要给贴膜的基板进行预热。即在烘箱中干燥后，稍加冷却即可进行贴膜。完好的贴膜应是表面平整，无折皱，无气泡，无灰尘颗粒等夹杂物。为了保持工艺的稳定性，贴膜后的板子不可立即进行曝光，应经过约 10min 的冷却恢复后再进行曝光。

3. 照相底片定位

经贴膜后的基板在曝光之前要和底片进行定位，对于单面板制作或单面铣切的金属材料，可目视直接将底版放在合适的位置即可。但对于双面板制作及需要双面铣切的零件用简单的目视对位不能保证定位精度，这时就需要使用定位工具来进行定位。使用重氮片基作底版，对于低密度双面板也可以采用目视定位。但对于其他非线路板同时需要进行双面铣切的金属片材则必须使用定位系统进行定位。

所谓定位系统由定位销钉及相应的固定装置组成。线路板有两种定位方式，即脱销钉定位系统和固定销钉定位系统。

(1) 脱销钉定位系统　脱销钉定位系统包括照相底版软片冲孔器和多圆孔脱销定位器（圆孔一般为两个或三个，三个的定位精度高于两个）。定位方法是：首先将正反两张底版药面相对在显微镜或在透图台上对准。将对准的两张底版用软片冲孔器于底版有效图像外任冲两个或三个定位孔，把冲好定位孔的底版任取一张去编钻孔程序，一次钻出定位孔和其他元件孔，线路板经孔金属化后，便可用这种脱销定位器进行底片定位。

(2) 固定销钉定位系统　此种固定销钉分两套系统，一套固定照相底版，另一套固定印制板，通过调整定位销钉的位置，实现照相底版与印制板的重合定位。

这两种定位方式使用最多的是前一种，定位销钉从两个到四个不等，个数越多，定位精度越高，同时定位的难度也越大，这要根据需要来选择。

定位孔有圆孔和椭圆孔两种，圆孔由于在所固定的水平位置上不可移动，所以当基板或片基因温度和湿度发生伸缩时，定位就成了问题，更多时候为了定位往往是强行套位，长时间操作必然使片基的定位孔变形，使定位精度下降，如果采用椭圆孔定位就可以避免这一问题，因为不管片基和基板的尺寸在 X 方向或在 Y 方向发生微变，都不影响基板和片基的套准过程，使基板和片基的尺寸变化均匀分布在整个板面，但是椭圆孔定位增加了工作难度，只有在要求非常精密的线路板或其他图形铣切制作中才采用这种定位方法。

底片定位除以上介绍的定位器定位外，还有一种无定位器的定位方法。这一方法是将A、B 两张底片在透图台上完全重合，并在适当的位置用胶布固定，然后再将底片的两边固定在一 "L" 形骨架上。定位时只需将金属片材放入两底片之间，用胶布固定即可。这一方法也可以用于双面板的定位。

4. 曝光

曝光即在紫外光照射下，光引发剂吸收光能分解成游离基，游离基再引发不聚合单体进行聚合交联反应，反应后形成不溶于稀碱溶液的体型大分子结构。曝光一般在自动双面曝光机内进行，现在的曝光机根据光源的冷却方式不同，分风冷和水冷两种。

曝光成像质量除受干膜光致抗蚀剂的性能影响外，光源的选择、曝光时间（曝光量）的控制、照相底版的质量等都是影响曝光成像质量的重要因素。

(1) 光源的选择　任何一种干膜都有其自身特有的光谱吸收曲线，而任何一种光源也都有其自身的发射光谱曲线。如果某种光源的光谱发射主峰和某种干膜的光谱吸收主峰相重叠或大部分重叠，说明两者匹配良好，曝光效果就好。

国产干膜的光谱吸收曲线表明，光谱吸收区为 310～440nm，从几种光源的光谱能量分布可看出：镝灯、高压汞灯、碘镓灯在 310～440nm 波长范围均有较大的相对辐射强度，是干膜曝光的理想光源。而氙灯不适用于干膜的曝光。光源选定以后，还应考虑选用功率大的光源，因为光源强度大，分辨率高，而且曝光时间短，照相底版受热变形的程度也小。

(2) 曝光时间的控制（曝光量的控制）　在曝光过程中干膜的聚合反应并不是在瞬间完成，而是经过以下过程完成。

干膜中由于存在氧或其他有害杂质的阻碍，在曝光过程中需要经过一个诱导的过程，在该过程内引发剂分解产生的游离基被氧和杂质所消耗，单体的聚合甚微。

当诱导期一过，单体的光聚合反应很快进行，胶膜的黏度迅速增加，接近于突变的程度，这就是光敏单体急剧消耗阶段，这个阶段在曝光过程中所占的时间比例很小。当光敏单体大部分消耗完时，就进入了单体耗尽区，此时光聚合反应已经完成。

正确控制曝光时间是获得优良干膜抗蚀图像非常重要的因素。当曝光不足时，由于单体聚合不彻底，在显影过程中，胶膜溶胀变软，线条不清晰，色泽暗淡，甚至脱胶，在铣切过程中或电镀过程中，膜起翘，渗镀，甚至脱落。

当曝光过度时，会造成难于显影，胶膜发脆，留下残胶等弊病。更为严重的是不正确的曝光将产生图像线宽的偏差，过量的曝光会使图形电镀的线条变细，使印制电路铣切的线条变粗。反之，曝光不足使图形电镀的线条变粗，使印制电路铣切的线条变细。要得到正确的曝光量，就需要确定一个最佳的曝光时间。

曝光时间的确定，在条件允许的情况下可采用瑞斯顿 17 级或斯图费 21 级光密度尺来进行计算。在无光密度尺时，也可凭经验进行观察，用逐渐增加曝光时间的方法，根据显影后干膜的光亮程度，图像是否清晰，图像线宽是否与原底片相符等来确定适当的曝光时间。

不管采用哪种方法来确定曝光时间，都是建立在灯管光强度恒定的情况下才是有意义的。随着灯管的老化，光强度会降低，这时原先确定的曝光时间就应根据实际情况进行调整。现在一些先进的曝光设备都会使用光能量积分仪来计量曝光。其原理是当光强发生变化时，能自动调节曝光时间，使总曝光量保持不变。

（3）照相底版的质量　照相底版的质量主要表现在光密度和尺寸稳定性两个方面。

关于光密度，要求最大光密度 $D_{max}>4$，最小光密度 $D_{min}<0.2$。最大光密度是指底版在紫外光中，其表面挡光照的挡光下限，也就是说，底版不透明区的挡光密度 D_{max} 超过 4 时，才能达到良好的挡光目的。最小光密度是指底版在紫外光中，其挡光膜以外透明片基所呈现的挡光上限，也就是说，当底版透明区光密度 $D_{min}<0.2$ 时，才能达到良好的透光目的。

照相底版的尺寸稳定性是指底版在环境温度、湿度及储存时间等因素作用下，底版尺寸的变化量。优良的底版要求这一变化值越小越好，因为底版尺寸的变化，将直接影响印制板及其他金属的尺寸精度和图像重合度。

国产 SO 硬性软片受温度和湿度的影响，尺寸变化较大，其温度系数和湿度系数大约在 $(50\sim60)\times10^{-6}/℃$ 及 $(50\sim60)\times10^{-6}/\%$。对于一张长度约 400mm 的 SO 硬性软片，在冬季和夏季的尺寸变化可达 $0.5\sim1$mm。采用厚聚酯片基的银盐片（0.18mm）和重氮片，可提高底版的尺寸稳定性。除了上述三种因素外，曝光机本身的真空系统及真空度也会影响曝光成像质量。

5. 显影

显影用 5‰～12‰的 Na_2CO_3 溶液，显影温度为 30～40℃。显影机理是感光膜中未感光部分的活性基团与稀碱溶液反应生成可溶性物质而溶解下来，显影时活性基团羧基—COOH 与碳酸钠反应，生成亲水性基团—COONa，从而把未曝光的部分溶解下来，而曝光部分的干膜不被溶解。

掌握正确的显影时间对保证显影质量至关重要，如果显影时间不足，未聚合的光致抗蚀剂得不到充分的清洁显影，未感光的抗蚀剂残胶可能会留在金属表面，造成铣切和电镀后的图形失真。如果显影时间过度，已聚合的光致抗蚀膜由于与显影液接触时间过长，而发毛失去光泽，在铣切和电镀过程中容易产生图形边缘抗蚀膜起层或脱落。正确的显影时间主要根据干膜提供的数据再经多次实验来确定，显影液配方及操作方法见表 6-12。

表 6-12　显影液配方及操作条件

溶液成分	材料名称	化学式	含量/(g/L)
	无水碳酸钠	Na_2CO_3	10～13
操作条件	温度/℃		25～30
	时间/min		2～4(根据实验确定最佳时间)

6. 停影

显影并经水洗后即可放在稀酸中停影，停影的目的是用酸中和掉板面的残余碱液，以防止过显现象的发生。停影配方及操作条件见表 6-13。

表 6-13　停影配方及操作条件

溶液成分	材料名称	化学式	含量/(g/L)
	盐酸	HCl	25～40
操作条件	温度/℃		20～30
	时间/s		10～20

7. 图形转移效果检查

经停影水洗后，应对板面的图形进行检查。合格的图形转移效果应是：定位准确；显影后板面膜层光泽好，均匀一致，无发毛、起层，板面无余胶。如发现质量问题并难于修补则应退除抗蚀膜层重新进行图形转移。

8. 干燥

温度为 40～50℃；时间为 10～20min。干燥温度不能过高，否则膜层容易发脆。也可在通风良好的条件下自然晾干或在热风道中吹干。

9. 修版

修版包括两方面，一是修补图像的缺陷，二是除去与要求图像无关的疵点。修版可用虫胶液、沥青、耐酸油墨等。修版时应戴上细纱手套，以防手汗污染表面。

10. 修版效果检查

修版结束后要进行检查，经修版合格的板子图形边缘整齐无多余物，无缺口，板面膜层完整。达不到要求应重修或退膜后重新制版。修版合格后，根据设计要求选择相应的图形电镀工艺或直接进行铣切工序。

11. 去膜

用3％～5％的氢氧化钠溶液进行去膜，温度为 50～60℃，去膜方式可用喷淋式也可用浸泡式。去膜时间一般为 5～8min。

四、图形转移常见故障及排除方法

在使用干膜进行图形转移时，由于干膜本身的缺陷或操作工艺不当，可能会出现各种质量问题，表 6-14 列举出了在生产过程中图形转移常见故障的原因及排除方法供参考。

表 6-14　在生产过程中图形转移常见故障的原因及排除方法

故障现象	产生原因	排除方法
干膜与基板黏结不牢	干膜储存时间过久,抗蚀剂中溶剂挥发	在低于27℃的环境中保存干膜,储存时间不宜超过有效期
	基板清洁处理不良,有氧化层、油污或微观表面粗糙不够	加强基板清洁处理,并检查是否有均匀水膜形成;加强表面微观粗糙化处理
	环境湿度太低	保持环境湿度为50%左右
	贴膜温度过低或传送速度太快	调整好贴膜温度和传送速度,连续贴膜最好把板子预热
干膜与基板表面之间出现气泡	贴膜温度过高,抗蚀剂中的挥发成分急剧挥发,残留在聚酯膜和基板之间,形成鼓泡	调整贴膜温度至标准范围内
	热压辊表面不平,有凹坑或划伤	注意保护热压辊表面的平整,清洁热压辊时不要用坚硬、锋利的工具去刮
	压辊压力太小	适当增加两压辊间的压力
	基板表面不平,有划痕或凹坑	挑选板材并注意前面工序加工质量,减少造成划痕、凹坑的可能
干膜起皱	两个热压辊轴向不平行,使干膜受压不均匀	调整两个热压辊,使之轴向平行
	操作不熟练,干膜放置不当	平时多加练习,熟练操作技能;放板时多加小心
	贴膜温度太高	调整贴膜温度至正常范围内
	贴膜前基板太热	板子预热温度不宜太高
板面有余胶	干膜质量差	更换干膜
	干膜暴露在白光下造成部分聚合	在黄光下进行操作
	曝光时间太长	缩短曝光时间
	照相底版最大光密度不够,造成紫外光透过,部分聚合	曝光前检查照相底版
	曝光时照相底版与基板接触不良造成虚光	检查抽真空系统及曝光框架是否正常
	显影液温度太低,显影时间太短,喷淋压力不够或部分喷嘴堵塞	调整显影温度和显影时的传送速度,检查显影设备
	显影液中产生大量气泡,降低了喷淋压力	在显影液中加入消泡剂,消除泡沫
	显影液失效	更换显影液
显影后干膜图像模糊,抗蚀膜发暗发毛	曝光不足	用光密度尺校正曝光量或曝光时间,无光密度尺可根据干膜提供的参数通过多次试验获得最佳曝光时间及其他工艺数据
	照相底版最小光密度太大,使紫外光受阻	曝光前检查照相底版
	显影液温度过高或显影时间过长	调整显影液温度及显影时的传送速度

第五节
液体光致抗蚀剂法

　　液体光致抗蚀剂是国外在20世纪90年代初发展起来的一种新型感光材料。液体光致抗蚀剂由高感光性树脂、感光剂、色料、填料及少量溶剂组成。可用丝网印刷的方式进行感光剂的涂覆,经曝光后用碳酸钠进行显影,这种抗蚀剂可抗酸性铣切及酸性电镀等。但这种液体光致抗蚀剂和干膜一样都不抗碱,如要用于铝合金的图文铣切保护并不适用,如果在这种液体光致抗蚀剂中添加合适的聚合剂,可做到在90℃以内,100g/L的氢氧化钠溶液中铣切10min左右,对于铝合金的图文铣切处理这个时间就足够了,经改性后专用于铝合金的碱性光致抗蚀剂不能用碱进行去膜，可使用一种表面活性剂通过超声波方式除去抗蚀膜。

一、液体光致抗蚀剂法工艺过程

液体光致抗蚀剂法的工艺流程：基板前处理→涂覆→烘烤→曝光→显影→图形转移效果自检→干燥→铣切或图形电镀→去膜。液体光致抗蚀剂法（液体感光法）工艺流程图见图 6-21。

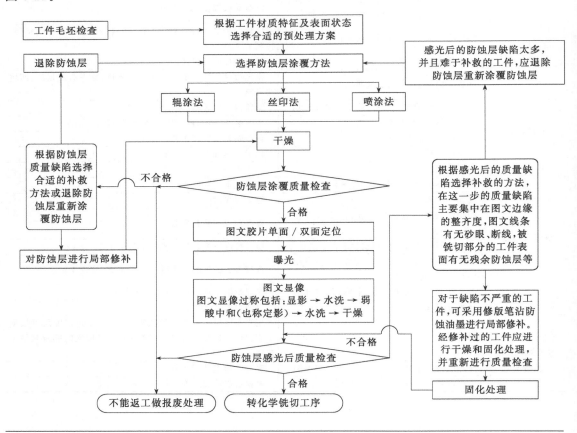

图 6-21　液体光致抗蚀剂法工艺流程图

1. 基板前处理

基板前处理方法及要求和前述干膜工艺的前处理方法基本相同，但侧重点与干膜有所区别。

液体光致抗蚀剂的黏合主要是通过化学键的键合作用来完成的，通常液体光致抗蚀剂是一种以丙烯酸盐为基本成分的聚合物，可能是通过其可自由移动的未聚合的丙烯酸基团与金属表面结合。为保证这种键合作用，铜表面必须新鲜，无氧化且呈未键合的自由状态，只要保证金属表面的清洁，便可得到优良的黏附力。

而干膜具有较高的黏度和较大程度的交联，可移动供化学键合利用的自由基较少，主要是通过机械黏结来完成其黏附过程。

因此液体光致抗蚀剂侧重于要求金属表面的清洁度，而干膜抗蚀剂是侧重要求铜箔表面的微观粗糙度。

2. 涂覆

液体光致抗蚀剂主要采用丝网印刷方式进行涂覆。使用不同目数的丝网可得到不同厚度的膜层，如用 200 目的丝网，网印后的膜层厚度为 $(12\pm2)\mu m$；选用 $100\sim150$ 目的丝网，网印后的膜层厚度为 $(25\pm2)\mu m$。如用于铣切可用 200 目的丝网进行网印，如用于图形电镀可用 $100\sim150$ 目的丝网进行网印。

进行丝网涂覆时不要在全板上都进行涂覆，应在比每边小 $5\sim8mm$ 的范围内进行涂覆，这样有利于底片定位时用胶带粘贴固定。如底片粘贴在膜层上，经使用几次后，会使胶带的黏性下降，容易在曝光抽真空时发生底片位移。

涂覆后的板子必须上架，而且板与板之间要有一定间距，以保证下步烘烤中干燥均匀、彻底。

涂覆除了采用丝网印刷方式外，还可采用幕帘涂覆、辊涂或喷涂等方式进行。辊涂适用于大批量生产或卷材的涂覆。这也是目前五金蚀刻厂应用得最为广泛的涂布方式。

在非线路板生产的金属基材涂覆中除可用丝网印刷涂覆外，还有一种手工方法使用得很普遍。就是将金属薄片简单地浸入防蚀剂中，然后再取出挂起来干燥。这种方法很简单，并且不需要任何设备，但是它具有使膜层厚度形成锥形的缺点，即上薄下厚。要克服这一缺点也并不困难，只需把薄板倒转 $180°$，再进行第二次浸涂即可。但是这种方法不可获得很薄的膜层，而薄的膜层对于精细图文很有必要。要想获得非常薄而厚度又均匀的膜层，必须采用一种可控制的提升方法与相应的设备。有一种可控升降机，将零件沉浸到盛有光致感光剂的容器中，停留几秒，然后以恒定的速度向上提升，提升速度越慢，所获得的膜层就越薄，其厚度也越均匀。

3. 防蚀层厚度和图文精度的关系

一定厚度的防蚀层对电镀和铣切加工非常重要，防蚀层厚度与抗蚀性、抗电镀性及电镀层边缘的平直性能成正比关系。越厚的抗蚀层，具有越高的抗腐蚀剂能力和抗电镀能力，同时也可以在较厚的镀层范围内保持镀层边缘平直。但也不是防蚀层越厚越好，因为过厚的防蚀层其内部光聚合程度并不完全，在其内部还存在相当量的聚合不完全甚至还未聚合的感光材料，这就使中间的防蚀材料处于一种不稳定状态，在铣切或电镀过程中反而容易产生脱落、起层等缺陷。

防蚀层的厚度和解像度成反比，防蚀层越厚其解像度越低。所以防蚀层厚度的选择主要根据腐蚀剂的性质及铣切强度、铣切工作温度、时间、压力、加工零件或图文精度这几方面来考虑。

某一确定的防蚀层厚度，只能达到一定程度的影像清晰度，而影像清晰度将直接影响零件的加工精度或图文铣切精度。其理由如下：

其一，如果被保护的图文线条比防蚀层的厚度还细，则图像会消失。

其二，如果光敏防蚀层太厚，则其边缘将会给影像造成阴影，因而使影像模糊不清。

据 20 世纪 80 年代柯达克的一项用于化学铣切的专用光敏防蚀层的技术资料介绍，其防蚀层厚度与解像度的关系如下：

当防蚀层厚度为 $0.4\mu m$ 时，影像解像度为 $1\mu m$；当防蚀层厚度为 $5\mu m$ 时，影像解像度为 $125\mu m$。随着技术的发展，防蚀层厚度和解像度的关系已远远超过这个范围。现在市场上通用的光敏防蚀剂，$10\mu m$ 左右的厚度就能达 $50\mu m$ 左右的解像度。

对于普通工业铣切工程上所使用的防蚀材料（最小铣切精度大于 $100\mu m$），过低的防蚀层厚度并不能抵抗通用腐蚀剂的铣切强度，所以过薄的防蚀层虽然增加了解像度但防蚀能力减弱。在一定厚度防蚀层的条件下，要提高其解像度和防蚀性能，必须使用感光度更加灵敏的感光剂、防蚀性能更好的感光材料、温度低且光能量密度更高的曝光光源。前两者需要材料的技术革命，后者需要设备的技术革命。

4. 烘烤

对烘烤时间和温度，不同型号的液体光致抗蚀剂有不同的要求，可参照其相应的产品说明书和具体生产实践来决定。烘烤方式分烘道式和烘箱式两种。使用烘箱时，烘箱一定要带有鼓风装置和恒温装置，以使各部分烘烤温度均匀。烘烤时间应在烘箱达到设定温度时开始计算。控制好烘烤温度和时间非常重要，烘烤温度过高或过长，都会使膜层发生部分热聚合，增加显影和去膜的难度。烘烤时间过短或温度过低，在曝光时，底版容易黏附在感光膜上，揭下底片时底版容易受到损伤。对于辊涂多是采用烘道式进行烘烤，其温度和时间应以感光油墨供应商提供的条件为主。

5. 曝光

液体光致抗蚀剂的感光有效波长为 $300\sim400nm$，因此用于干膜曝光的设备亦可用于湿膜曝光，曝光能量为 $100\sim300mJ/cm^2$。因烘烤后的硬度还不足 1H，因此在曝光定位时需特别小心，以防划伤。虽然湿膜适用的曝光量范围较宽，但为了增加膜层的抗蚀和抗电镀能力，以高范围曝光为宜。其感光速度与干膜相比要慢得多，所以要使用高功率曝光机。当曝光过度时，正像导线图形易形成散光侧切，造成线宽减小，反之负像导线图形形成散光扩大，线宽增加，当曝光不足时，膜层上出现针孔、砂眼等缺陷。

在实际生产中曝光参数以感光油墨供应商提供的参数再通过实验来确定。

6. 显影

显影使用 1% 的碳酸钠溶液，温度为 $20\sim25$℃。湿膜显影所使用碱度和温度都比干膜低，因为显影温度和浓度高会破坏胶膜的表面硬度和耐化学性。因此湿膜适宜用较低的温度和浓度进行显影。

经涂覆干燥后的板子应尽快进行曝光显影处理，不易长时间放置以防止感光树脂的自然聚合。具体放置时间也依感光材料的性质而定。例如，由工厂自配的感光胶，在安全灯及室温环境内放置时间以不超过一个工作日为度。超过这个时间应退掉感光胶膜重新进行涂覆。而市面上的感光油墨，在安全灯及室温环境下可以存放更长时间，具体可存放多长时间应以供应商提供的参数为准。经湿膜法制作的图文可以获得很高的图文转移质量，具有很少的修版量，但基本的检查还是必需的。

对于湿膜法所获得的防蚀层，通过烘烤及二次 UV 固化来提高其抗蚀能力是一种很有效的方法。一般来说，经烘烤温度达到 180℃，时间超过 30min 再固化处理后的感光膜，除不能抗强碱以外，基本上能适用于目前所有常用的腐蚀剂。当然，具体烘烤温度和时间应根据蚀刻要求而定，同时也需要与防蚀层的厚度相对应，过厚的防蚀层烘烤温度可能会达到 190℃，烘烤时间会达 40min 或以上。

去膜方式和干膜去膜相同，在此亦不重复。

用液体光致抗蚀剂不仅提高了制作的精度和合格率，而且降低了生产成本，无须对原有设备进行更新和改造，操作工艺也易于掌握。但液体光致抗蚀剂的固体成分只有 70％ 左右，其余部分为助剂、溶剂、引发剂等。这些溶剂的挥发在一定程度上给环境带来一定污染，对操作人员造成一定危害，所以在操作中需要有较好的通风设施，并穿戴必要的防护用品。

二、感光图形转移质量控制

感光法制作防蚀层的质量控制点主要有防蚀层涂覆质量控制、防蚀层感光质量控制、防蚀层检修质量控制等三个质量控制点。

1. 防蚀层涂覆质量控制

经涂覆的防蚀层表面应均匀完整，无砂眼、白点等，如发现防蚀层有上述质量缺陷，且这些缺陷又在图文线条附近，特别是精细图文线条，应退除防蚀层重新涂覆。关于这一点与刻划法不同，刻划法防蚀层涂覆如发现不合格的部位可以根据情况进行修补，但是采用感光法制作防蚀层，在进行感光时需要底片和感光膜之间紧密接触，这就需要感光膜平整，显然经修补过的防蚀层难以做到平整的表面，所以感光法预先涂覆的防蚀层如发现有质量问题应退除重新制作。对于感光法而言，防蚀层质量的好坏直接关系到感光质量进而影响产品质量的稳定性与生产周期。所以，在这一步就要求做到对防蚀层涂覆的质量控制，使预涂的防蚀层达到最好的质量水平。

2. 防蚀层感光质量控制

防蚀层感光质量控制包括从底片定位到防蚀图文的检修，感光后的防蚀层要求是：显影干净，显影部分金属表面无残胶；图文线条整齐完整，定位准确，无锯齿，无砂眼、白点等表面缺陷，这些缺陷如在精细线条上或附近应选择退除防蚀层重新制作。如远离精细线条则可选择修补的方式，在去除表面残胶时，不可用过于坚硬的材料来刮出（其硬度选择以低于被加工金属表面硬度为宜，对线路板图形修补例外），以防将金属表面划伤，使铣切后金属表面产生划痕缺陷。如要进行修补，可采用感光材料修补，也可采用其他防蚀材料，比如虫胶乙醇溶液等。用相同感光材料修补后应进行紫外光固化处理。

3. 防蚀层检修质量控制

防蚀层检修后的质量检查是金属铣切中最关键的一步，如果这一步的工作没有做好，工件经铣切后就会留下很多质量问题，甚至导致工件铣切报废。防蚀层经修补后的检查方法可分为目视检查和显影检查两种。

目视检查主要通过放大镜来对整个工件表面进行全面检查，其检查项目和感光质量检查基本相同。

显影检查是采用化学的方法对工件进行检查，常用的是预铣切法，对于金属铣切前的显影是一个非常重要的步骤，这也是在金属铣切前的最后一步质量检查。这一工作往往被一些加工厂所忽略，以至于使铣切后的金属表面有质量缺陷，甚至影响金属表面的正常铣切。铣切前显影的目的主要有以下两个方面：

一是去除金属表面的氧化层，有利于金属表面的均匀铣切。

二是再一次检查金属表面的图文是否符合铣切要求，经预铣切显影后的金属表面和防蚀层之间都会产生一个明显的色度差，这就比较容易对被铣切部位的金属表面进行检查，便于发现问题并能及时修补。

对防蚀层的检查，显影并不是必需的，这要根据产品的要求及在工件表面产生残余物的可能性来决定，因为显影也会对工件表面产生腐蚀，对于光泽要求高的工件，显影过程也会对其保护不到的地方产生不可逆的腐蚀作用，除有特殊需要，更多的是加强各工序的质量控制，在进行最后检查时，以目视检查为主。对模具铣切前的检查采用显影检查较为普遍。

三、液体光致抗蚀法所需设备及材料

液体光致抗蚀法所需要的主要设备包括防蚀层涂覆设备及干燥设备、感光设备、显影设备等。

感光材料根据来源主要有两种，一是从市面上购买的感光油墨，二是自己配制的感光胶。前者不管是质量还是加工工艺都比后者好得多，自配感光胶现已几乎没有厂家采用，在此只对这一早期方法作简要介绍。自己配制感光胶可以采用骨胶或聚乙烯醇＋重铬酸铵进行配制，这种感光胶是先将骨胶或聚乙烯醇（聚合度 1000 左右，如果聚合度为 1400～1700 需加入适量的蛋白片）溶于水，然后再加入预先溶解的重铬酸铵搅拌均匀即可。以聚乙烯醇为例介绍如下：

聚乙烯醇感光胶常见配方见表 6-15。

表 6-15　聚乙烯醇感光胶常见配方

	材料名称	化学式	含量/(g/L)		
			1 配方	2 配方	3 配方
溶液成分	聚乙烯醇(CP)	聚合度 1750	75	—	—
	聚乙烯醇(CP)	聚合度 1400～1700	—	80	—
	聚乙烯醇(CP)	聚合度 1000 左右	—	—	120
	蛋白片(一级)	—	50	20～30	—
	重铬酸铵(CP)	$(NH_4)_2Cr_2O_7$	10～15	8～10	20
	十二烷基硫酸钠(CP,2.5%)	—	—	—	2～3mL
	纯水		1L	1L	1L

配制方法：

把聚乙烯醇溶解于沸水中，并用蒸锅蒸 4h，每隔 30min 搅拌一次，使聚乙烯醇完全溶解，溶解完全的聚乙烯醇溶液为稍带绿色的透明水溶液。把表面一层黏度高的膜层去掉，用 100 目丝网布过滤。

另将蛋白片浸于适量水中 1～2h，搅拌均匀，使蛋白溶解完全。

将重铬酸铵溶于温水中，让其冷却。

待完全溶解好的聚乙烯醇冷至 40℃ 以下时，加入蛋白液及冷却的重铬酸铵溶液，并进行充分搅拌，再用 120～130 目的丝网布过滤，即可使用。

表 6-15 中配方 3 和上述配制方法基本相同，只是在溶解聚乙烯醇时，待聚乙烯醇溶解完全后，加入十二烷基硫酸钠溶液到聚乙烯醇溶液中，再继续加热 2～3h，后面的工序和上面相同。

采用聚乙烯醇感光胶制作的防蚀层，需要经过固膜后才能有较高的抗蚀性能。固膜方式有化学固膜＋物理固膜和物理固膜两种。化学固膜液成分和固膜时间见表 6-16，物理固膜温度和时间见表 6-17。

表 6-16　化学固膜液成分和固膜时间

表 6-16　化学固膜液成分和固膜时间

感光胶种类	固膜液化学成分	固膜时间	备注
聚乙烯醇	3%～5%的铬酐(CrO₃)水溶液	30s	—
骨胶	1000mL 水中含重铬酸铵 34g、铬酐 8g、甲醇 100mL	5min	
	1000mL 水中含重铬酸铵 50g、硫酸铝钾 25g	30min	
虫胶	酒精 100mL、松香 10g、甲基紫 2g、氨水(25%)4mL	数秒	一般可不进行化学固膜

表 6-17　物理固膜温度和时间

感光胶种类		固膜温度/℃	固膜时间/min	备注
聚乙烯醇	经化学固膜	110	30～60	烘固化呈棕色
	未经化学固膜	220～240	20～40	
骨胶	经化学固膜	80	30～60	
	未经化学固膜	280～290	5～10	
虫胶		120	10	—

　　自配的感光胶的抗蚀性能不如市售的感光油墨，但对于三氯化铁铣切液具有较好的抗蚀性能。膜层可采用强碱或浓硝酸退除。

四、常见故障产生原因及排除方法

　　防蚀层制作常见故障的产生原因及排除方法见表 6-18。

表 6-18　防蚀层制作常见故障的产生原因及排除方法

序号	故障特征	产生原因	预防及排除方法
1	感光油墨涂覆不均匀	喷涂速度太快或太慢	掌握正确的喷涂方法,喷涂过程中要保持喷枪在工件上匀速运动,中途不能停顿。操作人员平时要多加强训练,积累起足够的经验
		丝印时用力不均匀	操作人员应经常训练,熟练掌握丝印技巧
		油墨太稠或太稀(油墨太稠表现为油墨厚薄不均匀,油墨太稀表现为油墨覆盖不均匀)	油墨太稠和太稀都会影响喷涂过程的正常进行,在喷涂前及喷涂过程中注意油墨的稠度,发现过稠或过稀应及时调整
2	感光油墨有多余物	喷涂环境洁净度差,空间尘粒太多	注意保持工作间的清洁卫生,如有条件可采用无尘工作室
		工件表面不干净,有黏附的尘粒	工件在进行涂覆前要检查表面是否有尘粒,如有应立即用洁净的干燥空气吹掉或用洁净的电力纺擦拭干净表面
		胶片图形有针孔或胶片表面有尘粒	认真检查胶片质量,如发现问题及时修补,如难于修补应重新制作胶片
3	曝光时粘底片	预烘条件不当,油墨干燥不良	适当调高预烘温度或适当延长预烘时间
		曝光机工作时间过长,机内温度过高	如发现曝光机内温度过高,应停机冷却
		油墨太厚造成油墨干燥不良	掌握正常的喷涂方法,防止油墨过厚,油墨太稠易造成喷涂油墨太厚
4	显影后掉油墨	曝光量不足	适当延长曝光时间,或通过实验确定最佳曝光时间
		显影时间过度	严格控制显影时间
		显影后清洗不足	显影后加强清洗工作
		显影后中和时间不够	分析中和溶液是否硫酸含量过低并及时补充。并适当延长中和时间
		油墨干燥不良	加强油墨的预烘温度及时间的控制
		油墨太薄	适当调高油墨的稠度及减慢喷涂的速度,喷涂时用力要适中,太轻和太重都会影响油墨的厚度
		工件表面除油不净	加强铝板的预处理工作,保证除油干净

序号	故障特征	产生原因	预防及排除方法
5	显影不尽	喷涂油墨太厚	适当降低油墨的稠度及适当加快喷涂的速度,防止油墨喷涂过厚
		油墨预烘过度	适当降低预烘温度或缩短预烘时间
		油墨预烘后存放时间过长	感光油墨预烘后应尽快进行曝光,不可长时间停留,如因时间关系,预烘后的工件在当天工作日不能进行曝光需要存放到第二天,应退除感光油墨重新喷涂感光油墨
		曝光后与显影时间间隔过长	工件经曝光后要及时显影,中途不能无故停留
		曝光时间过长,光源能量过强	适当缩短曝光时间
		显影参数控制不当(时间、浓度、温度等)	在显影过程中要控制好显影液的浓度、显影温度及显影时间
		胶片光密度不够	在生产前认真检查胶片的光密度,如发现胶片光密度不够应重新制作胶片
		环境温度过高,湿度大	将工作间的温度控制在 $20\sim25℃$ 左右,相对湿度控制在 $50\%\sim60\%$
		感光油墨存放时间过长,油墨有固化发生	感光油墨都有一定的保质期,对于超过储存期的油墨不可再用,如需继续使用必须经过工艺试验后才可再用
6	油墨结合力不好	工件表面除油不尽	加强工件的预处理,保证除油干净
		油墨预烘干燥不良	加强喷涂后的预烘过程,保证油墨预烘干燥良好
		油墨存放时间过长,油墨失效	超过保质期的油墨不能使用,应重新购买新的感光油墨
7	油墨发脆	二次曝光时间太长	适当缩短曝光时间
		显影后烘烤不当(烘烤温度过高或过低,烘烤时间过长或过短)	防蚀层显影后的烘烤温度和烘烤时间都是非常重要的,过高或过低的烘烤温度,过长或过短的烘烤时间都可能使油墨发脆,高的烘烤温度和长的烘烤时间更易使油墨发脆,最佳的温度和时间需要通过实验确定
		油墨存放时间过长,油墨失效	超过保质期的油墨不能使用,应重新购买新的感光油墨
8	曝光后图形失真	油墨涂布不均匀造成胶片与工件之间贴合不紧密	加强喷涂过程的质量管理,管理内容包括油墨调配的黏稠度,网版和承印物之间的距离,刮刀的平整,喷涂时用力的均匀度等,保证经喷涂后的表面油墨厚度均匀
		曝光真空不良造成胶片与工件之间贴合不紧密	检查曝光机真空装置是否有故障,如有故障应及时排除,以保证曝光机的真空度符合要求
		胶片图形边缘不整齐	认真检查胶片图形边缘及胶片表面有无尘粒,如有应及时清除,如系胶片图形不合格应及时修补,不能修补的应更换新的胶片
		工件表面有颗粒物	工件表面有颗粒物时,会把胶片局部顶起而使胶片局部和工件表面贴合不紧密使其在曝光时产生虚光造成局部图形失真。如有应及时清除

第六节
激光光刻防蚀技术

激光光刻防蚀技术在民用领域使用较多，特别是对于那些平面金属零件上的凹陷图文铣切，制作防蚀层是很方便的，但这一技术不宜用于制作图文凸起的防蚀层加工。

激光光刻防蚀层常用的涂装方法有丝印法、漆膜喷涂法和电泳涂装法三种，在这三种方法中丝印法应用得最少，漆膜喷涂法以其成本低，易于管理，加工效率高而曾被广泛采用过，但漆膜喷涂法，膜层均匀性较差，抗铣切能力不是很好（特别是抗碱性能，大多数漆膜都难以胜任），对环境污染大，存在易燃易爆等安全隐患而被性能更优良的电泳涂装所取代。电泳涂装，涂层均匀，在强酸、强碱环境中抗蚀性能好，金属附着力强，对环境友好，成本适中。电泳涂装法作为一种新的涂装技术，目前正被广泛采用。本节主要以电泳涂装法成膜技术的激光光刻法进行讨论。

这一方法是采用激光光刻技术在涂覆防蚀层的工件表面进行图文制作。激光光刻法防蚀层的涂覆主要是采用喷涂或电泳的方式进行，很少采用丝印或浸涂的方式，本节主要介绍电泳法。这一方法的精度主要由激光光束的精密度来决定，其精密度不管从理论上还是实际生产中都高于感光法和丝印法。其设备投入较大，同时也不适用于刻制大面积的图文，但对于精细的线条刻制具有优势。在制作过程中，在设备运行良好的前提下，涂层均匀度、涂料与金属的结合力及干燥程度至关重要。

激光光刻制作防蚀层的工艺流程主要包括防蚀层的涂覆、激光光刻、防蚀层质量检查等，其工艺流程图见图 6-22。

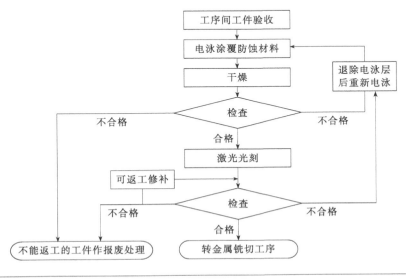

图 6-22　激光光刻制作防蚀层工艺流程

一、电泳涂装原理及特点

对于金属化学铣切的防蚀层制作，电泳是一个新的方法，由于需要投资一条电泳生产线，其前期投入较大而限制了这种方法的大量使用，但电泳涂装工艺以其独特的性能今后必将会在金属铣切行业得到更加广泛的应用。

1. 电泳涂装的原理

电泳涂装的原理是电泳涂料所用的树脂经酸或碱中和后，能溶解且分散于水中，并能在水中离解成带电胶粒。工件在直流电场的作用下，离子化的树脂胶粒将同时发生电泳、电解、电沉积和电渗作用，会在金属表面附着一层树脂膜。

2. 电泳涂装的优点

电泳涂装有利于实现自动流水线生产，涂装节奏快、自动化程度高、工件经预处理后不必经过干燥等工序就可进行涂装作业，使生产效率大大提高。

涂膜厚度均匀，对阴极电泳来说，很容易通过电压调节将膜层厚度控在 $5\sim35\mu m$。

对工件表面的覆盖性能好，特别是工件有异形面及孔，电泳都能较好地覆盖。

优越的环保安全作业性，电泳涂料液仅含有不到 3% 的助溶剂，以水作为分散介质，没有发生火灾的危险性，也不会产生溶剂挥发造成对环境及大气的污染。电泳涂装设备都配置有超滤循环系统，使槽液得到有效利用，仅偶尔排放少量超滤液，不存在涂料液对环境的污染。电泳涂料利用率高达 95% 以上，由于槽液黏度很低，工件带出量少并经超滤装置回收，损耗极低。

涂膜外观好，无流痕，烘干时有较好的展平性。由于湿膜仅含少量水分，烘烤时不会产生流挂现象，也不存在溶剂蒸气冷凝液对涂膜的再溶解作用。涂膜平整，光滑。

3. 电泳涂装的缺点

烘干温度高（180℃），设备投入大，管理要求严格。不同金属的电位不一样，所以多种金属制品不能同时电泳涂装。

挂具必须经常清理以确保导电性，清理工作量大。

电泳涂装前必须要求工件表面无任何污染，清洁要求高。

二、电泳涂装工艺主要参数控制

1. 槽液固形成分

电泳涂料原液的固形成分含量一般在 40%～60%，配制成电泳溶液后阳极电泳固形成分含量为 10%～15%，阴极电泳固形成分含量为 20% 左右。溶液中的固形成分对溶液的稳定性、泳透力及涂层厚度和外观质量都有一定的影响。当溶液中固形成分含量较低时，溶液稳定性差，泳透力下降，最终使得涂层薄而粗糙，并容易产生针孔，防蚀性能差。当溶液固形成分含量过高时，涂层厚度增加，电渗性能下降，涂层粗糙，出现橘皮，同时工件带出量增加，加大超滤系统的负荷或使损耗增加。因此，阳极电泳固形成分含量控制在 10%～15%，阴极电泳固形成分含量控制在 20% 为宜。

2. pH 值

溶液的 pH 值代表着电泳液的中和度及稳定性。涂料液的中和度不够，树脂的水溶分散性差，涂料液容易凝集沉降。若中和度太高，溶液电解质浓度大幅度增加，电导值升高，使电解作用过于激烈，电解产生的大量气泡造成膜层粗糙，同时过量的中和剂使得溶液对湿涂膜的再溶解性增加。在通常情况下，阴极电泳涂料的 pH 值为 5.8～6.7，阳极电泳涂料的 pH 值为 7.5～8.5。对阳极电泳来说，pH 值的进一步升高还会造成树脂水解使稳定性恶化。而阴极电泳 pH 值的进一步降低使设备腐蚀变得严重。溶液 pH 值的变化对溶液电导率的变化也有很大影响，因此溶液 pH 值应控制在规定 pH 值±0.1 的范围内。

3. 电导率

电导率跟溶液的 pH 值、固形成分及杂质离子的含量有关。由于在进行电泳前的预处理过程中的水洗等工序所带入的杂质，会使溶液的杂质浓度升高，因此溶液的电导率始终处于不断增加的趋势。电导率增加使电解作用加剧，电压和泳透力下降，膜层粗糙多孔。阴极电泳溶液的电导率一般在 $1000～2000\mu S/cm$，阳极电泳溶液的电导率则更高。电导率的控制范围一般在 $±300\mu S/cm$ 以内。为了减少杂质，清洗水和配溶液的水都应采用纯水，其电导率应小于 $25\mu S/cm$；由 pH 值引起的电导率偏高通过排放阳极（或阴极）液来降低；由杂质离子引起的电导率偏高则靠排放超滤液来调整。通常情况下，100t 的阴极电泳溶液，用 7t 去离子水代替超滤液，电导率可降低约 $100\mu S/cm$。

4. 溶液温度

温度升高，树脂胶粒的电泳作用增加，有利于电沉积和涂膜厚度的增加。但过高的温度使电解作用加剧，膜层变得粗糙，同时也使溶液变质加快，稳定性变差。温度太低时，溶液黏度增加，工件表面气泡不易逸出，也会造成膜层粗糙。一般阳极电泳温度控制在 20～25℃，阴极电泳温度控制在 28～30℃。在电解过程中由于部分电能会转化为热能，应增加换热系统。

5. 电压

电泳涂装时，当湿膜的沉积量和溶解量相等时的电压称为临界电压。工件只有在临界电压以上才能沉积上涂膜，但电压升高到某一值时，膜层会被击穿，产生粗糙、针孔、臃肿等缺陷，此时的电压称为击穿电压。因此工件的电泳电压应在临界电压和击穿电压之间。普通阳极电泳的工作电压为几十伏，而阴极电泳电压可高达 250V，电压提高可使单位时间内流过的电量增加，增加的电量会使沉积量增加，膜层增厚，同时电压升高也使电场力增大，泳透能力也大幅提高。不同电压下的泳透力及膜层厚度的关系见表 6-19。

表 6-19　不同电压下的泳透力与膜层厚度的关系

电压/V	125	175	225	275	325
膜厚/μm	8.5	13.0	16.5	30	33
泳透力/cm	21.6	25.4	27.9	30.5	32

注：电泳方式为阴极电泳；电泳温度为 28℃；电泳时间为 2min。

不同金属材料的破坏电压不一样，所以在进行电泳涂装时不可将不同的金属同时进行电泳。在电泳时为了避免起始电压过大，一般采用由低工作电压向高工作电压过渡的通电方式进行电泳涂装。间隙式生产方式采取不带电入槽，分两段或三段进行升压通电。一般于前15～30s施加低工作电压，然后升至高工作电压提高泳透力。

6. 电泳时间

随着电泳的进行，工件表面膜层增厚，绝缘性增强，一般在2min左右，膜层已趋于饱和不再继续增厚，此时在内腔和缝隙内表面，随电泳时间延长，泳透力提高，便于涂膜在内表面沉积。因此电泳时间大都在3min左右。

7. 极距和极比

在电泳槽中工件与电极之间的电阻随极距的增加而增大。由于工件具有一定的形状，在极距过近时会产生局部大电流，造成膜层厚度不均匀。在极距过远时，电流强度太低，沉积效率差。电泳涂装的极距一般在150～800mm之间，形状简单的工件可以取短距。极比对阳极电泳来说，常取1∶1，因为阳极电泳的工作电压低，泳透力差，增大对电极面积对提高泳透力和改善膜厚均匀性均有好处。阴极电泳时，工件与阴极的面积比则取4∶1，工件表面电流密度分布均匀并有良好的泳透力。电极面积过大或过小都会使工件表面电流密度分布不均匀或泳透力差，也可能造成异常沉积。

8. 烘干

烘干是涂装中常用的干燥方法，按烘烤的温度不同可分为低温烘干、中温烘干和高温烘干：

（1）低温烘干　低温烘干是指烘烤温度低于100℃的干燥方法。低温烘干主要用于对自干型涂料实施强制干燥或用于对耐热性差的材质表面的涂层进行干燥，干燥温度通常在80℃左右。在金属铣切方面，对铝合金氧化后的涂膜干燥就需要在低温的情况下进行，否则氧化膜层容易开裂。

（2）中温烘干　中温干燥是指温度在100～150℃范围内的干燥方法，这种干燥方法在金属铣切防蚀层涂膜中应用较多，常用的防蚀油墨及漆类的干燥温度都在这个范围内。

（3）高温烘干　干燥温度在150℃以上时属于高温干燥，金属铣切中很少会采用高温烘烤的涂料。只有采用电泳涂料时才会使用高温干燥，其干燥一般都在180～200℃进行。

为了防止涂层在烘烤过程中产生针眼、橘皮等缺陷，湿涂膜在烘干之前，应根据涂膜厚度预先放置数分钟使湿涂膜自然流平。

三、激光光刻

激光光刻的质量控制包括以下几方面。

1. 定位

激光光刻时要求激光光头离需要光刻部分的工件平面距离一致，否则就容易导致刻不透或刻伤金属表面，所以激光光刻的定位要求比丝印和感光法更高，需要采用专用的定位模来进行定位，这就要求工件上有可用于定位的孔及缺口等，对于不能满足这些定位要求的工件，需要采用边定位时则需要加工象形定位模，将工件安装在定位模上进行定位。

2. 光刻方式

光刻和刻划有相似之处，因为刻划法也可用激光光刻的方式进行图形刻划，只是刻划法是刻划的图形边缘线，而在这里所讨论的激光光刻不是光刻图形的边缘线而是将整个图文上面的防蚀层全部光刻掉。光刻法和刻划法一样有一次光刻和多次光刻之分。对于一次光刻只需进行一次定位然后光刻出所需要图文即可。对于需要进行二次光刻的多台阶工件的铣切，和刻划法一样有两种方法选择：

一种方法是多次光刻多次铣切，即先光刻铣切最深部分的图形，铣切到规定深度后再光刻第二台阶的图形，依次类推。

另一种方法是一次光刻完全部图形，然后将铣切深度要求浅的台阶或部位用保护胶纸保护后进行第一台阶的铣切，到工艺规定的深度后再将保护胶纸揭起，进行第二台阶的铣切。

对于第二种方法很多读者就会问一个问题，既然是多台阶铣切，为什么不像刻划法一样，只刻台阶边缘线，第二次铣切只需将第二台阶的防蚀层揭起即可，因为胶纸保护和去除都是比较麻烦的工作。问这一问题的读者可能忽略了一个事实，对于普通民用铣切产品而言，需要多台阶的不多，同时深度要求不高，工件薄而小，数量大，不太可能像刻划法那样用价格要贵得多的可剥漆来制作防蚀层，对于一些薄的工件，双面漆膜厚度就和工件厚度一样甚至更厚，这给剥离操作带来极大不便，同时在剥离时工件容易变形，且对于批量工件防蚀层剥离同样需要大量的劳动力。

对于需要多台阶铣切的工件，第一种方法即多次光刻多次铣切是最好的方法，这种方法由于需要进行多次定位，同时工件每经过一次铣切都要进行干燥，光刻后的定位部位也需要补防蚀材料，所以对防蚀材料的要求会更高。

3. 光刻

光刻可使用光刻设备所提供的软件进行，需要由这方面的专业技术人员根据设计的图形要求来设计。

光刻时要调节好激光光束的焦距，其输出功率依防蚀层材料的性能及厚度的不同来调整，使激光光束的能量既可刻透防蚀层又不伤及基体材料。

激光光刻的具体操作方法可参照光刻设备的使用说明书，并要求设备供应商对操作人员进行相关的技术培训。

4. 光刻后修补

由于光刻时需要对工件进行定位，在定位时就会有工件定位孔或工件边缘与定位模之间的摩擦而发生局部的损伤，这时就需要对损伤的部位进行修补，修补材料可采用虫胶乙醇溶液或其他的抗蚀材料。

光刻后的修补工作是很重要的，如果这一步工作没有做好，工件经铣切后就容易出现工件孔位或边缘的铣切缺口、台阶等缺陷，这些缺陷的存在虽然不一定会造成工件报废但毕竟是质量问题，至少影响了产品的外观，从严格要求自己的角度出发，这些问题都是必须在生产中尽量避免的。

四、防蚀层质量检查

防蚀层质量检查至少包括两次检查。

一是在激光光刻前的防蚀层质量检查，这次检查的内容是防蚀层的表面质量及防蚀层的结合力，表面质量是检查防蚀层的厚度、表面光泽及可能影响其抗蚀性能的其他物理缺陷，比如砂眼、针孔、起泡、擦伤、碰伤等。发现有这些缺陷，只有不在激光光刻附近的情况才能进行现场修补。如发现数量较多的质量不合格品，应分析原因并退除防蚀层重新制作。

防蚀层结合力的检查可采用抽检的方法进行，其方法是用刀片将防蚀层划成 $1\sim2\text{mm}$ 的方格，划透防蚀层但又不伤及金属，用黏性强的胶纸贴在划好格子的防蚀层上并压紧，然后快速揭起胶纸，如果揭起的胶纸上无油墨可认为结合力合格，否则视为不合格。这一方法同样也可用于其他防蚀层结合力的检查。

二是在激光光刻后的检查，这一次是检查光刻质量，包括光刻部分有无残胶、光刻边缘有无锯齿及起层、定位一致性、定位孔位防蚀层的损坏程度。如发现有损伤要及时用虫胶乙醇溶液或其他抗蚀材料修补。对光刻表面残胶的检查有时要借助于放大镜的帮助。如果工件要经过多次铣切，则在每一次铣切后都要对工件表面的防蚀层附着情况进行检查。

对于批量生产而言，对防蚀层的检查如果需要 100% 全检，不管是从成本而言或是从生产效率而言都是不可取的，这就要求在原材料上、工件上及工艺方法上下功夫，使这三方面能做到协调配合，同时每一个操作人员都要有强的工作责任心，对每一个步骤都能做到细致操作，这时就只需要采用抽检的方式来进行检查，这不仅仅提高了生产效率，而且从整体上提升了企业形象，从整体上提升了企业的社会竞争力。

第七节
刻划法制作防蚀层

刻划法制作防蚀层技术是一种比较古老的方法，这一方法曾在宇航工业上发挥重要的作用，即便是现在，刻划法仍有其存在的价值，同样是其他方法所不可替代的。这一节将对这一方法进行讨论。

刻划法制作防蚀层的工艺流程包括以下几方面的内容：涂覆防蚀材料、防蚀层刻划及剥离、防蚀层质量检查。刻划法防蚀层制作流程见图 6-23。

一、防蚀层的涂覆

工件经预处理合格后，即可进行防蚀材料的涂覆，刻划法防蚀层的涂覆方法有喷涂法、浸涂法和浇涂法。

1. 浸涂法

浸涂法是将防蚀剂装在一个没有盖子的槽内，然后将工件以一定的速度浸入防蚀剂中停留一定时间再提出，对于大型的工件，还需要在槽上面安装电动吊车。为了保持防蚀剂所需要的黏度，必须按照要求往防蚀剂里添加其特定的溶剂；同时，为了使槽内的防蚀剂均匀，还要不断地搅拌，搅拌时应注意消除气泡，因为气泡会在防蚀层上面形成针孔。而这种针孔会使工件表面在铣切加工时产生细小的、不需要的腐蚀烧伤。因此，搅拌必须十分小心，同时防蚀剂槽内要备有足够数量的防蚀剂，其深度在工件浸入的最大尺寸以上，以便使工件能完全浸没。工件浸入防蚀剂槽和从中取出时，整个操作过程必须缓慢和平稳，保持匀速运动，切不可时快时慢。当工件离开防蚀剂槽送去烘干之前，为了防止防蚀剂的浪费，应在防蚀剂槽上面多空干一段时间。

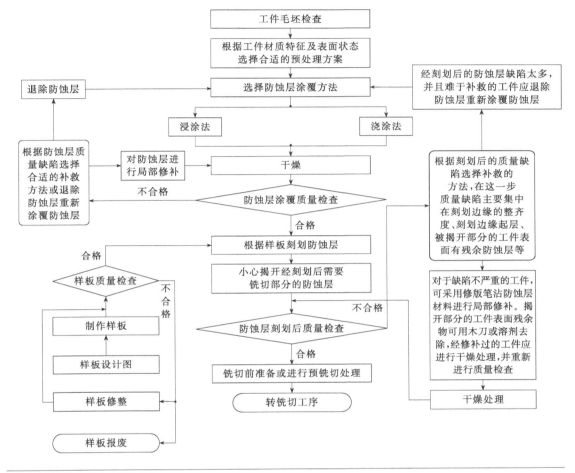

图 6-23　刻划法防蚀层制作流程

采用浸涂法时，工件上防蚀层的厚度是不均匀的，靠近工件上部的最薄，向底部延伸逐渐变厚，到最下面时最厚。对于防蚀层刻划后的剥离需要厚度尽可能均匀的防蚀层，这时，可采用在下一次浸涂时把工件倒转 180° 的方法来解决。为了消除其铣切过程中各种物理和化学因素对防蚀层的影响及在刻划后便于剥离，防蚀层需要一定的厚度，通常而言，这个厚度约为 0.15～0.4mm，而浸涂一次的厚度约为 0.05～0.1mm，这个厚度与防蚀剂的浓度及将工件从防蚀剂槽中提出的速度有关。当浓度不变时，提出速度越快，每次浸涂所得到的厚度越厚；当提出速度不变时，防蚀剂浓度越高，每次浸涂所得到的厚度越厚，但这种方式得到的单次厚度的增加其均匀性并不理想，实际的工作条件要通过实验来确定。采用多次浸涂来达到总厚度要求的操作条件必须是第一次浸涂干燥后再进行第二次，在加工周期及工时成本许可的情况下浸涂次数越多，达到工艺规定的厚度就越均匀，但从实际生产出发，以浸四次来达到其工艺要求的厚度为宜，如图 6-24 所示。

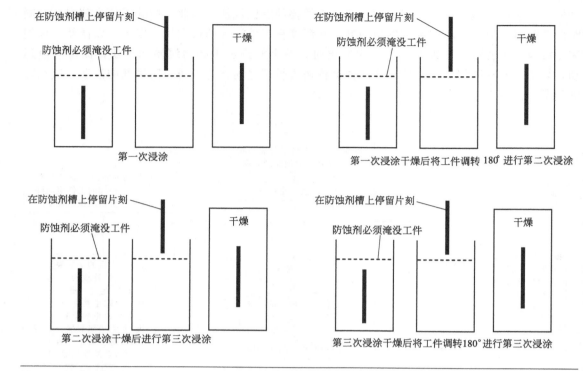

图 6-24 四次浸涂操作过程示意图

工件在浸涂时，需要采用合适的夹具来进行，如果工件不大，同时工件边缘有孔位，可以采用强度足够支撑工件重量的金属丝来制作一种挂钩手工进行浸涂。对于重量较轻的矩形工件也可采用 2～3mm 左右的金属丝来制作半圆形或带把的"匚"字形挂具，图 6-25 是常用的几种小型挂具的形状示意图。对于大型且有一定刚性的工件可采用合适的挂具在行车的帮助下进行。如果是大的薄形工件则应预先制作专用的支承夹具，防止工件在浸涂时形状变化而影响浸涂厚度的均匀性。

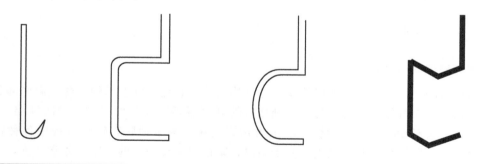

图 6-25　常用的几种小型挂具的形状示意图

2. 喷涂法

喷涂法是采用喷漆的方式进行防蚀剂涂覆的，这种方法并不需要一个盛放防蚀剂的槽，先在一个桶或其他合适的容器中将防蚀剂调到合适的稠度，用于喷涂的稠度远比浸涂法稀。再用喷枪将防蚀剂喷涂在经过预处理的金属表面。采用喷涂法一次不需要配制很多的防蚀剂，降低了一次成本投入，同时，喷涂法更易获得均匀的厚度，特别是当工件平放时，基本不会存在上薄下厚的情况。但喷涂法的材料利用率较低，特别是小批量的小型工件其材料利用率往往只有20％左右。为了达到工艺所需要的厚度，喷涂法也需要经过多次才能满足厚度要求，每喷完一次防蚀剂，必须干燥后才能进行第二次喷涂（一次竖直方向，一次水平方法，交替进行），其总厚度要求以喷四次为宜，每次都选用不同的边开始进行，四次喷涂正好使工件的每个边都有第一次喷到的机会，这对于保证喷涂的均匀性是很重要的。喷涂法虽然有上述优点，但喷涂法在刻划法中应用不多，只有当工件不适于用浸涂和浇涂时才会采用。

3. 浇涂法

介于浸涂法和喷涂法之间的还有一种浇涂法，浇涂法也可以认为是无空气喷涂，这种方法是采用泵把防蚀剂从一个储藏器吸到软管里，然后再通过软管自由活动将防蚀剂来回地浇涂到工件表面上，浇涂的过程既可以是手工的，也可以是自动的，这种方法在涂第二次时，和浸涂法一样需要将工件倒转180°以避免防蚀层厚度的差异。浇涂法除了设备投资比浸涂法大外，在防蚀剂的成本及生产效率（一套浇涂设备可同时用多根软管进行涂覆）上都比浸涂法好，在条件允许的情况下，浇涂法是首选的方法。

不管采用什么样的涂覆方法，所采用的绝大多数防蚀剂里均含有高挥发性的易燃溶剂，因此，从安全生产及保护操作人员身体健康出发，在进行工艺设计时，要注意工作间的换气、消防设备配置及对操作人员的保护措施，并要作为一种工艺纪律认真贯彻执行。

不管采用什么样的方式进行防蚀层的涂覆，每次涂覆结束后都不易直接放入烘干设备进行干燥，应在烘箱外放置10min左右使表面流平和使溶剂挥发一部分，在烘干时不可将工件直接放入已升温合适的烘箱内，要使工件在烘箱内有一个升温过程，防止温度快速上升，使涂层中的溶剂挥发过快而产生起泡等缺陷。

在进行涂覆时，工作环境的清洁度对涂层质量的影响较大，不管是涂覆过程或是涂覆后在工作间的停留过程，工作环境中的尘粒都会黏附在涂层湿膜表面而给涂层留下质量隐患，在条件允许的情况下应在无尘工作间进行。

二、可用于刻划的保护材料

保护材料应具有良好的刻划性能和稳定的侧蚀率，在铣切温度下能保持足够的黏附力，室温时易剥离，对工件不产生有害影响，在涂覆区域内能起到保护作用，不受铣切剂浸蚀。

可供金属铣切选用的保护涂料有：J64-31型黑色氯丁橡胶可剥漆；黑色丁基橡胶可剥漆；SBQ-1室温固化可剥漆；YXR-H01型无毒胶乳可剥漆；氯磺化聚乙烯可剥漆。

三、防蚀层的质量检查

无论采用何种涂覆方式制作的防蚀层，在实际生产过程中都可能会出现这样或那样的缺陷，对于大的缺陷，我们可以采取去掉防蚀层重新制作，但这也只对于小型工件是可行的，对于大型工件，防蚀层的清除或重新涂覆都是一件不太容易的事，同时，其成本的消耗也是可观的，这里更多的是对防蚀层进行修补。一般来说，先将需要修补部位的不合格防蚀层清除，再根据其修补部位的大小，采用刷子或修补毛笔进行补涂。如防蚀层缺陷远离铣切部位也可以采用特制的胶带进行粘补。在防蚀层局部损伤的地方，为了防止空气或其他异物残留在里面，必须把鼓起来的或有裂纹的防蚀层去掉并将其修补好。对于工件的边缘有时采用胶带保护比较适用，因为工件边缘锐角或尖角处的防蚀层总要薄一些，容易出现一些小伤，这些小伤在铣切过程中会被扩大而成为质量缺陷甚至导致工件报废，当然采用胶带保护的前提是，其表面必须有一完整的防蚀层，这个完整程度可以是肉眼可见的，但对于关键部件需要用高倍放大镜进行检查。

工件在进行刻划防蚀层图形之前，必须检查防蚀层上有无针孔、砂眼、划伤等。针孔和砂眼是由微小的气泡或油污点在防蚀层固化时爆破并穿透防蚀层而造成的。假如不把它们事先修补好，则在铣切加工时往往会引起灾难性的局部烧蚀或产生麻点。工作间或防蚀剂中的微小尘粒黏附在工件表面，干燥后会在工件表面形成细小的突出物，脱落后也会形成针孔或砂眼，这种异物在铣切之前不脱落并不代表在铣切过程中不发生意外情况。要防止这些质量缺陷的产生，最好的方法就是预防，而且这些问题也是可以通过正确地控制防蚀剂的配制及涂覆过程的工作质量来解决的。防蚀剂中的气泡主要来自于对防蚀剂的搅拌，由于搅拌过度或防蚀剂量过少，再加上防蚀剂的黏度增大和溶剂的挥发太快等等，都是妨碍气泡从尚未烘干的防蚀层下排出和把气泡封闭在防蚀层下的原因。防蚀剂中的气泡可采用在防蚀剂中添加消泡剂、静置24h或采用高目数的丝网过滤的方式去除。防蚀剂中的细小颗粒可采用高目数丝网过滤的方法去除，涂覆应尽量在无尘工作间进行，以保证涂覆质量。油污的预防主要是加强工件预处理，保证对工件的清洁彻底。

在针孔、砂眼不多的情况下，可采用补涂的方式进行修补，但如有大块面积上都是针孔或砂眼时，则应将整块面积的防蚀层去掉重新补涂或者将整个工件的防蚀层清除重新进行防蚀层涂覆。

四、样板的要求及制作

刻划法化学铣切样板是一个非常重要的工具，用来确定防蚀层上需要刻划的图形轮廓线，也就是确定工件上应接受铣切的部位。其要求主要包括以下几点。

其一是样板制作首先要通过实验确定侧蚀率，并按侧蚀率所产生的水平铣切量将样板尺寸放大，这一工作是样板制作的关键，往往要经过多次实验才能最后确定。一个确定的样板尺寸，如果铣切条件及铣切剂组分发生变化都会影响工件铣切后的尺寸精确度。所以我们在通过实验确定样板尺寸时，同时要对实验条件进行详细记录，在进行实际生产时要尽量和实验确定的条件相吻合。

其二是样板的材质，对于样板，要求其刚性好不易变形，重量适中，加工容易。对于小型样板可采用2mm厚的钢板来制作，取其材料刚性好，同时样板小、重量适中的特点。对于大型样板采用铝合金较为合适，在同样大小的情况下铝合金样板比钢制样板要轻1/3，如果采用钢制样板会造成搬运、操作和定位方面的困难，甚至还会损坏防蚀层。

其三是样板的制作，确定了样板的大小及材质后，接下来就是制作样板，为了保证样板尺寸的准确性，对于形状规则的矩形样板可采用铣床进行加工，对于异形样板则应采用数控加工。在加工样板时，必须把样板上所有的尖角和锐边都去掉，以免划伤防蚀层。

五、图形刻划

防蚀层经检验合格后，即可进行图形刻划。从准备铣切加工的地方去掉防蚀层时，首先是用刻刀沿着限定铣切部位的轮廓线把防蚀层切开，然后用手把不需要的防蚀层剥离掉。在刻划防蚀层的工作中没有多少技术难点，主要是依靠操作人员的熟练技巧来取得成功，这个工作，相当于是把过去的艺术家用铣切划针来刻制画面的工作引用到工业上来。

虽然在进行刻划时，需要进行铣切加工的几何图形都为样板所确定，但在实际刻划工作中，仍可能因工作不仔细或技术不熟练而刻坏工件表面，刻划图形时，刀身必须紧紧地靠在样板上并与零件的表面垂直。在已成型的工件表面进行这一工作有时是非常困难的，在这里刻划和剥离是关键，在刻划时，用力要适中而均匀，不能划伤金属表层，否则经铣切后的表面会在刻划部位产生凹槽。在刻划时如果刀子不是垂直而是以一定角度切入，经铣切后的工件其层下横向铣切将不能满足设计要求。刻划防蚀层时刻刀角度对铣切凹槽几何形状的影响见图6-26。

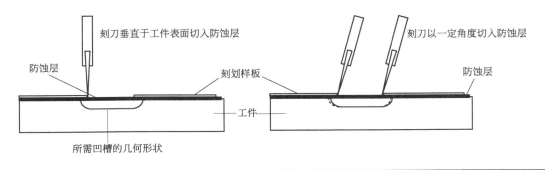

图6-26　刻划防蚀层时刻刀角度对铣切凹槽几何形状的影响（图中虚线为切刀划切角所造成的凹槽几何形状变化）

在进行刻划时，其力度应以刚好切透防蚀层为度，过大会划伤工件表面，过小切不透防蚀层会导致图形剥离困难，并会使其他不需要剥的防蚀层连带着被撕下来，如果将连带撕下来的防蚀层再贴上，会影响其与工件表面的黏附能力。其结果势必造成这部分的铣切蔓延增大而使加工边沿的质量变差。刻划力度的大小主要通过操作者平时的训练来掌握，刚下刀时的力度以刚好切透防蚀层为最好，然后顺势在不加力或稍减力的条件下沿着样板的边缘将整个需要揭起的防蚀层划开。所用的刀具从理论上来讲需要锋利而不坚硬，要求锋利的目的是利于把防蚀层很容易地切开，不坚硬的目的是防止在刻划时不小心将金属表面划伤，要求刀具硬度不高于被刻划金属的表面硬度。对于这些要求在实际工作中同时具备这两种功能并不容易办到，一般常被人们所采用的刀具是医用手术刀，这种刀具虽然较硬，但锋利同时易于购买，只要操作者平时多练习，下刀的力度是可以做到在切穿防蚀层的同时又不划伤金属表层。在刻划时如果用力过大，就会刻透到金属材料上去（这是在刻划铝合金之类质地较软的工件时容易出现的缺陷），经铣切后在内圆角的根部将腐蚀出一个凹槽来。高应力工件上出现这种质量缺陷是不可接受的，如图6-27所示。

对于刻划法，样板的定位是很重要的，其定位的方法可以根据工件的大小及需要保护的位置来确定，主要是采用定位孔，定位孔可以在工件适当位置预先打好，定位孔的位置以不影响铣切为基本要求，如果工件在设计上本身就有适合于做定位的各种孔，这时我们就可以利用这些孔进行定位，而不用专门去设计定位孔。工件上用于定位的孔与样板上的孔是严格的——对应关系。在刻划时为了保证刻划切口和样板紧贴，除要求刻刀与样板边缘紧贴并

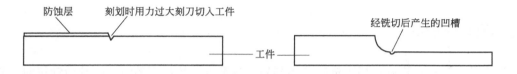

图 6-27　刻划时用力过大对凹槽内圆角根部几何形状的影响示意图

垂直于工件表面外，同时要求样板必须和工件表面紧贴。对于有足够刚性的工件，在刻划时不会因工件搬动和刻划时的力以及工作台面的不平整使工件表面发生形变，但对于薄形工件，如果刻划工作台面不平整，工件在刻划时就有发生形变的可能，这时要将工件放在有足够刚性的平台上进行图形刻划，对于吊装的大型工件不易放在平台上进行刻划，要根据工件的大小及形状制作合适的支承夹具，以防在刻划时工件发生形变而影响刻划工作的进行。

刻划法铣切有单台阶铣切和多台阶铣切，单台阶铣切只需要进行一次刻划和铣切，而多台阶铣切需要进行多次刻划和多次铣切。多台阶铣切对于图形的刻划有两种方法：

第一种方法是传统的多次刻划法，加工方法是：刻划第一层台阶所属的防蚀层图形，将要铣切部位的防蚀层去掉，经检查合格后，然后进行第一次铣切加工；接下来再定位样板刻划第二个台阶的防蚀层图形，再去掉不需要的防蚀层，经检查合格后，再铣切第二个台阶；有多个台阶就重复进行上述的过程。这种方法费时，增加了劳动力的支出（样板对位是一个很仔细的工作，需要操作者细心加耐心才能很好地完成）。

第二种方法是采用一次刻划分次剥离防蚀层的方法，这种方法操作人员只需要定位一次样板，同时把所有台阶的图形都刻划出来，在拿走样板后，揭起第一台阶的防蚀层，同时操作人员再用一种修补液将其他不需要揭起的刻划刀口修补上或用一种特制的胶带将不需要揭起的刻划刀口保护起来，然后进行第一台阶的铣切，随后去掉第二个台阶上的防蚀层，进行第二台阶的铣切加工。这样就把每次刻划都要重新按照规定位置定位一次的时间节省下来，同时也不需要校准各个台阶之间的彼此相对位置。这种方法也可称为"多台阶综合样板一次刻划法"。但是这种方法也有一个缺点，就是刻划后又没有揭起防蚀层的刻划线，如果保护不严密或者漏掉保护就会使铣切液穿透刻划刀口，在工件表面形成腐蚀划痕，对于复杂的多台阶工件也可能在剥离防蚀层时把顺序搞错而发生严重的后果。防止漏补的一种简单而有效的方法就是在刻划时，每刻划一个图形就用一种色笔做上标识，在修补切口时采用一种和防蚀层有明显色差的材料进行，这样就能有效地防止漏补现象的发生。对于铣切顺序问题，同样可以采用这种方法，每刻划一个图形都用色笔在需要剥离的防蚀层上标明是第几台阶。

经刻划完成后的工件，就开始进行去掉防蚀层的工作或叫剥离防蚀层。这时操作人员用一个木制的尖针或刮刀，十分小心地将黏附在金属表面的防蚀层轻轻挑起一个角，压紧样板，然后从这个角开始，沿着已切开的切口把所有的防蚀层边沿都揭起来，然后把样板从工件上拿走，再从四周向中间撕扯，将整个需要去掉的防蚀层揭掉。剥离防蚀层，既要从切口边缘上把防蚀层彻底剥离干净，又不能带起不应剥离的防蚀层。在已完全暴露的工件表面，仔细检查是否有残余的防蚀材料，如有应用木刀刮去或用溶剂仔细地擦净。最后还要检查被刻划的边缘是否有起层的迹象，如有应进行修补。为了保证铣切的均匀性，在铣切前可以采用一些显影的方式进行检查，如用硫酸铜显影，或用稀酸预腐蚀。

六、刻划法的质量控制

刻划法防蚀层制作中的质量控制点有预处理、防蚀层涂覆、防蚀层刻划三个质量控制点。在进行工艺质量控制时，我们必须要在预处理结束后、防蚀层涂覆后及防蚀层刻划完成后这三个工位设立专门的工序质量控制点，并由专人负责检查。当然，在这里所说的这三个工位设立专门的质量控制点，并不意味着其他工位就不需要质量控制，只有全过程的质量控制才能最终完成产品的生产过程，但是我们不可能对每一个工位都设立质量控制点，这样一则太过烦琐，二则所需要人员数量增大，三则反而使操作人员的质量意识下降，因为对他们而言，每一步都有专人进行质量检查，使其失去对质量是否合格的判断能力，长此以往，必然导致操作人员的质量判断能力下降，成为了被动工作的人员。

关于刻划法制作防蚀层图形，现在已很少有企业采用，所以在这里也并不对其所需要的设备、工艺布局及工艺规程进行更进一步的讨论或制定。但是，读者通过对一部分内容的了解，仍可以根据自己的需要而提出所需设备清单及相应的工艺规程。防蚀剂的选用，这里所说的也并非是唯一，其选取的原则是：抗酸碱腐蚀的性能、韧性、成膜性、和金属的黏附性、抗高温和抗腐蚀剂的冲击强度等。

虽然刻划法使用并不多，但是我们可以对这一方法进行活用。普遍意义上的刻划法，是先涂防蚀层，然后再刻划，这种做法对防蚀层厚度及剥离性都有严格的要求，这时我们可将这方法反过来使用，即采取先将样板固定在工件上，然后再用喷涂的方式进行防蚀剂的涂覆，经表面干燥后，移走样板，再进行干燥处理，由于不需要将防蚀层剥离，所以不管从涂覆的厚度或从防蚀剂的选择上都比刻划法有更大的自由度。

七、常见故障产生原因及排除方法

刻划法防蚀层制作常见故障产生原因及排除方法见表 6-20。

表 6-20　刻划法防蚀层制作常见故障产生原因及排除方法

序号	故障特征	产生原因	预防及排除方法
1	防蚀层呈龟裂状或硬脆	胶液沉淀未搅拌均匀	使用前将胶液搅拌均匀
		胶层太厚，干燥速度过快	按要求厚度涂覆防蚀涂料，干燥速度适当
		保护层原料变质，碳墨含量高	采用在保质期的原料
		炼胶过程中混入有害杂质	加强使用过程中的质量检查
		固化温度过高或时间过长	降低固化温度或缩短固化时间
2	防蚀层剥离困难	保护涂料分层	使用前将胶液搅拌均匀
		工件表面粗糙度高	降低工件表面粗糙度
		树脂过多，填料太少	采用合格的保护材料
		保护层固化温度过低或时间过短	适当提高固化温度或固化时间
		保护层涂得太薄	按要求厚度涂胶 揭胶前将工件在热水中适当浸泡
3	防蚀层起泡	涂胶室相对湿度过大	控制涂胶室相对湿度不大于 75%
		工件表面干燥不彻底	延长干燥时间或提高干燥温度
		胶膜未干透就涂下一层	延长涂料干燥时间和两次涂覆间隔时间，适当稀释胶液； 涂胶后，应在室温下停放 8h 以上，使溶剂挥发尽后再升温固化或在 50～60℃ 干燥室内烘 30～60min，再继续升温固化
		每次涂覆的涂料过厚，保护涂料黏度过大	降低涂料黏度
		胶液变质	使用合格的保护涂料

第七章

化学铣切及实例

经过预处理或防蚀处理后的工件即可进行化学铣切加工，化学铣切加工并不是简单地将工件放入化学铣切液中进行腐蚀的过程，而是根据设计需要加工出设计要求的产品来，本章将对化学铣切加工所需要注意的问题进行讨论。

实例部分是比较难处理的问题，一则产品是多样化的，要求也是更加多样化；二则每个厂都有其适合于自身的生产流程及工程管控习惯；三则是采用浸泡式或是传输线喷淋式，不同的方式其工艺要求及管控是有区别的；四则对防蚀层制作是采用感光方式，或是丝印、激光光刻、刻划法等，不同的方法其工艺路线及管控是不同的；同时，也很难制定一套规范可以适应于所有工艺方法和所有蚀刻厂的生产及工程管控。所以，在实例中只举出了一种通过二次阳极氧化的铝合金图文化学铣切工艺规范和不锈钢嵌漆图文化学铣切两个实例。

在普通民用领域对各种金属的化学铣切加工主要有三种类型，一是各种图文的半刻（单面半刻或双面半刻。半刻是非镂空的有一定深度的化学铣切）；二是各种形状网孔的化学铣切；三是在同一个零件上图文半刻和各种形状网孔的混合铣切。对于这三种类型的铣切加工，所要经过的基本工艺流程是一样的，不同的是根据产品设计要求在其对应工序上对尺寸的精度要求及在铣切过程中先后顺序的差别。对于普遍意义上化学铣切的整个制程，笔者按照通用的原则在本章第五节制定了几个工程管控图表，这些图表概括了常用五金化学铣切的全过程，只需要在其相应栏目中填上所采用的各种物料就可以对整个化学铣切工艺了然于胸。更加详细的管控要求，读者可以根据自己的需要进行增补。

第一节
化学铣切应注意的问题

本节所讨论的注意事项主要是针对浸泡式化学铣切，对于采用喷淋式化学铣切，相关设备即有其操作流程，并且浸泡式和喷淋式其化学铣切液的配制要求亦有所不同。化学铣切加工的工艺流程图见图7-1。

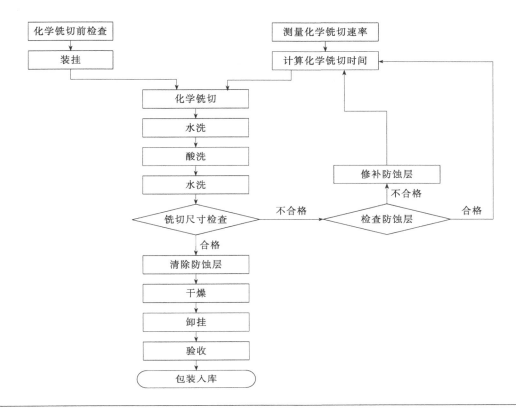

图 7-1　化学铣切加工的工艺流程图

一、化学铣切工艺的设计

在第一章中我们对工艺的概念及要求进行了简要介绍，在进行化学铣切加工之前再次提出工艺设计是很有必要的。一个合理的工艺路线是确保产品质量稳定的关键因素。在设计工艺之初首先要了解的问题是，在现有条件下能做到什么样的水平，对于化学铣切来讲，这个水平主要反映在以下几个方面。

一是图形的精准度，图形精准度主要反映在图文转移的精度和化学铣切精度上。化学铣切精度就涉及一个侧蚀率的问题，侧蚀率受材料及材料晶粒组织的影响，在化学铣切中，铜、钢、镍等金属材料的侧蚀率小，化学铣切精度高；铝及其合金的侧蚀率大，化学铣切精度较低，同种材料，如果结晶粗大，则显然不利于实现高精度的图文化学铣切效果。侧蚀率也受化学铣切体系的影响，化学铣切体系主要是指采用什么样的化学铣切剂进行化学铣切，当然也包括在这些化学铣切剂所组成的溶液中加入的添加物质。对于化学铣切精度，添加物质的作用比化学铣切剂所采用的酸或碱影响更大。侧蚀率还要受到化学铣切方式的影响，化学铣切方式前已提及，不同的化学铣切方式所产生的化学铣切速率是有很大差别的，显然使用喷淋式将有更快的化学铣切速率，也更容易做到较高的化学铣切精度。

二是化学铣切后的表面光洁度，一般情况下都要求被化学铣切后的表面光滑平整，化学铣切后的光洁度主要受材料晶粒、工艺条件及化学铣切体系的影响。比如在铝合金化学铣切中，碱性化学铣切后的表面光洁度明显要高于由三氯化铁、盐酸酸性化学铣切后的光洁度。同时在化学铣切液中加入添加物质也能影响金属表面的光洁度。

当知道了所能达到的化学铣切水平，这时还不能进行化学铣切工艺的设计，还得明白客户的要求，这个要求是否在所能达到的水平范围内，如果不能，则考虑能否通过工艺的合理设计来实现。客户的要求也即是客户所提出的技术标准，产品的技术标准所提供给我们的只是由各种数据所组成的数学模型，工艺人员是通过实验、以往的经验、现有的条件等将这些数据转化为可以操作的各步骤加工指令并由此而组成工艺流程。不同的技术要求其加工方法是不同的，有时会有很大差别。在这里可举一个例子，现在有一个产品采用两种技术标准来进行加工，要求如下：

某产品的化学铣切尺寸要求一见图7-2。

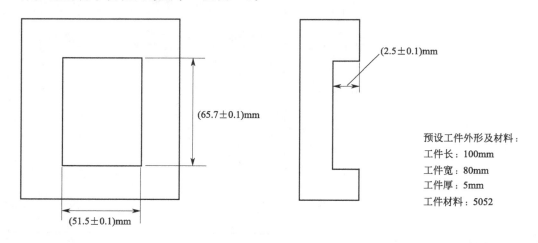

图 7-2　某产品的化学铣切尺寸要求一

在图7-2中标注了化学铣切图形所需的大小、深度及相应的精度要求，同时还要求工件经化学铣切后的表面粗糙度 $Ra \leqslant 2.0\mu m$，板面翘曲度 $\leqslant 0.1$，工件无划伤、无污染、无砂眼等缺陷，化学铣切表面色泽为铝本色。其他无特殊要求。

某产品的化学铣切尺寸要求二如图7-3所示。

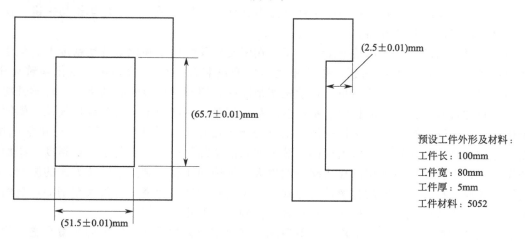

图 7-3　某产品的化学铣切尺寸要求二

在图7-3中标注了化学铣切图形所需的大小、深度及相应的精度要求，请大家注意，这两个图的尺寸精度是不一样的。同时还要求工件经化学铣切后的表面粗糙度 $Ra \leqslant 0.6\mu m$，板面翘曲度$\leqslant 0.03$，工件无划伤、无污染、无砂眼等缺陷，化学铣切表面色泽为铝本色。其他无特殊要求。

从图 7-2 和图 7-3 及它们的要求可以看出，虽然是同一个工件但要求上有很大的差别，当在设计这两种要求的化学铣切时其加工方法会有很大区别。对于要求一，很容易做到设计文件上所要求达到的技术标准。对于要求二，如果在加工上及材料验收上不制定一套严密的措施是很难做到的。对于要求二，不仅仅是要求在加工时严格控制，同时还需要将质量控制延伸到工件的材料来源及工件成型加工等。因为化学铣切所进行的加工是在来料基准状态下进行的，比如粗糙度和板面翘曲度，工件经加工后其测试数据只会比来料的数据高，如果工件在进行化学铣切前这两项就达不到要求，那么后面所做的所有工作将变得无意义。

工厂与工厂间的加工能力差别就在于所加工的产品能稳定地达到什么样的技术标准。

二、化学铣切前的工作

化学铣切前的工作主要包括化学铣切前的质量检查、化学铣切容器的准备、配制化学铣切溶液所需材料的购买、化学铣切溶液的配制等。

化学铣切前的质量检查主要是对防蚀层进行最后一次检查，一个防蚀层有缺陷的工件经化学铣切后必将会功亏一篑，特别是一些大型工件，其本身的价值就高达数十万之多，而由于化学铣切前的检查不严格而产生的后果将会是非常严重的。

化学铣切容器的准备有两种方法，一是可以准备将工件放入的容器，包括化学铣切槽、化学铣切机等；二是在工件上用胶泥或其他材料围成一个容器，比如对某些模具的化学铣切。

配制化学铣切溶液需要化学药品，除精密化学铣切外，普通化学铣切不会对这些化学药品有过高的级别要求，通常情况下采用工业级即可满足需要。

化学铣切溶液的配制是使用购买的化学药品配制出需要体积的化学铣切溶液，这里面就有配制的方法问题及在配制时的注意事项。比如，采用无水三氯化铁配制时会放出大量的热及酸雾，这时就需要配制溶液的场所有强力排风装置，同时在配制时要注意三氯化铁的添加量，不可一次加入过多。再如，硫酸溶液配制时要在不断搅拌的条件下慢慢加入硫酸，切不可一次加入过多，否则硫酸在溶于水时放出的热量过大会使酸液溅出对操作者造成灼伤。在配制化学铣切溶液时，操作人员必须穿戴好必备的防护用品，必须要有两人在场进行配制，在配制的附近有充足的水源及现场救护所需要用的药剂，以便因酸碱灼伤时可以及时冲洗和救治。

三、关于化学铣切的速率问题

只要一谈到化学铣切，其化学铣切速率就是一个非常受大家关注的问题，同时细心的读者也会发现本书中多次讲到需要快的化学铣切速率。那么是不是化学铣切速率越快越好呢？这要具体情况具体分析，这个具体情况是什么呢？是对深度的要求，对精度的要求及化学铣切表面状态的要求，这个状态其实就是平滑度。在这三个要求中最为关键的是化学铣切的精度要求。对于一个需要进行化学铣切的产品，不管是要求深的化学铣切还是要求浅的化学铣切都有一个共同的准则，那就是铣切的精度必须是均匀一致的，否则就会造成铣切后的工件深浅不一及平面尺寸变形。对化学铣切速率的要求，除了上面所讲的以外还和金属材料有关。

化学铣切深度的均匀性主要受三个方面的影响。一是材料的因素，二是化学铣切溶液的因素，三是化学铣切时间的因素。当需要较深的化学铣切深度时，材料的因素并不重要（材料质量太差例外），同时为了生产效率的需要，要通过对化学铣切溶液浓度、配方组成的调整及化学铣切物理参数的调整来提高化学铣切速率，即便是这样也不需要"越快越好的化学铣切速率"。因为太快的速率会使溶液成分变化太快，会反过来增大物理参数的控制难度，同时也会使被化学铣切的金属表面溶解速度不能一致，使化学铣切后的表面平滑度降低。对常用金属材料的化学铣切以现有技术水平完全可以做到较高的铣切速率，比如达 0.1mm/min 以上，这么快的速率需要腐蚀能力更强的配方及更高的温度，为了维持溶液成分的相对稳定可以采用大体积或自动分析调整技术，但在这里就有一个问题，可用于批量生产的防蚀层该怎么制作？在本书中所讲的一定是批量生产而不是实验室的工作。所以化学铣切速率的快只是一个相对概念，在容易控制同时防蚀层制作成本可接受、化学铣切深度均匀的前提下的快才是有意义的。

对于深度要求浅的化学铣切，材料的表面状态及晶粒组织会对深度的均匀性产生影响，同时如果将化学铣切溶液及物理参数调到快的化学铣切速率，其均匀性将无法控制。比如，对于化学铣切深度超过毫米级的要求，其化学铣切速率达到 0.05mm/min 在生产中都会觉得太慢。如果对化学铣切深度要求在 0.035mm 时，其化学铣切速率在 0.01mm/min 时都会觉得太快。因为金属的化学铣切并不是所想象的同时在整个金属表面展开。由于材料表面的钝化等因素，有些部位的化学铣切会有滞后效应，特别是对不锈钢的化学铣切，这种现象更为明显。

影响化学铣切速率的另一个重要因素就是公差，速率越快对公差的精度控制就越困难。比如当一个要求公差为 ±0.003mm 的工件，在设计化学铣切工艺时又该怎样来确定其化学铣切速率呢？当然公差一定是和深度相对应的，化学铣切深度越大公差也越大，反之则越小。

对于精度控制最有效的方法是多次逼近法，不管是采用浸泡式或是采用喷淋式，都会存在最后对尺寸的修整，修整时的铣切速率与精度就密切相关。不可否认，每次修整量小于要求的精度尺寸才容易获得成功。

比如，某一工件蚀刻深度为 0.6mm，精度要求 ±0.03mm，那么在预留的尺寸修整范围内，每次的修整量不能大于 0.03mm，预留尺寸的修整量以不少于精度要求的 2 倍为宜，也即是至少应预留二次的修整量，此例中预留的修整量不能少于 0.06mm。

综上所述，可以知道影响确定化学铣切速率的因素主要有化学铣切深度要求及公差要求。对于化学铣切深度大的工件可以设计成高化学铣切速率的工艺方案，当对公差要求高时可采用分次化学铣切的方法进行，即先采用高速率的化学铣切方法，当接近设计要求深度时采用低化学铣切速率的方法来保证公差。对于化学铣切深度浅，公差要求严的工件则应采用化学铣切速率较慢的工艺方法。对于传输式喷淋蚀刻，蚀刻速率的快慢是与传输速率相对应的。传输速率慢，一次可蚀刻 0.2mm 或以上，传输速率快，一次可能只能蚀刻 0.02mm 甚至更低，对于深度大的产品，先用慢速，在修整尺寸时则采用快速。

以上所讨论的化学铣切速率问题都是针对浸泡式化学铣切，但对于传输喷淋式化学铣切而言，是按每次行程多长时间来计算，比如，一次行程需要 30min，蚀刻深度 0.3mm，其铣切速率为 0.01mm/min。传输式喷淋蚀刻随深度的增加，速率会减慢（对于含硝酸根离子的三氯化铁体系，其深度对速率的影响不大）。由于不同的设备其喷淋的压力的均匀度各异，这些都需要通过现场实验来取得可靠数据。

特别是对于喷淋式蚀刻，随着深度的增加，速率会减慢，当深度超过 0.8mm 时，其速率会低于初始速率的 20％左右（对于添加硝酸根离子的蚀刻液，深度的变化对铣切速率影响较小）。

四、化学铣切时间的计算

在化学铣切工艺中，把零件或已做过图文防蚀层的零件放置于铣切液中进行铣切，并一直铣切到金属厚度达到要求或图文深度达到要求为止。在整个铣切过程中，存在着三个可变因素，即铣切深度、铣切速率和铣切时间。这三者的关系如下：

$$v=h/t$$

式中，v 为化学铣切速率，mm/min，这里的化学铣切速率都是指单面铣切速率；h 为铣切深度，mm；t 为铣切时间，min。

上式为计算铣切深度和铣切速率的基本公式。对于整体铣切或成型化学铣切加工及镂空图文化学铣切往往都是在两个面同时进行化学铣切，这种双面化学铣切速率比只在一个表面进行化学铣切的速率快一倍。但在实际生产中会比一倍更快一些，这是因为双面铣切局部发热量大所致，薄的材料这种情况更明显。

在材料一定的情况下，影响铣切速率的因素很多，其中最主要的是铣切剂的种类、浓度及铣切温度。如果铣切剂浓度及铣切条件一定，材料的特性及热处理状态对铣切速率同样有很大的影响。

在通常情况下，人们所需要的是配制一种铣切剂，使其在材料特性和热处理状态与预计的变化一致的条件下，能够给出最佳的铣切速率与表面粗糙度。

比如配制一种用于不锈钢的铣切剂，就应能对各类型号的不锈钢进行化学铣切（不管它们的热处理状态如何），并都能以最快的铣切速率铣切出符合工艺要求的表面粗糙度。对于某些特殊材料或者是有特殊要求的化学铣切，也可以配制专门的铣切液，使其尽可能满足铣切加工的要求。

为了确定最佳化学铣切时间，在进行化学铣切之前需要对所需铣切的零件预先确定材料的化学铣切速率，尤其是在铣切液中加入添加剂后更应如此。通常是采用和被铣切材料相同（包括材料型号、热处理状态及厚度）的小样件进行铣切速率的测定。样件在彻底清洁并精确测定其厚度之后，在铣切液中进行铣切，铣切时间一般取 10min，时间越长，铣切精度越精确。取出经清洗后再测量其厚度即可计算出铣切速率。比如，某种金属 A 在铣切前的厚度为 2.18mm，两面同时铣切 10min 后，余下的厚度为 1.53mm，则铣切速率为：

$$v=(2.18-1.53)/(2\times10)=0.65/20=0.0325(\text{mm/min})$$

铣切金属所需时间 t 则由下式求出：

$$t=h/v$$

设某金属的铣切深度为 2.53mm，所用铣切时间为：

$t=2.53/0.0325=77.8(\text{min})$，取 78min。

在实际操作中，操作人员不应让零件在铣切液中铣切 78min 后才取出，应该先铣切10min 后取出，检查表面的铣切情况有无异常，同时，测试铣切量，并再次校正铣切时间，然后将余下时间分成 3～4 段分别测试其铣切深度。在测量时应注意将被铣切表面的氧化物清除干净后再进行测量。当铣切到接近设计要求的铣切量时，应特别注意不可铣切过量。对于精度要求高的铣切零件，可多增加几次测量时间。对于化学铣切，为保证铣切精度，通常都是采用以上所讲述的逼近法来保证。

在计算的铣切时间内，想要完成所需要的铣切加工量，在整个铣切过程中，主要须控制两个方面的参数才能得到保证。

① 对铣切液成分浓度的控制　这可以通过对铣切液的化学分析，并根据分析结果补充被消耗的铣切剂来得到满足。为了防止铣切剂成分的快速变化，配制铣切液时在条件许可的情况下（加工量、铣切液成本承受度、铣切场所的大小等）将铣切液体积配得大些，使其不至于在对铣切量并不太大的零件进行铣切加工时，中途还需要停工分析补充。

② 对铣切液温度的控制　温度对铣切速率有一定的影响，在极限铣切速率范围内，当温度升高约12℃时，铣切速率增加约1倍，对于有精确尺寸要求的零件，要求温度不超过±2～±3℃。对于喷淋蚀刻机来说，温度可以控制在±0.5℃以内。

化学铣切液中的铣切剂就像铣头上的一把刀具，因此，对于化学铣切这种特殊工艺，严格保证铣切液中各种成分都在工艺控制范围是很重要的，即使每天的加工质量都与预期的效果一致，仍有必要对铣切液的成分进行定期分析。添加物质对化学铣切速率及铣切表面效果的影响不容忽视。生产表明，往往在铣切液中加入少量的添加物质，就能使铣切加工符合规定的技术要求，以获得又快又好的效果。所以当铣切液添加了任何添加物质都应对铣切速率进行重新测定。

五、化学铣切液选择的原则

从减少环境污染及改善工作条件而言，在选择化学铣切液时应尽量选择碱性环境的化学铣切体系。当然并不是所有金属都可以在碱性环境中进行有意义的化学铣切，在常用的金属中，只有铝、铜、锌等可以选择碱性化学铣切体系。对于需要进行浸泡化学铣切的场所，铜的化学铣切不应选用碱性化学铣切体系。关于常用化学铣切的原理及相关知识在前面已有详细介绍，在本章只讨论怎样来选择合适的化学铣切体系及化学铣切的工艺规范。

1. 铁系化学铣切体系的选择

在化学铣切中常用的铁系金属主要是各种模具钢类，绝大多数都是进行模具图文的化学铣切。其化学铣切配方的选择主要有两种，一是三氯化铁化学铣切体系；二是三酸化学铣切体系（或者是两酸）。前者配制容易，化学铣切后的金属表面光泽性好，对多种金属材料都有较好的化学铣切效果。但三氯化铁对环境的污染较重，对于模具化学铣切采用较少；后者由于在配制时要用到大量的浓硫酸、浓硝酸等，在配制时要特别小心，这种配方对模具的花纹化学铣切速率快，化学铣切效果好，故被大量采用。但三酸化学铣切体系对一些高合金钢化学铣切速率慢，表面容易钝化，这时反而不如三氯化铁化学铣切体系。在选择中，对于普通模具钢以采用三酸化学铣切体系为宜，对于高合金钢则以采用三氯化铁化学铣切体系为宜。

除了上述常用的两种化学铣切体系外还有硫酸-过氧化氢体系、硝酸-磷酸体系等。对于难溶金属还会用到王水型化学铣切液。

2. 不锈钢化学铣切体系的选择

不锈钢的化学铣切溶液有两种配法，一是被绝大多数化学铣切厂采用的以三氯化铁为主的化学铣切溶液，再根据需要加入一些可以改善化学铣切性能的添加物质，比如硝酸盐、磷酸、盐酸、硫脲、苯并三氮唑、乌洛托品、氯酸盐等。二是采用硝酸、盐酸、磷酸配制的王水型化学铣切液，这种化学铣切液配制好后需要用软钢来老化，然后再通过分析调整到工艺浓度范围。

对于各种钢类的浸泡蚀刻，当采用三氯化铁体系时为了提高速率及表面效果，适当添加硝酸盐，无论对速率的增加及表面效果的改善都有积极作用。同时加入适量的氯化铵和氟硅酸对于防止氮氧化物的挥发，对工作环境的改善都有一定的效果，且氟硅酸也具有增亮的作用。

3. 铜及其合金化学铣切体系的选择

铜及其合金化学铣切溶液的选择有较大的自由度，常用的化学铣切体系有三氯化铁化学铣切体系、酸性氯化铜化学铣切体系、碱性氯化铜化学铣切体系、硫酸-过氧化氢化学铣切体系，采用较多的是三氯化铁化学铣切体系及碱性氯化铜化学铣切体系。在这些化学铣切体系中以硫酸-过氧化氢化学铣切体系溶液最易再生，同时化学铣切液中的铜也最易回收，但过氧化氢由于稳定性较差的原因而在实际生产中受到一定限制。虽然三氯化铁化学铣切体系对环境污染较重，但其因配制容易，成本较低，管理方便而被大量采用。在实际生产中三氯化铁化学铣切体系也是采用最多的方法（线路板采用碱性氯化铜化学铣切体系较多）。

4. 铝及其合金化学铣切体系的选择

铝合金的化学铣切体系有酸性和碱性两种，酸性化学铣切体系较多的是采用三氯化铁、三氯乙酸、羟基乙酸、盐酸，也有采用磷酸-氟化物体系。其中以三氯化铁化学铣切体系最为常见。碱性化学铣切的化学铣切质量比酸性化学铣切好，同时化学铣切成本低，是首选的化学铣切方法，但是碱性化学铣切的防蚀层制作成本较酸性化学铣切高，这是目前限制碱性化学铣切大量推广应用的瓶颈。

对于浸泡化学铣切不宜采用三氯化铁体系，因为在浸泡环境中，三氯化铁体系会使线条边缘出现明显锯齿。

5. 钛合金化学铣切体系的选择

钛合金只能在氟化物体系中才能进行化学铣切，但钛合金在化学铣切时极易发生氢脆，在实际应用中都是采用氢氟酸和硝酸或氢氟酸和铬酐的混合配方进行。也可采用氟化物-硝酸（或过渡金属硝酸盐）、氟化物-过氧化氢、氟化物-高锰酸钾组成的化学铣切体系。对于浅的化学铣切也可采用磷酸或磷酸-硫酸体系。

以上对常用化学铣切溶液的选择进行了简要介绍，其选择的原则是既要满足设计要求同时又要使成本最合理、管理更方便。

六、化学铣切过程的控制

化学铣切质量的保证主要来自于对化学铣切过程的控制，化学铣切过程的控制分为化学参数控制和物理参数控制。

1. 化学参数控制

化学参数控制对于维持化学铣切液持久而均匀的化学铣切速率是非常关键的，化学参数控制主要包括溶液浓度的控制和溶液中各组分之间的比例控制。对这两方面的控制，前者的浓度控制容易，通过分析的方法就能确定溶液中成分的消耗情况。而后者的控制难度要大一些，主要是因为化学铣切液中的添加物质一则含量较低，二则可能是一些较难分析的有机材料，三则和化学铣切液中的主料分离较为困难。

化学参数控制的依据来源于对溶液成分的分析而不是经验的估计，当然对于一些小厂并不排除操作者可以通过观察化学铣切过程进行的激烈程度、被化学铣切金属表面的状态以及溶液颜色的变化再根据经验来进行调节，并满足在一定程度上的可控性。这种方式对于成分单一的化学铣切液具有一定的实用性，但对于成分组成复杂，同时对化学铣切深度一致性要求较高的工件，采有这种方法有很大的局限性，难于保证批量生产的需要。从保证产品质量稳定的角度出发，要求化学铣切厂通过分析结果来作为调整化学铣切液的依据。

化学铣切液的分析周期，主要受以下几方面因素的影响：一是溶液体积；二是溶液的初始浓度；三是单位体积的负荷量；四是化学铣切量（一般以日为单位）。对这几方面的影响因素很容易理解，溶液体积小，溶液初始浓度低，单位体积的负荷量较大的情况下，化学铣切液成分的变化速度就快，其分析周期就较短，反之则长。通常而言，如果化学铣切溶液体积不大，批量生产的情况下应保持每个班次分析两次（这里的班次是以 8h 为一个生产周期来计算的）。

当然，也可以采用自动添加设备对溶液进行在线监控和添加，但同样需要通过每天或二天一次化学分析来校对自动监测数据的变化情况。

2. 物理参数控制

物理参数控制分为通用参数控制及化学铣切方式所决定的其他参数控制，通用参数控制主要是对化学铣切过程中的时间、温度进行控制。由化学铣切方式所决定的其他参数控制包括浸泡化学铣切的溶液搅拌程度的控制以及喷射化学铣切的喷射压力的控制。在化学参数可控范围内，物理参数的控制对于维持其化学铣切速率的恒定及化学铣切均匀性是非常重要的。物理参数的控制相对于化学参数的控制来说要容易得多也直观得多。同时一些设备对温度、时间及喷射压力都有自控装置，只需要预先将这些参数输入即可。

任何化学铣切都一定有两个需要控制的指标，一是深度，二是表面平滑度。虽然物理因素和化学因素的变化会对化学铣切深度及表面平滑度产生影响，但在确定化学铣切液成分及浓度的情况下，对深度有影响的主要是物理因素，在温度、压力恒定的前提下，最终确保化学铣切深度指标的因素是化学铣切时间，在实际生产中也是通过时间来对化学铣切深度进行有效控制的。而对于表面平滑度，虽然温度的变化会有一定的影响，但主要还是受化学铣切液的化学组分的影响，在化学组分中，添加物质对表面平滑度的影响比化学铣切主剂的影响更大，同时调整也更困难，但可以通过实验确定一个单位面积消耗量的经验值来控制。

在实际生产中最为关键的就是铣切过程的控制，其需要注意的问题远不止上面所表述的内容。这是因为，产品的大小形状不同，要求不同，也不太可能以一言而概之。这就需要现场工程师有较为丰富的知识宽度及一定深度，有足够的经验累积，并且要善于总结经验，善于发现问题，善于分析问题，善于解决问题，从而使加工水平和加工质量稳步提高。

七、溶液体积及初始浓度的确定

1. 溶液体积的确定

溶液体积即溶液配制的量，溶液体积的大小主要受工件大小及加工量的影响。在体积一定的情况下又存在工作槽长宽高的尺寸配合，在工件较长或较宽的情况下，应该考虑到工件进入工作缸的方式来选择其长宽高的比例。其原则是工件易于放入和取出，并且在工件化学铣切过程中不会因工件放置的方向而对化学铣切的结果产生影响。例如：工件在化学铣切液中的垂直化学铣切高度越高，越容易造成工件下部和上部的化学铣切深度不均一。对于形状复杂的工件，如在化学铣切过程中需要翻动或转动，其工作缸的大小应不妨碍其工件在化学铣切液中位置的变化。对溶液体积有影响的另一因素就是加工量，溶液体积必须和加工量成正比。这里的体积可以是一个工作缸的体积，也可以是几个工作缸的体积之和。如果在工件外形不大的情况下，同时生产量也较高，宜采用将一定总体积的化学铣切液分成几个工作缸的方式。对于溶液的体积，在满足生产要求的前提下体积越小其投入成本越低，同时也越易于管理。

2. 溶液初始浓度的确定

溶液初始浓度即新配制时的溶液浓度，关于化学铣切溶液的浓度，在配制前就已经通过实验对化学铣切液中的各种成分的浓度及相互之间的配合有了一手资料，一些常用的化学铣切液配方也可以来自于资料介绍，但都应该对这些资料上介绍的配方进行先期试验以得到基本数据。任何一个化学铣切配方，其化学铣切液中各成分的浓度都会在一个较大的范围内变动而不会影响其化学铣切过程的正常进行及化学铣切的表面质量。这一范围有三个控制点：

一是最低点，当低于这个浓度范围化学铣切将不能正常进行，当溶液浓度接近这个最低点时，就应该分析调整溶液。

二是最高点，高于这个范围，化学铣切的状态可能会有变化，同时也会对防蚀层、预定的化学铣切速率、化学铣切后的表面状态等产生影响。

三是中点，也称为最佳点。在这一点可以认为，不管是化学铣切速率还是化学铣切后的表面质量都能达到一个最佳值。

最高点、最低点和中点都是要通过实验来确定的，化学铣切液在配制时，一般取最佳点和最高点之间，当浓度低于最佳点时，应对溶液进行调整，而最低点是对溶液控制的底线，接近这个点时，应停止化学铣切工作。

化学铣切液浓度的控制并不等于在浓度下限时不能进行化学铣切，而是由于随着浓度的降低，会影响化学铣切速率，当浓度降低到初配浓度的一半时，其化学铣切速率会下降近50%，这对于精密化学铣切加工是不允许的，所以浓度控制对保持化学铣切速率的稳定是很重要的。

对于传统的三氯化铁蚀刻体系，影响因素主要有总铁浓度、亚铁离子浓度、酸度、相对密度。对于一般要求的产品，在一个预先规定的总铁浓度下，主要是控制亚铁离子浓度，浓度越低越好（对各种钢类的化学铣切，亚铁离子应小于 6g/L，对于铝及其合金的化学铣切，亚铁离子应小于 2g/L），酸度会根据不同的要求而有所变化，一般在 0.6～1.6mol 之间选择合适的控制点，相对密度对于各种钢类在 1.44～1.49（有硝酸根离子的体系，相对密度为1.35～1.38），对于铝及其合金在 1.10～1.16。

八、化学铣切液的负荷量

负荷量即是单位体积所能承载的工件表面积。对化学铣切而言，这里的负荷量有两层含义，一是化学铣切的最大负荷量，二是化学铣切溶液的实际负荷量，也可以说是单位体积负荷量。化学铣切溶液实际负荷量的大小对化学铣切液及化学铣切加工也有两个方面的影响。一是当负荷量过高时，由于化学铣切面积增大，化学铣切量大，引起溶液温度升高，进而使化学铣切速率加快，更进一步使化学铣切液温度升高，对化学铣切液及化学铣切过程造成一个恶性循环，如果不加以控制将进行到工件被完全溶解或化学铣切液有效成分消耗完全为止。同时温度过高也会改变其化学铣切的表面状态及防蚀层的附着性能。二是当负荷偏低时，不会对化学铣切过程本身造成不良影响，相反，还会使化学铣切过程更容易控制，但对于化学铣切的经济性有很大的影响，表现在规定化学铣切溶液体积及规定时间内可加工的数量减少，生产效率降低，如果以偏低负荷量为控制目标，对于量产加工则必然要提高化学铣切液的单槽体积或增加化学铣切槽，使投资成本升高，增加管理难度，导致生产成本上升。所以在生产中一定要注意化学铣切液的负荷量，既不能过高也不能过低，其负荷量可以通过计算再通过实验来确定。计算的方式是根据被化学铣切金属与化学铣切液中化学铣切剂的反应过程的放热量及单位时间金属的溶解量，计算出总放热量和由此引起的溶液温度的变化。下面以铝化学铣切负荷量的计算为例来说明。

铝在化学铣切中可采用碱性铣切和酸性铣切两种方法，现分别计算如下。

1. 碱性化学铣切负荷量的计算

先根据铝在碱性化学铣切液中的化学反应计算出每化学铣切 1mol 铝所放出的热量：

$$Al(c) + OH^-(aq) + H_2O(aq) =\!=\!=\!= AlO_2^-(aq) + 3/2H_2(g)\uparrow$$

其中，$\Delta H_{(Al)} = 0$；$\Delta H_{(OH^-)} = -230.015kJ/mol$；$\Delta H_{(H_2O)} = -285.83kJ/mol$；$\Delta H_{(AlO_2^-)} = -930.9kJ/mol$；$\Delta H_{(H_2)} = 0$。

在氢氧化钠溶液中化学铣切 1mol 铝的反应热 $= -930.9 - (-230.015 - 285.83) = -415.055(kJ)$。

1mol 铝是 27g，从反应式来看，需要氢氧化钠 40g，但在实际化学铣切工作中远不止这个量，这是因为铝要完全溶解在化学铣切液中还需要附加的氢氧化钠，同时工件也会带出一部分氢氧化钠等，综合以上因素，化学铣切 1mol 铝氢氧化钠的实际需要量至少是理论计算量的 1.7 倍，也就是至少需要 68g 氢氧化钠。如以每升 140g 氢氧化钠浓度为上限，下限为 80g，以 1L 溶解 27g 铝共需 68g 氢氧化钠计，$140 - 68 = 72(g)$，已低于浓度下限，但还是以此为依据进行下面的计算。这时就要分析化学铣切 27g 铝需要多长时间，以 $1m^2$ 有效面积为化学铣切表面，27g 铝也就是要在整个表面化学铣切掉 1mm 的厚度，单面化学铣切，当温度在 90℃时，化学铣切速率平均取 0.025mm/min，约需化学铣切 40min，也就是说化学铣切 27g 铝在 40min 之内释放出了 415.055kJ 的热量，这个热量能使 1L 铣切溶液的温度升高多少呢？通过计算可知能使温度升高 76℃，但是当温度超过 100℃时，化学铣切溶液就会沸腾使大量的水分蒸发。但对于化学铣切的物理指标控制而言，化学铣切温度的控制是非常重要的，在生产中温度变化控制在 ±5℃为宜，显然要想保持温度上升不超过 5℃仅用减少负荷量是不经济的，这时要从两方面入手，一是降低单位体积的负荷量，二是采用冷却的方式进行降温，可以采用自来水进行降温。对铝的碱性化学铣切推荐负荷量每 10L 不超过 $1dm^2$ 有效面积为宜，同时宜取液面面积较大以加快热量的扩散。

2. 铝合金酸性化学铣切负荷量的估算

铝合金的酸性化学铣切可以分为三种：一是三氯化铁化学铣切体系，二是盐酸基化学铣切体系，三是磷酸基化学铣切体系。目前用得较多的是三氯化铁化学铣切体系。三氯化铁化学铣切体系有两种配法，一种是采用三氯化铁单一组分溶于水配制而成，另一种是在三氯化铁水溶液中添加盐酸、磷酸或硫酸等。对于酸性化学铣切由于反应过程比较复杂，在化学铣切过程中会有多种反应同时进行（单独盐酸化学铣切除外），其反应热计算比较复杂，很难通过一个简单的化学反应式精确地计算出来，但是，铝在酸性环境中化学铣切时，通过对某一反应式进行单独计算时，可发现化学铣切同等重量的铝时其放热量和碱性化学铣切时的放热量相差不大，所以，在这里可以按碱性化学铣切的放热量来进行计算。由于在酸性环境中，化学铣切温度大多在35℃左右较碱性化学铣切低得多，温度的变化也大一些，在同样化学铣切速率的前提下，单位体积负荷量和碱性化学铣切相近。

九、化学铣切方式及化学铣切设备的选择

1. 化学铣切方式的选择

化学铣切的方法根据工件与溶液的接触形式主要有两种，即喷淋式化学铣切和浸泡式化学铣切。化学铣切方式的选择原则有以下两种：

一是生产量，喷淋式化学铣切效率高，化学铣切速率快，化学铣切精度高，适合于一定批量的生产，生产易于实现自动化控制，但设备投入大，同时也不适宜对异形工件及大型工件的化学铣切。浸泡式化学铣切设备投入小，化学铣切方便，适用工件范围广，但不适合于大批量生产，同时浸泡式化学铣切速率较喷淋式慢，生产效率比喷淋式低，生产过程不易实现自动化控制。

二是工件形状及大小，对于大型工件由于受设备的限制，采用喷淋式化学铣切难于进行，而浸泡式就不会受工件大小的影响。工件形状复杂，在喷淋时有些部位会出现喷淋不到的情况而影响化学铣切的正常进行，而浸泡式由于是将工件整个浸泡在化学铣切液中，只要保持溶液和工件之间的动态，就能保证异形工件的各个部位都能接触到化学铣切液并进行新液与旧液的连续更换，使化学铣切能正常进行。

对于不大的平面或近乎平面的工件如果条件允许，采用喷淋式化学铣切不管是效率还是精度都优于浸泡式化学铣切。所以，对于批量大、工件大小适中（与设备有关）、形状简单的平面形状的工件以采用喷淋式为首选。如果工件外形较大，难以采用化学铣切机，工件形状复杂，批量不大，这时采用浸泡式为宜。

2. 化学铣切设备的选择

不管采用什么样的化学铣切方法，都少不了与之配套的化学铣切设备。对于喷淋式化学铣切，需要购买合适的化学铣切机，化学铣切机有传输式化学铣切机也有非传输式喷淋化学铣切机，传输式化学铣切机适用于批量生产，非传输式喷淋化学铣切机适用于中小规模的生产，这种类型的化学铣切机一般都难于自制，而必须去设备厂订做或在设备市场购买。化学铣切机的选择主要由生产量决定，这里所指的生产量是可以预计的一段时间内的平均日产量。

如果采用浸泡式化学铣切就需要一定体积的化学铣切槽。化学铣切槽体的材料根据铣切液的性质而定，对于碱性化学铣切大多采用不锈钢材料，并注意要有保温装置。对于酸性化学铣切体系，可采用 PP 材料制作，大型的化学铣切槽可以采用不锈钢加内衬软 PP 材料制作。

十、防蚀层的清除

化学铣切后，在进行防蚀层清除前，需要进行必要的检查，包括铣切深度是否符合工艺要求、表面有无明显的不可接受的漏蚀（漏蚀是指防蚀层局部脱落所造成的腐蚀点或腐蚀条痕等）等，经确认无误后方可进行脱膜处理，对于不合格且不能返工的产品可不脱膜而直接进入报废程序。防蚀层剥离方法的选择由两个方面的因素来决定，一是防蚀层材料的性能，不同的防蚀材料都有其相对应的剥离方法；二是被铣切材料的耐蚀性能，比如铝材就不能采用碱性脱膜。

1. 碱性除膜

碱性除膜主要是针对感光防蚀层和丝印防蚀层，也是采用最多的一种除膜方式，其成本低，易于管控，碱性除膜常用 5%～7% 的氧氢化钠溶液，温度在 70℃ 左右即可。

感光膜的碱性脱膜也可以采用硅酸钠来进行，这时的膜层会呈片状脱落，有利于脱落的膜层和脱膜液分离，但其缺点是温度较高。典型工艺方法：五水硅酸钠 200g/L，85～90℃，4～5min 可以脱膜。

如用于铝材质蚀刻后感光膜脱膜可采用以下方法：无水乙醇 400mL，水 600mL，五水硅酸钠 20g，EDTA-2Na 0.5g，碱性渗透剂 0.2g。85℃ 的条件下 15min 可脱膜。这一方法对铝材基本上无反应。但由于无水乙醇闪点低，也可采用二乙二醇乙醚或二乙二醇甲醚代替，但脱膜时间会延长。此外，也可采用高沸点且对环境和操作人员危害尽量小的其他溶剂来与硅酸钠进行复配用于铝片的脱膜处理。

2. 硝酸除膜

硝酸除膜主要用于铝合金经化学铣切后的脱膜，需要采用 85% 以上的浓硝酸，否则会对铝表面造成腐蚀。这种方法由于有大量黄烟产生，已很少采用。

3. 电泳漆的脱膜

电泳漆膜采用强碱的方式不能清除，但可以采用脱漆水进行脱膜，电泳漆的脱膜配方及操作条件见表 7-1。

表 7-1　电泳漆的脱膜配方及操作条件

	材料名称	化学式	含量/(g/L)			
			配方 1	配方 2	配方 3	配方 4
溶液成分	苯酚	—	155	180	—	—
	二氯甲烷	H_2CCl_2	307	476	—	—
	乙醇	CH_3CH_2OH	215	143	—	—
	甲酸	HCOOH	93	110	—	—
	N-甲基吡咯烷酮	—	—	—	206	211
	乙二醇丙醚	—	—	—	—	124
	一乙醇胺	—	—	—	306	284
	丁基溶纤剂	—	—	—	360	255
	氢氧化钠	NaOH	—	—	20	22
	TX-10	—	—	1	4	4
	水	H_2O	230	90	104	100
操作条件	温度/℃		18～25	18～25	90～95	90～95
	时间/min		1～3	1～2	3～6	3～6
	搅拌方式		可用超声波	可用超声波	可用超声波	可用超声波

表 7-1 中配方 1 和配方 2 是常温脱漆剂，结构复杂的工件经这种方式脱漆后还需要用浓硫酸处理。配方 3 和配方 4 是可以将电泳漆溶解的配方，同时不含限制使用的苯酚、卤代烃等化学品，但成本较高，需要加热，这是其不足之处，以上几种配方都曾大量使用过，电泳漆的脱膜效果较好。

4. 手工剥离法

刻划法制作的防蚀层直接采用手工剥离的方法清除，在剥离时可用一薄的不锈钢片或小刀从边缘将防蚀层挑起，然后再慢慢撕揭下来，动作不可过快，否则容易将防蚀层撕裂而影响防蚀层的剥离，经剥离防蚀层后的工件表面可用手刷刷掉表面的残余物或用有机溶剂擦洗干净即可。

5. 溶剂清洗法

难于采用酸、碱清除的防蚀层或不能采用强碱、强酸处理的材料，比如铝合金，可以采用有机溶剂来进行防蚀层的清除，有机溶剂的采用原则也需要根据防蚀层的溶解性来确定，酮类、甲基吡咯烷酮、二甲基甲酰胺、表面活性剂、渗透剂等都可以作为用于清除防蚀层的配比原料。

溶剂脱膜主要针对感光防蚀层，感光防蚀有干膜法和湿膜法。干膜法脱膜比湿膜法容易得多，配方也简单。乙基吡咯烷酮就是一种很好的干膜脱膜剂，只是价格高，二甲基甲酰胺也可用于干膜的脱膜。湿膜的脱膜配方相对于干膜要复杂一些，能用于湿膜脱膜的配方同样也可用于干膜的脱膜。

相对成本较低的湿膜的溶剂脱膜配方见表 7-2。

表 7-2 湿膜脱膜常见配方及操作条件

材料名称		化学式	含量				
			配方 1	配方 2	配方 3	配方 4	配方 5
溶液成分	甲酸	HCOOH	25～30kg	185～195g/L	25～50kg	200mL/L	280mL/L
	二氯甲烷	H_2CCl_2	—	380～390g/L	250kg	—	—
	TX-10	—	0.5～2kg	10～20g/L	1kg	5～10g/L	5～10g/L
	二甲基甲酰胺		190kg	245～255g/L	—	—	—
	液体石蜡		适量	适量(以保证覆盖液面为宜)	适量	—	—
	二乙二醇甲醚		—	—	—	400mL/L	—
	无水乙醇	CH_3CH_2OH	—	—	—	—	180mL/L
	水	H_2O	—	余量	—	400mL/L	540mL/L
操作条件	温度/℃		70～80	20～30	20～30	70～80	50～60
	时间/min		1～5	5～10	5～10	5～7	3～6
	搅拌方式		移动	移动	移动	移动	移动

注：1. 表中配方 1 是一种无二氯甲烷的配方，需要加热才能脱膜。

2. 表中配方 2 是一种常温脱膜方法，但含有二氯甲烷，由于二氯甲烷易挥发，应及时补充。液体石蜡在脱膜剂中不溶会浮在脱膜剂表面起到封闭作用，防止二氯甲烷挥发。

湿膜经 UV 固化后，会明显增加脱膜时间。表中脱膜剂都适用于干膜脱膜，配方 1 用于干膜脱膜时，不需要进行加热。

十一、化学铣切常见故障产生原因及排除方法

在化学铣切过程中防蚀层制作不良，化学铣切液成分、温度等的变化以及金属材料本身

的质量缺陷都会使化学铣切后的工件出现一些故障。在不同的化学铣切中其故障特征都有相同的部分，在此将化学铣切中具有共性的故障列出，不同金属个性的故障现象、产生原因及排除方法也难于一概而论，需要读者在较为长期的生产实践中积累起足够的经验。

化学铣切常见共性故障特征、产生原因及排除方法见表 7-3。

表 7-3　化学铣切常见共性故障特征、产生原因及排除方法

序号	故障特征	产生原因	预防及排除方法
1	防蚀层脱落	金属预处理质量不合格,主要表现在除油不净	加强预处理质量管理
		防蚀层干燥不够	严格按工艺要求进行干燥处理
		防蚀材料与基体金属结合力差	更换与基体金属结合力好的防蚀材料
		防蚀材料超过保质期	更换新的防蚀材料
		化学铣切溶液浓度过高	降低化学铣切溶液浓度
		化学铣切温度过高	将温度降低到工艺规定范围
2	化学铣切表面有残余物	化学铣切表面有残留防蚀材料或污物	化学铣切加工前应仔细清除残留防蚀材料,工件在转运或操作过程中不要触摸化学铣切表面,防止二次污染
		材料本身有缺陷	加强材料检查
3	蚀坑	材料有针孔、麻点、气孔	加强材料检查及化学铣切前的补救
4	气流蚀沟	工件装挂不当	改善装挂方式
		化学铣切速率太快	降低化学铣切温度或通过分析降低化学铣切溶液浓度
5	漏蚀	防蚀材料质量不佳,在化学铣切过程中局部脱落	检查防蚀材料质量,使用合格材料
		工件表面预处理不良	加强预处理工件
		化学铣切前防蚀层碰伤	化学铣切前仔细检查防蚀层质量,在操作过程中加强质量管理,防止人为碰伤
		防蚀层有夹杂物	工件间要干净,防蚀材料要过滤
		防蚀层起泡,有气孔、针孔	提高防蚀层质量

十二、金属化学铣切前质量验收技术条件（QJ A 953—1995）

以下为标准节选。

1　范围

1.1　主题内容

本标准规定了化学铣切前的技术要求、验收内容、检验规则、包装、运输及贮存等。

1.2　适用范围

本标准适用于化学铣切前的质量验收，同时也适用于需要进行表面处理前的产品验收。

2　技术要求

2.1　待化学铣切来料数量应符合产品交接单，并签署产品交接手续。

2.2　待化学铣切产品应附有材料的牌号、热处理状态及成形方法。对于有特殊要求的产品应提供与产品材料及加工方式完全一致的样件。

2.3　待化学铣切产品必须符合产品技术要求，并附有相应的产品样图、签署完整的工艺文件及上道工序的质量卡片。

2.4　待化学铣切产品的表面应无油漆、印迹、严重锈蚀及其他脏物，如锈蚀严重应另附文件说明原因和处理方法。

2.5　待化学铣切产品表面不允许有超过原材料标准规定的划痕、碰伤、压坑；不允许有超过产品图样规定的擦伤、压伤及金属或非金属压入物、针孔、裂纹、轧痕等。对于非结构低要求产品如允许有上述表面缺陷应在交接工艺文件上注明允许缺陷的内容及程度。

2.6 待化学铣切产品需装夹、吊挂的部位应留有加工余量，如是已完成外形加工的产品，应标明在产品上可以装夹、吊挂的位置。

2.7 待化学铣切产品上的机加工边缘应无毛刺、锐边应倒圆角、无焊接飞溅物等。

2.8 允许在蚀刻加工余量区或规定的其他位置上制作刻形用的基准线、定位孔、冲眼及象限线，其尺寸应符合工艺文件的规定。

2.9 产品的毛坯及试样的下料方向应符合有关工艺文件的要求。

2.10 焊接组合件的焊缝及热影响区域一般不应在蚀刻区域内。对有特殊要求的产品需要在焊接区域进行蚀刻时应经过特殊工艺处理后方可进行。

2.11 对于非结构产品在焊接区域需要进行化学铣切时，应避开焊缝。否则应与委托加工商协商在蚀刻中可能出现的质量缺陷的处理方法并出具相关技术文件。

2.12 产品原材料的厚度应按图样规定的尺寸进行检验。产品的同板差不应超过产品图样中蚀刻深度最大腹板厚度公差的一半。

2.13 经热处理后的待化学铣切产品，如需校形，应按产品图样要求校形后方可进行化学铣切。

2.14 对有镶块的产品，应注明镶嵌方式及内部结构，并允许将镶块拆解后分开蚀刻。对于不允许拆解的镶块应说明理由并注明镶缝处理方式。

2.15 对型腔产品的化学铣切，如有特别要求的应在产品委托加工文件上注明。

2.16 对型腔产品应提供材料的锻造方法及热处理状态。如有特别要求应提供与型腔材料及热处理方法、加工方法一致的样件。

2.17 对型腔不规则图形蚀刻（即皮纹蚀刻）应提供胶片，如无胶片应提供清晰实物样品，实物样品尺寸不小于 $50mm \times 50mm$。并允许在复制实物样品时存在一定差异。

2.18 对产品的图文蚀刻应提供图文胶片或光绘文件，如无胶片或光绘文件则应在交接工艺文件上注明图文大小、字体样式、线条宽度。

2.19 对于需要进行图台或图形蚀刻的非结构产品应提供胶片或光绘文件。需要精确定位应提供定位模。

3 检验规则

3.1 对结构用途产品、型腔产品、组合产品及高要求的待化学铣切产品应按本标准第 2 章规定的相关内容 100% 地进行检验，不合格时应予拒收。

3.2 对于批量非结构简单产品可抽样按本标准第 2 章规定的相关内容进行检验，如发现两次抽样不合格应拒收。抽样检查按 GB 2828—87 抽样标准执行。

3.3 化学铣切加工余量区域的表面不做检验。

3.4 对所有类型的产品数量都要进行 100% 清点，如数量不足必须在产品交接单上注明。

4 包装、运输、贮存

4.1 凡送交待化学铣切的产品可根据需要，使用与之配套的木质、塑胶或特制的专用包装箱进行包装。对于小型产品允许用吸塑包装材料。

4.2 运输和贮存时，应防止碰伤、受潮或接触腐蚀性的物品。

十三、金属化学铣切产品验收技术条件 (QJ A 954—1995)

以下为标准节选。

1 范围

1.1 主题内容

本标准规定了化学铣切产品的技术要求、检验方法、检验规则、包装、运输及贮存。但不包括宇航产品及其他结构件化学铣切的尺寸公差及相关缺陷要求。

1.2 适用范围

本标准适用于非结构产品化学图文及台阶蚀刻后的质量验收。

2 引用标准

GB 2828—87 抽样标准。

3 技术要求

3.1 外观

3.1.1 经化学铣切的产品表面不允许有酸、碱流痕，锈蚀斑点及残余的防蚀材料。需要化学铣切的图形及文字形状、位置应符合图样要求。

3.1.2 经化学铣切后的产品图文线条应整齐无锯齿、砂眼、断线等，经蚀刻的部分不得有多余物，蚀刻表面色泽应符合设计或工艺要求。

3.1.3 经化学铣切后的产品表面粗糙度应满足图样要求或满足工艺要求。当图样无规定时，对装饰性产品表面最大粗糙度 Ra 不超过 $2\mu m$。非装饰性产品表面最大粗糙度 Ra 不超过 $5\mu m$。

3.2 尺寸与公差

3.2.1 化学铣切圆角半径系加工中自然形成，一般不做规定。

3.2.2 化学铣切后的产品形变不得超过设计或工艺要求，公差应符合设计要求，其公差尺寸的具体偏差可由设计方和加工方工艺部门协商确定。

4 检验方法

4.1 测量铣切后的基材厚度可用游标读数值为 0.02mm 的卡尺、分度值为 0.01mm 的千分尺等进行检测。蚀刻深度可用千分尺、千分表或其他专用量具进行检测。装饰性图文蚀刻深度可不进行测量，但需经过目测和样板比对。

4.2 外观质量应在天然光线或无反射的白色透射光线下用目视方法进行检查，其照度不得低于300lx。对于细部检查可用 4 倍放大镜进行。

5 检验规则

5.1 应按化学铣切工艺文件规定，对化学铣切生产工艺全过程进行检验，并记录；化学铣切所用的工具、设备、计量器具均应校验合格；蚀刻溶液的配制、调整、分析均应有记录，各种记录均应规定保存期限，以备查验。

5.2 对于重要的化学铣切产品应按本标准第 3 章及设计文件要求100％地进行检验。

5.3 对于普通化学铣切批量产品应按本标准第 3 章的规定进行抽样检查，抽样标准按 GB 2828—87 进行。

6 包装、运输及贮存

化学铣切合格的产品，可根据需要或客户要求使用木箱、塑料箱、纸箱或吸塑包装等，包装箱应坚固，并标明位置方向、防潮、防雨、防压等标识。在包装箱明显位置有产品检验日期及检验员工号标识。

运输及贮存时应防止碰伤、受潮或接触腐蚀性物质。

十四、工艺规范与工艺编制关系

第四章～第六章对化学铣切所涉及的相关技术问题都进行了详细讨论，熟悉这几章的内容就可以根据产品的需要设计出适合于生产的产品加工工艺流程。化学铣切各工序与工艺规范的对应关系见图7-4。从图7-4中可以看出，工艺规范可以像组合积木一样进行编制，从形式上可以这样认为。但这种组合绝不仅仅是将这几个积木简单地连接起来，它们之间是需要"黏合"的，而工艺编制最重要的一环就是你怎么去"黏合"，也就是说你怎么去合理使用这些积木并让它们紧密地连接在一起。七巧板中的积木只是有一个固定的形状却没有可变的内容，而这里的积木内容是可以根据"搭接者"的要求而改变的。这里的"搭接者"也就是工艺员或者是工艺师，他不但需要有一定的专业理论知识，更需要有足够的来自于亲自动手的经验，否则他所连接的积木是有裂缝的。

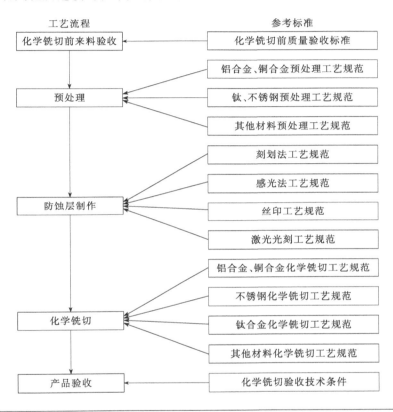

图 7-4　化学铣切各工序与工艺规范的对应关系

　　图 7-4 中的相关工艺规程，有兴趣的读者可以结合前面章节的相关内容及产品的技术要求自行编制。

十五、传输式蚀刻机的布局及节水方法

　　传输式喷淋蚀刻机的布局示意图见图7-5。

　　单位面积的产品，蚀刻的次数越多，消耗的清洗水就越多，所以在进行生产时，应注意在保证质量的前提下尽量减少蚀刻的次数。比如，某一产品，调好速率，通过一次就达到设计要求，需要 $1m^3$ 的清洗水，如果将速率调得更快，用二次蚀刻来达到设计要求，这时就要多用一倍的清洗水，即 $2m^3$。单位面积用水量的计算方法可参考第五章第二节相关内容。

　　图中的多级水洗可以设计成连续给水，也可以设计成间隙给水，更可以设计成间隙-连续给

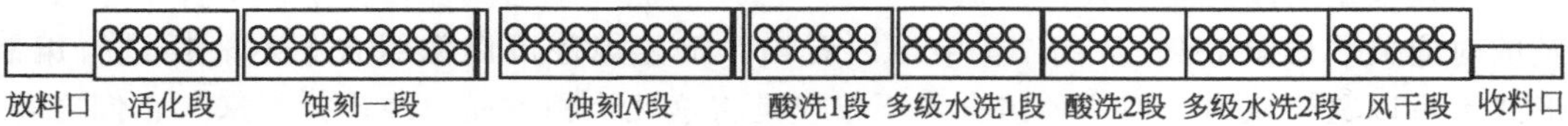

| 放料口 | 活化段 | 蚀刻一段 | 蚀刻N段 | 酸洗1段 | 多级水洗1段 | 酸洗2段 | 多级水洗2段 | 风干段 | 收料口 |

图 7-5　传输式喷淋蚀刻机布局示意图

注：1. 活化段有 0.5m 即可，可采用喷淋或浸泡式，对于三氯化铁体系都是采用盐酸-三氯化铁配成活化液。

　　2. 蚀刻一般都由多级组成，每级大约在 2～2.5m。其段数可根据需要而定，采用摇摆喷淋式。

　　3. 酸洗 1 段有 0.5m 即可，采用摇摆喷淋式，酸洗 1 段可以采用稀硝酸-盐酸体系。

　　4. 多级水洗 1 段，这段可设二级到三级，每级 0.5m，采用摇摆喷淋式。

　　5. 酸洗 2 段有 0.5m 即可，采用摇摆喷淋式，酸洗 2 段根据需要可采用过硫酸钠-硝酸（也可采用过硫酸钠-硫酸）或草酸。

　　6. 多级水洗 2 段，这段应设三级到四级，每级 0.5m，采用摇摆喷淋式。

水模式。所以在生产过程中，能一次完成的就不要用二次来做，能二次完成就不要用三次来做。当然，对于公差要求很严的产品加工例外，因为对精密的尺寸的加工是需要用多次逼近法来达到的。

第二节
影响化学铣切质量的因素

一、表面预处理及防蚀层对化学铣切的影响

1. 表面预处理对化学铣切性能的影响

基板表面经清洁处理后在进行涂覆感光胶之前需预先进行必要的预处理，这样一则会增加对感光胶的黏附力；二则会明显改善层下化学铣切的精度。预处理方法主要包括氧化、钝化、更新金属表面、表面微粗糙化等。镍、镁、锌、钢通常所采用的转化层，是通过浸入以磷酸为基础配方的溶液中来获得的；不锈钢所用的是以硝酸为基础配方的溶液；铝所使用的是铬酸盐转化膜或直接进行阳极处理。正确选择转化层对减小层下切削所产生的影响不可忽视，由于有了转化层，因而使金属基体与表面的化学铣切速率出现了差异，有转化层的表面，比金属基体本身的化学铣切速率要慢些，同时转化层提高了感光胶的黏附力。以上两个原因都使化学铣切系数减小，从而使对加工尺寸的控制变得更加有效。合适的转化层能使化学铣切系数减小约 $\frac{2}{3}$。

2. 防蚀层对化学铣切的影响

防蚀层质量不管是对化学铣切加工精度还是化学铣切加工图文表面质量都会产生明显影响。防蚀层质量不良对化学铣切的影响主要包括以下三方面：

（1）防蚀层和基体金属的结合力　如果防蚀层与基体金属结合力不好，在化学铣切过程中就会造成防蚀层脱落，使化学铣切图文变形。影响防蚀层结合力的因素主要有三个方面。

①金属材料表面预处理质量。只有符合某一金属材料所要求的预处理效果才能保证防蚀材料与金属表面保持优良的结合。②防蚀材料的质量。③防蚀层制作质量。只有这三方面的质量都达到尽可能完美的情况下，才能寄希望于防蚀层与金属表面的可靠结合。

（2）防蚀层材料的抗蚀能力　在进行化学铣切时，所采用的都是一些强酸和强碱，它们都具有很强的腐蚀性，在对金属材料进行化学铣切时，也会对防蚀材料造成一定程度的破坏。所以在选择防蚀材料时要经过耐心的反复试验，只有当确定某一防蚀材料在确定的腐蚀剂浓度及化学铣切条件变化范围内都能保证不脱落、不变形、不起层的情况下，才可以大量用于批量生产中。

（3）厚度的影响　一定的防蚀层厚度是获得良好抗蚀性能的基本前提，同时，厚的防蚀层也可获得线条更加平直的效果，也会减少侧蚀，这对于保证铣切精度是很有效的。厚的防蚀层都需要通过高温烘烤来进行后固化处理，甚至还需要在烘烤后再经 UV 处理。其具体厚度与蚀刻深度成正比，但也要考虑图像解析的要求。

二、关于化学铣切液更换的最优化原则及化学铣切加工注意事项

1. 关于化学铣切液更换的最优化原则

化学铣切液使用一段时间后，金属离子或其他杂质离子会逐渐增多，当达到一定浓度时，会明显影响化学铣切速率和化学铣切质量。如果通过分析发现化学铣切液中的各种成分都不能得到改善，这时就要对化学铣切液进行大调。根据化学铣切液种类的不同，大调的方式有较大差别，但其最终方法都离不开弃掉全部或部分化学铣切液，再重新添加新配制的化学铣切液。

化学铣切速率和化学铣切表面质量是化学铣切液对化学铣切的主要功能。除腐蚀剂以外，金属离子浓度和杂质浓度是影响这两个指标的因素。化学铣切液中金属离子浓度低，会影响化学铣切后的表面质量，但随着化学铣切的进行，金属离子浓度会越来越高，当达到某一浓度后，就会严重影响化学铣切速率和化学铣切质量。这些影响主要表现为：化学铣切速率变慢，甚至难于进行化学铣切；表面粗糙度增高，光洁度变差。且由金属离子浓度过高所引起的质量问题并不能通过简单的调节解决，只能采取弃掉部分或全部化学铣切液的方法，弃掉化学铣切液就意味着生产成本增加。

显然，确定一个金属离子浓度的上限值是很重要的。这个上限值的确定与要求的化学铣切表面平滑度及化学铣切速率有关。化学铣切速率降低必然导致生产周期延长，在相同工作量的情况下，加工零件数量减少。表面平滑度降低必然导致被化学铣切后的表面质量降低，表面质量降低又必然会导致加工商在满足客户要求方面的信誉度降低，其直接后果就是失去部分客户。从这两方面可以看出其最终结果都是总效益降低。如果由此以保持低浓度的金属离子为代价进行加工，又会在加工周期和产品质量保持相对恒定的情况下，造成生产成本上升。这就需要化学铣切工程师根据用户对表面质量要求的最低限度，及平均加工量和现有加工能力，来确定这个最佳值。这个值就是金属离子浓度的最优质量水平，这对于专业厂来说是非常重要的。

这个值可以通过两条曲线求得，第一条是以工厂的实际加工能力和现有加工量为前提，通过这两个因素可以作出一条金属离子浓度对加工效率的影响曲线；第二条是用户所能接受的化学铣切加工表面粗糙度最低限度，这条曲线同样可以根据金属离子浓度变化对化学铣切表面质量的影响作出。那么这两条曲线一定会有一个交叉点，这一交叉点就是金属离子的最

佳上限浓度。

　　金属离子浓度最优曲线示意图见图 7-6。

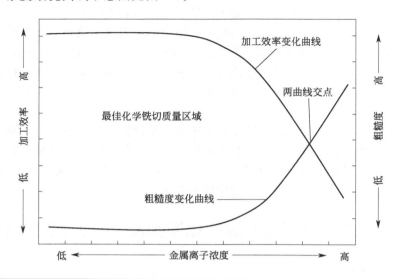

图 7-6　金属离子浓度最优曲线示意图

　　图 7-6 中两条曲线所围成的区域可以认为是最佳化学铣切质量区，这个最佳质量包括两个层面的含义：一是加工商希望客户所能接受的表面粗糙度最高限度；二是在满足这个最高限度时的生产最低效率。两条曲线的交点，可以认为是加工商所希望的一个点。交点左边所对应的金属离子浓度，都能满足质量要求，向右超过交点就应对化学铣切液进行大调。但在实际生产中，由于不同的客户有不同的要求，所以客户要求的最高粗糙度所对应的金属离子浓度值，往往会沿着粗糙度变化曲线向左下滑移，当出现这种现象时，必须以客户要求的粗糙度最高限度所对应的金属离子浓度值为准。

　　图中所示金属离子浓度是由两部分组成的总浓度，一是在铣切过程中溶入的被铣切材料的金属离子，二是在铣切过程中溶入的对铣切有负面影响的杂质金属离子。对于钢类采用的三氯化铁铣切体系而言，一般来说需要控制三个指标，一是总铁浓度（一定浓度的总铁离子是获得优质铣切效果的前提），二是亚铁浓度，三是酸度。对于亚铁可以通过加入氧化剂来维持其最低浓度，酸度可以通过添加盐酸或其他酸来调节。而在一个规定的相对密度范围内，随着铣切的进行，大量对铣切有负面影响的杂质金属离子的溶入，必然会导致在相同相对密度下，虽然同样有高的总金属离子浓度，但对铣切有价值的总铁浓度是降低的，那么，在此时，即便维持最低的二价铁浓度及最合适的酸度也是不能得到工艺设计所需要的铣切效果。这时就需要更换全部铣切液，且排出的旧液需要除去对铣切有负面影响的杂质金属离子后才能获得真正意义上的再生。在不锈钢铣切过程中大量镍、铬等离子的溶入会影响铣切的正常进行，就是一个很好的例子。在蚀刻液中添加硫酸根离子、氟离子、硝酸根离子、羟基乙酸或氨基乙酸等中的两种或两种以上，会在一定程度上改善因镍、铬等离子对铣切速率及表面效果的影响。

2. 化学铣切加工注意事项

　　随着化学铣切的进行，化学铣切液中的各种成分都会发生变化，这些变化会造成浓度降低和比例失调，二者都会对化学铣切速率和化学铣切质量产生影响。所以在生产中要经常对化学铣切液进行分析，并及时调整到工艺规定范围。分析周期可根据化学铣切液的组成浓度及生产量决定，如果较长时期没有进行化学铣切加工，在开始之前必须重新分析，并且当试件化学铣切实验合格后才能用于生产。

在化学铣切过程中操作人员都会和强腐蚀性的酸碱接触，同时在化学铣切过程中还会产生大量的酸雾和碱雾，如果不慎吸入会对操作人员造成非常大的痛苦，所以在生产开工前，必须认真做到以下几点：

① 认真检查防护工作服是否穿戴整齐。

② 提前打开抽风机，保证抽风力度，使其在加工过程中能及时将各种腐蚀性气体吸走。

③ 任何时候至少有两人在工作现场。

三、工艺质量控制方法

工艺对产品质量控制的要求主要表现在控制的方法上，其控制的方法主要有可量化控制描述和不可量化控制描述。在设计工艺时，应该尽可能地选择前者，因为只有量化的方法才是最为直观的方法，同时也最容易被操作者所理解，也容易被质量监督员采用测量的工具进行量化检查。比如，深度的变化可以用卡尺或其他更精密的仪器进行测量，粗糙度可以采用粗糙度测试仪进行测量，对于工件表面的砂眼，可以用砂眼直径、深度及单位面积的个数来控制。经化学铣切后的工件力学性能的变化同样也可通过仪器来测量。对加工过程中方法的质量控制，可以采用温度计、pH 计、各种分析方法等来对整个加工过程中的关键工序进行测量，以确保整个加工过程的各个变量都在工艺规定的范围内。以上是一些可量化的质量控制。但是在实际生产过程中，有些工序或有些表面效果由于受条件的限制无法或不能用各种工具或仪器进行测量，这时就会出现一些用语言来描述的质量控制及判别方法等。不管采用什么方法，都力求做到文字简练、准确、通俗易懂而不需要工艺编制者对操作人员进行特别解释。

第三节
铝合金氧化图文化学铣切加工方法

铝合金氧化图文化学铣切加工其实就是二次阳极氧化工艺，在很多电子产品外壳及化妆品包材上都有大量应用。二次阳极氧化的基本工艺都大体相同，不同之处在于对二次阳极氧化之前的表面处理效果上的差别。

对于图文二次阳极氧化加工方法的工艺流程，根据表面效果要求的不同会有一定的差别，本节所介绍的是一个曾被广泛采用的标准工艺方法。同时，阳极氧化也是铝合金化学铣切后常用的防护与装饰加工方式，对于从事化学铣切的工程技术人员也有了解阳极氧化工艺流程的必要。

一、工艺流程及工艺过程详解

1. 工艺流程

铝合金阳极氧化图文铣切工艺流程总图见图 7-7。

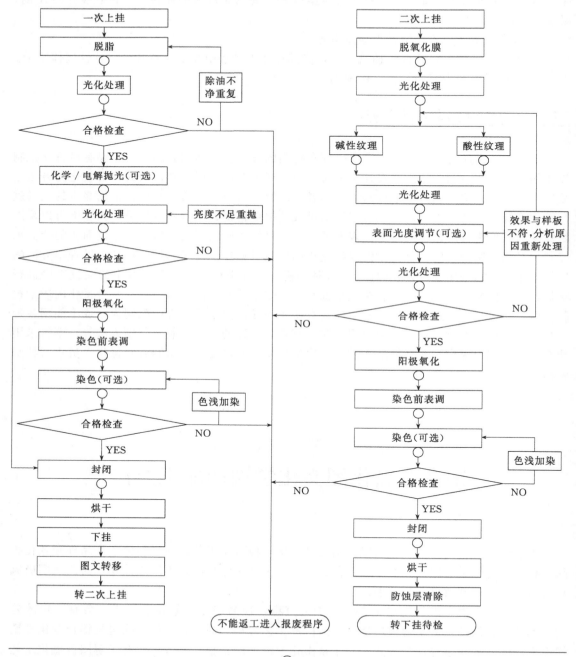

图 7-7　铝合金阳极氧化图文铣切工艺流程总图(图中标识 ⬇ 表示经过多级水洗)

2. 工艺过程详解

（1）工件验收　验收人员应戴洁净的细纱手套。验收内容为：工件尺寸应和图纸相符合；工件数量应和工件交接单的数量相符合。工件交接单上应有上道工序相关负责人签章。

（2）一次装挂　根据工件形状及大小，选择合适的挂具。工件装挂必须接触良好、挂位合理、装挂牢固、位置适当，以保证工件在生产过程中不贴合、不碰撞、不产生气囊。装挂时，不得碰伤工件，如有发现及时拿出，交给现场质量管理员，并作好记录上报质量管理部门。

（3）化学除油　化学除油可参考表 7-4 所介绍的方法进行，也可用表 5-6 中的配方进行除油。如果工件表面油脂较多，应先用汽油或其他有机溶剂清洗后，再进行化学除油。

表 7-4　常用弱碱性除油剂配方及操作条件

	材料名称	化学式	含量/(g/L)		
			配方 1	配方 2	配方 3
溶液成分	无水碳酸钠	Na_2CO_3	5～10	—	—
	十二水合磷酸钠	$Na_3PO_4 \cdot 12H_2O$	—	40～60	40～60
	NNF	—	—	5～10	4～8
	S90	—	2～4	—	1～2
	五水合硅酸钠	$Na_2SiO_3 \cdot 5H_2O$	3～5	2～5	1～2
	EDTA-2Na	$C_{10}H_{14}O_8N_2Na_2 \cdot 2H_2O$	1～2	1～2	3～5
	十二烷基苯磺酸钠	—	1～2	—	—
操作条件	温度/℃		25～35	25～40	25～40
	时间/min		3～5	3～5	2～6
	搅拌		可用超声波搅拌		

（4）二级间隙式逆流水洗　温度为室温；时间 20～40s。

（5）酸洗　酸洗按表 7-5 所介绍的方法进行。

表 7-5　酸洗常用配方及操作条件

	材料名称	化学式	含量/(g/L)			
			配方 1	配方 2	配方 3	配方 4
溶液成分	硝酸（68%）	HNO_3	30～60	30～60	—	—
	硫酸（1.84g/cm³,98%）	H_2SO_4	—	—	100～200	10～20
	过硫酸钠	$Na_2S_2O_8$	—	30～50	—	20～40
	过氧化氢（50%）	H_2O_2	—	—	10～20	—
	硝酸铁	$Fe(NO_3)_3 \cdot 9H_2O$	100～150	—	—	—
操作条件	温度/℃		室温			
	时间/s		20～60			

（6）三级间隙式逆流水洗　温度为室温；时间 20～40s。

这一步完成后，要对工件表面的清洁度进行工序自检。

自检方法：铝合金工件表面水膜保持 30s 连续不断裂为合格，否则应重复工序（3）～工序（6）。

（7）化学抛光　化学抛光可参考表 7-6 的配方进行，也可用其他化学或电解抛光。

表 7-6　化学抛光配方及操作条件

	材料名称	化学式	含量/(g/L)	
			配方 1	配方 2
溶液成分	磷酸/(mL/L)	H_3PO_4	500~900	500~700
	硫酸/(mL/L)	H_2SO_4	100~500	300~500
	硝酸铵	NH_4NO_3	100~150	—
	铜离子	Cu^{2+}	0.2~1	0.1~0.5
	镍离子(或三价铬)	$Ni^{2+}(Cr^{3+})$	5~15(Cr^{3+} 1~2)	—
	硝酸银	$AgNO_3$	0.01~0.05(并非必要)	—
	高锰酸钾	$KMnO_4$	5~10	—
	塞唑啉基二硫代丙烷磺酸钠	—	—	0.08~0.12
	聚二硫二丙烷磺酸钠	—	—	0.1~0.12
	亚乙基硫脲	—	—	0~0.2
	聚乙二醇	—	—	0.04~0.08
	铝离子	Al^{3+}	5~30	3~30
	乙醇酸	$HOCH_2COOH$	—	3~6
操作条件	相对密度		1.76~1.79	1.76~1.79
	温度/℃		80~110	75~85
	时间/min		2~5	1~3
	搅拌		工件移动	工件移动

注：1. 表中配方 1 用于光亮化学抛光或化学铣切后经过拉丝处理后的化学抛光，对于镜面抛光三价铬比镍具有更好的表面化学研磨作用。配方 1 中增加铜的含量也可用于压铸铝的化学抛光。

2. 表中配方 2 用于化学铣切后经过喷砂或拉丝处理后的化学抛光，也可用于光亮效果的化学抛光。

（8）三级间隙式逆流水洗　温度为室温；时间 20~40s。

（9）酸洗　酸洗按表 7-5 的方法进行。

（10）三级间隙式逆流水洗　温度为室温；时间 20~40s。

（11）抛光效果自检　化学抛光后应对抛光效果进行自检。抛光后的工件表面光洁度如与参考样板有较大差别，应重新抛光。

（12）一次阳极氧化　一次阳极氧化按表 7-7 进行。

表 7-7　一次阳极氧化加工方法

	材料名称	化学式	含量/(g/L)	
			亮银色/浅色氧化	深色/黑色氧化
溶液成分	硫酸(CP)	H_2SO_4	130~150	200~240
	铝离子	Al^{3+}	2~10	2~10
操作条件	温度/℃		18~20	18~20
	时间/min		8~15	30~50
	电压/V		11~12	12~14
	搅拌方式		压缩空气	压缩空气

（13）三级间隙式逆流水洗　温度为室温；时间 20~40s。

（14）表调　这一工序并非必需，同时不需染色的产品可不进行工序（14）~工序（18）。表调可参考表 7-8 中的配方进行。

表 7-8　表调工艺配方及操作条件

	材料名称	化学式	含量/(g/L)		
			配方 1	配方 2	配方 3
溶液成分	乙酸铵	NH_4Ac	50~100	50~100	—
	阳离子表面活性剂		0.1~1	—	—
	硝酸	HNO_3	—	—	100~200
操作条件	pH 值			5~6.5(用冰醋酸调)	—
	温度/℃		室温	室温	室温
	时间/s		60~120	60~120	20~40

（15）三级间隙式逆流水洗　温度为室温；时间 20～40s。

（16）染色（金色/黑色）　染色参考表7-9进行。

表7-9　染色加工方法

	材料名称	化学式	含量	
			金色	黑色
溶液成分	茜素黄R（或GG）	—	0.3g/L	—
	茜素红	—	0.5g/L	—
	ATT	—	—	10g/L
	冰醋酸	HAc	—	0.7～1.3mL/L
操作条件	温度		40～60℃	20～40℃
	时间		30～180s	10～25min
	pH 值		4.5～5.5	4.5～5.5

注：也可采用其他染料进行染色。

（17）三级间隙式逆流水洗　温度为室温；时间为20～40s。

（18）染色效果自检　经染色后的工件应对照参考样板进行自检。如发现色度不够，应增加染色时间。如发现有白点，颜色太深，可在30％～40％的硝酸中退除颜色后重染。如因氧化膜质量异常导致染色失败，则应退除氧化膜重新进行阳极氧化。

（19）封闭　封闭按表7-10进行。

表7-10　封闭加工方法

	材料名称	化学式	含量/(g/L)		
			配方1	配方2	配方3
溶液成分	乙酸钇	$Y(CH_3COO)_3 \cdot 4H_2O$	0.3～0.6	1.2～1.6	—
	乙酸镧	$La(CH_3COO)_3$	0.4～0.9	1.6～2	—
	无水乙酸钠	CH_3COONa	0.6～1.2	0.9～1.5	0.9～1.2
	氟钛酸钾	K_2TiF_6	—	—	2.6～3
	氟锆酸钾	K_2ZrF_6	—	—	0～1
	乙二胺四乙酸二钠	$C_{10}H_{14}O_8N_2Na_2 \cdot 2H_2O$	—	—	0.3～0.4
	硼酸	H_3BO_3	0～0.2	0～0.2	0～0.2
	阳离子表面活性剂	—	—	—	0～0.01
操作条件	pH 值		6.9～7.5	7～7.5	4.8～5.4
	温度/℃		90～95	76～80	常温
	封闭速度/(min/μm)		1.5～3	2～5	0.5～1.5

注：1. 表中配方1和配方2是中性无镍封闭的配方及加工方法，能满足本色和绝大多数色系的染色封闭要求。表中配方1为高温配方，配方2为中温配方。

2. 表中配方3是常温封闭剂的配方及加工方法，用于封闭本色阳极氧化膜，不可用于封闭染色后的阳极氧化膜。

（20）三级间隙式逆流水洗＋纯水洗　温度为室温；时间 20～40s。

（21）干燥　温度为70～80℃；时间为每次 10～15min。

（22）工序检查　经干燥下挂后的工件，应根据工艺及下道工序要求进行全检。这一工序可边下挂边检查，也可下挂后统一检查。并详细记录检查结果，上报质量管理部门。检查项目主要包括：

① 工件表面光亮度是否和参考样板相符。

② 由于工件还要进行图文蚀刻，工件表面图文印刷部位应无划伤、蚀点、污渍等表面缺陷。非图文印刷部位允许有轻微划伤及蚀点；如划伤或蚀点较深，应进行纹理蚀刻试验确定是否可以接受。

③ 对于染色工件，应检查颜色色调及色度是否和参考样板相符合。

④ 经干燥后的工件表面应不粘手，指甲刻划无划痕，氧化膜厚度符合工艺要求。

（23）丝网图文转移　经第一次阳极氧化并检查合格的工件，即可进行丝网图文转移。丝网印刷所用工具及材料，网版制作等参见第六章第三节有关内容。

（24）转移图文自检　经丝网印刷转够的图文应满足如下要求：

① 图文和参考样板完全符合。

② 图文清晰、完整、饱满，边缘不得有锯齿及渗墨现象。

（25）干燥　温度为 80～120℃；时间为 40～60min（或根据实验确定最佳干燥温度和时间）。

（26）二次装挂　装挂方法及要求同第一次装挂。

（27）脱膜（即脱除氧化膜）　脱膜参考表 7-11 的方法进行。

表 7-11　脱膜工艺方法

	材料名称	化学式	含量/(g/L)		
			配方 1	配方 2	配方 3
溶液成分	氢氧化钠	NaOH	20～40	40～50	—
	三乙醇胺	$N(CH_2CH_2OH)_3$	150～200	—	—
	甘油	$HOCH_2(OH)CHCH_2OH$	150～200	—	—
	氢氟酸	HF	—	—	50～100
	硫酸	H_2SO_4	—	—	200～400
	缓蚀剂	—	—	—	适量
操作条件	温度/℃		40～50	50～60	室温
	时间		退尽为止		
	搅拌		手摇动挂具		

（28）二级间隙式逆流水洗　温度为室温；时间为 20～40s。

（29）酸洗　酸洗按表 7-5 进行。

（30）二级间隙式逆流水洗　温度为室温；时间为 20～40s。

（31）图文化学铣切　图文化学铣切可参考表 7-12 中的方法进行。

表 7-12　图文化学铣切加工方法

	材料名称	化学式	含量/(g/L)			
			配方 1	配方 2	配方 3	配方 4
溶液成分	氢氧化钠	NaOH	2～3	45～55	—	60～80
	硝酸钠	$NaNO_3$	—	45～50	—	—
	硫代硫酸钠	$Na_2S_2O_3$	—	—	—	10～20
	硼酸	H_3BO_3	5～10	5～10	0～20	5～10
	亚硝酸钠	$NaNO_2$	45～60	15～20	—	—
	无水碳酸钠	Na_2CO_3	45～60	40～60	—	—
	氟化钠	NaF	0～5	0～5	—	—
	过氧化氢	H_2O_2	—	—	0～10	—
	氟化铵	NH_4F	—	—	0～50	—
	氟化氢铵	NH_4HF_2	—	—	80～120	—
	铝离子	Al^{3+}	—	5～90	—	5～90
操作条件	温度/℃		50～60	50～65	室温	60～70
	时间/s		30～120	60～180	20～120	60～180
	搅拌方式		溶液循环或手摇动挂具			

注：1. 配方 2 新配制的溶液最好用 5g/L 铝进行老化，在配制时取成分上限。增大溶液中 $NaNO_3$ 含量，一则可增加纹理粗糙度，二则可使蚀刻面更哑。

2. 溶液中加入 NaF 可使蚀刻面呈哑白效果。

3. 配方 4 是需要获得光滑面的配方。

（32）二级间隙式逆流水洗　温度为室温；时间为每次 20～40s。

（33）酸洗　酸洗按表 7-5 进行。

（34）三级间隙式逆流水洗　温度为室温；时间为每次 20～40s。

（35）图文蚀刻效果自检　经该工序处理后的工件应进行图文效果检查。如发现图文凸出及蚀刻表面光洁度不符合参考样板要求，应重新进行蚀刻。经再次蚀刻仍达不到样板要求，需检查溶液温度和操作时间是否正确，并检查当天分析报告，及时调整溶液。

（36）二次阳极氧化　二次阳极氧化按表 7-7 进行。

（37）二次阳极氧化后处理工序　二次阳极氧化至检查前的处理工序与工序（13）～工序（20）相同。

（38）脱除抗蚀油墨　经干燥后的工件，可在三氯乙烯超声波清洗机中脱除油墨，然后下挂，统一装箱，做好标识待检。也可下挂后用合适的有机溶剂手工擦除。

（39）检查　这一步是产品的最后检查。检查人员应严肃认真对待，详细记录检查结果，上报质量管理部门。检查项目主要包括：

① 抗蚀油墨清洗彻底，不能在工件表面留下任何残余污渍。

② 经蚀刻后的工件表面，图文清晰、无残缺、无点蚀、无锯齿。

③ 经蚀刻后的工件表面光洁度及图文效果和参考样板应无明显差异。

④ 对于染色工件，检查染色色调及色度是否和参考样板相符合。

⑤ 经干燥后的工件表面应不粘手，指甲刻划无划痕，氧化膜厚度符合工艺要求。

（40）包装　经检查合格的工件按工艺要求进行包装，统一装箱。在包装箱规定位置贴上检查合格证，并注明检查人员工号。

二、常见故障处理方法

图文化学铣切制作常见故障的主要原因及处理方法见表 7-13。

表 7-13　图文化学铣切制作常见故障的主要原因及处理方法

故障现象	故障主要原因	处理方法
铣切表面光洁度不够	铣切温度太低或太高	通过实验找到最佳温度范围
	铣切液 NaOH 浓度太低	通过分析，添加 NaOH 至工艺规定范围
	铣切液 $NaNO_3$ 浓度太高	稀释铣切液，并适当补加 NaOH
	NaF 含量太高	稀释铣切液，并通过分析，补加 NaOH 和 $NaNO_3$ 至工艺范围。如 NaF 含量太高，可考虑弃掉部分旧液再补加新配液
	铣切液中 Al^{3+} 浓度太高	通过添加计算量的 CaO 水溶液或水玻璃除去。也可弃掉一部分旧液再补加新的铣切液
铣切表面光洁度太高	铣切温度太高或太低	通过实验找到最佳温度范围
	铣切液中 NaOH 浓度太高	稀释铣切液并适当补加 $NaNO_3$，也可直接补加部分 $NaNO_3$
	铣切液中 $NaNO_3$ 浓度太低或 NaF 含量太低	补加 $NaNO_3$ 或 NaF
	Al^{3+} 浓度太低	用废铝老化铣切液
铣切表面纹理太粗	铣切液温度太高	降低铣切液温度至工艺规定范围
	铣切时间过长	减少蚀刻时间
	铣切液 $NaNO_3$ 浓度太高	稀释铣切液降低 $NaNO_3$ 含量
	铣切液 NaOH 浓度太低	根据分析结果，添加 NaOH 至工艺范围
	铣切液中 Al^{3+} 浓度太高	参考"铣切表面光洁度不够"项

故障现象	故障主要原因	处理方法
铣切表面 纹理太细	铣切液温度太低	升高铣切液温度到工艺规定范围
	铣切时间太短	通过实验确定最佳铣切时间
	铣切液 $NaNO_3$ 浓度太低	补加 $NaNO_3$
	铣切液 $NaOH$ 浓度太高	稀释铣切液以降低 $NaOH$ 含量并补充部分 $NaNO_3$
图文掉油， 有砂眼	油墨过期	使用新油墨
	油墨没有调好，里面有小微粒	油墨调好后应放置 12h 以上再使用，调好的油墨最好用 300 目以上的丝网过滤
	丝印前表面干燥不够或有其他微粒附着在表面	丝印前应保证铝表面干燥彻底，不可有灰尘等残余物，丝印间最好设为净化工作室，操作人员应戴口罩、手套、头罩
	油墨干燥不彻底	丝印后在烘烤时应注意烘烤温度与烘烤时间，保证干燥彻底
	碱蚀温度太高，$NaOH$ 浓度太高，时间太长	通过实验选择正确的碱蚀温度及时间。分析溶液中 $NaOH$ 含量，并加水稀释至工艺要求范围
	油墨不适合	选择抗碱及抗氟化物腐蚀的油墨
图文间有亮点	丝印图文时油墨有渗透现象	加强丝印质量管理，如发现有渗透现象应擦拭干净后重新印刷
	丝网版有砂眼	加强丝网版制作质量，发现砂眼应及时修补
	碱性脱除氧化膜不彻底	碱蚀要保证氧化膜脱除彻底
	蚀刻液中 Al^{3+} 含量太高	参考"铣切表面光洁度不够"项
图文抛光面粗	抛光温度太高	降低抛光温度
	抛光液 HNO_3 浓度太高	降低抛光液 HNO_3 浓度，可用废铝老化溶液使 HNO_3 浓度降低
	抛光液 H_2SO_4 浓度太低	适当添加 H_2SO_4
	抛光液中混入 Cl^-、F^-、铬酸根离子等	严格控制操作规程，防止 Cl^-、F^-、铬酸根离子等有害杂质进入抛光液。混入不多可取出一部分抛光液再补充 H_2SO_4、H_3PO_4、HNO_3。但应通过实验确定取出量。如混入量太高可考虑重新配制抛光液
	抛光时间过长	适当缩短抛光时间
	抛光液中混入清水太多	给抛光液升温，促进水分蒸发
	抛光所用原料杂质含量太高	更换质量合格的抛光原料
图文光 亮度不够	抛光温度太低	提高抛光温度，通过实验确定适合该种合金材料的抛光温度
	抛光时间太短	适当延长抛光时间
	HNO_3 浓度不够	适当提高 HNO_3 浓度
	H_3PO_4 浓度不够	补加 H_3PO_4
	H_2SO_4 浓度太高	将抛光液取出一部分后，补加 H_3PO_4 及 HNO_3
	合金表面质量太差	更换合金材料或对铝合金表面进行机械抛光
	添加剂不够	光亮度不够可添加少量 $Cu(NO_3)_2$ 或 $AgNO_3$。增加光亮度以 $AgNO_3$ 效果为佳。$Cu(NO_3)_2$ 增加光亮度不明显，但对于消除抛光表面雾状现象效果显著

第四节
嵌漆图文化学铣切加工方法

嵌漆图文化学铣切是各种金属铭牌、广告牌及牌匾等加工使用较多的一种方法，这种方法可以不采用阳极氧化、电镀等对环境污染较大、投资较大的工序。同时这种方法由于加工过程简单、容易控制、加工成本低等而被一些中小工场广泛使用，嵌漆图文化学铣切工艺流程总图见图 7-8。本节就以不锈钢为例对这一加工方法的工艺流程进行介绍。

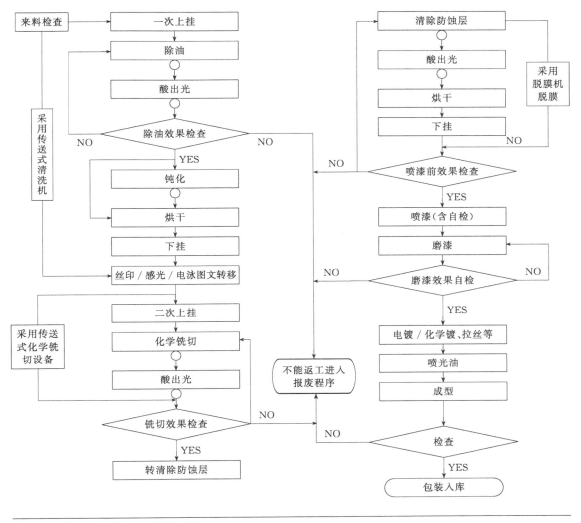

图 7-8　嵌漆图文化学铣切工艺流程总图

一、工艺流程及工艺过程详解

1. 工艺流程

工艺流程为：工件验收→一次上挂→化学除油→二级间隙式逆流水洗→酸洗→三级间隙式逆流水洗→自检→干燥→图文转移→图文转移效果检查→干燥→二次上挂→图文化学铣切→二级间隙式逆流水洗→酸洗→三级间隙式逆流水洗→图文化学铣切自检→去除防蚀层→二级间隙式逆流水洗→酸洗→三级间隙式逆流水洗→干燥→图文化学铣切效果检查→喷漆→干燥→磨漆→磨漆效果检查→拉丝处理→清洗→干燥→表面喷保护清漆→干燥→验收→包装。

2. 工艺过程详解

（1）工件验收　验收人员应戴洁净的细纱手套。验收内容：工件尺寸应和图纸相符合；工件数量应和工件交接单的数量相符合。工件交接单上应有上道工序相关负责人签章。

（2）一次装挂　根据工件形状及大小，选择合适的挂具。所用挂具材料能耐强酸、强碱腐蚀。工件装挂必须挂位合理、装挂牢固、位置适当，以保证工件在生产过程中不贴合、不碰撞、不产生气囊。装挂时，不得碰伤工件，如发现碰伤严重应及时拿出，交给现场质量管理员，并作好记录上报质量管理部门。

（3）化学除油　化学除油可按表7-14进行，也可用其他方法进行除油。如果工件表面油脂较多，应先用汽油或其他有机溶剂清洗后，再进行化学除油。

表 7-14　常用弱碱性除油剂配方及加工方法

	材料名称	化学式	含量/(g/L)		
			配方 1	配方 2	配方 3
溶液成分	无水碳酸钠	Na_2CO_3	5～10	—	—
	氢氧化钠	NaOH	5～10	5～10	5～10
	十二水合磷酸钠	$Na_3PO_4 \cdot 12H_2O$	—	40～60	40～60
	NNF	—	—	5～10	4～8
	S90	—	2～4	—	1～2
	五水合硅酸钠	$Na_2SiO_3 \cdot 5H_2O$	3～5	2～5	1～2
	EDTA-2Na	$C_{10}H_{14}O_8N_2Na_2 \cdot 2H_2O$	1～2	1～2	3～5
	十二烷基苯磺酸钠	—	3～5	—	—
加工条件	温度/℃		25～35	25～40	25～40
	时间/min		3～5	3～5	2～6
	搅拌		搅拌	可用超声波搅拌	

注：除油也可采用市售的其他脱脂剂。

（4）二级间隙式逆流水洗　温度为室温；时间为20～40s。

（5）酸洗　酸洗按表7-15的方法进行。

表 7-15　酸洗加工方法

	材料名称	化学式	含量/(g/L)	
			配方 1	配方 2
溶液成分	硝酸	HNO_3	0～200	300～400
	硫酸	H_2SO_4	40～60	—
	过硫酸钠	$Na_2S_2O_8$	50～100	—
操作条件	温度/℃		30～40	室温
	时间/s		20～60	20～60

（6）三级间隙式逆流水洗　温度为室温；时间为20～40s。

（7）自检　工序（6）完成后，要对工件表面的清洁度进行工序自检。自检方法：工件表面水膜保持30s连续不断裂为合格，否则应重复工序（3）～工序（6）。

（8）干燥　温度为50～60℃；时间为每次10～15min。

（9）图文转移　经除油后的工件，即可进行丝网印刷图文转移。丝网印刷所用工具及材料，网版制作等参见第六章第三节有关内容。不锈钢都是采用酸性铣切，所以可以使用抗酸的碱溶性油墨制作防蚀层。

图文转移也可根据情况采用感光防蚀技术或激光光刻技术进行加工。其制作方法可参见第六章相关内容。如用激光光刻技术制作防蚀层也可采用抗酸油漆进行喷涂。

（10）图文转移效果检查　经丝网印刷转移的图文应满足如下要求：

① 图文和参考样板完全符合。

② 图文清晰、完整、饱满，边缘不得有锯齿及渗墨现象。

（11）干燥　温度为 80～120℃；时间为 40～60min（或根据实验确定最佳干燥温度和时间）。

（12）二次装挂　装挂方式及要求同第一次装挂，如果采用传送式铣切机进行铣切则不需要进行装挂。

（13）图文化学铣切　图文化学铣切分嵌漆铣切和非嵌漆铣切，后者铣切深度较前者深约 0.1mm，铣切时间应适当延长，具体时间根据实验确定。酸性化学铣切按表 7-16 进行。

表 7-16　酸性化学铣切配方及操作条件

	材料名称	化学式	含量/(g/L)	
			配方 1	配方 2
溶液成分	盐酸	HCl	10～15	10～15
	无水三氯化铁	$FeCl_3$	500～600	280～350
	亚铁离子	Fe^{2+}	<5	<5
	氯化铵	NH_4Cl	—	20～30
	硝酸铁	$Fe(NO_3)_3 \cdot 9H_2O$	—	200～260
操作条件	温度/℃		49～50	40～50
	时间		依深度要求而定	依深度要求而定
	铣切方式		适用于喷淋铣切	适用于浸泡或喷淋铣切

注：1. 配方 1 适用于喷淋式腐蚀机和个体制作广告、牌匾使用。

2. 配方 2 适用于有排风设施的工厂用于手工腐蚀加工，本节工艺介绍以配方 2 为例。

（14）二级间隙式逆流水洗　温度为室温；时间为 20～40s。

（15）酸洗　酸洗按表 7-15 进行。

（16）三级间隙式逆流水洗　温度为室温；时间为 20～40s。

（17）图文化学铣切自检　这一步完成后要进行图文自检。检查项目包括：① 图文深度是否与工艺相符；② 图文边缘有无锯齿，有无砂眼、残余金属；③ 图文化学铣切部分表面光洁度是否与工艺要求相符。

（18）去除防蚀层　不锈钢防蚀层大多采用碱溶性防蚀材料，所以防蚀层可采用表 7-17 的配方进行去除。

表 7-17　不锈钢防蚀层去除配方及操作条件

溶液成分	材料名称	化学式	含量/(g/L)
	氢氧化钠	NaOH	50～60
操作条件	温度/℃		50～70
	时间		退尽为止

（19）二级间隙式逆流水洗　温度为室温；时间为 20～40s。

（20）酸洗　酸洗按表 7-15 进行。

（21）三级间隙式逆流水洗　温度为室温；时间为 20～40s。

（22）干燥　温度为 50～60℃；时间为每次 10～15min。

（23）图文化学铣切效果检查　经铣切后的图文在这一步要进行铣切效果检查。检查内容包括：①图文铣切深度是否满足工艺要求，太浅的铣切深度不利于进行嵌漆加工；②保护图文完整，边缘应平直无锯齿、无砂眼、无过腐蚀；③被铣切部分无亮点及未被腐蚀的残余金属，工件非铣切表面无划伤、擦伤、碰伤等表面物理缺陷；④表面无任何残余防蚀材料。

如不进行嵌漆加工，本工序完成后，进行表面拉丝喷保护清漆的工件转工序（28），如不进行拉丝和喷保护清漆直接转工序（33）。

（24）喷漆　根据设计要求的颜色和涂料种类进行喷涂，这一步的要求是：①所选涂料要求有良好的抗酸碱能力，以保证在进行后续酸碱处理时不脱落；②喷涂的厚度均匀，经铣切的部分覆盖完全，不得有露白现象。如果采用磨漆法，漆膜不易太厚。

如果采用切削方法，则漆膜应适当增厚便于剥离，这时也可采用双层喷漆的方法，底层采用易成膜的油漆使之便于剥离，这层漆膜干燥后，再喷一层抗蚀性强的面漆。

（25）干燥　经喷涂后的工件要进行干燥，如干燥不良将严重影响后面的磨漆加工。干燥温度及时间以涂料干燥技术要求为准。

（26）磨漆　这一步是将经过喷漆的工件凸出表面的漆用无硬节的桦木炭或其他工具去掉的过程。在磨时，要求将待磨工件放置在一平整的硬质台面上进行，并在流水的情况下轻磨，切不可用重力，以免将铣切凹下部分的涂料损伤或磨掉。

漆膜的去除也可采用其他方法。如用锋利的刀片沿凸起的图形边缘将漆膜轻轻划开，然后再将漆膜揭起，采用这种方法应注意下刀要轻、平、准，不可将金属基体划伤。这种方法只适用于大图文的漆膜剥离。

（27）磨漆效果检查　工序（26）完成后，需要进行磨漆效果检查，要求：①凸出部分的涂料应完全磨除，不得留有任何残余油漆；②凹下部分的油漆应完整光亮，不得有任何损伤。

（28）拉丝处理　待凸起部位的漆膜清理干净后，为使表面美观，须进行拉丝处理。拉丝方法可参考拉丝设备所提供的技术资料编写相关工艺说明。非嵌漆工件同样也可进行拉丝处理。

（29）清洗　根据拉丝工艺选择合适的清洗方法，这些方法包括溶剂清洗、碱性清洗、表面活性剂清洗等。如果是嵌漆工件，在选择清洗方法时，所选清洗剂及方法不得对漆膜产生破坏作用。非嵌漆工件如不喷保护清漆，经清洗干燥后直接转工序（33）。

（30）干燥　温度为 50～60℃；时间为每次 10～15min。

（31）表面喷保护清漆　保护清漆应选用具有干燥后漆膜光亮、硬度适中、耐候性好、抗溶剂性好等优点的漆。

（32）干燥　经喷涂后的工件要进行干燥，干燥温度及时间以涂料干燥技术要求为准。如果是拼版制作，经干燥后即可进行剪切或冲切成型。

（33）验收　经干燥成型后的工件应进行质量验收。验收内容包括：①经化学铣切后的图文边缘整齐，无残缺。②非铣切部分无蚀点、蚀坑等表面缺陷，拉丝表面丝纹均匀。③经铣切后凹下部分漆膜完整，无损伤、无露白等缺陷。④表面保护清漆干燥彻底，不粘手、表面光亮、平整、无杂物。

（34）包装　经检查合格的工件按工艺要求进行包装，统一装箱。在包装箱规定位置贴上检查合格证，并注明检查人员工号。

二、常见故障处理方法

不锈钢图文化学铣切常见故障原因及处理方法见表7-18（防蚀处理部分以丝网印刷为例）。

表 7-18　不锈钢图文化学铣切常见故障原因及排除方法

故障现象	故障原因	排除方法
铣切深度不够	铣切温度太低	提高铣切温度到工艺规定范围
	铣切时间太短	适当延长铣切时间，在铣切前应通过实验测定铣切速率，并以此来确定正确的铣切时间
	铣切液中铣切剂浓度太低	腐蚀液在铣切过程中消耗大，成分变化快，为保证铣切速率稳定，必须要经常对铣切液的成分进行补加，其补加方法可参考第四章不锈钢铣切部分相关内容，或通过经验补加
铣切表面粗糙	温度太高	降低温度到工艺规定范围
	酸度低	根据情况添加酸以提高总酸度
	铣切液使用时间过长	更换全部或部分新液
	三氯化铁浓度低，使铣切液相对密度低	补充三氯化铁以提高铣切液的相对密度
铣切表面有亮点或残余金属	丝印图文时油墨有渗透现象	加强丝印质量管理，如发现有渗墨现象应擦拭干净后重新印刷
	丝网版有砂眼	提高丝网版制作质量，发现砂眼应及时修补
防蚀层有脱落现象，防蚀层覆盖部分有砂眼	油墨过期	使用新油墨
	油墨没有调好，里面有小微粒	油墨调好后应放置12h以上再使用，调好的油墨最好用300目以上的丝网过滤
	丝印前表面干燥不够或有其他微粒附着在表面	丝印前应保证工件表面干燥彻底，不可有灰尘等残余物，丝印间最好设为净化工作室，操作人员应戴口罩、手套、头罩
	油墨干燥不彻底	丝印后在烘烤时应注意烘烤温度与烘烤时间，保证干燥彻底
	油墨与铣切剂不匹配	选择与所用铣切剂相匹配的抗蚀油墨
	在进行防蚀处理前，工件表面清洗不彻底，表面有油污或被二次污染	加强工件的除油处理，经处理并干燥后的工件应及时进行防蚀处理，以免造成二次污染
	铣切液浓度太高	稀释铣切液，降低浓度
	铣切温度太高	降低温度到工艺规定范围
磨漆时嵌漆部分呈片状脱落或不易磨掉	喷漆之前工件表面被污染造成结合不良	喷漆之前应保证工件表面洁净，无油污等表面不良现象
	油漆干燥不彻底	油漆干燥要彻底，解决方法可采用适当提高烘烤温度和延长干燥时间，也可能通过实验确定最佳干燥温度和时间
保护清漆粘手、有颗粒	干燥不彻底	适当提高烘烤温度并延长烘烤时间
	油漆中有杂质	过滤油漆
	喷漆工作间有尘土	保持喷漆工作间的清洁卫生，有条件可采用净化工作间
	工件表面有尘土	工件在喷清漆前应保证表面无尘土，如发现应及时清除

第五节
化学铣切制程管理及工程管理简介

　　本章内容其实也是化学铣切生产的实际实施过程，在实施过程中，是由生产、工程、品质、采购等部门的共同协作来完成的，在这里就涉及生产管理、工程管理、品质管理、采购管理等相关内容的全面展开。一说到管理，大家都会想到各种规章制度的建立与执行或者要有先进的管理方法等等。各项规章制度的建立健全与执行、对员工的奖罚手段以及为让员工对企业有认同感而建立的企业文化等，都是一个企业或组织管理中最基本的东西，当然在各企业之间存在着完善程度及执行力度的不同，其目的都是为了让员工能最大限度地发挥自身的价值去为企业创造更多利益。同时，管理也没有先进与落后之分，只有适用与不适用，适用于某个企业或组织并能带来效益的管理方法就是好方法。如果非要生搬硬套别人的东西往往会适得其反。因为根据企业的性质，企业的规模及所从事的生产活动的不同，其人员结构及层次是有很大差别的。而所有规章制度都是针对人的，所有规章制度的执行也都是由人来完成的。所以，归根结底，管理所针对的都是人的活动，离开了人这个主体去谈各种规章制度都是空洞的。当然对人的管理也并不是一件容易的事，但管理者如能注意以下几点就会容易一些（主要针对中小企业管理者而言）。

　　其一，在工作中管理者是企业主和员工之间的桥梁，在情绪上管理者是企业主和员工之间的缓冲带。作为一个管理者一方面要具有带领员工完成好本部门工作任务的能力，同时也要善于处理好员工的情绪波动，更不能将员工的情绪直接交由企业主来处理。

　　其二，在一个团队当中，没有无用之人，只有你不会用的人，作为一个管理者要善于发现员工的特长和短处，用其所长，避其所短，使每一个员工都可以在自己所能胜任的工作岗位上找到工作的乐趣，找到成就感。

　　其三，管理者不能推诿责任要有担当，不能出了问题就把责任推给下属，更多的时候是检查自己在工作中的过失，只有当管理者敢于在员工面前检查自己在工作中存在的过失并有切实的措施防止常见问题的重复发生，才能让员工信服，也才能使自己所管理的部门在企业内部或外部具有更强的竞争力。

　　其四，在对待工作问题上，管理者对每个员工必须是公正的，不能带有任何偏见。员工反映的问题，管理者需要核实。批评员工的言辞要建立在对方可以接受的前提下，才能做好管理工作，才能以理服人。

　　在本书中并不准备对生产各部门的管理工作进行详细讨论。在此笔者只是对五金化学铣切全过程编制了两个控制图，以供有需要的读者参考。即图7-9金属化学铣切生产制程管控图和图7-10产品出货检查程序图，这两个图基本上包括了五金蚀刻生产全过程及出货检查的所有要求及各工序管控目标。对于生产中样板的制作程序及溶液调配程序有兴趣的读者可以参阅《铝合金纹理蚀刻技术》第六章的相关内容。

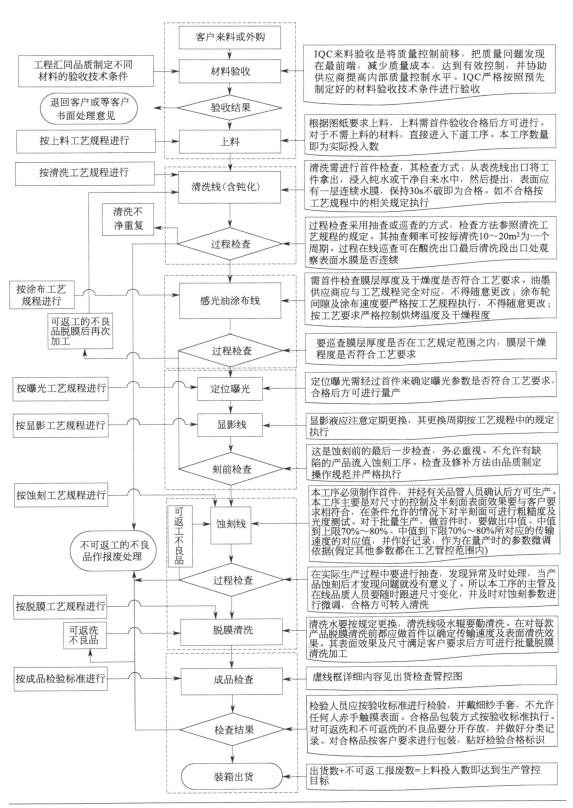

图 7-9　金属化学铣切生产制程管控图

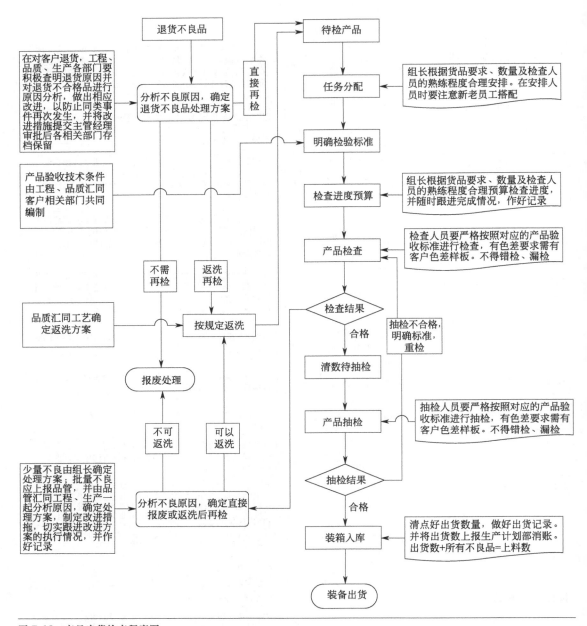

图 7-10　产品出货检查程序图

关于整个五金化学铣切的全过程工程管控，笔者根据多年的经验编制了两个表，即表7-19化学铣切共用的前处理及涂布曝光工程管控表和表7-20化学铣切共用的铣切及脱膜清洗工程管控表。表7-19、表7-20所包括的预处理、显影、蚀刻、脱膜等工序都是基于采用传输式喷淋流水线来进行的。而浸泡式化学铣切对于常用的片材之类的生产几乎没有采用，也就没有列出，有需要的读者完全可以根据前面几章的学习自行编制出合理的工艺管控文件。当然，不熟悉化学铣切工艺制定的读者，如有需要也可以相互探讨相互学习。

当然，表7-19和表7-20都是属于一级工程管控图表，在工艺层面所反映的是整个工艺流程所要经过的工序及完成工序所需要的物料、配比、条件管控范围及单位面积的消耗量，相当于是一个总纲。但对每个工序没有详细说明，这时在实际生产中就需要有二级工程管控

表 7-19　化学铣切共用的用前处理及涂布曝光工程管控表

工序名称	物料或设备名称	范围/(g/L)	开槽体积范围 体积/L	用量/kg	pH值	条件管控 温度/℃	时间或传输速率	加工1000m² 物料消耗概算/kg	溶液分析周期	正常保养周期	备注
上料	上料前检查内容包括划伤、黑点、蚀点、白点、变形等。对上料前要求不严的客户其检验标准由公司内部制定；对于要求严格的客户其检验标准应与客户一起制定。免检需注明，自购素材应进行批次材料复验										
清洗线　清洗											或者粗化
清洗线　钝化	无水碳酸钠、硫酸或盐酸										
清洗线检查	清洗线有热风干燥功能，很难进行在线检测，可在热风干燥前面的窗口巡查工件表面水膜是否连续。也可在出口用达因笔进行检测										
涂布　涂布	感光油										
涂布　烘干											
涂布检查	检查内容：膜层均匀性，不可发花，不可露白点、黑点，膜层厚度，厚度要求：对于一般蚀刻深度为0.04~0.05mm；对于单面深度油墨厚度为0.02~0.025mm；对于浅蚀刻精细或线条油墨厚度超过0.6mm，应保证油墨厚度有0.06mm或以上										
定位曝光　定位曝光	胶片定位要准确，在定位过程中要防止胶片划伤。根据不同要求，通过实验调节好曝光能量和曝光时间。经曝光后显影要做首件，并经相关品管人员检查合格后才可进行生产										
显影线　显影	无水碳酸钠						室温					
显影线　停影							室温					
显影后检查	主要检查内容：1.线条清晰度；2.对于可以修补的露白，用油笔或感光修版刀清除，但应注意任意清除残余物时不可划伤本表面，对于半刻面最好采用比材料本身硬度低一级的工具。可用描图笔修补修补后的工件、修补或感光固化。残余物也有感光固化的。显影后检查是很重要工序，务必认真										
转化学铣切											

注：表中数据没有填写，是因为不同的材料其清洗、钝化的方法是有区别的，同每个工厂的实际情况及工艺习惯及工艺习惯也不完全相同，所以对清洗、钝化（包括粗化）所需要的各种物料及设备名称栏，采用的方法不同，所用的原料工化原料自配的。采用原料也有购买化工原料自配的。和"药水"有外购成品的也有购买化工原料自配的，这就需要读者根据自己所采用的原料进行填写，并对本表中的物料名称栏进行增减。

表7-20 化学铣切共用的铣切及脱膜清洗工程管控表

工艺流程图	工序名称		物料或设备名称	物料及管控范围 /(g/L)	开槽体积及用量		密度	条件管控		加工1000m²（或蚀刻100kg）物料消耗概算/kg	溶液分析周期	正常保养周期	备注
					体积/L	用量/kg		温度/℃	时间或传输速率				
	后固		烘箱										
	贴工艺膜	UV	UV机										
		贴膜	贴膜机										
	过程检查		对于化学铣切加工，为了确保质量，在铣切前必须进行再次复检，以确保无误。并且这个检查会延伸到整个铣切过程，即书中所经常提到的"多次重迎近法"										
	蚀刻线	活化											
		蚀刻											
		酸洗1											
		酸洗2											
	过程检查		检查内容：深度是否在设计要求的范围内；表面光泽是否满足工艺要求；尺寸是否在工艺规定的范围内		要求：线条精度是否满足工艺要求；表面光泽是否满足工艺要求；线条平滑度是否满足工艺的范围内								
	脱膜线	脱膜											
		清洗											
		钝化											
	出货检查		按预先制定的产品验收技术条件进行检查										
	装箱出货		按预先制定的产品包装要求进行装箱并准备出货										

工艺流程图：

后固化（可选）→ 贴工艺膜（可选）→ 过程检查 → 蚀刻线 → 过程检查 → 脱膜膜清洗 → 出货检查 → 装箱出货

可返工脱膜后重加工 —— 不可返工报废 —— 尺寸不够重刻 —— 清洗不净重复

注：表中数据没有填写，是因为不同的材料其化学铣切、脱膜所采用的化工原料是不完全一样的。比如，不锈钢、铝合金、钛等合金的化学铣切体系就不一样，所采用的化学原料
也不完全相同。同样，钢铁类和铝合金的脱膜所用的化学原料及要求也不一样。同样，采用的工艺方法不一样，所用原料的尺寸不同，这就需要设计者根据自己所采用的原料
进行填写，并对表中物料名称进行填写，其他物料名称就需要采用两种或两种以上的原料现场
配制，其他物料名称就需要采用两栏或两栏以上。

图表。二级工程管控图表是对单个工序的过程详解，除了一级工程管控图表所具有的内容以外，还需增加常见问题的处理方法、溶液的配制方法、溶液的分析方法、溶液的保养方法，甚至概算出加工单位面积的产品在本工序中所需要消耗的材料成本、水电成本及人力成本。三级工程管控图表就是工序说明书，工序说明书是最基本的操作规程，和作业指导书相似，但更全面。对于一般的工程管控只需要一级管控图表和三级管控图表即可，有兴趣的读者可以根据自己所在公司的实际情况进行展开编制。

另外，表 7-21 是本章第三节氧化图文化学铣切加工方法的工程管制表，表中内容包含了工艺流程及过程详解的所有内容。并且表 7-21 就是铝合金阳极氧化的工程管制表，供有需要的读者参考。

表 7-21　铝合金阳极氧化图文化学铣切工程管控表

工艺流程图（图中○表示通过多级水洗，图中虚线表示跳过可选工序）	工序名称	物料及管控范围		开槽体积及用量		条件管控			1000m²（或蚀刻100kg）物料消耗概算/kg	正常保养周期	备注
		物料名称	范围/(g/L)	体积/L	用量/kg	pH值	温度/℃	时间或传输速率			
上挂	上挂										
脱脂	脱脂										
除灰	除灰										
过程检查	脱脂检查										
化抛	化抛										
除灰	除灰										
过程检查	过程检查										
阳极氧化	阳极氧化										
过程检查	过程检查										
表调（可选）	表调										
染色（可选）	染色										
过程检查	过程检查										
封闭	封闭										
烫水洗	烫水洗										
烘干	烘干										
下挂待检	下挂待检										
过程检查	过程检查										
防蚀层制作	防蚀层制作										
过程检查	过程检查										

第七章　化学铣切及实例 **281**

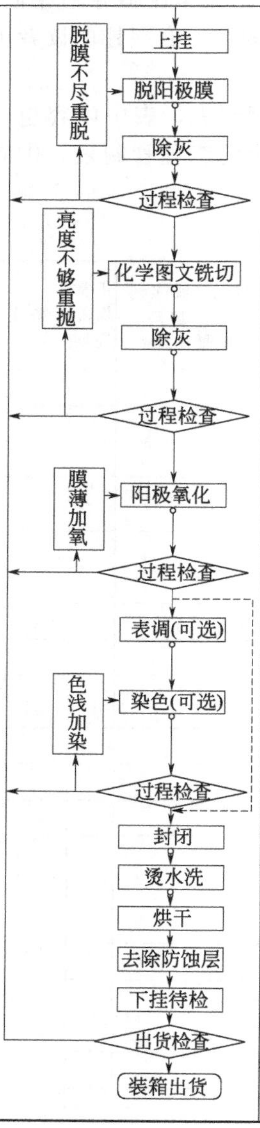

工艺流程图(图中⚪表示通过多级水洗,图中虚线表示跳过可选工序)	工序名称	物料及管控范围		开槽体积及用量		条件管控			1000m²(或蚀刻100kg)物料消耗概算/kg	正常保养周期	备注
		物料名称	范围/(g/L)	体积/L	用量/kg	pH值	温度/℃	时间或传输速率			
上挂	上挂										
脱阳极膜	脱阳极膜										
除灰	除灰										
过程检查	过程检查										
化学图文铣切	图文铣切										
除灰	除灰										
过程检查	过程检查										
阳极氧化	阳极氧化										
过程检查	过程检查										
表调(可选)	表调										
染色(可选)	染色										
过程检查	过程检查										
封闭	封闭										
烫水洗	烫水洗										
烘干	烘干										
去除防蚀层	去除防蚀层										
下挂待检	下挂待检										
出货检查	出货检查										
装箱出货	装箱出货										

流程图左侧反馈环标注:脱膜不尽重脱、亮度不够重抛、膜薄加氧、色浅加染。

第八章

模具图文化学铣切

本章专门对模具图文化学铣切的相关技术及制作过程进行详细讨论，通过对本章的学习，对于一般的模具图文化学铣切可具有独立操作的能力。

第一节
模具图文化学铣切技术

模具根据模具表面状态可分为平面模具和异形模具，平面模具制作简单，用普通的丝印法或感光法都很容易将图文转移到模具表面，这种类型的模具包括各种移印钢板模、平板花纹钢板模及一些平面模具镶块等。异形模具的表面比较复杂，用普通的丝印法或感光法难于将图文转移到模具表面，必须通过一种载体才能将图文转移到模具表面。这类模具主要包括各种注塑模、吹塑模及压花模辊等。

一、模具图文化学铣切概述

模具制作中所讲的图文可以这样来理解，先说文，所谓文就是指在模具的型腔表面通过化学铣切的方式制作出设计所需要的各种文字，这些文字一般都是模具标识、功能字符、产品名称、制造厂商以及对工件的其他说明文字等，这些文字由汉字、英文字母、数字以及其他字符组成，对于文字的化学铣切一般都会有尺寸要求，比如，文字的大小、化学铣切深度、在模具中的位置等。除了文字以外的统称为图形，图形有规则图形和不规则图形之分。

规则图形是指一些线条图案以及一些所熟悉的其他图案，规则图形的特点一是规则，二是熟悉，使用者一看就知道这个图形是指什么或表现什么，所以在制作这种图形时要求和实物相似。同时规则图形和文字一样在模具中都有确定的位置。

不规则图形是相对于规则图形而言的，所谓不规则可以这样理解，就是图形的组成部分之间很难找到其相互之间的规律，常说的皮革纹就是其代表，也可以说所有不规则的图形都归在了皮革纹之中，但是也不要认为不规则就是杂乱无章，如果这样理解是十分错误的，不规则图形的最大特点就是整体感强，有整体感的不规则图形是美观而耐看的。把不规则图形归在皮革纹之中并不准确，更为确切地应该称之为"图形纹理"，纹理化学铣切有直接化学铣切和图形转移化学铣切，比如铝合金的纹理直接化学铣切（见《铝合金纹理蚀刻技术》或《铝合金阳极氧化及其表面处理》）、直接化学腐蚀的模具砂纹等属于直接化学铣切，而不规则图形化学铣切则属于图形转移化学铣切。

在不规则图形中还有一种较为特殊的情况就是砂纹，砂纹就像是砂布表面的纹理一样。砂纹的化学铣切方法和规则或不规则图形的化学铣切方法是不同的，在后面会介绍这种方法。

在以上图文的介绍中，不规则图形不管是在整体还是在局部上都找不到必然的相互联系，故制作这种图形胶片比制作规则的图形和文字要难得多，再复杂的规则图形都可以借助于计算机很容易地制作出来，但对于不规则的图形却很难做到，不规则图形胶片的制作大多数情况下都是由有经验的暗房师傅通过拼版、修版再拼版来完成的。就算可以借助于计算机进行拼接，同样要求制作人员有丰富的拼版技术，同时对所拼接的图形事先要有一个全面的了解，并且其拼接的方法及所要达到的效果从一开始就已经在拼接者的脑中形成。这是普通电脑工作人员难以做到的。很多情况下客户所提供的图形只是一小块，或是一件产品实物，要用这一小块或从产品实物上复制的一小块拼接完成一整张的图形胶片，这个整张的大小与产品的大小有关，一般都以 A4 为基本幅面。对于大型的模具需要复制出 A3 大小的幅面甚至更大。在这里的拼版并不是将两张胶片简单地对接起来，根据图纹的走向以及拼接后该怎样来使两张图纹变成一张图纹而看不出拼接的痕迹才是最为关键的，同时这也是皮革纹化学铣切能否成功的关键所在。在纹理化学铣切加工中，除图形胶片拼版技术外还有一个更为重要的加工手段，就是异形型腔面的图形转移技术，本节就纹理图形拼版技术、图形转移技术等根据笔者多年的制作经验向读者进行详细介绍，关于这一技术在《金属蚀刻技术》一书中已有介绍，但有很多读者特别是初次接触这类加工技术的读者并不能很好地理解和掌握，在此应部分读者的要求，重新对这一加工技术进行更为详细的讨论。

二、皮革纹胶片拼版技术

本节所讨论的拼版技术是针对不规则图形而言的，在通常情况下，需要进行加工的纹理图形都是来自客户所提供的实物样品，这些样品并非想象中的大块平面状态，而绝大部分都是异形工件，在一个工件上能提供的平面图形并不大，制作过程中只能在客户所提供的工件表面适当复制下一块，然后通过照相制版的方法进行拼版，如果操作者熟悉相关的图片制作软件，也可借助于电脑进行接版，这样的话就会使成本大为降低。在这里笔者将介绍以电脑拼版来制作一张皮革纹图片。

1. 图形复印

将一张白纸覆盖在需要复制的皮革纹实物上，然后用 2B 铅笔以 45°角在白纸上反复涂抹，其力度以图形能清晰地复印在白纸上为度，复印面积在允许的情况下越大越好。注意在用铅笔涂抹时不能用力过重，否则实物图形凹槽部分会有较浓的铅笔印，使复印的图形反差降低，给修版带来困难，如果一次复印不好可多次进行。

也可采用白色的宣传广告涂料涂抹在实物上，将实物图形上的凹槽填上白色涂料而图形的凸出部分为实物本色，比如黑色，涂抹后如果实物图形凸出部分还有不易去掉的白色涂料允许用 800 号以上的细砂纸轻轻打磨，涂好白色涂料的样品即可进行扫描。

2. 拼版母片制作

将复印好的白纸放在扫描仪上进行扫描（调到最高分辨精度），并保存在计算机中。扫描时可选择不同的条件多扫描几次，选择图形反差大且图像清晰的图片来进行拼版工作。通过扫描的图片是阴图，先通过绘图软件对照实物进行修图，与实物相近后再转换成阳图，再通过截图工具将图片边缘不规则部分剪除，就做好了拼图的原始母片，如图 8-1 所示。

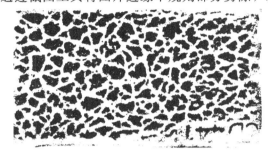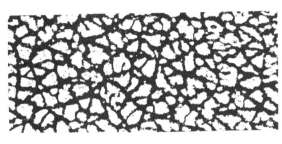

(a) 扫描阴图　　　　　　　　　　　　　　(b) 经修版后的扫描反转图形(拼版母片)

图 8-1　制作好的拼版母片

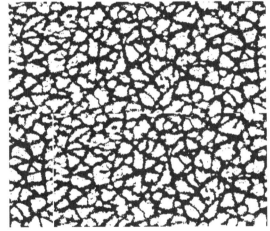

(a) 第一次拼版后的图形　　　　　　　　　　(b) 第一次拼版修版后的图形

图 8-2　第一次拼版图形

3. 第一次拼版

通过复制功能复制出两张母片，再将两张母片按竖直方向拼接在一起，在拼接时要注意图形主线条的走向，拼接好后的两张母片其主线条走向要一致，同时要将两张母片的主线条对接在一起，这样才能保证图形的完整性，在修版时也容易进行。从图 8-2（a）中可以看出两张拼接在一起的母片中有接缝，应该说拼接得越好接缝就越小，同时也越容易修版。修版时交替使用绘图软件所提供的橡皮擦和画笔对拼版的接缝进行修整。经过修版的拼版图见图 8-2（b）。

4. 第二次拼版

第二次拼版方法和第一次拼版时一样，将两张完全一样的经第一次拼版修好的图片按水平方向拼接在一起，从图 8-3 可以看出，经过第二次拼版的图片其接缝已不明显，但修版过程是必需的，其方法同第一次拼版。第二次拼版图见图 8-3。

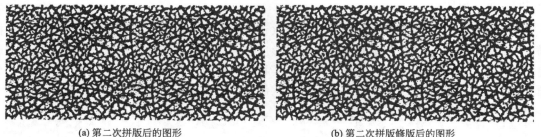

(a) 第二次拼版后的图形　　　　　　　　　　(b) 第二次拼版修版后的图形

图 8-3　第二次拼版图

5. 第三次拼版

按照上述方法进行第三次拼版，这次的拼接方向和第一次一样是在竖直方向进行拼版。第三次拼版后的效果图如图 8-4 所示。

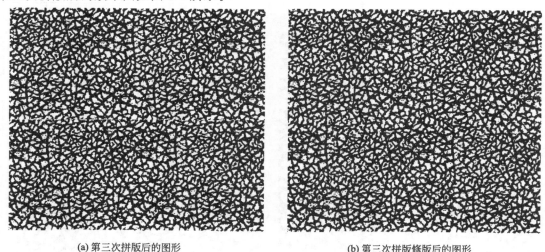

(a) 第三次拼版后的图形　　　　　　　　　　(b) 第三次拼版修版后的图形

图 8-4　第三次拼版后的效果图

在本例中只进行了三次拼版，在实际生产中可能会用到四次或更多的拼版过程，但其拼接的方式和上面所讲的方法是一样的，在此不再重复。

修版时也可先打印然后用碳素笔和白色涂改笔进行修版，再通过扫描的方式把图形存入计算机进行图形处理。

6. 拼版应注意的问题

在对拼接后的图片进行修版时有一个非常关键的问题需要特别注意，修版并不仅仅是对拼接处的接缝进行修整，最为重要的是将每张图片的主线贯通连接，这里的连接并不是指机械地将两条线连在一起，而是按一定的走向进行连接，机械连接的线条没有动感，同时也没有整体感。按一定方向和一定的弧度、伸曲有度的连接才能体现出图形的整体感，也使图形有动感。在这里所说的主线条也可以认为是图形的"主筋"，有"主筋"才有整体感，"主筋"根据图形的特征可以设一条也可设两条，"主筋"之间一般都不许交叉。在有"主筋"的同时还需要有旁枝，"主筋"与"主筋"之间是通过旁枝按自然的"规则"相连的。

在图形拼接中也没有明显"主筋"的纹理，但看上去同样会有方向性，个别纹理也有"杂乱"无章的情况。

在拼版时不要急于求成将多张图片同时拼接起来，这样会增大修版量并且使图形的密度感失调。

纹理拼版是一项技术活，从书本中只能得到一个方法，但并不能令你具有熟练的技术，经常训练才能拼接出高质量的图形。对于初学者不提倡采用电脑修版，可将图片（阳片）打印出来后用手工进行拼接和修版。修版时可采用白色涂改液及碳素笔进行，在修版过程中切忌将图形修成平直的边缘及规则角度，修版后再通过扫描输入电脑。对于从事这行的操作人员来说，学会了拼版技术也就算是学会了模具图形的修版技术。

胶片拼版工艺流程见图 8-5。

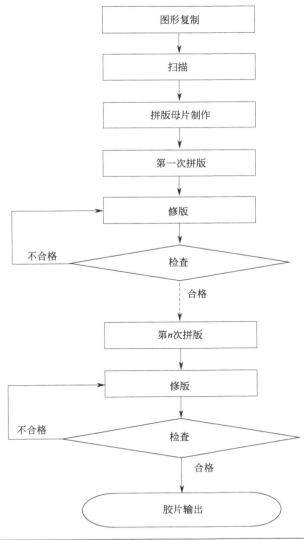

图 8-5 胶片拼版工艺流程

7. 图形"气眼"

纹理的"气眼"是一个很关键的图形结构，是指在一些较大块状的图形适当位置开一些小孔来增加图形的动感和层次感。"气眼"可以使图形看上去不至于太过"死气沉沉"而没有活力。"气眼"在图形胶片制作时就要选好，开"气眼"有一定的图形欣赏要求，要开得好才会增加图形的美感，开得不好反而成了画蛇添足。"气眼"的形状应和图形块的形状相似，但又不能完全一致。"气眼"是起点缀作用，数量不能多，"气眼"所起的作用是画龙点睛。"气眼"的示意图如图 8-6 所示，图 8-6 中的"气眼"只是为了更形象地说明"气眼"所做的示意图。

(a) 无"气眼"的图形　　　　　　　　　　(b) 有"气眼"的图形

图 8-6　"气眼"的示意图

在一个选定的图形上开"气眼"可以先对照实物进行，然后通过对整体图形的观察来判断"气眼"的位置及形状、大小、数量是否合适。做的次数多了，观察的实物多了，也就很容易将"气眼"处理好。

三、图形转移载体膜

图形转移是模具化学铣切的另一关键工序，对于不能直接丝印或感光的模具型腔表面只能用二次转移法。何谓二次转移法呢？顾名思义就是图形要经过两次转移才能转移到型腔表面，第一次是通过丝印的方式把所需要的图形转移到一种特殊载体膜上，然后再通过这个载体膜将图形转移到模具型腔表面（即第二次转移）。在这里关键的是用于第二次转移的载体膜材料以及转移所用的方法。

转移用载体材料根据在水中的溶解特性可分为水溶性载体膜和非水溶性载体膜，这两种载体膜各有优缺点。

1. 水溶性载体膜的特点

由于水溶性载体膜是可溶于水的，当转移完图形后可以采用热水溶解的方式将载体膜溶解掉，从而使图形从载体膜表面转移到模具型腔表面，通过这种载体膜转移的图形完整度好，相应的修版量少。但是这种载体膜也有缺点，由于要采用水来溶解载体膜，模具经水洗后很容易锈蚀，特别是大型模具，水洗后难于将残余的水分快速从模具表面清除，更易锈蚀，锈蚀后的模具型腔表面会影响修版时抗蚀油墨与金属表面的结合力。这种方法在转移时，两张载体膜在连接处如果有重叠现象，在水洗时其重叠部分很容易有残余的载体膜附着在型腔表面，如果不能及时发现并清除，在化学铣切时会造成图形脱落而使化学铣切失败。在进行水溶解转移时，水溶时间不能过长，水温不能过高，否则会使图形油墨脱落。

2. 非水溶性载体膜的特点

非水溶性载体膜不可溶于水，经转移后为了使油墨能和载体膜良好分离，在载体表面必须要涂一层脱膜剂，以利于油墨和载体膜的分离。也正是这个原因，在脱膜剂涂抹不良时会造成油墨和载体膜分离困难，同时不良的脱膜层也容易造成油墨与载体膜的分层脱落，使其在转移时出现空斑。但这种载体膜由于不需要经过水洗来使载体膜和油墨分离，因此不会因为水洗而使模具型腔表面出现锈蚀，同时在转移过程中也不会因为两张载体膜在连接处的重合而使载体膜附着在模具型腔表面。这就给转移带来了方便，特别是对于大型模具型腔的转移更为有利。

3. 转移载体膜的使用

对于以上两种载体膜的选用原则有以下两点：

一是使用的熟悉程度，只有自己最熟悉的才是最好的，不管是水溶性载体膜或是非水溶性载体膜，这要看操作者习惯于使用哪种方法，只有习惯的东西才能随心所欲地使用，也才能使自己所喜欢的载体膜的优点发挥到极致而避免其缺点。

二是根据模具型腔的大小，一般中小型的模具型腔可选用可溶性载体膜，中大型的模具型腔可选用不可溶性载体膜。

在转移过程中，不管是什么样的载体膜都不可能用一整块去转移，而是要将图形刻划成小块，然后一块一块地在模具型腔表面拼接起来使其成为一个整体，刻划的块越大图形转移后的修版量就越少，同时图形的整体感也越好，但刻划的块越大在转移时的操作难度也越大。刻划的块越小，越利于转移，但转移后的图形整体感稍差，这就增大了修版量。对这两种载体膜来说，根据以往经验，非水溶性载体膜宜用小块，水溶性载体膜可用较大的块进行转移。

四、非水溶性载体膜的制作

非水溶性载体膜采用有机高分子材料制作，通常采用过氯乙烯清漆，这种清漆成膜性能好，膜层有一定的韧性及强度。但漆膜不能太干，太干的漆膜脆性较大；同时漆膜不能太薄，否则不利于与载体玻璃分离。非水溶性载体膜都是采用玻璃来制作的，取其硬度高、平整度好、取材方便等特点。其制作过程如下：

（1）先将过氯乙烯清漆用专用稀释剂调到合适的稠度，如调得稠，制作的膜层较厚，同时清漆在玻璃上的流动性变差；如调得稀，清漆在玻璃上的流动性好，同时制作的膜层也较薄。在调配时可在清漆内添加适量的高沸点溶剂以防止漆膜干燥过度，调配好的清漆应放置过夜使清漆中的气泡逸出。

（2）准备尺寸适当的玻璃板，厚度一般在 5mm，用去污粉或在化学除油溶液中进行除油，如果玻璃表面有油污，在制作漆膜时会影响漆膜的均匀度，清洗干净的玻璃板让其自然干燥，也可烘干，经干燥后的玻璃应立即进行漆膜的制作，如超过一天应重新清洗。

（3）用手托住玻璃中间，将调好的过氯乙烯清漆倒在玻璃的中间位置（用量根据玻璃的大小而定），然后双手托住玻璃的对角转动玻璃使玻璃上的清漆均匀地向四周扩散，直至整个玻璃板面上都有一层均匀的清漆，将多余的清漆滴入漆桶中，平放玻璃使其自然干燥（也可斜放干燥，但要注意倒转方向，以防止漆膜上下厚度不均匀），如图 8-7 所示。

（4）脱膜剂的配制。脱膜剂可采用淀粉糊来制作，先用清水将淀粉调成糊状备用，将清水烧沸，在不断搅拌的条件下将沸水加入淀粉糊中使其成为半透明的液体，可在淀粉脱膜剂中加入适量的甘油及少许 OP-10，冷却备用。

（5）用毛刷将冷却至室温后的淀粉糊均匀地刷在过氯乙烯漆膜上，在刷涂的过程中厚薄要掌握好，太薄对漆膜覆盖性不好，太厚容易脱落。刷涂后静置自然干燥。

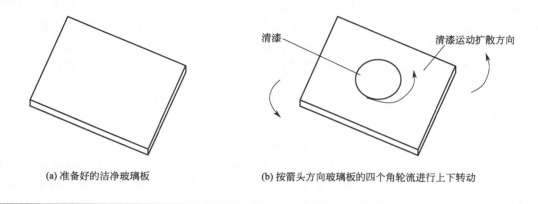

(a) 准备好的洁净玻璃板

清漆

清漆运动扩散方向

(b) 按箭头方向玻璃板的四个角轮流进行上下转动

图 8-7　非水溶性载体膜制作示意图

　　经过以上几个过程，非水溶性载体膜就已制作完成，接下来就是在载体膜上通过丝印的方法将需要转移的图形转印在载体膜上。非水溶性载体膜的制作流程见图 8-8。

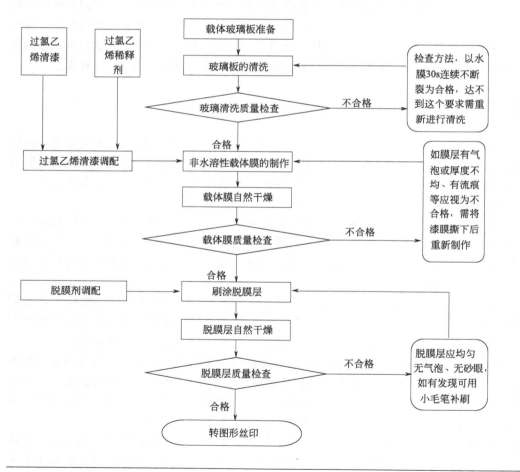

图 8-8　非水溶性载体膜的制作流程图

五、水溶性载体膜的制作

水溶性载体膜的制作需要配制水溶性胶体溶液，其承载体和非水溶性载体膜一样都是采用玻璃板。水溶性胶体可采用以聚乙烯醇为主体的配方，其配方组成包括聚乙烯醇、明胶、甘油、OP-10 等。先将聚乙烯醇和明胶用沸水溶胀，然后用蒸锅蒸 4h 以上，并每隔 1h 搅拌一次。待聚乙烯醇和明胶溶解完全后，加入适量甘油及 OP-10，搅拌均匀，冷却至 30℃左右备用。

配方中的聚乙烯醇主要取其成膜性好、膜的韧性和强度较好的优点，明胶的成膜性好，同时明胶的溶解性好。溶解性好是这种载体膜的必备条件。

准备尺寸适当的玻璃板，厚度一般在 5mm，用去污粉或在化学除油溶液中进行除油，如果玻璃表面有油污，在制作载体膜时会影响膜层的均匀度，清洗干净的玻璃板让其自然干燥，也可烘干，经干燥后的玻璃应立即进行膜的制作，如超过一天应重新清洗。

用手托在玻璃的中间，将调好的聚乙烯醇胶液倒在玻璃的中间（量根据玻璃的大小而定），然后双手托住玻璃的对角转动玻璃使玻璃上的清漆均匀地向四周扩散，直至整个玻璃板面上都有一层均匀的胶膜，将多余的胶液滴入漆桶中，平放玻璃使其自然干燥（这种膜在干燥时不要斜放），这种水溶性载体膜也可采用烘烤的方式进行干燥。水溶性载体膜的制作流程示意图见图 8-9。

水溶性载体膜不需要在表面刷涂脱膜剂，经干燥后就可以采用丝印方法将需要转移的图形转印在载体膜上。

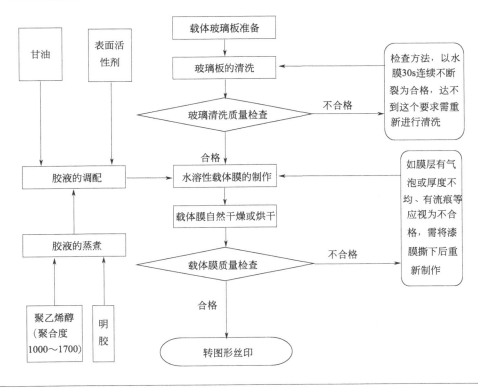

图 8-9　水溶性载体膜的制作流程示意图

不管是水溶性载体膜还是非水溶性载体膜其丝印的方法都是一样的，在此不作更多的介绍。对于转移用的油墨，有必要作一简要介绍。转移用油墨不同于直接丝印的抗蚀油墨，如果没有专门用于转移的油墨，可以自行配制。这种油墨要求：干燥速度适中，如干燥过快，会给转移工作带来不便；如干燥过慢，会使丝印后放置时间过长，同时在转移时油墨容易扩散造成图形失真。油墨黏性要好，如果油墨对金属的黏性差，在转移时油墨和金属的结合力不好，在去除载体膜时油墨容易脱落。这里介绍两种油墨的配制方法：①绿色胶印油墨10份＋热固型阻焊油墨1份，调匀即可。②采用松香、醇酸漆进行调配。

六、图形转移及化学铣切

水溶性和非水溶性载体膜在图形转移上有较大的区别。

1. 非水溶性载体膜的图形转移

模具经清洁处理后，先在烘箱或电热炉上加热至30℃左右，并保持这个温度，温度不能过高否则会使油墨粘在金属表面而不利于移动位置，温度太低油墨不能和模具型腔表面良好黏合。根据模具型腔形状，将丝印好图形的载体膜用刀片刻划成合适大小的块，然后将载体膜揭起，油墨面朝向模具型腔表面贴在型腔表面上，接着用洁净的脱脂棉球在载体膜上按压使油墨和金属表面黏合。贴好一块后再用同样方法贴第二块，直到贴满整个模具型腔表面为止。

转移完后还不能马上把载体膜从模具型腔表面剥离，这时，需要对模具进行加热，使温度维持在40℃左右，边升温边用脱脂棉球不停地按压图形以保证油墨和金属表面黏合牢固。升温过程不宜过快且温度不宜过高，过高的温度使油墨容易向周边渗透而使图形变形，具体温度以油墨性质而定，这可通过实验得知。在按压的过程中，用力不可太大，以防油墨在加热软化时向周边渗透导致图形变形。升温到合适温度后，保温数小时，然后自然冷却。

模具冷却后，这时就可以试着从模具的边缘将载体膜揭起使其与油墨分离，揭的时候不可用力过大，也不可速度过快，以防将油墨从模具表面拉脱。将载体膜揭完后，用洁净的空气将模具表面的残余脱膜剂吹干净，也可用细毛刷轻刷干净。清理完模具表面的残余脱膜剂后需要认真检查图形转移质量，如发现图形有大块残缺且难于修补应对局部进行再次转移，局部修补转移的操作方法要简单得多，只需将模具升温到微温即可进行，转移完后，适当按压数分钟即可试着将载体膜揭起。在检查转移质量时不仅要检查是否有空白，更要注意检查转移的图形的整体性，特别是图形的连接处是否容易通过修补的方式将图形连接在一起，如果在转移时不慎导致图形方向错乱且又难于修补，应将方向错乱处的图形清除后重新进行局部转移。

2. 水溶性载体膜的图形转移

水溶性载体膜在转移前对模具的清洗工作和非水溶性载体膜的转移方法相同。模具经清洗后，升温到30℃左右，并保持这个温度，温度不能过高，否则会使油墨粘在金属表面而不利于移动位置，温度太低油墨不能和模具型腔表面良好黏合。将丝印后的水溶性载体膜用刀片刻划成与转移部位模具形状相似的块，然后小心揭起，将油墨面对模具型腔表面粘贴在模具型腔面上，在转移的过程中要防止气泡滞留，如发现有气泡应用小刀划开。转移过程中的注意事项和非水溶性载体膜的转移方法基本相同。

转移完后还不能马上就用温水将载体膜溶解，这时，需要对模具进行升温，使温度维持在 40℃左右，边升温边用脱脂棉球不停地按压图形以保证油墨和金属表面黏合牢固。升温过程不宜过快且温度不宜过高，过高的温度使油墨容易向周边渗透而使图形变形，具体温度以油墨性质而定，这可通过实验得知。在按压的过程中，用力不可太大，以防油墨在加热软化时向周边渗透导致图形变形。转移好的模具需要保温一段时间，然后自然冷却至室温。

模具冷却后，用温水浸没整个载体膜表面数分钟，使载体膜溶胀，接着用脱脂棉在载体膜表面轻轻拖动促使载体膜和油墨分离，然后倒出温水再添入新的温水清洗一次，最后用干净的脱脂棉将模具表面的残余水分迅速吸干，加热到 60℃左右使整个模具完全干燥，模具干燥后，就要对转移的图形进行检查，如发现有较大的空白且不易修补的要重新进行局部转移，进行局部转移时，载体膜的溶解可采用脱脂棉吸温水后覆盖在载体膜上进行溶解。

3. 修模

这里所说的修模并不是对模具进行机械修整而是指对模具转移图形的修整工作。

经转移后的模具检查无误后，即开始进行修补工作，不管用什么样的方式进行图形转移，修补都是必然的，在修补时要特别注意转移时的图形交接处，如果图形交接处修补时处理不好会影响图形整体性。经过修补后的模具型腔内的图形绝不可以看出拼接的痕迹，这是对修模最起码的要求。修模用的笔可用很细的小号毛笔，如买不到合适的毛笔也可将小号毛笔用刀片将毛笔外围的笔毫切除一部分，只留下约 2mm 直径的笔毫（目测），由于不规则图形的线条并不是平直的线，所以在修补时切忌以规则的直线或斜线进行修补。清除多余油墨可采用比模具材料本身质软的材质加工成合适的形状进行清理，切不可用硬度大于模具材料本身硬度的材质在模具表面刻划，以防划伤模具表面而影响化学铣切后的表面效果。

模具表面的图形修好后，要进行一次全面检查。检查内容是：图形的整体感是否和客户要求的相符；整个图形无砂眼、无白斑、无多余连线等。确定无误后就要对模具表面非化学铣切部位进行保护，保护方法可用抗蚀油墨均匀涂抹在模具的非化学铣切表面，对于不需要将整个模具放入化学铣切缸的大型模具不必进行全面保护，只需要将接触到化学铣切溶液的部位保护起来即可。模具保护好后需要对模具上的油墨进行彻底干燥处理，烘烤温度一般都较高，具体温度和时间依油墨的种类而定，干燥程度以油墨完全硬化为度，如果烘烤温度低、烘烤时间不足，会使油墨的抗蚀能力下降，同时也使油墨容易从模具表面脱落。如果烘烤过度会使油墨变性，使油墨容易脱落。在模具化学铣切过程中，油墨脱落是一个非常严重的错误，会带来非常严重的后果。

还有一种早期使用的图形转移方法——感光法。这种方法是将感光胶喷涂在模具型腔的表面（感光胶采用骨胶和重铬酸铵配制），待烘干后，将图形胶片根据型腔形状的大小剪成合适的小块，然后再用甘油将图形胶片黏附在型腔表面，采用紫外线晒版灯进行曝光，经显影后，进行修版。这种方法对操作人员的技术熟练程度要求高，在剪切图形胶片时一则要根据型腔形状，二则也要结合图形中纹理的走向来进行，同时在制作之前就需要把曝光用的紫外灯按模具型腔准备好，这种方法现在已不再使用，都是采用二次转移的方式来进行。

在前面提到有一种砂纹化学腐蚀，现在的模具砂纹处理有三种方式：一是采用电火花进行电击，二是采用喷砂的方式，三是采用化学腐蚀的方式。第一种方法需要加工专用的象形电极，电击出的砂纹均匀，但缺乏动感。第二种方式用于磨砂处理效果较好。第三种方式可分为直接化学腐蚀和图形化学腐蚀，直接化学腐蚀和金属材料的性质关系密切，采用较多的还是图形化学腐蚀，采用图形化学腐蚀往往要经过三次化学腐蚀才能得到均匀的砂纹效果，这种方法加工工序较多，砂纹的均匀度受操作人员的影响较大，但经化学腐蚀的砂纹效果好。关于砂纹的化学腐蚀方法更详细的介绍放在后面。

4. 化学铣切技术

模具的化学铣切在模具制作过程中同样也是很重要的，模具化学铣切的方法有两种：一是采用浸泡式化学铣切，二是将化学铣切液注入模具型腔中进行化学铣切。不管采用什么样的方式进行，化学铣切液的配方是关键。既要保持化学铣切速率较快，又要求化学铣切表面平滑且对抗蚀油墨的破坏小。对于塑胶模具的图形化学铣切常用配方是以硝酸、磷酸、硫酸来进行配制的三酸化学铣切液，这种配方化学铣切速率适中，经化学铣切后的表面平滑度较好，化学铣切溶液稳定，可长期保存使用，同时这种化学铣切剂对大多数抗蚀油墨都有较好的安全性。

5. 化学铣切后的再处理

模具经化学铣切后有三种后处理方式：一是直接用防锈油封存交货，这是最常用的方法；二是化学镀镍，用于保护模具表面，延长模具使用寿命；三是电镀硬铬，主要用于提高模具的表面硬度，延长模具使用寿命。

以上介绍了模具制作的几个重要过程，下面就模具化学铣切的主要工序：模具预处理、图文转移、图文化学铣切及后处理等四大部分进行详细讲解。

第二节
模具图文化学铣切制作过程

模具图文化学铣切是在模具型腔加工完成后才进行的一个工序，而模具的前期制造费用是很高的，所以在进行图文化学铣切时要特别小心，不能有半点失误，更不能因图文制作失败而导致模具报废。如脱脂不净，使模具上还残留油脂类污物，会使转移的图文附着不牢，在化学铣切时图文防蚀层脱落造成图文化学铣切失败，同时在模具防蚀层制作及化学铣切过程中的任何疏忽都可能造成不可挽回的损失。本节将对模具图文化学铣切过程中所涉及的各个工序逐一展开讨论，故本节的部分内容与第一节有一些相似的地方，读者可以根据实际情况选择阅读。

一、模具预处理

模具的预处理其实就是对模具进行除油，模具经机加工完成后都会用防护油保护，在进行图形转移之前必须把模具表面的防护油清洗干净。清洗的方式一般有两种：一种是采用有机溶剂清洗；另一种是先用有机溶剂清洗去掉模具表面的防护油，然后用化学除油的方式进行除油。不管是采用什么样的清洗方法，首要的任务就是弄清楚模具的结构，特别是模具型腔的镶件，对于有镶件的模具，在进行清洗前要将镶件拆开分开清洗，分开进行图形转移及分开保护，只是在化学铣切时才将镶件和模具整体一起化学铣切。

1. 溶剂除油工艺流程

模具在加工过程中和加工后都会使用大量的油脂类物质，所以对模具的清洗要特别注意。钢类模具容易锈蚀，非特殊情况一般都不采用水性脱脂处理。常用的方法是采用汽油或酒精将整个模具表面的各种油污清洗干净，然后再用四氯化碳或氯乙烯之类的溶剂仔细清洗一遍。有机溶剂除油适用于不宜用化学除油的模具，如太大的模具、结构不复杂的模具等。溶剂除油的步骤概括起来有以下两步。

第一步：先用棉纱沾汽油将模具表面的防护油擦拭干净，在擦拭之前也可先用干棉纱将防护油擦去，这样可以节约有机溶剂。

第二步：用无水乙醇或四氯化碳进行第二次清洗，这次清洗时，先用洁净的棉纱清洗，然后用洁净的脱脂棉进行清洗，直到经擦拭后的脱脂棉表面无污渍（擦拭的脱脂棉仍呈白色）为止。对于小件也可将模具浸泡在有机溶剂里进行清洗。

有机溶剂清洗的特点是操作方便，不需要专用的除油工作缸、模具（特别是较大的模具）及场地。但有机溶剂除油也存在成本较高、易燃、在操作过程中存在很大的安全问题的缺点。同时，对于结构复杂的模具采用有机溶剂除油时，会有清洗不到的地方，这就给防蚀油墨的附着力问题留下了隐患。

如果在生产中会大量采用有机溶剂除油，就要考虑有机溶剂的回收装置。一方面回收可以做到降低生产成本，另一方面也可减少有机溶剂的排放，减轻对环境的污染。

对于以上有机溶剂除油可以总结出如下步骤：模具验收→预先清理防护油→汽油清洗→无水乙醇清洗→四氯化碳清洗→清洗质量检查→转图形转移。

有机溶剂除油流程图见图 8-10。

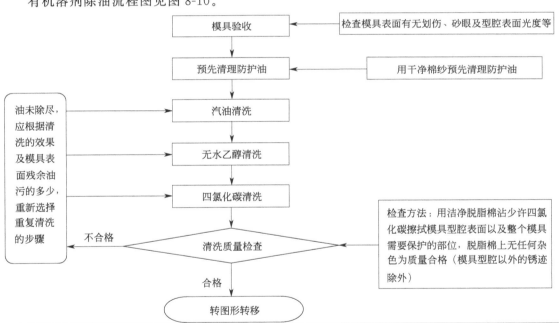

图 8-10　有机溶剂除油流程图

（1）模具验收　模具在进行清洗之前，必须对模具进行验收，验收内容包括：①模具外观有无损伤、划伤、砂眼等；②模具型腔有无划伤、砂眼，抛光磨痕是否明显，型腔表面的平整度、型腔表面的光泽度等。在对模具进行验收时，模具型腔的验收是关键。除了对模具的表面质量进行验收外，还要仔细检查模具型腔内有无镶件以及镶件与模具整体配合的紧密度等，模具型腔镶件的结构情况及配合方式要求客户写出书面材料。

（2）模具清洗　首先用干净棉纱先将模具表面的防护油进行第一次清理；其次用干净的

棉纱沾汽油将模具表面残余的防护油擦拭干净，对于小模具也可找一合适的容器将模具放在容器中，放入适量汽油将模具浸泡在汽油中进行清洗；用干净棉纱将模具表面的汽油擦拭干净或让其自然挥发；用干净棉纱沾无水乙醇再次清洗模具表面，对于小模具同样可以采用浸泡的方式进行清洗，对于形状复杂的小型模具浸泡时间要求长一些以保证清洗质量；最后用洁净的脱脂棉沾四氯化碳（或其他卤代烃）对模具型腔表面进行清洗。

（3）清洗质量检查　模具经清洗后要对表面的清洗质量进行检查，检查方法：用洁净脱脂棉沾少许四氯化碳擦拭模具型腔表面以及整个模具需要保护的部位，脱脂棉上无任何杂色为质量合格（模具型腔以外的锈迹除外）。

清洗干净后马上进行图形转移，不可放置时间过长，如放置时间过长，应在图形转移之前用四氯化碳清洗（也可先用无水乙醇擦洗模具型腔表面，然后再用四氯化碳擦洗模具型腔表面）。

2. 化学除油工艺流程

采用化学除油的清洗方法更能有效地对模具表面进行清洗，同时清洗成本较有机溶剂低，安全性高。但设备的投入较大，对于稍大的模具在进行清洗加工时还需要有行车。化学除油的工艺流程如下：

模具验收→预先清洗防护油→装挂→化学除油→热水洗→二级流动水洗→酸洗→三级流动水流→除油效果自检→钝化→三级流动水洗→热水洗→干燥→下挂→转图形转移。

模具化学除油工艺流程图见图 8-11。

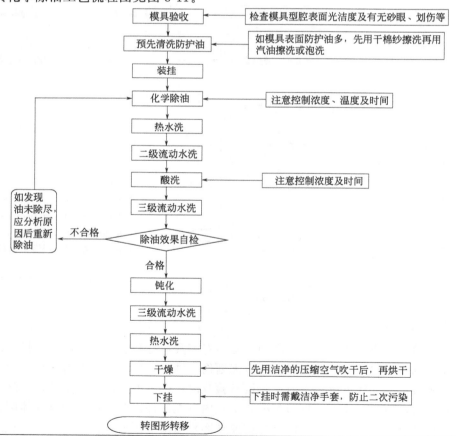

图 8-11　模具化学除油工艺流程图

（1）模具验收　模具在进行清洗之前的验收要求同溶剂除油。在这里需要注意的是，采用化学除油的方式进行清洗需要对模具进行装挂，在检查时要确定合适的吊装位置，以保证在整个清洗过程中，模具型腔及盲孔不会积水，对可能积水的盲孔应预先做好处理对策。镶件应拆下分开进行除油。

（2）预先清洗防护油　预先清洗防护油是先用汽油等有机溶剂对模具表面的防护油进行全面清洗，如果模具表面的防护油不能清洗干净，在进行化学除油时则难以保证除油质量。如果模具表面的防护油不多可直接用汽油清洗，如果模具表面的防护油较多应先用干净棉纱将模具表面的防护油擦拭后再用汽油进行清洗。

（3）装挂　装挂的目的是使模具在化学除油时便于操作，对于中小型模具用不锈钢丝制作挂具即可，对于大型模具需要专用挂具及行车的帮助才能对模具进行除油。模具在除油时的摆放方式对除油效果的影响见图 8-12。

模具立放，在清洗时，模具型腔不易积水，便于清洗。如模具型腔弧度大而深时会影响模具型腔上部的除油效果，但可以通过对模具的转动或溶液搅拌来实现溶液与模具型腔之间的交换，提升除油效果

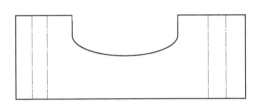

除油时模具平放有利于型腔内污物的排出，但在清洗时不利于清洗液的排放，如果型腔底部有贯通的镶件，则平放是最理想的除油方式

(a) 模具立放　　　　　　　　　　　　　　　　(b) 模具平放

图 8-12　模具在除油时的摆放方式对除油效果的影响示意图

（4）化学除油　模具的化学除油可用碱性配方也可用酸性配方，这要根据自己的使用习惯及需要而定。在这里采用碱性化学除油配方，碱性化学除油配方可以自己配制也可在市场购买除油剂来配制。碱性化学除油的加工方法按表 8-1 进行。

表 8-1　碱性化学除油的加工方法

	材料名称	化学式	含量/(g/L)	
			配方 1	配方 2
溶液成分	氢氧化钠	$NaOH$	40~60	30~50
	碳酸钠	Na_2CO_3	20~30	20~30
	十二水合磷酸钠	$Na_3PO_4 \cdot 12H_2O$	50~70	40~60
	硅酸钠	$Na_2SiO_3 \cdot 9H_2O$	3~6	3~6
	乙二胺四乙酸二钠	$C_{10}H_{14}O_8N_2Na_2 \cdot 2H_2O$	3~6	3~6
	OP-10	—	—	0.4~1
	三乙醇胺	$C_6H_{15}NO_3$	10~20	—
操作条件	温度/℃		50~70	50~70
	时间/min		3~6	
	搅拌		需要	

（5）热水洗　热水有利于模具表面残碱的溶解，提高了水洗质量并缩短了水洗时间，操作条件：温度 50～60℃；时间 40～60s。

（6）二级流动水洗　流动室温水洗：经热水洗后的模具再用二级流动室温水进行第二次水洗。

（7）酸洗　酸洗的目的是中和模具表面经水洗后残余下的碱。模具的酸洗可用盐酸、硫酸、铬酸等。酸洗按表 8-2 进行。

表 8-2　酸洗的加工方法

<table>
<tr><td rowspan="7">溶液成分</td><td>材料名称</td><td>化学式</td><td colspan="2">含量</td></tr>
<tr><td></td><td></td><td>配方 1</td><td>配方 2</td></tr>
<tr><td>盐酸（相对密度为 1.19）</td><td>HCl</td><td>20～50mL</td><td>—</td></tr>
<tr><td>柠檬酸</td><td>—</td><td>—</td><td>30～50g/L</td></tr>
<tr><td>硼酸</td><td>H_3BO_3</td><td>—</td><td>5～10g/L</td></tr>
<tr><td>乌洛托品</td><td>$(CH_2)_6N_4$</td><td>4～6g/L</td><td>—</td></tr>
<tr><td>若丁（二邻甲苯硫脲）</td><td>—</td><td>—</td><td>4～6g/L</td></tr>
<tr><td rowspan="3">操作条件</td><td>温度/℃</td><td></td><td>室温</td><td>室温</td></tr>
<tr><td>时间/s</td><td></td><td>5～15</td><td>5～10</td></tr>
<tr><td>溶液搅拌</td><td colspan="3">需要</td></tr>
</table>

（8）三级流动水洗　酸洗后的模具要迅速进行水洗，防止模具酸蚀挂灰。酸洗后的模具不可直接在热水中清洗而应在室温水中清洗。

（9）除油效果自检　经除油后的模具要进行除油效果自检，检查方法：以模具表面水膜 30s 不破裂为合格，否则为不合格并应重新进行除油。在进行重新除油前，应分析原因，如是操作条件的原因，可由操作人员自行调整温度和时间，如是除油溶液的成分失调，则应分析溶液并调整后再进行除油。

（10）钝化　模具经清洗后如果不迅速干燥很容易锈蚀，为了防止这一现象发生，可以采用钝化处理。关于模具表面的钝化，这方面的工作人员认为钝化后不利于防蚀层与模具表面结合。笔者曾对模具表面进行过钝化处理，在进行转移后化学铣切时也未发现有防蚀层的附着力改变问题，当然这并不能说明钝化后对防蚀层的结合力并无影响。所以在这里只是作为一个选择加工步骤，供读者参考。钝化加工方法可按表 8-3 进行。

表 8-3　钝化加工方法

<table>
<tr><td rowspan="2">溶液成分</td><td>材料名称</td><td>化学式</td><td>含量/(g/L)</td></tr>
<tr><td>重铬酸钠</td><td>$Na_2Cr_2O_7$</td><td>15～30</td></tr>
<tr><td></td><td>无水碳酸钠</td><td>Na_2CO_3</td><td>0～10</td></tr>
<tr><td rowspan="2">操作条件</td><td>温度/℃</td><td colspan="2">室温</td></tr>
<tr><td>时间/min</td><td colspan="2">2～5</td></tr>
</table>

（11）三级流动水洗　温度室温；时间 20～40s。

（12）热水洗　模具经流动水洗后，为了使模具快速干燥以防止模具表面锈蚀，经三级流动水洗后进行热水洗以加速模具表面的干燥速度。温度 70～80℃，时间根据模具大小而定，一般以模具热透为度。这里的热水洗要和碱性除油后的热水洗区别开来，碱性除油后的热水洗是为了使模具表面的残碱易于溶解而去除，而这里的热水洗是为了使模具本身温度升高后在干燥时使水分易于挥发。所以这里的热水洗不可以和碱性除油后的热水洗相混淆，更不可以在同一个热水缸中进行，相反，这里的热水洗要经常保持热水的清洁，不可有酸或碱混入，一经发现及时将热水放干更换新的热水。

（13）干燥　模具经热水洗后需要快速干燥，干燥方法：先用洁净的压缩空气将模具表面的残余水分吹干,特别是型腔表面。模具表面水分经吹干后再移至烘箱中继续烘干,烘干温度 60～80℃,时间依模具大小而定,一般 10～30min。

(14) 下挂　模具在下挂时,操作人员要戴洁净手套,防止二次污染。

(15) 转图形转移　模具在转运过程中操作人员要戴洁净手套,经除油后的模具要及时进行图形转移,不可长时间放置,以防二次污染。

3. 溶液配制

(1) 除油溶液的配制　确定配制溶液的体积,并选择合适的工作缸,由于除油是在较高温度下进行的,工作缸应选择耐蚀不锈钢制作,并有保温层。

将工作缸洗净后,先加入 2/3 体积的清水,在不断搅拌的条件下依次加入计算量的氢氧化钠、乙二胺四乙酸二钠、碳酸钠、十二水合磷酸钠、硅酸钠等,在添加的过程中要待先加入的化学药品溶解完全后再加后一种。待以上化学药品溶解完全后,加入计算量的 OP-10,搅拌均匀,补加清水到规定体积,经分析合格后即可用于生产。

除油溶液使用一段时间后,其中的化学药品会有损耗,应定期分析调整。

(2) 酸洗溶液的配制　确定配制溶液的体积,并选择合适的工作缸,由于酸洗是在室温条件下进行的,工作缸可选择硬 PVC 或 PP 板进行制作。材料厚度视体积大小而定,如体积过大可考虑采用优质耐酸不锈钢内衬软 PP 板的方式制作工作缸。

将工作缸洗净后,加入 2/3 体积的清水,在不断搅拌的条件下加入计算量的盐酸,待盐酸加完后,再加入计算量的乌洛托品并搅拌溶液使其溶解完全,补加清水到规定体积,即可用于生产。

酸洗溶液使用一段时间后,溶液中的盐酸会被消耗,应定期分析并补加消耗的盐酸,在补加盐酸时也应适当补加乌洛托品。

(3) 钝化溶液的配制　确定配制溶液的体积,并选择合适的工作缸,钝化是在室温条件下进行的,工作缸可选择硬 PVC 或 PP 板进行制作。材料厚度视体积大小而定,如体积过大可考虑采用优质耐酸不锈钢内衬软 PP 板的方式制作工作缸。

将工作缸洗净后,先加入 2/3 体积的清水,在不断搅拌的条件下加入计算量的重铬酸钠、无水碳酸钠,待溶解完全后,补加清水到规定体积,即可用于生产。

钝化溶液使用一段时间后,溶液中的六价铬会被消耗,应定期分析并补加消耗的铬盐。

4. 预处理所用溶液的分析周期及分析内容

溶液分析周期及分析内容见表 8-4。

表 8-4　溶液分析周期及分析内容

溶液名称	分析项目		分析周期	分析方法
	项目名称	化学式		
化学除油	十二水合磷酸钠	$Na_3PO_4 \cdot 12H_2O$	连续生产每月分析一次	分析方法可参阅相关分析资料
	碳酸钠	Na_2CO_3		
	硅酸钠	Na_2SiO_3		
	氢氧化钠	NaOH		
酸洗	盐酸	HCl	连续生产每周分析一次	
	硫酸	H_2SO_4		
钝化	重铬酸钠	$Na_2Cr_2O_7$	连续生产每周分析一次	

5. 常见故障产生原因及排除方法

常见故障的产生原因及排除方法见表 8-5。

表 8-5　常见故障的产生原因及排除方法

序号	故障特征	产生原因	预防及排除方法
1	除油不净	模具表面的防护油预先清理不干净	加强模具除油前的预清洗过程,在进行化学除油前,模具表面不能有明显的油污
		有机溶剂中油类杂质太多	过滤除油用的有机溶剂或更换有机溶剂
		擦洗用棉纱有油污	使用干净的棉纱进行擦洗
		除油溶液温度太低,时间太短	适当提高除油溶液温度或适当延长除油时间
		除油溶液成分失调,除油效能降低	分析除油溶液,将溶液成分浓度调整到工艺规定的范围
		工件表面污染物太多	如工件表面油污或其他污染物太多可先用有机溶剂预清洗,然后再进行化学除油
2	模具表面有印迹	除油后没有及时清洗,留空时间太长	除油后的工件要及时清洗,不要停留过长时间,以防残碱在工件表面干化而难以清除
		酸洗时间太短,酸洗后没有及时清洗	提高酸洗浓度及适当延长酸洗时间,酸洗后要及时清洗,不可长时间停留
		工作间排风不良,工作间残留酸雾或碱雾太重	加强工作间的排风力度,尽量降低工作间的残酸或残碱浓度,保持工作间空气清新
3	模具干燥后表面挂灰	酸洗浓度太高,酸洗时间太长	分析溶液,稀释降低酸浓度,并适当缩短酸洗时间,同时注意酸洗温度不能太高
		酸洗溶液中缓蚀剂含量不足	添加缓蚀剂
4	模具干燥后表面锈蚀	酸洗后清洗不及时,留空时间过长	酸洗后要及时水洗,不可长时间留空
		酸洗后水洗时间太短	适当延长酸洗后的水洗时间,但也不能过长,因为过长的水洗易使模具表面锈蚀
		最后的热水洗水温过低,时间过短	提高热水温度到工艺规定的范围,同时适当延长热水洗的时间,但不能过长,否则易使模具产生锈蚀
		清洗后模具表面的水分没有及时吹干	模具清洗后要及时吹干
		压缩空气不干净	过滤压缩空气,或检查压缩空气过滤器是否失效
		钝化不够	分析调整钝化溶液中的六价铬浓度,也可适当延长钝化时间
		清洗水被酸碱污染	加强管理,防止酸碱污染清洗水,这里的清洗水,包括酸洗的多级清洗水,也包括后面的热水洗用水
		工作间排风不良,工作空间残留酸雾或碱雾太重	加强工作间的排风力度,尽量降低工作间的残酸或残碱浓度,保持工作间空气清新

6. 辅助材料

辅助材料应符合表 8-6 的规定。

表 8-6　预处理常用辅助材料

序号	材料名称	化学式	材料规格	用途
1	氢氧化钠	NaOH	工业级或电镀级	化学除油
2	磷酸三钠	$Na_3PO_4 \cdot 10H_2O$	工业级或电镀级	化学除油
3	碳酸钠	Na_2CO_3	工业级或电镀级	化学除油/钝化
4	硅酸钠	$Na_2SiO_3 \cdot 5H_2O$	工业级或电镀级	化学除油
5	OP-10	—	工业级或 CP	化学除油
6	若丁	—	工业级或电镀级	酸洗缓蚀剂
7	乌洛托品	$(CH_2)_6N_4$	工业级或电镀级	酸洗缓蚀剂
8	硫酸	H_2SO_4	工业级或电镀级	酸洗
9	盐酸	HCl	工业级或电镀级	酸洗
10	重铬酸钠	$Na_2Cr_2O_7$	工业级或电镀级	钝化
11	汽油	—	工业级	用于油污预先清洗
12	无水乙醇	CH_3CH_2OH	工业级	用于模具有机溶剂除油
13	四氯化碳(或二氯乙烯等)	CCl_4	工业级	用于模具有机溶剂除油
14	棉纱	—	—	用于模具有机溶剂除油
15	脱脂棉	—	—	用于模具有机溶剂除油

7. 常用工具及设备

预处理常用工具及设备见表 8-7。

表 8-7　预处理常用工具及设备

序号	工具或设备名称	规格	用途
1	温度计	0～100℃水银温度计	用于测量各种溶液的温度
2	秒表或挂钟	—	用于各工序加工时间的控制
3	电加热棒	采用不锈钢电加热器,这个电加热器功率不能大于 5kW,也可采用其他加热方式	用于化学除油溶液的加热
4	除油工作缸	采用耐蚀不锈钢制作,外加保温层	用于化学除油
5	酸洗工作缸	采用硬 PVC 或 PP 板制作	用于酸洗
6	多级水洗缸	采用硬 PVC 或 PP 板制作	用于工件的水洗过程
7	钝化工作缸	采用硬 PVC 或 PP 板制作	用于模具钝化
8	空压机及配套净化器	—	用于模具表面水分的吹干
9	恒温烘箱	—	用于模具的干燥
10	热水清洗缸两套	采用耐蚀不锈钢制作,外加保温层	用于碱性化学除油后的清洗及最后的清洗
11	超声波清洗设备	—	用于工件的预除油(可选)

二、图形转移

图形转移工艺流程总图见图 8-13。

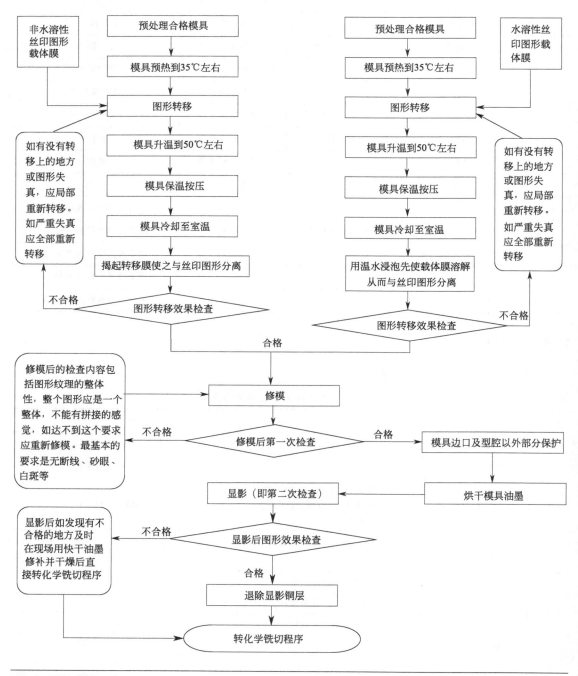

图 8-13　图形转移工艺流程总图

模具除油后即可进行图形转移，模具图形转移的方式有丝印转移法、感光转移法和二次转移法等，在这几种转移方法中前两种方法比较简单，也容易掌握，称为直接转移法，在此只作简单介绍，在本节中着重介绍模具图形的二次转移方法，也可称为间接转移法。所谓间接转移法是指一些型腔复杂的模具，不管是用丝网或感光都不能或难于直接将图文转移到模具型腔表面上，而必须先将图文转移到一种可以任意弯曲变形的柔软载体膜上，然后再转移到模具型腔表面上的方法。

间接转移法通常是用丝网印刷的方式，将需要转移的图形印刷在一种非水溶性或水溶性的载体膜上，等油墨不粘手后，切划成合适的块，再转贴到模具型腔表面上，然后将载体膜直接分离或用温水溶解掉，这时所需要的图形就转移到模具型腔表面。如果是采用非水溶性载体膜，为了保证油墨和载体膜的分离，则应在载体膜和油墨之间预先涂上脱膜剂。在此对两种转移载体膜的制作及转移都将进行详细介绍。

在二次转移的工艺流程中要介绍非水溶性和水溶性两种载体膜的转移方法，为了叙述方便，在这里将整个二次转移过程分为三大部分：图形丝印网版制作、图形转移和修模。在此首先讨论图形网版的制作工艺。

1. 丝印网版制作的工艺流程

丝印网版的制作过程根据其图形的来源有较大的差异。对于客户提供或图形胶片已有的情况，只需要进行晒网即可，如果客户只是提供实物样品，这时就需要自己来制作图形胶片，然后再进行网版制作。

图形丝印网版的制作包括图形胶片的制作、丝印网版的准备及丝印网版的制作。关于图形胶片的制作在前面已经讨论过，丝印网版的准备在《金属化学铣切技术》一书中已有详细讨论，亦不做多余介绍。在此只对图形转移进行详细讨论。

图形转移工艺流程简图见图 8-14。

图形胶片制作　　　　　　　　图形载体膜的制作

丝印网版制作→图形丝印→图形转移 → 修版 → 修版质量检查 → 模具保护 → 模具干燥 → 转模具化学铣切

图 8-14　图形转移工艺流程简图

图形丝印工艺流程图见图 8-15。

2. 非水溶性载体膜转移法

非水溶性载体膜转移法的工艺流程如下：

载体膜载体准备→制作非水溶性载体膜→刷涂脱膜剂→丝网印刷→干燥→图形转移。

（1）载体膜载体准备　非水溶性载体膜的载体一般都是采用表面平整无划伤的玻璃，厚度 3～5mm，主要根据大小而定。如有条件，玻璃四周的棱边，用玻璃专用打磨材料磨成圆弧，以免在操作时划伤操作人员。玻璃用洗涤剂除去表面污物，用水冲洗干净。表面清洁的玻璃从清水中提出后有一完整的水膜保持 30s 不破裂，如达不到这个程度说明油污没有洗净，应重新清洗。玻璃清洗干净后，晾干备用。

（2）制作非水溶性载体膜　非水溶性载体膜一般采用成膜性能好的过氯乙烯清漆来制作。先将过氯乙烯清漆用稀释剂调到合适的稠度，调好的清漆不能马上使用，应放置半天以上使清漆中的气泡逸出，否则制作的漆膜容易有针孔。将适量清漆倒在干燥洁净的玻璃表面中心位置，然后上下转动玻璃四角让清漆均匀涂满整个玻璃表面，再放于洁净工作间，让其

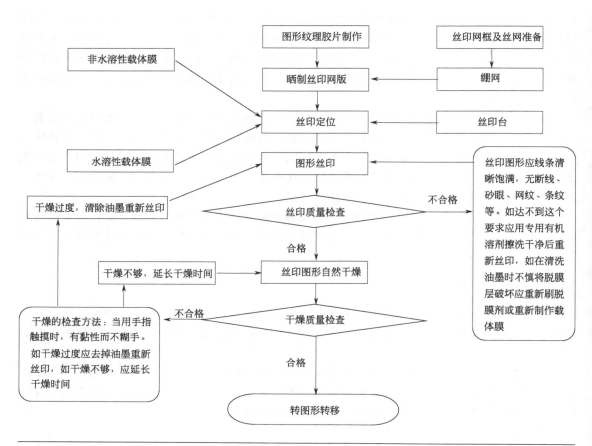

图 8-15　图形丝印工艺流程图

自然干燥，切不可烘烤以防漆膜干燥过度而发脆。

合格漆膜的要求：漆膜较薄而均匀，厚的漆膜柔软性差不利于图形转移，但太薄的漆膜不容易从玻璃上分离下来。厚度以 $25\mu m$ 左右为宜。良好的漆膜容易从玻璃上剥离，柔韧性好，厚薄适中，不粘手。

漆膜的制作也可采用其他方法，如浸渍法、丝网印刷法（用 $100\sim150$ 目的丝网）和喷涂法等。

（3）刷涂脱膜剂　如果没有脱膜层，丝印的油墨会和漆膜产生固牢的结合而难于将油墨和漆膜分离。这时要在漆膜表面涂上一层亲水的物质，要求这一涂层和油墨没有亲和力，可以很容易分离。常将淀粉经沸水调匀冷却后，均匀地刷在晾干的漆膜上，让其自然干燥。干燥的脱膜层要求厚度均匀、无裂纹、无起层。在调制脱膜剂时可在淀粉溶液中添加适量的甘油或少量 OP-10。

（4）丝网印刷　将制好图形的网版固定在丝印架上定位，然后将涂好脱膜剂的玻璃置于网版下面合适位置，通过丝印将图形转到到脱膜剂上。在定位时，为了便于丝网和载体玻璃分离，网版和玻璃板应有 5mm 左右的距离，距离过大在丝印过程中网版的变形性增大，容易使图形失真。丝网印刷示意图见图 8-16。

油墨可选用黏性好同时抗蚀能力强的产品，如胶印油墨等，也可根据需要自行调配。自行配制的原则是抗蚀性能好、油墨黏性好、油墨表面干燥后升温能恢复黏性。笔者曾用胶印油墨和热固性阻焊油墨调配以及抗蚀油墨加松香配制，都在生产中进行过应用。这两种配法的油墨的抗蚀性及转移性都有较好的表现。

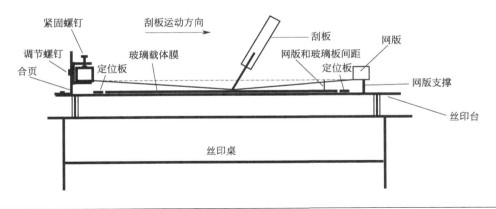

图 8-16　丝网印刷示意图

（5）干燥　图形印好后，干燥应适度。如果油墨彻底干透，将无法再粘接在模具表面而达不到转移的目的；如果干燥不够，在转移时，油墨容易扩散造成图形失真。干燥程度以半干为宜，简单的检查方法是用手指触摸油墨粘手，但又不糊手，按压不变形。

（6）图形转移　图形转移是关键步骤，其转移质量直接关系到模具图形化学铣切的成败或质量等级。在进行图形转移之前，先将模具预热到 30～40℃，并保持这个温度。温度低，模具表面和油墨的粘接不好；温度太高，在转移时图形容易变形。在转移前先观察模具型腔的形状及要求的图形纹理走向。怎样转移最好，要预先作好计划。有了整体的转移计划后，接下来就开始对丝印后的图形进行规划，根据图形纹理走向将丝印好的图形用刀片划成块或条，能用整块图形转移的地方尽量用整块图形（太大不易揭膜）。对于弧度较大的型腔，可以将图形划成一定宽度的条块。

将图形划好后就可以开始转移，在转移时，优先转移容易转移的型腔面，同时先转移大块的图形，然后再转移比较难的型腔部位。在转移时，用小刀片从载体膜的边缘将载体膜挑起，然后小心地将整块载体膜揭起，把丝印图形面朝向模具型腔从一边开始贴在模具型腔表面，对于大的图形在转移时最好两人配合操作，一人抬起载体膜的一边，另一人从另一边开始贴起，慢慢往前贴直到整张载体膜贴在模具型腔表面（贴的速度依膜的大小而定，膜小快，反之则慢）。在往模具上贴转移载体膜时，从贴的一边开始用洁净的脱脂棉球按压，一边按压一边贴，按压的力度以油墨的干燥程度为准。用同样的方法将整个模具型腔面全部贴满。转移顺序：先大后小，先易后难。

等图形转移完全后，将温度升到 50～60℃，并保温 4h 以上，同时用脱脂棉或其他软质棉纺品辗压漆膜表面，促使油墨和模具粘接牢固，辗压力以保持油墨不变形为度。待模具自然冷却后，从漆膜的一角开始小心撕下载体膜，这时图形即转移到模具型腔表面，从而完成了图形的转移过程。

撕下漆膜载体后，要认真检查图形转移的完整程度及转移质量，如发现有油墨脱落且难于修补的地方需要对局部进行重新转移，如果转移的图形变形严重难于修复，需要小心翼翼地将变形的油墨清除，然后再重新进行局部转移。

模具需要进行局部重新转移时，应认真检查整个模具型腔表面，把需要重新转移的部分清理干净，一次性转移，不要分多次进行。在进行局部转移时，同样需要将模具升温到

30℃左右，但转移后的保温并不是必需的，局部转移完后经过短时间按压即可撕去漆膜载体，转移不好可重复进行。图形转移完成后，需要对模具型腔表面的脱膜剂残余物进行清理，清理方法可用干净的软毛刷轻刷，也可用洁净的压缩空气吹干净，也可用分析用的大号洗耳球。至此，模具图形转移完成。

清除局部油墨时，可用合适大小的镊子夹脱脂棉球沾上溶剂并适当拧干，然后将需要清除的油墨小心地擦拭干净，擦拭过程中应多换几次棉球，越接近清理边缘的位置，棉球上的溶剂就应拧得越干。

模具图形转移方法示意图见图 8-17。

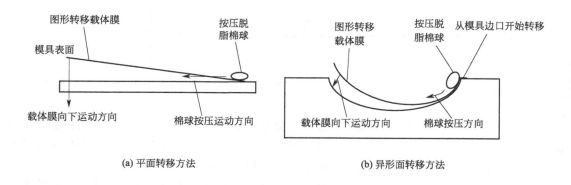

(a) 平面转移方法　　　　　　　　　　(b) 异形面转移方法

图 8-17　模具图形转移方法示意图

3. 水溶性载体膜转移法

关于水溶性载体膜的制作方法，与以上所讨论的非水溶性载体膜的制作方法基本相同。水溶性薄膜的材料选择聚乙烯醇，为了使其在脱膜时容易溶解后与油墨分离，可在聚乙烯醇胶液中添加适量明胶和 OP-10。水溶性载体膜表面不需要再涂脱膜剂，经晾干或烘干后即可丝印。转移好后，用热水使载体膜溶解或软化与油墨分离而完成转移过程。

水溶性载体膜转移的工艺流程如下：

载体膜载体准备→制作水溶性载体膜→丝网印刷→干燥→图形转移。

从工艺流程上和非水溶性载体膜的转移方法相同，实际上也是如此，只是水溶性膜和非水溶性膜的成膜材料不同，转移完后载体膜的去除方法不同而已。这两种方法看似相同，但在加工过程中的注意问题及操作方法还是有区别的。虽然在方法上和一些步骤上与上述非水溶性载体膜相同或相似，为了将一个加工方法讨论清楚，在此还是对这一加工方法进行详述。

（1）载体膜载体准备　水溶性载体膜的载体和上述的非水溶性载体膜一样，都是采用表面平整无划伤的玻璃，厚度 3～5mm，主要根据大小而定。如有条件，玻璃四周的棱边，用玻璃专用打磨材料磨成圆弧，以免在操作时划伤操作人员。玻璃用洗涤剂除去表面污物，用水冲洗干净，如果玻璃表面污染较重，可先用 5％氢氧化钠溶液浸泡，然后再进行清洗。表面清洁的玻璃从清水中提出后有一完整的水膜保持 30s 不破裂，如达不到这个程度说明油污没有洗净，应重新清洗。玻璃清洗干净后，晾干备用。

（2）制作水溶性载体膜　水溶性载体膜一般都是采用成膜性能好并有一定强度的聚乙烯醇来制作。胶液的组成见表 8-8。

表 8-8 　胶液的组成

序号	材料名称	化学式	用量/(g/L)
1	聚乙烯醇(聚合度 1000~1400)	—	120~160
2	明胶	—	40~80
3	甘油	$C_3H_8O_3$	5~10
4	OP-10(或海欧洗涤剂)	—	0.2~3

表 8-8 中聚乙烯醇是主要的成膜物质，聚乙烯醇有多种聚合度的产品，聚合度越低水溶性越好，但膜的韧性及强度相对较低；聚合度高，水溶性差，和载体结合度低。在此处所需要的载体膜要求膜层韧性好，强度较高，同时水溶性要好。应选择聚合度适中的聚乙烯醇，以 1400 左右的聚合度为宜。

明胶主要用于改善载体胶的水溶性及提高胶液的成膜性。添加量视聚乙烯醇的聚合度而定，聚合度低取少量，聚合度高取大量。

甘油主要用于调节载体膜的干燥速度及载体膜的保水性，使载体膜不至于干燥过度而发脆。

OP-10 在这里一方面提高胶液对载体玻璃的润湿性，另一方面提高载体膜的水溶性和与油墨的分离度。但量不能过多，否则会产生大量泡沫影响载体膜的制作，过多的表面活性剂会使载体膜上有较多的针孔及膜层厚度不均匀，甚至还会有斑状无膜区，同时也难于干燥。

关于 OP 类表面活性剂的加入对膜层和油墨结合力的影响，当在一个恰到好处的配比时，载体膜不经温水浸泡就能和油墨分离，至于该怎么去调配，读者可以通过多次实验找到合适的配比。

胶液的组成及熬制方法如下（表 8-8 中配方只是一个参考，在实际生产中应多配几次取一个最佳配比）：

胶液的制作关键是水浴加热蒸煮聚乙烯醇感光胶。先称取聚乙烯醇 100g（聚合度 1400）及明胶 60g 加到 1.5L 的玻璃容器中，再加入约 800mL 沸水搅拌均匀，在玻璃容器上最好加盖。

将配好的胶液放入蒸锅中隔水蒸煮 4h，开始蒸 1h 后搅拌一次，以后每隔半小时搅拌一次，直至胶液成稍带绿色的透明水溶液为止。

蒸煮后的胶液在蒸锅中自然冷却至 40℃ 左右后，从蒸锅中取出，用玻璃棒将胶液表面的一层黏度极高的膜层去掉，加入 5g 甘油和 0.5g OP-10，搅拌均匀。注意搅拌的时候不能过快，以防表面活性剂在胶液中产生大量泡沫而影响载体膜的制作。

将以上配制好的胶液用多层纱布过滤以除去胶液中的杂质，在室温中放置数小时备用。

配制好胶液后就可以进行载体膜的制作，在制作时，应保持胶液温度在 40℃ 或稍高，其温度以胶液有良好的流动性为度，温度过高会使膜层太薄。其制作方法和非水溶性载体膜基本相同。将适量胶液倒在干燥洁净的玻璃表面中心位置，然后上下转动玻璃四角让清漆均匀涂满整个玻璃表面，再放于洁净工作间，让其自然干燥，这种载体膜与非水溶性载体膜的不同之处是可以采用烘烤的方式进行干燥。

合格载体膜的要求：膜层较薄而均匀，厚的膜层柔软性差，不利于图形转移，但太薄的膜层不容易从玻璃上分离下来。厚度以 $30\mu m$ 左右为宜，这种膜不能太薄，否则将难以从玻璃上揭下。良好的膜层容易从玻璃上剥离，柔韧性好，厚薄适中，不粘手，摸上去有滑利感为最佳。

对于水溶性载体膜，笔者曾用早年制网所用的水溶性菲林膜来作载体，这种菲林膜有 $1^\#$、$2^\#$ 和 $3^\#$ 三种，其中 $1^\#$ 膜最薄，$3^\#$ 膜最厚，对于不大的模具可用 $2^\#$ 膜，对于大型模具可用 $3^\#$ 膜，这种膜便于携带，膜层均匀，水溶性好，从笔者的使用效果来看，优于自制的水溶性载体膜。这种膜在丝印之前先用片刀划成所需的块，然后将胶膜面朝上四周用胶纸粘贴在比载体膜稍大的玻璃板或其他平整的平板上。也可用双面胶将载体膜粘贴在载体平板上。这种膜的表面有滑石粉，所以在进行丝印之前要用干净的脱脂棉或软布擦拭干净。

（3）丝网印刷　水溶性载体膜和非水溶性载体膜的另一区别是水溶性载体膜不需要在表面刷涂脱膜剂，经干燥后的载体膜即可进行丝网图形印刷。丝网印刷方法、油墨选择及注意事项同非水溶性载体膜。

（4）干燥　图形印好后，干燥应合适。如果油墨彻底干透，将无法再粘接在模具表面而达不到转移的目的；如果干燥不够，在转移时，油墨容易扩散造成图形失真。干燥程度以半干为宜，简单的检查方法是用手指触摸油墨粘手，但又不糊手。

（5）图形转移　图形转移方法和非水溶性转移方法相同。

在这里需要说明一个问题，对于水溶性载体膜在进行转移时膜与膜之间不可重叠。因为重叠的载体膜在水洗脱膜时，容易相互粘接在一起而难以除去。而非水溶性载体膜在转移时是可以重叠的。

等图形转移完全后，将温度升到 $50\sim60℃$，并保温 4h 以上，同时用脱脂棉或其他软质棉纺品辗压漆膜表面，促使油墨和模具粘接牢固，辗压力以保持油墨不变形为度。待模具自然冷却后，即可用温水溶解载体膜，水温以 $30\sim40℃$ 为宜，温度高溶解速度快，去膜时间短，但过高的温度会使油墨脱离模具表面（这时图形与模具型腔表面的粘接力还并不强），温度低溶解速度慢，去膜时间长，同样长时间浸泡油墨也容易脱落。其过程如下：

先将温水倾入模具型腔中（如是小模具也可将模具浸泡在温水中）浸泡数分钟，使胶膜软化溶胀。然后用洁净的脱脂棉轻轻在胶膜上来回拖动，切不可用力以防油墨脱落，待胶膜完全溶胀后，可看见膜层与油墨分离，这时可将分离的胶膜取出，将模具型腔中的温水倒出，再用温水进行清理，胶膜清理干净后，迅速用洁净脱脂棉将模具型腔表面的水分吸干，以防模具锈蚀。

对于难以盛水的模具型腔也可将脱脂棉浸润温水后覆盖在胶膜表面使胶膜溶胀，采用这种方法时，模具上脱脂棉吸附的温水容易降温，这时可将温水浇在脱脂棉上，或将脱脂棉取下重新浸泡温水再覆盖在胶膜表面，直到胶膜溶胀与油墨分离时，从模具型腔表面揭下胶膜，然后再用洁净的脱脂棉浸泡温水清理 $1\sim2$ 次，使模具型腔表面的胶膜完全清除，并迅速用洁净的脱脂棉将模具型腔表面的水分吸干，这时图形即转移到模具型腔表面，从而完成了图形的初步转移过程。

转移完成后要将模具烘干，再认真检查图形转移的完整程度及转移质量，如发现有油墨脱落且难于修补的地方需要对局部进行重新转移，如果转移上的图形变形严重难于修复需要小心翼翼地将变形的油墨清除，然后再重新进行局部转移。模具如需要进行局部再转移，应认真检查整个模具型腔表面，把需要重新转移的部分清理干净，一次性转移，不要分多次进行。在进行局部转移时，同样需要将模具升温到 $30℃$ 左右，但转移后的保温并不是必需的，局部转移完后经过短时间按压即可用脱脂棉浸泡温水覆盖在新转移的胶膜上使其溶胀去除，这时不必将模具放入温水中，转移不好可重复进行。图形转移完成后，需要对模具型腔表面的残余胶膜进行清理，可用干净小镊子将黏附在模具型腔表面的残胶去除。至此，模具图形转移完成。

　　不管是采用水溶性载体膜转移或是采用非水溶性载体膜转移，在进行模具转移时，如果一套模具是由多个不同形状的模具组成的，则在进行转移时要把组成同一工件的模具放在一起进行转移，并且在转移前就要统一规划，这样才能保证转移的图形在整个工件上是完整的。

三、修模

　　这里所说的修模不是采用机械方法对模具进行维修，是专指对转移的图形进行修补的过程。不管是采用水溶性载体膜或是非水溶性载体膜，在进行转移时，都不是将一整块图形一次转移到模具型腔表面，而是用多块镶补而成，同时在转移过程中也难免有转移不到的地方，特别是一些操作困难的死角图形容易有残缺。所以镶块与镶块之间需要经过修补使其成为一个整体，而无任何图形视觉差异。转移过程中的图形缺陷也要进行修补。模具图形的修补是一个很细致的工作，需要操作人员有耐心，同时也要有一定的修版技能，更要有所修图形纹理的整体感觉，如果这一步不认真，化学铣切后的图形将是由一块一块组合而成的，没有整体感。

　　修模分两个部分：一是去除多余的油墨；二是对残缺的部位进行填补。其修模步骤是先去除后修补。去除多余的油墨可用比模具材料更软的刀具（常用的是刻蜡纸的铁笔），填补则采用小狼圭（一种笔毛很细而尖的狼毫笔）沾油墨进行修补。修纹理图形时要采用抖动的手法，使修补的线条有动感，而不能划成整齐的线条。在用刮刀修整线条多余物时，同样也不能将线条修成平直，更不能有锐角或钝角缺口。对于细致的图形修补，应在放大镜下进行。

　　对于有镶件的模具，在修模时应将镶件和模具放在一起进行修补，否则模具主体的图形纹理和镶件的图形纹理很有可能不能形成一个整体。如果一套模具由多个模具组成，在修模时，同样要把各个模具放在一起进行修模，以保证图形纹理的走向一致，使图形纹理的整体效果不被破坏。

　　在修模时要注意图形的"气眼"设置，既不能太多，也不能没有，"气眼"的作用在本章中第一节已有讨论。胶片上的"气眼"在转移过程中可能会因种种原因而消失或变大，在修版时要认真检查做好"气眼"。

　　修模结束后，必须检查图形完整性和整体感是否已做到最好，对于图形细致的地方应用4～8倍的放大镜进行检查。

　　模具经修补后需要进行检查，检查的项目包括图形的整体感，图形纹理有无白斑，图形线条有无砂眼、残缺等。修模后的检查同样也是一个细致的工作，如果检查有遗漏会给后面的加工造成很大的麻烦，甚至是严重的质量事故。在进行检查时，为了防止视觉疲劳，可分多次检查，每次都间隔一定时间，如果有多套模具可采用交叉检查的方式，以防止看一种图形时间过长而引起视觉差错。其实在模具的整个修版过程中都是在边修补边检查，同时在检查的过程中也是边检查边修补。

　　不管是模具图形修补或是检查都是十分需要耐心的工作，同时也需要时间，这是在模具图形化学铣切过程中最消耗时间的加工步骤，所需要的时间都以天来计算，一个型腔面积较大的模具从修图到检查完毕往往需要数天的时间才能完成。但对于模具文字及标识图案的修补和检查工作就快得多，从制作开始到完成全部过程只需一天或两天的时间即可。

这一步做好了，模具的制作就完成了 $\frac{1}{3}$（也有这方面的从业人员认为是完成了一半）。

四、保护与干燥

1. 保护

修模工作完成并检查无误后，对模具不需要化学铣切的部分要采取保护措施，以防止在化学铣切时将模具不需要化学铣切的部位损坏。保护所用材料可用油漆类，也可采用转移油墨。

在进行模具保护时有两个地方要特别注意：一是模具型腔的边口，也包括镶块的边口；二是模具型腔边口向外面的延伸部位。模具型腔边口示意图见图 8-18。

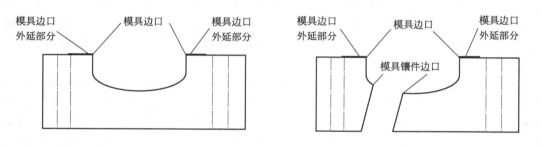

图 8-18　模具型腔边口示意图

在进行保护时取一支鸭舌笔调好笔尖开口（绘图工具里自带，也可在文具店单独购买），在笔中装入调稀的油墨，然后顺着模具的边口进行保护，模具镶件边口也用同样方法保护。要求保护的线条边缘正好在边口和模具型腔的交界处之下，边口保护如向下过多，会在模具边口边缘留下一条明显白线，如果没有保护好，则会使模具边口的边缘被破坏。镶件与主体模具接触的边口也应做同样处理。

除了模具型腔边口及镶件孔的边口需要仔细保护外，同时模具型腔边口向外延伸部分及模具镶件孔边口向孔内的延伸部分都需要仔细保护。一般情况下，模具型腔边口向外延伸的部分至少要用油墨仔细保护 4～6cm 的宽度，模具镶件孔的内壁应全部仔细保护。在这里提到了模具某些部位需要仔细保护，但并不是说其他部分就不需要仔细保护，在这里提出是因为这些部位离模具型腔很近，在保护时稍有不慎就会将油墨涂在型腔内的图形纹理上，对这些部位的保护可用小笔或小排刷仔细刷涂，同时也应涂得稍厚一些，其余部分可用大排刷刷涂，同时也可涂得稍薄一些，然后等模具油墨干燥后再用保护胶纸保护。

有镶件的模具，不管是镶件与模具型腔相接的部位还是镶件在模具底部或侧面的开口在进行保护时都要仔细保护好，因为这些部位是要和镶件进行结构配合的，如保护不良会使镶件孔的边缘或内壁被腐蚀而影响镶件与模具之间的装配及密封性。

在模具的非型腔面，如果客户没有特殊要求，虽然个别砂眼也并不会影响模具的外观，但在制作时一定要做到精益求精，认真细致，不能因为是非重要面，同时客户也无特殊要求就放松质量控制。既然要做，就一定要做到最好。模具型腔边口部位的保护示意图见图 8-19。

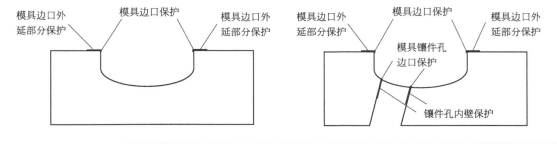

图 8-19 模具型腔边口部位的保护示意图

2. 干燥

干燥即对模具进行烘烤使油墨中的挥发成分高温挥发而变干变硬。烘烤的过程受两个条件的影响，一是烘烤的温度，二是烘烤的时间。对于烘烤温度，油墨都会有一个最佳的烘烤温度，在这一温度下油墨最容易硬化，低于这个最佳温度会使油墨的硬化不完全即干不透。过高的温度会导致油墨干燥过度，干燥过度的油墨往往会使脆性增加，甚至油墨会部分炭化而容易从模具表面脱落。每种油墨都有技术说明书，其中就规定了该种油墨的最佳烘烤温度。

烘烤时间是指在最佳烘烤温度的前提下所需要的烘烤时间。时间短，油墨干燥不够；时间过长，有可能干燥过度。在实际生产中，根据油墨的参数再通过实验来确定最佳时间和温度，一般油墨的说明书在温度及时间上都有所保留，所以在进行干燥实验时可适当调整。

干燥的方法有两种，一种是采用烘箱进行烘干，油墨的干燥温度都在 100℃ 以上，所以不适于用燃油烘箱而要采用电加热烘箱并应有恒温控制功能。另一种是采用电炉升温干燥的方法，如果模具比较大，应多设几个电炉同时升温，用电炉升温时，不可以一次将温度升到规定范围，因为模具底部离电炉近，火力集中，如果持续加热到模具上部温度达到油墨干燥所需的温度时，模具底部的温度肯定远高于模具上部的温度，这时可分成几个加热段来进行加热，以保证升温时热量的传递尽量均匀。

恒温电力烘箱操作简单，但投资大，对于大型模具操作不方便，同时也只能用于固定场合的生产。电炉升温取材方便，投资少，移动或携带方便，给流动加工带来极大方便。但升温过程中需要操作者守候并不时移动电炉以保证对整个模具加热的均匀性，电炉加热时热量损失大，电力消耗大。

以上两种加热方式各有优缺点，操作者只能根据自己的需要来选择加热方法。

在对模具加热时，不可一次就将温度升到油墨干燥所需要的温度，开始应缓慢升温，否则升温过快，油墨中的挥发成分逸出太快会冲破油墨树脂层而造成针孔或砂眼，严重时甚至会起泡，使油墨起层，如果这些质量问题在化学铣切前没有被发现就进行化学铣切，会造成模具的化学铣切失败。

在实际升温过程中先将模具升温到 70℃ 左右，并保持这个温度数小时，使油墨的挥发成分慢速挥发。然后再升温到 100℃ 左右，这时可看到油墨中的挥发成分从油墨中蒸出，同样需要保持这个温度数小时。最后将温度加到油墨硬化所需的最适温度，并保温 30～60min 左右，然后自然冷却。这种方法是针对较大的模具而言的，如果是较小的模具则要简单得多，虽然也需要分段升温，但保温时间可以短一些。

对于模具的加热怎么来判断油墨是否干透呢？在这里向大家介绍一个经验方法，当操作人员认为模具油墨已经干燥了，在100℃左右的条件下，用针划模具外面的保护油墨，如果油墨不起丝，并有一定硬度，划口整齐，这时就可以认为油墨已经烘干了。当然检查的方法也并非这一种，做的次数多了，积累了一定的经验自然就会有更好更简便的判断方法。

模具表面不管是图形纹理油墨或是保护油墨，在进行干燥处理时归根结底只有一句话："油墨一定要烘干透，但一定不可以干燥过度"，这需要操作人员去理解，同时也是必须要掌握的技术。有很多的模具化学铣切质量问题其实就是因为油墨的干燥不够或干燥过度。

对于模具型腔外部的保护，经干燥后可用胶纸再进行一次保护以确保模具外部不被化学铣切。

油墨烘干后，模具的化学铣切工作就算完成了 $\frac{2}{3}$。

五、显影（即第二次检查）

模具虽然在前面的修模及检查中都已进行过认真仔细的检查工作，但在模具化学铣切前还是需要对模具再进行一次检查，也就是第二次检查。这一次的检查包括两个部分：一是通过放大镜用肉眼再一次检查模具图形纹理在修补过程中有无遗漏的地方；二是通过化学方法进行检查，通过化学方法检查，是为了防止因视觉疲劳而发生漏检的情况。显影的方法有两种，一是采用硫酸铜溶液进行显影，二是采用稀酸进行显影。采用硫酸铜显影后在化学铣切前必须先用铬酐（或过硫酸铵）将模具表面的置换铜腐蚀掉，否则会影响化学铣切的正常进行及化学铣切的均匀性。显影溶液的配制及操作方法按表8-9进行。

表 8-9　模具化学显影加工方法

	材料名称	化学式	含量/(g/L)	
			配方 1	配方 2
溶液成分	硫酸铜	$CuSO_4 \cdot 5H_2O$	20～40	—
	硫酸	H_2SO_4	1～5	—
	硝酸	HNO_3	—	20～30
	磷酸	H_3PO_4	—	20～30
操作条件	温度/℃		室温	
	时间/s		10～20	

1. 配方 1 的操作方法

先按表8-9中配方1的配方成分配制成一定体积的溶液（配制方法：确定溶液的配制体积并准备合适的容器；容器洗净后先加入 $\frac{2}{3}$ 体积的清水，然后在不断搅拌的条件下加入计算量的硫酸，注意硫酸溶入水是一个放热反应，在添加时需要快速搅拌；等加完硫酸后再加入计算量的硫酸铜并搅拌使其完全溶解，加清水到规定体积即可使用），然后用软排笔将显影溶液轻刷在整个模具型腔的表面，这一方法的原理是利用铜的电位比铁正，当硫酸铜溶液与铁接触时，铁与硫酸铜会发生如下置换反应：

$$CuSO_4 + Fe = FeSO_4 + Cu$$

通过以上置换反应，可以看到铜在模具表面置换析出，附着在模具型腔表面形成一层铜层，待整个模具型腔表面刷涂完成后，用脱脂棉沾清水轻轻将模具型腔表面的残余硫酸铜溶液清理干净，接下来就对显影效果进行认真检查，这时会发现，由于在模具表面有铜的置换析出而呈红铜色，没有铜析出的地方是油墨的本色或模具本色。这样便于更进一步的检查，也更容易发现图形纹理在修补时所遗漏的缺陷。如有发现应及时修补，对于图形纹理有多余物应直接用尖头铁笔刮掉，对于图形上不应该有的置换铜斑和铜点，应先用尖头铁笔将置换铜层刮掉并清理干净，切不可有残余水及残余盐类和置换铜粉末附着在需要修补的部位，然后用油墨进行修补。

2. 配方2的操作方法

先按表8-9中配方2的配方成分配制成一定体积的溶液（配制方法：确定溶液的配制体积并准备合适的容器；容器洗净后先加入 $\frac{2}{3}$ 体积的清水，然后在不断搅拌的条件下按顺序加入计算量的硝酸和磷酸，最后加清水到规定体积即可使用），然后用软排笔将显影液轻刷在整个模具型腔表面，这一方法的原理是利用硝酸对铁的腐蚀作用使模具表面的光泽发生变化来检查模具型腔表面图形纹理的修补有无遗漏。

$$4Fe + 10HNO_3(冷、稀) === 4Fe(NO_3)_2 + NH_4NO_3 + 3H_2O$$

通过上述反应后，可以看到被腐蚀部分的色泽变暗发黑。而没有腐蚀的部分保持油墨的本色或模具的本色（模具型腔表面无图形部分被薄而透明的油污类污染而不和显影液中的酸发生反应），从而形成反差，更容易发现图形纹理的缺陷之所在。如有发现应及时修补，对于图形纹理有多余物应直接用尖头铁笔刮掉，对于图形上不应该有的显影化学铣切深色斑和深色点，应先用尖头铁笔将需要修补的部位清理干净，切不可有残余水分、残酸及刮掉的残余粉末附着在需要进行修补的部位，然后用油墨进行修补。

显影后的油墨修补，可采用快干抗蚀油墨或硝基黑漆，修补时不可太厚，否则干燥速度慢，甚至在温度较低时难于干燥。经油墨修补过的模具要待油墨干燥后才能进行化学铣切，油墨的干燥可以采用加热的方式，由于是快干型油墨，加热温度不高时间也不长，对于模具型腔图文的修补不推荐自然干燥。

3. 显影层的退除

如果采用表8-9中配方1进行显影，经显影检查后，需要将显影时所生成的置换铜层退除才能进行化学铣切，如采用表中配方2进行显影，则不需要退除即可进行化学铣切。退除显影铜层的操作方法按表8-10进行。

表8-10　退除显影铜层的操作方法

	材料名称	化学式	含量/(g/L)	
			配方1	配方2
溶液成分	铬酐	CrO_3	50～100	—
	过硫酸铵	$(NH_4)_2S_2O_8$	—	100～150
	硫酸	H_2SO_4	—	5～10
操作条件	温度/℃		室温	
	时间/s		退尽为止	

退除铜层的溶液配制方法简单，在此不作介绍。在退除时，用软边笔刷将表8-10中的

溶液轻刷在模具型腔的整个表面上，使置换铜溶解，在退除过程中要反复在模具型腔表面刷涂退除溶液，以保证置换铜退除干净而显现出模具的基质。置换铜退除干净后，同样要用脱脂棉沾清水将模具型腔表面的残余酸或盐清理干净。

工作到这一步，模具的图形转移就算完成，接下来就要进入化学铣切程序。

六、图形转移部分常见故障的产生原因及排除方法

图形转移部分常见故障的产生原因及排除方法见表 8-11。

表 8-11　图形转移部分常见故障的产生原因及排除方法

序号	故障特征	产生原因	预防及排除方法
1	丝印网版和承印物分离不良	油墨太稠	在油墨中加入适量的稀释剂将油墨的稠度调低
		丝印压力过大	丝印时压力要适中且用力均匀
		丝网版与承印物距离太近	适当调低丝网版与承印物间的距离,根据网版的大小一般保持在 3～5mm
2	图形纹理有砂眼或断线	网版质量不合格	检查网版,如发现网版不合格应重新晒网
		网版上有尘粒	检查网版,如发现网版上有尘粒应及时清除
		油墨中有气泡或杂质	油墨调好后不能马上使用,应放置一段时间使油墨中的气泡排出,也可在油墨中添加少量正丁醇以利于油墨中气泡的消除。油墨中有气泡或杂质都可以通过过滤的方式除去,一般用 200 目的丝网进行过滤
		刮板刀口不平	将刮板刀口磨平或更换新的刮板
		承印物上有尘粒	丝印前检查承印物是否干净,如果工作间空气清洁度差,尘粒密度大,这些尘粒落在承印物或网版上造成砂眼或断线。这时可更换清洁的工作间来进行丝印
3	丝印图形纹理变形	油墨太稀	重新调配油墨将油墨适当调稠
		丝印压力过大	丝印时压力要适中且用力均匀
		丝网版与承印物距离太大	适当调低丝网版与承印物间的距离,根据网版的大小一般保持在 3～5mm
4	丝印图形有网纹或条纹	油墨太稠	适当调稀油墨
		丝印时用力不均,刮板刮动速度不均匀	丝印时用力应均匀,不可时大时小,刮板在丝印过程中应匀速运动,切不可时快时慢
		油墨稀释剂挥发太快造成网版堵塞	在油墨中添加适量的高沸点溶剂以调节油墨的干燥速度,发现有网孔堵塞要及时清理网版油墨,并用洗网溶剂清洗网版
		网版与承印物间距太近	适当调高丝网版与承印物间的距离,特别是当油墨比较稠时,间距太近使网版与承印物更难分离而产生网纹
5	制作的载体膜厚度不均匀	清漆或胶液放入量过多或过少	在制作载体膜时,适当减少或增加清漆或胶液的量
		涂布后玻璃板放置不平	涂布后的玻璃要平放干燥,如果是斜放应注意倒换方向
6	载体膜太薄	清漆或胶液太稀	适当增加清漆和胶液的浓度
		胶液使用温度较高	在制作时胶液温度不宜过高,以 30～40℃为宜
		涂布时清漆或胶液用量太少	涂布时要根据载体玻璃的大小加入合适量的清漆或胶液

序号	故障特征	产生原因	预防及排除方法
7	载体膜太厚	清漆或胶液太稠	适当调稀清漆或胶液
		胶液使用温度较低	在制作时胶液温度不宜过低,以30～40℃为宜
		涂布时清漆或胶液用量太多	涂布时要根据载体玻璃的大小加入合适量的清漆或胶液
8	载体膜有砂眼或气泡	清漆或胶液中有气泡或杂质	用多层纱布过滤清漆或胶液。新调配的清漆或胶液不能马上使用,应放置一段时间让气泡逸出后再使用
		载体玻璃表面有尘粒	制作前注意检查载体玻璃有无尘粒,玻璃应清理干净
9	制作载体膜时清漆或胶液润湿性差或有油花	玻璃没有清洗干净	重新对玻璃板进行清洗。清洗后的玻璃需要检查清洗质量。操作人员在取放时不要触摸玻璃表面以防二次污染
10	载体膜和载体玻璃分离困难	载体膜太薄	适当增加载体膜厚度(主要通过调高清漆或胶液的稠度及用量来调节)
11	膜层太硬,脆性大,缺乏韧性	清漆存放时间过长失效	更换新的清漆
		胶液配比不当	适当降低聚乙烯醇含量,或适当提高明胶、甘油的用量,也可选择聚合度低一些的聚乙烯醇材料
		载体膜干燥过度	要控制好干燥的程度,制作的载体膜不能放置过长的时间
		载体膜太厚	降低清漆或胶液的稠度及单位面积的用量
12	载体膜有网纹	胶液中表面活性剂太多	稀释胶液以降低表面活性剂的浓度
13	转移时油墨黏度低	丝印后油墨干燥过度	丝印后的油墨在干燥时,要注意检查,不要放置过长时间
		转移时模具温度太低	适当提高模具的温度
		模具预处理不良,除油不尽	加强模具型腔表面的除油工作,在进行转移时最好再用洁净的脱脂棉沾清洁的四氯化碳擦洗一遍
		油墨与金属的结合力差	更换重新调配的结合力好的油墨
		油墨存放时间过长,失效	更换新的油墨
14	转移时油墨扩散造成图形失真	丝印后油墨干燥不够	在转移前一定要检查油墨的干燥程度,如果太粘说明干燥不够,还应继续干燥
		转移时模具温度太高	转移时模具温度不宜太高,以35～40℃为宜
		载体时按压的力度太大	转移时按压的力度要均匀,不宜太重
15	载体膜与图形分离不良(1)	脱膜剂涂抹不均匀或太薄	脱膜剂刷涂厚度要均匀,不宜太薄
		脱膜剂调配不当	使用合格且在保质期的淀粉进行调配
16	载体膜与图形分离不良(2)	胶液中聚乙烯醇聚合度太高	配制胶液时选用聚合度低一些的聚乙烯醇,也可在胶液中适当增加明胶的用量
		明胶含量不足	适当增加明胶的用量
		表面活性剂及甘油含量不足	适当增加表面活性剂和甘油的用量
17	丝印油墨干燥后易从载体膜脱落	脱膜剂调配不当,涂抹太厚	使用合格且在保质期的淀粉调配脱膜剂,在刷涂时不宜太厚
		脱膜层干燥过度	控制好脱膜剂的干燥程度,也可在配制脱膜剂时添加适量的甘油以调节其干燥速度

序号	故障特征	产生原因	预防及排除方法
18	转移后模具表面锈蚀	退除载体膜时温水浸泡时间过长	在使用水溶性载体膜时,退膜时间要控制好,载体膜和油墨分离后要迅速将模具型腔中的水分清理干净
19	显影置换铜层不易退除	铬酐浓度太低,温度太低	适当提高铬酐浓度; 适当加热铬酐溶液,特别是冬天温度较低时,在配制时可用温水配制
		过硫酸铵浓度太低;硫酸浓度太低;温度太低	适当提高过硫酸铵浓度;适当提高硫酸浓度;适当加热溶液,特别是冬天温度较低时,在配制时可用温水配制
20	烘干后油墨起泡,有砂眼	烘烤温度上升过快	在烘烤时,模具加热要分段进行,不可一次升温太高,开始时要中温慢干
21	烘干后油墨起粉或脱落	烘烤温度过高,时间过长	在烘烤时要注意所用油墨的最佳烘烤温度,切不可急于求成一下将温度升得太高或加热时间太长

七、图形转移常用辅助材料及工具

图像转移常用辅助材料应符合表 8-12 的规定,图形转移常用工具及设备见表 8-13。

表 8-12 图形转移常用辅助材料

序号	材料名称	化学式	材料规格	用途
1	抗蚀用转移油墨	—	外购或自配	图形丝印/修模
2	油墨专用稀释剂	—	外购或自配	稀释油墨
3	正丁醇	$C_4H_{10}O$	工业级/CP	调配油墨
4	过氯乙烯清漆	—	工业级	制作非水溶性载体膜
5	过氯乙烯稀释剂	—	工业级	用于稀释过氯乙烯清漆
6	聚乙烯醇(聚合度1000~1700)		工业级	制作水溶性载体膜
7	明胶		工业级	制作水溶性载体膜
8	甘油	$C_3H_8O_3$	工业级	制作水溶性载体膜/调脱膜剂
9	OP-10(或海鸥洗涤剂)	—	工业级	制作水溶性载体膜
10	淀粉		工业级	调配脱膜剂
11	四氯化碳	CCl_4	工业级	用于转移之前的模具清洁
12	硝基漆	—	工业级	用于保护模具的非型腔油
13	快干抗蚀油墨		工业级	用于显影后的个别地方修补
14	硫酸铜	$CuSO_4 \cdot 5H_2O$	工业级	用于显影
15	硫酸	H_2SO_4	工业级	用于显影/退除置换铜
16	硝酸	HNO_3	工业级	用于显影
17	磷酸	H_3PO_4	工业级	用于显影
18	铬酐	CrO_3	工业级	用于退除置换铜
19	过硫酸铵	$(NH_4)_2S_2O_8$	工业级	用于退除置换铜

表 8-13　图形转移常用工具及设备

序号	工具或设备名称	规格	用途
1	丝印网版	—	用于图形丝印
2	丝印台	—	用于图形丝印
3	刮板	—	用于图形丝印
4	玻璃板	—	用于制作载体膜
5	活动扳手	—	用于调节丝印台
6	铲刀	—	用于清理油墨
7	棉纱	—	用于清洗丝网及擦洗不合格的丝印图形
8	玻璃棒	—	用于调配油墨及清漆、胶液
9	脱脂棉	—	用于图形转移及模具转移前的清净处理
10	小狼圭	—	用于修模
11	软排笔	—	用于水溶性载体膜清理、用于显影及退除置换铜溶液的刷涂、用于模具外部保护材料的刷涂
12	玻璃或搪瓷容器	—	用于胶液的配制、用于清漆的调配及显影液等的配制
13	蒸锅	—	用于胶液的溶解
14	纱布	—	用于过滤胶液及清漆
15	丝网	200 目	用于过滤丝印油墨
16	修片刀	—	用于修模
17	蜡纸铁笔	—	用于修模
18	鸭舌笔	—	用于模具型腔边口的保护
19	胶纸	—	用于模具外部的保护
20	恒温烘箱	—	用于模具油墨的干燥
21	电炉	1～2kW	用于模具油墨的干燥

八、模具图文化学铣切

模具经以上工序加工后即可进行化学铣切程序，在进行化学铣切之前要确定化学铣切的方法，模具化学铣切一般都是采用浸泡式，在这里也以浸泡式为例来进行讨论。浸泡式有两种方法，一种是将整个模具浸泡在化学铣切液中进行化学铣切，这对于中小型模具较为实用，对中大型模具如果也采用这种浸泡的方式进行化学铣切，势必需要一个较大的化学铣切工作缸，暂且不说一个大型的化学铣切工作缸的制作问题，就模具往化学铣切工作缸中放入和取出就是一件比较难的事，并且还需要行车的帮助才能完成。对大中型模具的全面保护也不是一件容易的事，如保护出现遗漏经化学铣切后模具上会有蚀点、蚀坑等。另一种是在模具型腔上面围成一个可以盛装化学铣切液的人工容器来进行化学铣切。采用这种方式进行化学铣切，对模具外部的保护要求不高，只需要把和化学铣切液接触或可能接触的部分保护起来即可，同时这种方法也不需要配制大量的化学铣切液，使化学铣切成本降低。当然如果是中小型模具，不需要行车帮助即能搬动，又有现存的化学铣切工作缸的情况下，采用完全浸泡式化学铣切方式也是可取的。具体采用什么方法可以根据自己的现有条件而定。模具化学铣切的工艺流程如下：

在模具上制作人工化学铣切容器→化学铣切液配制→将化学铣切液放入模具型腔中→化学铣切过程检查→吸出化学铣切液→化学铣切效果检查→清洗模具→去除型腔防蚀层→二次化学铣切或喷砂消光（可选）→清除全部防蚀层→油封或转电镀化学镀处理工序。

如果是采用完全浸泡式，其化学铣切方法和上面基本相同。

1. 人工化学铣切容器的制作

人工化学铣切容器的制作主要根据模具型腔的形态及在模具上的位置，即与模具的结构有关。有些模具很容易就能制作出人工容器，有些模具制作人工容器的难度会较大。以下举两个例子来讨论。

第一个例子是模具为一矩形或近似矩形，然后在矩形上加工出型腔，如图 8-20 所示。

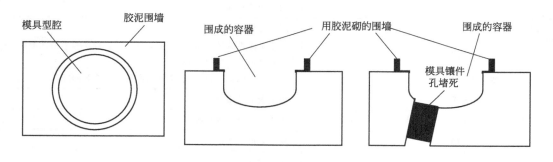

图 8-20　用胶泥围成的容器示意图一

这种模具型腔是比较简单的，一看就知道很容易在模具型腔的台面上围成一个容器。这种模具的容器制作一般采用胶泥来进行。其具体方法如下：

模具经修补并检查合格后，用鸭舌笔把模具型腔的边口保护好，然后在边口和模具台面的延伸部分用油墨保护约 3～5cm 的宽度（依模具大小而定），也可以将整个台面全部用油墨保护（整个台面如果不用油墨全部保护，烘干后也要用胶纸保护，因为油墨保护难于清洗），然后烘干。

用胶泥在模具型腔的边缘围成一个圈，圈的内壁与模具型腔边口的距离以 1～2cm 为宜；胶泥围成的高度以 3～4cm 为宜，如果太高就需要在胶泥中间增加加强筋。

圈围成后，用手指在胶泥和模具的接触部位的内外两边压实，以保证胶泥和模具的紧密结合，否则化学铣切溶液容易从胶泥和模具之间渗漏出来而化学铣切模具外表。

第二个例子是模具型腔为一个"山"形面，中间的型腔表面高于四周，比如方向盘模具。这种模具如图 8-21 所示。这种模具的容器制作难度就要大得多，这时不光要用胶泥，还需用薄铝板或其他有一定强度但较软的材料来制作，其方法如下：

模具边口及边口外缘的保护同第一个例子。

先将薄铝板双面用胶纸保护（如采用薄的玻璃板则不需要用胶纸保护），然后围成一个圆柱体，圆柱体的直径在模具边口和模具台面边缘之间，也可以模具台面的直径为直径，这时就是将整个模具包围在容器中，对于这种模具笔者倾向于后一种方法。

不管采用何种方法，都是采用胶泥将预先围成的圆柱体粘接在模具上并压实，以保证模具和容器外部隔离，使其在化学铣切过程中不会有化学铣切液渗漏。

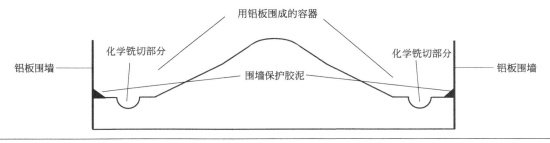

图 8-21 用胶泥围成的容器示意图二

2. 化学铣切液配制

化学铣切液的组成主要依据模具的材料、现有的生产条件及化学铣切方法而定。普通塑胶模具常用的化学铣切配方有三酸配方及三氯化铁配方，在表 8-14 中将笔者使用过的三种配方与广大读者一起讨论。

表 8-14 模具化学铣切溶液的配方及操作条件

	材料名称	化学式	含量		
			配方1	配方2	配方3
溶液成分	硫酸	H_2SO_4	100mL/L	—	100mL/L
	硝酸	HNO_3	100mL/L	—	—
	磷酸	H_3PO_4	100mL/L	—	50mL/L
	硝酸铵	NH_4NO_3	5～10g/L	—	—
	三氯化铁	$FeCl_3$	—	500～600g/L	—
	氟化氢铵	NH_4HF_2	—	0～100g/L	1～5g/L
	过氧化氢	H_2O_2	—	—	50～100mL/L
操作条件	温度/℃		25～35	25～35	40～50
	适用化学铣切方式		浸泡式	喷淋式或浸泡式	浸泡式
	时间		根据深度要求而定		

表 8-14 中配方 1 是一种通用配方，对多种材质的模具都有不错的化学铣切效果，在这一配方中硝酸是主化学铣切剂，同时也是在化学铣切过程中硫酸和磷酸与铁反应生成的氢的氧化剂，可防止因化学铣切而使模具材料有氢脆的危险。硫酸和磷酸是辅助化学铣切剂，主要在于调节化学铣切速率，磷酸还能提高被化学铣切表面的平滑度。配方中硝酸铵的作用是防止氮氧化物的逸出。

这种配方的金属溶解负荷可达 80g，还能保持被化学铣切面的平滑度，超过这个溶解量后，会使化学铣切后的金属表面平滑度下降。但这种配方不适宜进行喷淋式化学铣切。在使用这种配方时要注意温度不宜过高，因为铁在不同温度的硝酸溶液中，其化学反应的生成物不同，在较高的温度下容易产生一氧化氮和二氧化氮，在加工中亦可看出，新加入化学铣切液时，由于温度还较低，在化学铣切过程中基本上看不到氮氧化物的逸出，但化学铣切一段时间后，随着溶液温度的升高，特别是在化学铣切液和模具表面接触后，表面温度会更高，这时就会有氮氧化物从溶液中逸出，最明显的现象就是这时能看到有少量的黄烟从化学铣切液中逸出。

表8-14中配方2是一种以三氯化铁为主体的化学铣切配方，这种配方对模具的化学铣切性能好，化学铣切面平滑度好，通过向化学铣切液中添加氟化物还可用于一些难溶金属的化学铣切（根据需要也可加入硝酸铵、硝酸、盐酸等以提高其对难溶合金的化学铣切能力），使用这种配方如果不能配合喷淋式化学铣切机，其化学铣切速率较三酸慢。这种配方的化学铣切是通过高价铁对模具基体金属的氧化作用来完成的，在化学铣切过程中氢气产生量少，这对于防止模具基材的氢脆是非常有利的，对模具的化学铣切来说也是一种不错的选择，对模具型腔垂直结构的化学铣切深度差较小。当用于普通模具钢的化学铣切时，最好不要添加其他无机酸类，因为酸度增高，会加速化学铣切液中氯离子对模具基材的点蚀作用，容易使模具经化学铣切后的表面平滑度下降。要维持其化学铣切速率及化学铣切平滑度，都需要有较高的三氯化铁浓度。同时这种化学铣切液的毒性较大，对环境污染重。

表8-14中配方3是一种由硫酸和过氧化氢所组成的化学铣切体系，在这一配方中，不管是硫酸还是磷酸对模具的化学铣切都是很慢的，这对模具化学铣切来说并无多大实际意义。但在这种溶液中添加过氧化氢后，能使化学铣切速率大幅度提高，这主要是因为过氧化氢的加入增加了溶液的氧化性能，在化学铣切过程中首先是过氧化氢对模具金属基体的氧化，然后硫酸迅速将氧化物溶解从而完成化学铣切。溶液中的氟化氢铵主要用于提高溶液中过氧化氢的稳定性。这种化学铣切液对普通模具钢有高的化学铣切速率及表面平滑度，通过对过氧化氢及温度的调整可以达到很快的化学铣切速率。但这配方中过氧化氢在铁离子浓度较高的情况下分解较快，使用过的溶液难于保存而使这种配方的使用受到限制。

在模具的化学铣切中除非是难溶合金，很少会用到盐酸之类的强腐蚀剂，这是因为盐酸在化学铣切过程中会有大量的氢气产生，模具材料容易吸氢而产生氢脆，同时盐酸中的氯离子也会加速模具基材的点蚀作用而使经化学铣切后的模具表面平滑度降低。

3. 模具的化学铣切

在完成前面的工作后，即可进行模具化学铣切。如果是采用将整个模具放入化学铣切液中进行化学铣切，只需要将保护好的模具小心地放在化学铣切工作缸中即可，在把模具放入化学铣切液时应注意轻拿轻放，以防化学铣切液溅出，同时在操作时操作人员要戴好防护口罩、长袖橡胶手套、穿长筒水靴及围裙等防护用品。在化学铣切过程中不时搅拌溶液加强模具表面的溶液循环，在搅拌过程中搅拌棒切不可碰到防蚀层以防划伤。在整个化学铣切过程中，要分几次检查化学铣切深度及防蚀层是否有破坏的迹象（当有足够的把握时只需要检查一次即可）。深度检查有两种方法：一是用铁针在没有清洗的模具上通过在已化学铣切部分边缘的划动来感觉其深度是否合适；二是将模具局部清洗后用胶泥按印出纹理，通过纹理凸出的高度进行判断。模具纹理之间的间隔是比较近的，很难用常用的卡尺进行测量，同时模具的型腔是不规则的，很难用其他的普通测量工具进行检查。

前面讨论了在模具上直接制作出人工容器的方法，这样就不必把整个模具都浸泡在化学铣切液中，而是将配制好的化学铣切液加到模具型腔里面进行化学铣切。化学铣切液的加入量以淹没模具需要化学铣切的最高部分 2～3cm 为宜，在化学铣切过程中也要注意搅拌溶液，这种化学铣切方法对溶液的搅拌和模具完全浸入化学铣切液中的搅拌方法有所不同，为了防止搅拌时划伤防蚀油墨，可用一根粗细适当的非金属棒，在棒的前面缠上脱脂棉或软布条，然后在化学铣切液里面以拖动的形式进行搅拌，在搅拌时，搅拌棒切不可碰到防蚀层，以防划伤防蚀层。由于这种化学铣切方法是将化学铣切液加在模具型腔里面，由于型腔体积及所制作的容器体积的限制不可能加入大量的化学铣切液，所以在化学铣切时要注意更换化学铣切液。更换化学铣切液有两种方法：一是将化学铣切一段时间的化学铣切液全部吸出再加入新的化学铣切液，这种方法存在模具底部化学铣切液浸泡时间较上部长的问题，容易产生深度误差，在实际操作中添加化学铣切液时可将化学铣切液从模具的上部往下加入或吸出，加入和吸出时动作要快以缩短时间差。二是边化学铣切边换化学铣切液，在加化学铣切溶液时，加入量都会大于模具有效型腔需要量，这时可以用不断取出部分旧液再添加部分新液的方法连续更换化学铣切液。在化学铣切过程中操作人员所穿戴的防护用品及模具化学铣切深度的检查方法同上。

在模具化学铣切过程中，要注意模具不同高度的化学铣切深度差，特别是有直角的模具型腔，这种现象更易发生，解决的办法只能是加强溶液的循环，防止化学铣切时产生的氮氧化物气体对模具型腔垂直面的冲刷作用。

模具的化学铣切时间，如果采用三酸化学铣切液，一般约需 30min。

模具在化学铣切过程中注意检查：①防蚀层有无脱落现象，如有发现应立即清理干净模具表面的化学铣切液，重新修补后再进行化学铣切；②化学铣切到预计时间一半后，应检查化学铣切深度，以确定具体的化学铣切时间。

4. 模具的清理

模具的清理工作主要有以下内容：

（1）吸出化学铣切液　化学铣切完成后，迅速将模具从化学铣切液中提出或迅速将模具型腔内的化学铣切液吸走。接着用大量清水冲洗干净模具表面的残余酸液。最后用干净的脱脂棉将模具表面水分吸尽。如果是采用浸泡式化学铣切，则只需将模具从化学铣切工作缸中取出空干化学铣切液，然后用大量清水冲洗模具表面的残酸，再用脱脂棉将模具表面的水分吸干。

（2）化学铣切图形效果检查　经化学铣切后的模具型腔表面的图文在这一步要进行检查，检查内容主要包括：

①图形有无过化学铣切。

②防蚀层有无局部脱落而造成的蚀斑。

③化学铣切深度是否符合设计要求，检查化学铣切深度及图形效果的简单方法是用橡皮泥（也称胶泥）在模具型腔的化学铣切图形上压出花纹就能看出深度和图形效果。如果深度不够应继续化学铣切，直到符合设计要求。

（3）清洗模具型腔　模具图形化学铣切深度合格后，就要对模具型腔进行彻底清洗，清洗方法根据是否需要进行第二次化学铣切有两种方案：

① 需要进行第二次化学铣切的清洗方法。先用棉纱擦干模具型腔表面的水分，用细铜丝刷刷洗模具型腔表面并用棉纱清理干净刷下的不溶物，然后用有机溶剂将模具型腔里的油墨清洗干清，注意在清洗时不要破坏掉模具外面的防蚀层；把油墨清洗干净后，再用无水乙醇擦洗模具型腔表面，接着再对模具进行必要的保护，然后用化学铣切液对模具图形纹理进行第二次化学铣切，化学铣切时间一般为 15min 左右，这次化学铣切的目的一是消光，二是可对化学铣切后的纹理棱边倒角。消光也可采用喷砂的方法进行。

② 不需进行第二次化学铣切的清洗方法。先用棉纱擦干模具表面的水分，撕下模具外面的保护胶纸及胶泥等，再用细铜丝刷刷洗模具型腔表面，以去除化学铣切时生成的不溶物，模具外部的防蚀材料用铲刀仔细清理，经过以上处理后模具表面的防蚀层已大部分去除，这时再用有机溶剂对模具进行全面清洗。

在这里也可将模具放在碱液中去除防蚀材料，但这只对于中小型模具或有行车操作的生产线才是适合的。碱液退除防蚀材料，也需先将保护胶纸及胶泥预先清理干净后才能进行。所用碱液为 8%～16% 的氢氧化钠溶液，温度在 70℃ 以上，温度越高去除速度越快也越彻底。经碱液退膜后的模具需要经酸洗后，再进行钝化处理以防模具表面锈蚀。碱性退膜的流程如下：

ⅰ. 先清理模具表面的胶纸及胶泥。

ⅱ. 上挂。使用合适的挂具将模具进行装挂以便于进行清洗工作。

ⅲ. 碱液退除防蚀膜。将模具放入表 8-15 的碱性溶液中进行退膜。

表 8-15　碱性退膜加工方法

溶液成分	材料名称	化学式	含量/(g/L)
	氢氧化钠	NaOH	80～160
	OP-10	—	少量
操作条件	温度/℃		70～沸腾
	时间		退净为止

ⅳ. 二级流动水洗。温度为室温；时间为 20～40s。

ⅴ. 酸洗。酸洗按模具除油中的酸洗进行。

ⅵ. 三级流动水洗。温度为室温；时间为 20～40s。

ⅶ. 钝化。钝化按模具预处理中的钝化方法进行。

ⅷ. 三级流动水洗。温度为室温；时间为 20～40s。

ⅸ. 热水洗。热水洗要求同模具预处理后的热水洗。

ⅹ. 干燥。模具经热水洗后需要快速干燥，干燥方法：先用洁净的压缩空气将模具表面的残余水分吹干，特别是型腔表面，模具表面水分吹干后再移至烘箱中继续烘干，烘干温度为 60～80℃，时间依模具大小而定，一般 10～30min。

ⅺ. 下挂。模具在下挂时，操作人员要戴洁净手套，防止二次污染。

5. 表面保护或转后处理

清除防蚀层后，如果不需要进行电镀或化学镀等后处理可直接涂抹防护油以保护模具表面，防止锈蚀。

某些模具化学铣切后需要进行后处理加工。根据模具设计要求这些后处理加工包括表面喷细砂、化学镀镍、电镀铬等。关于这些后处理加工已有专著介绍，在此亦不作详细介绍。

九、化学铣切液的配制及常见问题处理

1. 化学铣切液的配制

① 确定配制溶液的体积，并选择合适的工作缸，工作缸材料为 PP 或硬 PVC 板材，材料厚度根据体积而定。

② 工作缸洗清后，先放 $\frac{1}{2}$ 体积的清水，在不断搅拌下加入计算量的硫酸，硫酸溶解是一放热反应，应特别小心，以防止酸液溅出对操作人员造成危害。

③ 待硫酸加完后，冷却至室温，在不断搅拌下依次加入磷酸、硝酸、硝酸铵（可不

加），全部加完后，补充清水到规定体积。

化学铣切液使用一段时间后，一方面溶液成分被消耗，同时溶液中金属离子浓度增高，这种溶液分析时有一定的难度，很多情况都是凭经验调整，但金属离子浓度及总酸度可以分析，当金属离子浓度超过 80g/L 后可以考虑更换部分旧液。

2. 常见问题的处理

模具图文化学铣切常见故障的产生原因及处理方法见表 8-16。

表 8-16　模具图文化学铣切常见故障的产生原因及处理方法

故障现象	故障产生原因	处理方法
化学铣切时防蚀层脱落	模具除油不净	加强模具除油工作
	油墨没有烘干	在化学铣切前,油墨一定要烘干
	油墨防蚀能力差或油墨过期	更换防蚀能力强的油墨或更换新油墨
	化学铣切剂酸度太强	稀释化学铣切剂,降低酸度
	化学铣切温度太高	降低温度到工艺规定范围
	化学铣切时间太长	缩短化学铣切时间
化学铣切深度太深	化学铣切剂中酸浓度太高	稀释化学铣切液,降低酸浓度
	化学铣切时间太长	缩短化学铣切时间,经常检查化学铣切深度
	化学铣切温度太高	降低化学铣切液温度到工艺规定范围
化学铣切深度不够	化学铣切时间太短	延长化学铣切时间
	化学铣切温度太低	升高温度到工艺规定范围
	化学铣切剂浓度太低	添加化学铣切剂,提高化学铣切剂浓度
化学铣切面较粗,光度不好	化学铣切液中 HNO_3 含量太高	稀释化学铣切液,降低 HNO_3 浓度,同时补加 H_3PO_4 和 H_2SO_4
	化学铣切液中 H_3PO_4 含量太低	补加 H_3PO_4
	化学铣切温度太高	降低化学铣切温度

3. 辅助材料

化学铣切常用辅助材料应符合表 8-17 的规定。

表 8-17　化学铣切常用辅助材料

序号	材料名称	化学式	材料规格	用途
1	硫酸	H_2SO_4	工业级	化学铣切液配制
2	硝酸	HNO_3	工业级	化学铣切液配制
3	磷酸	H_3PO_4	工业级	化学铣切液配制
4	氟化氢铵	NH_4HF_2	工业级	化学铣切液配制
5	三氯化铁	$FeCl_3$	工业级	化学铣切液配制
6	硝酸铵	NH_4NO_3	工业级	化学铣切液配制
7	过氧化氢	H_2O_2	工业级	化学铣切液配制
8	有机溶剂	—	工业级	清洗防蚀层

序号	材料名称	化学式	材料规格	用途
9	氢氧化钠	NaOH	工业级	退除化学铣切层
10	棉纱	—	—	—
11	脱脂棉	—	—	—
12	胶泥	—	—	—
13	防锈油	—	—	—

4. 常用工具及设备

化学铣切常用工具及设备见表 8-18。

表 8-18 化学铣切常用工具及设备

序号	工具及设备	规格	用途
1	秒表或挂钟	—	计时
2	温度计	0~100℃	测量温度
3	玻璃棒	—	搅拌溶液
4	化学铣切工作缸	—	盛化学铣切溶液
5	塑料杯	250mL 或 500mL	配制溶液

十、模具文字制作

上面详细讨论了模具图形纹理的制作方法，现在来讨论模具文字的制作。模具文字的制作同样也存在图形转移的问题，特别是异形面的文字转移其要求并不亚于纹理转移，首先模具文字化学铣切一般都有尺寸要求，这个尺寸包括字的大小及在模具型腔中的位置等，并且文字的化学铣切都较深，这就给防蚀层的抗蚀性能提出了要求。在这里主要讨论用感光晒版法来进行文字转移。

在这一部分的讨论中有很多的加工步骤和上面是相同的，所以只详细讨论其不相同的部分，即感光防蚀层的制作以及怎样来增强感光防蚀层的抗蚀能力。

1. 防蚀层制作

模具文字感光防蚀层制作的工艺流程如下：

模具验收→模具预处理→贴干膜或涂液体感光油墨→模具预烘→检查感光膜层质量→胶片定位→曝光→显影→水洗→酸洗→水洗→检查曝光质量→烘干→修版→抗蚀层强化处理→模具保护→化学铣切→化学铣切后质量检查→清理防蚀层→涂防锈油。

在讨论之前有必要简单讨论一下文字化学铣切时文字的设计问题。在化学铣切时，由于侧蚀的原因经化学铣切后的文字线条会变粗，如果组成文字的线条离得近的话，很容易使文字模糊不清。所以在设计这类图纸时要注意两个问题：一是在许可的情况下尽量拉开文字之间的距离；二是要缩小组成文字的线条的宽度，缩小到什么程度以文字的大小及要求而定。

（1）模具验收　模具验收主要是检查模具型腔有无划伤、砂眼等，特别是需要化学铣切文字或图标的部位更应仔细检查，因为这些部位的划伤、砂眼会影响化学铣切质量，如有发现，同时客户又不愿意对模具型腔进行再抛光，需要客户的书面说明。

（2）模具预处理　先用干棉纱擦净模具表面的防护油，用汽油对模具进行第一次清洗，用无水乙醇对模具进行第二次清洗，最后用脱脂棉沾四氯化碳或其他卤代烃对模具型腔进行再一次清洗。完成这一步后，要对模具型腔表面进行清洗质量检查，检查方法：用一洁净脱脂棉沾四氯化碳擦拭模具型腔表面后，无任何杂色且保持洁白为合格，否则应重新清洗。

（3）模具预热　模具经清洗后在涂抹感光材料前需要进行预热，一般将模具加热到40℃即可，然后让其自然冷却（如果是贴干膜，模具温度保持在40℃左右）。

（4）贴干膜或涂液体感光油墨　模具经预热后即可进行感光材料的涂覆。感光材料有两种，一种是干膜，另一种是液体感光油墨。如果模具型腔表面需要进行文字化学铣切的部位平整且易于操作，建议采用干膜；如果需要化学铣切的部位不易操作或文字线条精细，则可采用液体感光油墨，在这种情况下，如无液体感光油墨时可将干膜用无水乙醇或防白水溶解后使用。贴干膜的操作过程如下：

① 贴干膜的步骤。先将模具预热到40℃左右，温度不能太高，否则会给操作带来不便，如果不熟练也可不预热模具进行冷贴，贴好后再将模具温度升到40℃左右。

将干膜剪成合适的块，其大小应超出文字或标识胶片外缘2cm以上，然后将干膜表面的保护膜揭开。将干膜的感光胶膜面朝向模具贴在需要化学铣切的模具型腔表面，左手拿着干膜的一边，另一边斜着向下和模具表面接触，然后右手拿脱脂棉球把贴在模具一边的干膜按紧，在无皱无气泡的情况下向左手方将干膜按下，同时左手拿着干膜的一边向下移动，左右手匀速配合将干膜贴在模具上，如果干膜较宽，右手在按压时要上下移动。这样贴出的膜不会有皱纹和气泡，在操作时，模具温度低操作容易控制，且在没有贴好的情况下可以将干膜揭开再贴。干膜贴好后应检查有无皱纹及气泡，气泡可以通过按压的方式赶向干膜的边缘而排出。如果贴膜效果不好，应去除已贴的干膜重贴，如去除干膜后，模具表面有残余膜可用无水乙醇擦拭去掉。

② 液体感光油墨的涂抹。在涂抹液体感光油墨时，模具不可加热，应在室温的条件下操作。

先将感光油墨用专用稀释剂调稀（太稠的油墨不利于在模具上进行平整的涂抹），如没有感光油墨也可将干膜的保护膜揭开后用无水乙醇或防白水溶解，溶解时将干膜剪成小块，用少量溶剂溶解，也可用新的小毛笔沾溶剂刷洗感光膜面以加速溶解过程。溶解后，用丝网或多层纱布过滤，并用无水乙醇或防白水调到需要的稠度。将调好的感光油墨滴加到需要化学铣切的模具型腔表面的中间，然后转动模具使感光油墨均匀地涂抹在模具表面（和载体膜的方法一样），切不可用毛笔刷涂。涂抹上感光油墨后检查有无气泡，如发现可经无水乙醇擦洗后用针挑破。涂好后平放静置10min左右，使油墨自动流平，然后再通过烘烤使其干燥，如是采用干膜溶解的感光液在40℃左右即可表面干燥，如果采用液体感光油墨需在70℃左右才能表面干燥。干燥程度以不粘手为宜，干燥过程中温度不可过高，否则容易使油墨热聚合造成显影困难。在采用感光油墨进行涂抹时，如果文字或标识的线条精细，就需要将感光液调稀，涂抹得越薄分辨率就越高，当然也不能太薄，太薄的感光层使膜层的连续性及抗蚀性能差。

（5）感光　在模具表面制作好防蚀层后即可进行感光。感光之前需要将胶片紧贴在感光膜上，紧贴的方法有三种：一是用抽气机抽真空将胶片和感光膜紧贴；二是用玻璃板压在胶片上，然后两边用适当的重物压紧使胶片和感光膜紧贴；三是采用甘油将胶片和感光膜紧贴。在这三种方法中，前两种要求需要感光的面平整度好，同时范围宽大便于操作。如果采用抽真空的方法还要求模具的重量要合适，否则也难以操作。所以最为常用的方法是第三种即用甘油将胶片和感光膜紧贴，这里所谓的紧贴是指胶片和感光膜之间没有气泡，是通过甘油将胶片和感光膜粘在一起，中间有一薄薄的甘油层，要求这层甘油越薄越好。贴的时候如有气泡应用手指将气泡赶走。在贴胶片时，如果采用的是干膜，可预先将干膜表面的聚酯膜揭开。

贴好胶片后即可进行曝光，曝光是采用紫外灯管，在这种情况下往往都是自制简易的曝光设备，可将几支灯管并排安装，每管中心距在 5cm 左右为宜（每支灯管 40W）。如果是异形工件还需要先做好与工件相配合的曝光装置。曝光时间一般通过实验确定，并没有什么秘密可言，在此就不列出确切曝光时间了。

模具曝光后，将胶片拿走，然后用 1% 左右的碳酸钠溶液显影，显影时既可将模具放在显影液中进行显影，也可用脱脂棉沾上显影液盖在感光膜上 1min，然后用脱脂棉轻轻擦洗即可将未曝光的感光膜溶解掉。显影干净后，迅速用清水冲洗干净显影液，然后用稀硫酸中和残碱，再用清水冲洗干净即可。

（6）效果检查　显影后要检查效果，要求文字线条平直清晰，无缺口、砂眼、多余物，线条之间如果间距小，也要求无砂眼，否则应用无水乙醇清除感光膜后重新制作。

（7）第一次修模　曝光显影经检查合格后，将模具烘干，这时温度不用太高，50℃ 左右即可。模具表面干燥后，用小毛笔沾感光油墨进行修补，修补时不能厚。多余残胶用竹刀清理干净，这次修模，感光膜以外的部分可不进行，当然也可以将模具型腔全部都用感光油墨涂抹一次，但一定要注意不能过厚，可将油墨调得较稀，便于控制厚度。

模具经过第一次修补后，应检查一遍有无遗漏的地方，然后烘干，并进行第二次曝光使修补的感光油墨固化。

在感光质量好的前提下，这一步可不进行，也就是说可以不修模而直接进行抗蚀层强化处理。

2. 防蚀层强化处理

抗蚀感光油墨或干膜虽然有较强的抗蚀能力，但在化学铣切时同样容易使线条边缘有酸液渗透，使抗蚀层起层，而导致化学铣切失败。这时需要对感光膜进行强化处理，处理方法很简单，用电炉加热模具直到感光膜颜色变浅即可。加热的关键点就在于感光膜颜色变浅的时刻，在这时如果再加热，膜层粉化脱落。当加热到感光膜颜色开始变浅时要密切注意，只要颜色变淡，感光膜本身的颜色接近消失时，迅速将模具远离加热源，让其快速冷却。经过这样强化处理后的感光膜具有极强的抗蚀能力及与模具表面极强的结合力。笔者在制作这类模具时都会采用这种强化处理方法，这是一种标准处理方法。

3. 模具保护

模具型腔表面的感光膜经强化处理后即可对模具进行保护，在保护时要特别注意模具型腔不需要化学铣切的部位，如果保护不好，经化学铣切后很容易出现砂眼等缺陷，虽然出现了砂眼可以通过点焊再磨平的方式进行弥补，但在进行制作时要尽量避免这种事情的发生，虽然不能说绝对防止这类现象发生，但在实际工作中的确也需要操作者这样去做。

模具型腔的保护可用抗蚀油墨，型腔内可以保护两次，但需要第一次完全干燥后才能做第二次保护，每次不要将油墨涂得太厚。太厚的油墨不易干透，在化学铣切时容易出现砂眼甚至油墨脱落。模具外部的保护同前面图形纹理化学铣切。文字化学铣切一般都集中在模具的底部或镶件上，所以不存在需要在模具外围成一个人工容器，如果在模具内部，模具型腔就是一个天然容器，镶件可以采用浸泡式化学铣切。

4. 模具文字化学铣切

文字的化学铣切一般都采用三酸，如果自己有把握也可采用硫酸-过氧化氢化学铣切体系。如果文字化学铣切深度要求较高，模具和化学铣切液都需要加热，并且要多更换几次化学铣切液（浸泡式不用更换化学铣切液），在化学铣切时要注意观察文字线条的变化，因为随着化学铣切的进行，线条的宽度会增大，如果宽度增加较大，漂浮的防蚀层会影响化学铣切效果，这时应将模具中的化学铣切液排尽，经清洗后，小心翼翼地将漂浮的防蚀层用小刀划掉，然后再进行化学铣切。经化学铣切后所看到的化学铣切效果和用胶泥印出的效果会有差别，在检查化学铣切效果时以胶泥印出的效果为准。

模具化学铣切过程中要随时检查深度是否已达要求，深度的检查可用胶泥或用卡尺测量。当化学铣切深度符合设计要求后，将化学铣切液移出，用清水冲洗模具，去掉模具上的所有保护胶纸，并用细铜丝刷刷洗化学铣切表面以去除化学铣切过程中生成的不溶性残渣。然后放在 10%～20% 的氢氧化钠溶液进行退膜，退膜温度 100℃。经强化处理后的感光油墨在较低浓度氢氧化钠溶液中是难于去除的。经这种方法处理后模具表面的所有防蚀材料基本上都已清除干净，经清洗后如无特殊要求就可以涂防护油并交货。

十一、模具砂纹腐蚀

模具砂纹的加工方法常用的有两种，即电击法和化学腐蚀法，在这里就模具砂纹的化学腐蚀法进行讨论。

模具砂纹的化学腐蚀常用的方法是喷漆法，其加工过程如下：

首先对模具进行清洗，清洗方法前面已有详细介绍，在此不再重复。

对模具进行保护，砂纹化学腐蚀和其他的文字或图形纹理化学腐蚀不一样，在这里是先对模具进行保护，所谓保护是指对模具型腔以外的所有部分的保护，经保护后需要进行干燥处理，只有当保护层干燥后才能进行喷漆打点加工。

第一次喷漆打点：砂纹化学腐蚀喷漆打点是关键工序，油漆可用硝基黑漆或蓝漆，这种漆抗蚀能力较好，干燥速度快。在这里要掌握的要素包括油漆的稠度、喷枪和模具的距离，还有手法，手法是需要经验的，要经常练习才能喷出点阵相对均匀的砂面。喷的时候要时通时断，喷枪与模具的距离先用纸板试验，喷的时候枪扫得要快一点，让漆粒飞散在模具型腔表面。经过喷漆打点后的模具型腔表面看上去有一均匀的砂面层，要求点阵密集而均匀，不能有片状的无漆区，也不能有片状的漆膜区，由于硝基漆干燥速度快，喷完后放置数小时即可干燥，干燥后大块的漆膜可用铁笔划开。

第一次化学腐蚀：喷好的模具经干燥后即可进行化学腐蚀，在化学腐蚀时同样需要在模具型腔外用胶泥或其他辅助材料围成一个人工容器。化学腐蚀时采用三酸化学腐蚀，在室温条件下化学腐蚀 10～20min。化学腐蚀到 15min 后，将化学腐蚀液移出模具，接着用清水冲洗，并用刷子刷洗干净表面不溶残渣，用干棉纱擦干水分后，烘干，如果经清洗后的模具型腔表面还有油漆，则用稀释剂将其清理干净。

第二次喷漆打点：模具经第一次化学腐蚀后还不能达到砂纹的效果，还需要进行第二次化学腐蚀，第二次喷漆打点的方法同第一次喷漆打点。

第二次化学腐蚀：同第一次化学腐蚀。

第三次喷漆打点：模具砂纹化学腐蚀一般都要经过三次化学腐蚀才能达到一个较满意的效果，第三次喷漆打点的方法同第一次喷漆打点。

第三次化学腐蚀：同第一次化学腐蚀。

模具经过三次化学腐蚀后，就具有效果较好的砂纹效果，这时就可以将整个模具表面的防蚀层全部去掉，并刷洗干净模具型腔表面。清洗干净后，需要进行烘干处理，然后涂上防护油即可。

模具的喷漆打点砂纹化学腐蚀，喷漆打点的次数越多，砂纹越均匀，但也不能过多，一般都采用三次，如果三次后效果不好，可再喷一次。

模具砂纹的化学腐蚀也可采用直接化学腐蚀的方法，在这里介绍两个配方。

表 8-19 中的配方对钢材有针对性，直接化学腐蚀的砂纹自然，均匀。但这种方法对于不同型号的钢材需要通过实验配制出专门的化学打砂配方，这限制了这种方法的使用，同时这种方法如果在腐蚀时控制不好，对模具型腔尺寸影响较大。所以这一方法的使用还需要通过大量实验来找到合理的配方及加工方法。

表 8-19　模具砂纹化学腐蚀方法

	材料名称	化学式	含量	
			配方 1	配方 2
溶液成分	硝酸	HNO_3	500mL/L	200mL/L
	盐酸	HCl	—	100mL/L
	硝酸铵	NH_4NO_3	—	50g/L
	乌洛托品	$(CH_2)_6N_4$	—	5
操作条件	温度		室温	室温
	时间/min		2～5	2～5

参考文献

［1］ 哈里斯．威廉 T．化学铣切．王鋆，朱永昌，译．北京：国防工业出版社，1983．

［2］ 《电镀手册》编写组．电镀手册（上、下册）．北京：国防工业出版社，1986．

［3］ 张文奇，王声泰，肖纪美．金属腐蚀手册．上海：上海科学技术出版社，1987．

［4］ 臧希文，汤长罗．无机化学丛书（第二卷）．北京：科学出版社，1990．

［5］ 申泮文，车云霞．无机化学丛书（第八卷）．北京：科学出版社，1990．

［6］ 徐绍龄，徐其享，田应朝，刘松愈．无机化学丛书（第六卷）．北京：科学出版社，1990．

［7］ 蒋绳武，张偈元，王玉芬，译．丝网印刷新技术．北京：北京大学出版社，1990．

［8］ 武恭，姚良均，李震夏，彭如清，赵祖德．铝及合金材料手册．北京：科学出版社，1997．

［9］ 沈宁福．新编金属材料手册．北京：科学出版社，2002．

［10］ 黄德彬．有色金属材料手册．北京：化学工业出版社，2005．

［11］ 何成，等，化工百科全书（第 2 卷）．北京：化学工业出版社，1991．

［12］ 王承遇，陶英，谷秀梅．玻璃表面装饰．北京：国防工业出版社，2010．

［13］ 迪安 J．A．兰氏化学手册．魏俊发，等译．北京：科学出版社，2003．

［14］ 杨丁．表面处理化学品技术手册．北京：化学工业出版社，2009．